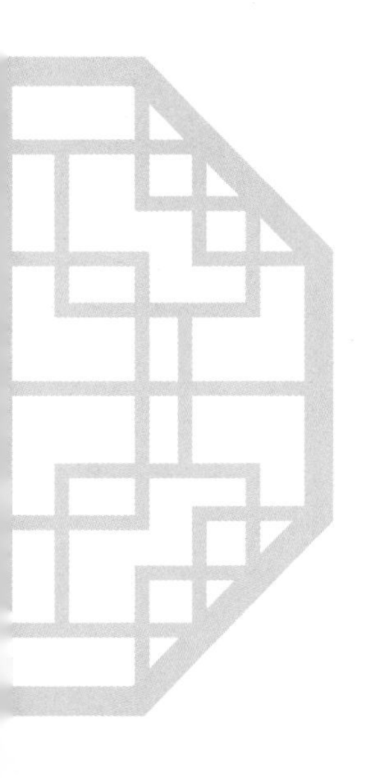

让非遗会说话

非遗劳动项目实施与评价

宋代点茶

主编 观澜

本册主编 观澜 窦立涛 王锡敏

河南科学技术出版社
·郑州·

图书在版编目（CIP）数据

宋代点茶 / 观澜主编 . -- 郑州：河南科学技术出版社，2023.5

（让非遗会说话：非遗劳动项目实施与评价）

ISBN 978-7-5725-1187-5

Ⅰ . ①宋… Ⅱ . ①观… Ⅲ . ①茶文化－中国－宋代 Ⅳ . ① TS971.21

中国国家版本馆 CIP 数据核字 (2023) 第 074862 号

出版发行：河南科学技术出版社

地址：郑州市郑东新区祥盛街 27 号　　邮政编码：450016

电话：（0371）65737028　65788613

网址：www.hnstp.cn

策划编辑：黄甜甜

责任编辑：杨艳霞

责任校对：乔伟利

封面设计：张　伟

责任印制：朱　飞

印　　刷：河南博雅彩印有限公司

经　　销：全国新华书店

开　　本：710 mm × 1 010 mm　1/16　印张：4　字数：65 千字

版　　次：2023 年 5 月第 1 版　2023 年 5 月第 1 次印刷

定　　价：258.00 元（全九册）

如发现印、装质量问题，影响阅读，请与出版社联系。

前言

《让非遗会说话——非遗劳动项目实施与评价》(简称《让非遗会说话》)这套书，历经两年最终得以出版，得益于金水区深厚的文化，非常感谢河南省教育厅和郑州市教育局领导的支持，还有学校的大力支持和一起同行的观澜名师工作室的伙伴们。

非遗是传统文化的重要组成部分。在新时代下如何大力继承、推广和创新，是值得深度思考与研究的命题。

河南省郑州市金水区作为课程改革实验区，遵循“灿烂如金，上善如水”的教育理念，注重课程改革、教学改革和评价改革，构建适合金水学子的教育体系，全方位实施素质教育，落实课程育人、活动育人、实践育人、合作育人、评价育人，培养德智体美劳全面发展的新时代学子。

在推进和创新非遗文化课程中，我们建立跨界联盟校，吸纳洛阳、安阳、杭州等优秀非遗团队，以“项目”为驱动，开展跨学科学习教学，将美术、综合实践活动、劳动教育、语文、历史、物理等学科相融合……让学生经历真实情景的探究，重构知识体系和思维，在解决问题过程中使能力、素养、品质得以提升，最终建构学生“知识—人—世界”的完整实践价值观，实现“知—情—意—行”合一的美好教育境界。在整体探索和推进中，我们的团队边实践边总结，一起交流，一起研讨，一起碰撞，探索出一套非遗项目化实施和评价的有效模式。有7所学校的非遗项目成果在全国第六届公益教育博览会上进行参评和推广，河南省实验中学的剪纸、郑州市金水区四月天小学的布老虎、郑州市金水区文化绿城小学的葫芦烙画、郑州市金水区艺术小学的刺绣、郑州冠军中学吹糖人、河南省实验小学扎染、郑州市金水区农科路小学北校区皮影获得优异的成绩。

《让非遗会说话》这套书一共九本,包括九个非遗项目,它们分别是中医文化、宋代点茶、陶艺、布艺、扎染、刺绣、戏曲、葫芦烙画、澄泥砚。每本书分为三篇，第一篇是理论研究，重点阐述如何让非遗会说话的实践路径和模式；第二篇是课程实践，包括课程规划、具有代表性的活动设计、课程影响力，为课程如何规范有效设计、实施与评价提供借鉴和引领，其中活动设计呈现出联盟校各自的特色，为教师实施课程提供了可借鉴的经验和方向；第三篇是师生作品，展现了课程实施效果和师生的成长。

本套书呈现了非遗文化在中小学的有效落实,在师生学习生活中的开花结果、守正创新。对新时代下学校的课程创新、教师的创新实践、学生核心素养的发展都起到引领与推广作用。

在这里非常感谢参与《宋代点茶》编写工作的特聘国家二级评茶员范宇老师、国家茶艺技师及宋代汤戏推广人郑志伟(杭州)、金水区丰庆路小学宋妍等老师。

河南省郑州市金水区教育发展研究中心 观澜

目录

第一篇　理论研究

第二篇　课程实践

第三篇　师生作品

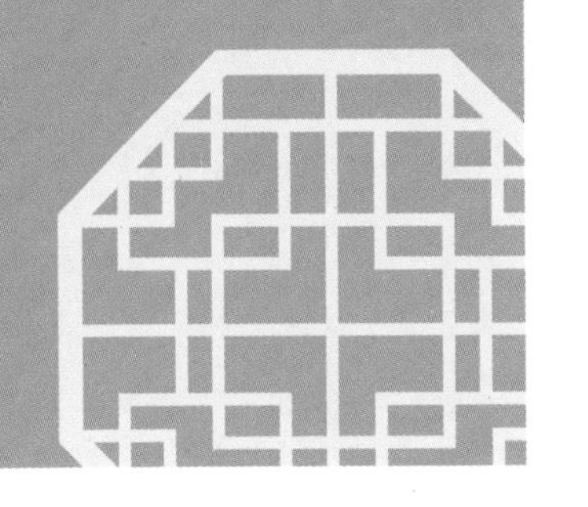

第一篇
理论研究

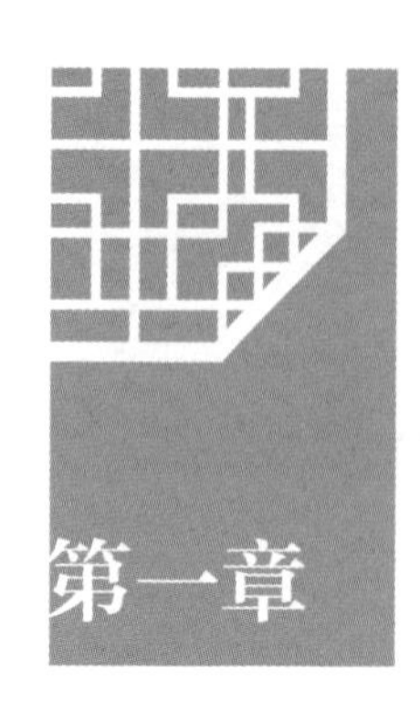

第一章 非遗文化的重要性

习近平总书记强调，中华优秀传统文化是中华民族的精神命脉，是涵养社会主义核心价值观的重要源泉，也是我们在世界文化激荡中站稳脚跟的坚实根基。非遗文化是中国传统文化的一部分，在中国传统文化中具有重要地位。

一、非遗文化的重要性

非遗文化是中国传统文化重要的组成部分，承担着独特的文化内涵和教育推广意义。

非遗文化具有悠久的历史。剪纸是具有最广泛群众基础的民间艺术之一，大概有 1500 年的历史；泥咕咕的历史渊源，可以追溯到远古时期，有记载其产生于河南浚县；钧瓷始于唐，盛于宋，作为中国陶瓷艺术史上的一个重要标志，在世界陶瓷发展史上占有重要地位；风筝由中国古代劳动人民发明于东周春秋时期，距今已 2000 多年，相传墨翟以木头制成木鸟，研制三年而成，是人类最早的风筝起源。

非遗文化是手工业精湛技艺的代表。比如钧瓷，自古以来就有“黄金有价钧无价”“家有万贯，不如钧瓷一片”“入窑一色，出窑万彩”的美誉；中国的手工刺绣工艺，已有 2000 多年历史，有“玉女飞针巧引线，乾坤绣在方寸间。百花不晓冬寒日，四季绽放在春天”的美誉；至于篆刻技艺的魅力，孙光祖《篆印发微》有言：“书虽一艺，与人品相关，资禀清而襟度旷，心术正而气骨刚，胸盈卷轴，

笔自文秀。印文之中流露，勿以为技能之末而忽之也。”

非遗文化具有欣赏价值。如戏曲融入文化、服饰、道德品质，承载着乡音乡情，帮助中国人寻找情感寄托、精神归属，成为传播中国传统文化的重要途径，也成为人们重要的精神家园。“剪纸铺平江，雁飞晕字双”等诗句表达出对剪纸的艺术欣赏。“缬，撮采以线结之，而后染色。既染则解其结，凡结处皆原色，余则入染矣，其色斑斓谓之缬。”可见扎染技艺的神奇。

非遗文化充分体现了劳动人民的工匠精神。非遗作品的创作需要潜心研究，不断创造，专注于每一个细节，凝结了创作者的大量时间和心血，也是创作者毅力和智慧的体现。

一直致力于非物质文化遗产研究与发展的北京师范大学非物质文化遗产研究与发展中心执行主任张明远教授，在首届“致敬中华优秀传统文化”项目学习活动闭幕式上认为，一个民族的文化是一个民族存在的标志，如果没有传统文化，民族就失去了存在的特征。他表示，中华优秀传统文化具有跨越时空的价值，铸就了中华民族得以传承千年的根基。随着中华优秀传统文化走进校园，各类非遗项目与学生之间建立了联系，在学生心目中便形成了一种美学传递，这将伴随他们的成长。张明远教授表示，中华优秀传统文化的影响和价值与我们当下的生活息息相关，促进青少年健康成长，要让更多的青少年沉浸到中华优秀传统文化的学习研究中。

中华优秀传统文化的传承与发展是提升国民素质的重要措施，也是建设社会主义文化强国的重大战略任务。

二、非遗文化在教育中的意义

非物质文化遗产是中华民族智慧的结晶，充分体现了劳动人民的工匠精神以及对文化的传承与弘扬。《完善中华优秀传统文化教育指导纲要》明确提出，加强中华优秀传统文化教育，是深化中国特色社会主义教育和中国梦宣传教育的重要组成部分，对于引导青少年学生全面准确地认识中华民族的历史传统、文化积淀、基本国情，实现中华民族伟大复兴中国梦的理想信念，具有重大而深远的历

史意义。

学校是落实非遗文化的重要场所，担当着非遗文化延续和传承的重任，对从小培养学生对中国文化的了解，起到重要作用。

河南历史文化底蕴厚重。老子、庄子、张仲景、商鞅、李商隐等历史文化名人皆与河南有关，剪纸、拓片、布老虎、澄泥砚、钧瓷、朱仙镇木版年画、汴绣、唐三彩等皆为河南特色非遗文化。开发相应的非遗课程，实践于课堂，让学生作为非遗文化的使者，去影响身边的人，让更多的人了解中国文化、非遗文化，是我们应当做的事。

从教育的角度看，开发与实施非遗课程对学校、教师、学生都具有深远的意义。

从学校课程特色建设看，开发与实施非遗课程能够彰显学校课程特色，构建丰富多元的课程体系。

从教师业务发展看，开发与实施非遗课程具有一定的挑战性，不但能激发教师开发与实施课程的热情，还能进一步转变为教师“教”的方式，实现课程育人、实践育人、活动育人、评价育人。

从学生成长角度看，非遗课程可以让学生学习到书本之外的知识，提高动手操作与创作的能力、探究能力、解决问题能力，帮助学生形成良好的品质和综合素养，让学生热爱家乡，热爱祖国，实现德智体美劳全面发展。

三、当代非遗文化的发展瓶颈

非遗文化具有重要的社会文化地位，但发展受到多种因素的制约。

第一，非遗作品的制作过程是一个“慢”“精”“细”的创作过程，需要付出大量的时间和精力。

第二，非遗作品因投入人力、物力和时间等成本，通常价格比较昂贵。

第三，非遗的技艺需要创新，而这并不是一件容易的事情。

第四，非遗传承人需要极大的耐心、恒心和不怕失败的意志，不怕创作的孤独，才能承担起这份传承的责任。

为此国家出台了相关政策，大力推广非遗文化。将非遗课程落地学校，让非

遗文化植入学生内心，将非遗文化进行宣传，逐步形成体系化解决方案。

鉴于以上种种，笔者提出了“让非遗会说话”的教育思想，学校通过非遗课程的开发与实践,让非遗文化“会说话”,学校容易实施,教师容易教,学生容易懂,社会更加重视，非遗文化更加普及。

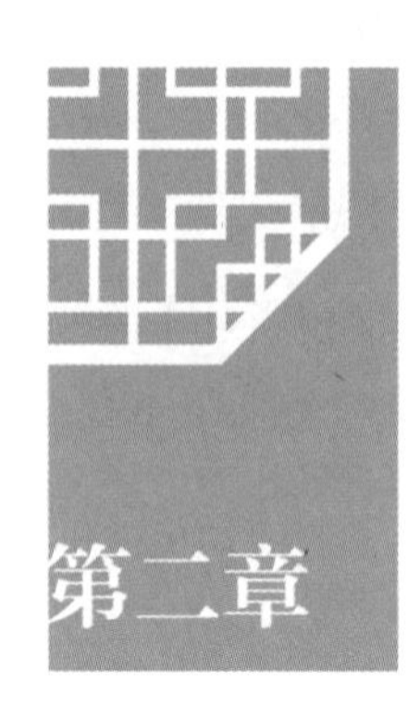

第二章 推进非遗文化的方案

要在教育中落实非遗文化的传承、发扬、创新，就要先分析非遗文化在教材中呈现的样态。国家在编写教材时，非常重视将中华优秀传统文化融入各个学科。

比如“风筝”，不同学科的教师会关注与本学科相关的元素。从美术学科角度看，注重的是美学常识和绘画构图技巧；从语文学科角度看，注重的可能是与风筝有关的意象；从数学、物理学科角度看，注重的是风力、平衡力、三角形的构造等；从历史学科角度看，注重的是风筝的发展史；从德育课程或者专题活动角度看，注重结合风筝开发校本课程，寄语美好未来等。这种单一学科的学习方式和主题活动存在以下不足。

第一，这些内容有交叉、有重复。对学生来讲，占用一定的时间进行重复性的学习，学习的时效性不强。

第二，大多停留在支离破碎的知识层面。每个学科突出的是与本学科相关的知识或者技能，体现的是非遗文化在本学科的价值，是一个“点”而不是一个“面”。

第三，学习方式比较单一。美术学科的学科素养决定着学生需要根据教材内容动手创作，学生能够经历简单的动手实践的过程。其他学科大多不要求学生动手实践。

第四，学生没有兴趣。部分非遗项目很抽象，又离学生生活比较远，学生缺乏浓厚的探究兴趣。

当下，亟待通过一种学习方法或者课程方式，把各个学科涉及非遗的知识、

培养目标、学科思想融合在一起，打破单一学科的壁垒，建构纵向联系，重构学生的知识体系，让学生经历一个完整的项目探究过程，解决真实情境中的问题，促进学生的综合能力不断提高和持续发展。

笔者通过多年的实践与研究，认为“项目学习”和“综合实践活动跨学科学习”是最佳的实施方式。它们具有综合性强、实践性强、生成性强、跨学科性强等特征，是推动学科知识融会贯通的必经桥梁（如下图），可以推进非遗课程的常态持续有效实施，发展学生的核心素养。

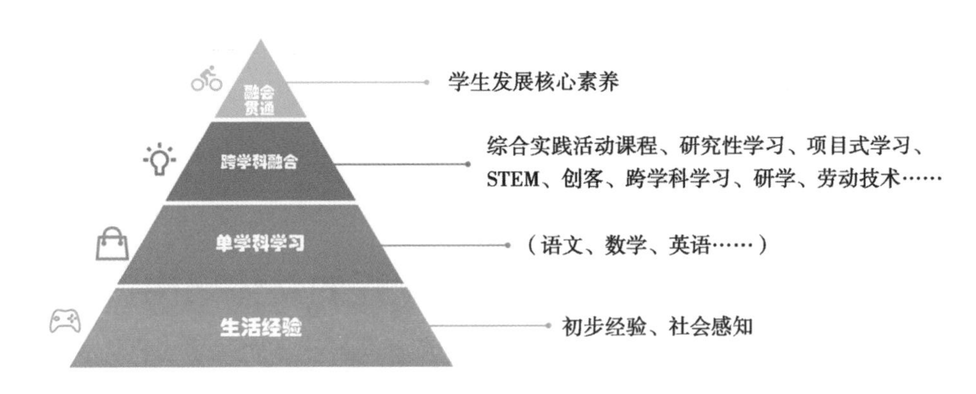

学习方式与核心素养关系图

项目学习和综合实践活动都指向跨学科学习。跨学科学习是多个学科的思想和方法的融合。以“风筝”为例，以项目学习为学习方式，融入综合实践活动课程中的研究性学习步骤，就实现了课程综合育人、实践育人、活动育人、评价育人，如下图所示。

跨学科学习框架图

从图中可以看出，在“风筝”这一项目任务中，通过建立子任务，即研究内容骨架、跨学科学习涉及领域、学习深度发展等，打通各个学科之间的横向联系，融会贯通。每一项研究内容都指向学生的主体地位，注重活动中学生的亲身体验，深化活动的实践探究以及真实情境下的收获，发展学生的多元能力。这不是单一的学科活动经历，而是丰富多元的活动串形成的课程内容、完整的课程体系。突出跨学科方法、思想的融合，基于学生已有知识又进阶发展核心素养，学生解决问题的能力得到提升，建立起个体与自然、社会的统一完整链接，知—情—意—行相融合。这种学习方式，让学生深刻感悟中国传统文化的博大精深，热爱祖国悠久的历史和壮丽的河山，树立人生理想和远大志向，是实现高质量发展的课程育人样态。

第一节　设计非遗课程的整体架构

作为国家级课程改革实验区，二十多年来，河南省郑州市金水区持续优化课程顶层设计，多元开发与实施中华优秀传统文化进校园、进课堂、进课程，实现立德树人，激发学生的民族自信、文化自信。笔者提出“让非遗会说话”的教育思想，构建区域非遗课程“常态 + 融合 + 多元”推进模式，通过“一引领、二融合、多元开发”路径，变革学生学习方式、课程育人方式，让学生感受中华优秀传统文化的博大精深，激发爱国、爱党、爱人民的思想感情，取得了较好的效果。

课程的有效落地需要具体的实施路径和策略支撑。金水区经过多年的实践探究，“自上而下”整体设计课程，从明确实施原则、学习方式四个“转向”、构建课程实践要素三个维度推进课程有效深度实施，形成区域非遗课程样态。

（一）明确实施原则

正确的理念决定行动的成效，明确实施原则就像明灯指引课程的科学发展。因此，我们确定了“三个原则”以实现非遗课程实践的“三个价值”。

（1）知识与实践相结合，让知识更有价值。非遗文化博大精深，对小学生来讲比较抽象，为了让小学生能够丰富相关知识，进一步感受非遗文化的精湛技艺，必须让小学生通过实践来亲身体验，将知识应用到动手实践中，感受创作的过程，体验非遗传承人坚持不懈的精神和不断创造的追求，让理论知识与实践相结合，不断产生新的知识与经验。

（2）教育与生活相结合，让实践更有价值。一件非遗作品，不仅是可以进行售卖的产品，更是艺术品，具有欣赏或收藏价值。非遗课程的开发与实施，需要将教育与生活相结合，实现有价值的实践，让学生知道学习不是单一的知识性活动，而是多元的。人类获得的知识，可以更好地创造财富，创造美好的生活。

（3）学科与个体价值相融合，让人生更有价值。学科知识与学科思想，蕴含着做人做事的道理。非遗课程通过跨学科学习、体验式学习、场馆学习、实践学习等，在“做中学”“学中创”，让非遗文化在学生心中扎根，让学生深刻体悟工匠精神与劳动人民的智慧以及中国文化的博大精深，丰盈学生的道德品质。

以上三个原则的指导思想，为非遗课程的开发、实施与评价，指明了正确的方向。

（二）学习方式四个“转向”

2022年教育部颁布的《义务教育课程方案》中提到“综合学习”“学科实践”“跨学科”等，引领学习方式的变革强化了课程育人导向。非遗文化及作品并非与学生的生活紧密相连。由此，在非遗课程的开发与实施中，只有体现新的课程育人方式、学习方式，才能让学生学得有兴趣，教师教得有趣味，课程实施有成效。我们特别提出在课程实施中要体现学习方式的四个“转向”，实现课程育人。

从单一学科走向融合。非遗课程的设计与实施，可以打破单一学科的壁垒，将非遗历史、文化、特征、技艺、制作等进行整体实施，建立学生对某一项非遗的深入了解与体验，实现高阶思维的学习发展。

从书本知识走向实践。“与其坐而论道，不如起而行之”，说明“行动”的重要性。只有带着知识走向实践，才能将知识与实践融合，发挥知识的价值，创造实践的价值。只有通过实践创造出非遗文化作品，才能更好地发扬光大非遗。

从学校走向社会。社会即学校，生活即教材。利用社会资源让学生更加深刻地了解非遗文化，感悟非遗文化。禹州钧瓷、朱仙镇木版年画、澄泥砚等都是学生遨游的知识海洋。沉浸式教育方式，不需要过多的语言就能带领学生开阔视野，启发思维，感受中华优秀传统文化的伟大。

从重结果走向重过程。非遗课程的开发与实施，不在于让每一位学生都成为创作者，成为非遗传承人，而在于让学生在探究实践的过程中，感受非遗文化的博大精深，感受技艺的精湛，感受劳动人民的智慧，感受中国文化的源远流长，坚定文化自信。这个过程非常重要。

学习方式的四个“转向”，不仅体现了新时代学习方式的变革，更是课程育人方式的变革。

（三）构建课程实践要素

在课程实践探索中，构建非遗课程实践要素，为学生规划有效的学习流程，为教师提供操作模式。

兴趣是最好的教师，学习内容只有建立在学生的兴趣之上，才能激发学生持续的学习激情。基于学生的兴趣或者疑问确定研究任务，以研究任务为驱动目标，制订计划，引导学生开启研究之旅。

像科学家一样思考和实践。学生在研究一个项目时，只有认真思考和实践，才能实现学习的高阶发展，才能培养科学精神，形成严谨的探究态度。

让“附带学习”走向深度。“附带学习”指研究对象延伸出来的子课题，也是具体的研究任务，这些子课题的研究深度，决定着课程实施的深度和研究任务目标能否达成。

将一切想法变成现实。有想法就去做，尤其是在动手实践创作的过程中，要鼓励学生大胆想，大胆做，将想法变成现实，做出作品，让“非遗会说话”。

重活动感悟。课程实施中，学生遇到的问题以及解决问题的方法最能体现学生的成长。学生认识到意志力的重要性，认识到非遗作品制作的不易等，这些感悟能够影响他们做事的态度和方法。

将成果进行推广。鼓励学生成为非遗的代言人，推广和宣传非遗文化。

通过以上实践要素，持续推动学生探究非遗的知识、历史、工艺、传承等，引导学生在活动中积极参与、反思，感知非遗工艺的精湛，提升其继承和发展中国文化的责任感与担当意识。

第二节　推进模式与评价

前面阐述了宏观、中观维度的非遗课程开发与实施的整体理念和设计思路。那么，如何进行具体的实践呢？笔者将从推进模式和实践策略两方面进行阐述。

一、推进模式

通过普及课程与社团课程相结合、必修课程与选修课程相结合、校内与校外相结合等方式，整体推进课程有效实施，构建“一引领”“二融合”“多元开发”的实施模式。

（一）“一引领”：建立非遗项目联盟校

为了深度开展非遗课程，提高活动质量，提升课程品质，我们发展了 16 个非遗项目联盟校，以引领课程的实施，推进并打造了“一校一品”，实现课程的统整和学习方式的多元融合，如郑州市金水区纬五路第一小学的中医药课程、郑州市金水区银河路小学的纸雕、郑州市金水区农科路小学北校区的皮影课程、河南省实验小学的扎染课程、郑州市金水区南阳路第三小学的剪纸课程、郑州市金水区文化绿城小学的葫芦烙画课程、郑州市金水区艺术小学宏康校区的风筝课程、郑州市金水区黄河路第一小学的麦秸画课程等，课程已经非常成熟。部分学校建立非遗研习馆，如郑州市金水区丰庆路小学不仅建立了非遗馆，还与河南省非遗传承人共同开发了 7 项非遗品牌项目，郑州市金水区农科路小学国基校区建立了古笛非遗馆等，为学生提供学习的场地、文化熏陶的环境，打造学校非遗课程项目，增强非遗文化在学生中的普及度。

非遗联盟校解决了教研团队力量薄弱的问题，打通了区域间同一类非遗教师之间的交流渠道，起到了互促互进的作用。目前，剪纸、葫芦烙画、篆刻、泥塑、宋代点茶、香包、扎染、布老虎、皮影、豫剧、书法、刺绣、风筝、麦秆画、陶艺等社团课程，都已成为学校的品牌课程。

（二）“二融合”：与综合实践活动、劳动教育三者融合

非遗项目课程涉及综合实践活动考察探究、设计制作、职业体验等活动方式，同时也涉及劳动教育课程中生产劳动、职业体验、工匠精神等内容，三者相辅相成，彼此融合。我们共有综合实践活动、劳动教育专职教师 90 多名，结合非遗特征，在综合实践活动、劳动教育常态化实施中融合开发与实施非遗项目，保障非遗课程的持续开展。三者的融合，实现了课程育人、综合育人、实践育人，为培养德智体美劳全面发展的学子打下基石。

（三）“多元开发”：开展学科非遗研究性学习

丰富的非遗项目以国家出台的《关于实施中华优秀传统文化传承发展工程的意见》为指导，遵循面向全体学生，结合学生年龄特征，明确各学段学生学习中华优秀传统文化的基础要求，同时为学生提供基于兴趣爱好拓展延伸的空间的理念，基于区域教育积淀、师情特质，鼓励各学科教师通过学科主题、拓展活动等，开发学科非遗研究性学习，挖掘非遗项目，渗透非遗文化在学校课程中的落实与发展，担当起发扬中华优秀传统文化的责任和义务。如结合语文学科春节相关知识开发“灯笼”“书法”“剪纸”作品等，结合数学学科三角形相关知识开发“纸雕”，结合历史学科明清前期的文学艺术相关知识开发“戏曲”，结合音乐学科豫剧相关知识开发“制作脸谱”，结合化学学科相关知识开发“陶艺”等，这些非遗“微项目”既突出学科特色中的非遗特征，又帮助学生在各学科学习中感悟非遗文化。

二、实践策略

笔者提出“1+9+3”的实践策略，整体推进课程的具体实施，保障课程的持续推进和发展。

（一）“1”：建立一所实践基地、合作一位非遗专家 、打造一校一品

为构建互为补充、相互协作的中华优秀传统文化教育格局，郑州市金水区注

重开发与拓宽中华优秀传统文化丰富、生动的教育资源，鼓励学校建立一所实践基地。其一，通过校内建立的非遗研习馆，学生可以身临其境地感受非遗文化的魅力。例如，郑州市金水区丰庆路小学建立研习馆，与河南省非遗传承人合作开发 7 项非遗课程；郑州市金水区农科路小学国基校区建立骨笛非遗馆；郑州丽水外国语学校成立茶艺研习馆；郑州市金水区外国语小学建立陶艺馆；郑州市金水区纬五路第一小学与河南省中医药大学第二附属医院合作建立中医文化课程开发与实践基地；郑州市金水区工人新村第一小学与河南省中医药大学第一附属医院建立中医文化课程开发与实践基地等。其二，在郑州市教育局的支持下，金水区和部分大中专院校建立非遗课程合作项目，拓宽学生实践平台。郑州市金水区南阳路第三小学和郑州市科技工业学校合作建立了课程资源开发与实践基地，开发职业体验课程；郑州市金水区经三路小学与河南省经济技术中等职业学校携手开展非遗香包课程。

非遗专业人士才能带给学生专业的知识和技能，形成正确的文化认知。在课程实施中，邀请国家级、省级非遗传承人，作为指导教师走进学校。郑州市金水区中方园双语小学、郑州市金水区文化绿城小学邀请非遗专家指导葫芦烙画非遗项目；郑州市金水区文化路第三小学邀请省书法协会对相关项目进行指导等，这些都为学生深刻地学习与体验非遗项目提供了专业的环境。

经过多年实践，相关学校打造了课程品牌，形成了区域百花齐放的“一校一品”乃至“一校多品”的课程特色。郑州市金水区农科路小学皮影课程，郑州市金水区农科路小学国基校区布艺课程，郑州市金水区银河路小学纸雕课程，郑州市金水区文化路第二小学篆刻、书法等课程，郑州市金水区艺术小学豫剧、风筝等课程，郑州市金水区黄河路第一小学麦秆画课程，郑州市丽水外国语学校陶艺课程，郑州市金水区凤凰双语小学扎染课程，郑州市金水区纬三路小学泥咕咕课程，郑州市第 47 中学初中部、郑州市第 75 中学刺绣课程，郑州市第 34 中学珐琅彩课程，郑州市金水区新柳路小学汉服课程，郑州市金水区四月天小学布老虎课程等，均已形成影响力。

从以上9个活动环节中，可以看到非遗课程的整体活动设计，目标涉及知识、认知、方法、技能、情感、核心素养，学生活动涉及研究、实践、实地考察、设计制作、成果推广、社区服务等，学习方式是多样的，实践领域是广阔的，形成了一体化的项目式学习，达成“知—情—意—行”相融合，建立“知识—人—世界”整体观，实现综合育人、实践育人、活动育人。

项目式学习能够打破传统教学上的壁垒和瓶颈，让学生在学习态度、学习方式、学习表达等方面发生积极变化。

（三）“3”：三种评价方式

评价是诊断课程实施效果的依据，是促进学生发展的手段。金水区更新教育评价观念，关注师生共同发展；创新评价方式方法，注重学生“学”的过程，关注典型行为表现，强化学生核心素养导向；增强评价的适宜性、有效性。

金水区确立了过程性评价、可视化成果评价、终结性评价三种评价方式，指导教师根据非遗项目量身定制评价量规，避免评价的“空乏”“无效”，聚焦学生的学习活动，注重增值性评价，从“活动态度”“设计创作”“活动总结”“文化推广”四个方面制订评价要素，设置“优”“良好”“继续努力”三个维度的详细指标，关注学生“学”的过程，肯定优点，引导学生有针对性地反思，发现努力方向，体现非遗项目本身的教育价值，落实核心素养。如郑州市金水区纬五路第一小学开展的“我和中药有个约会”这一非遗项目，学生通过这个项目，对中医药文化进行了了解与调查；自制中药产品，如香包、夏凉茶等；走上街头将茶水送给清洁工等。教师应抓住活动核心，制订评价量规，实现知识、技能、情感态度和价值观的融合发展。

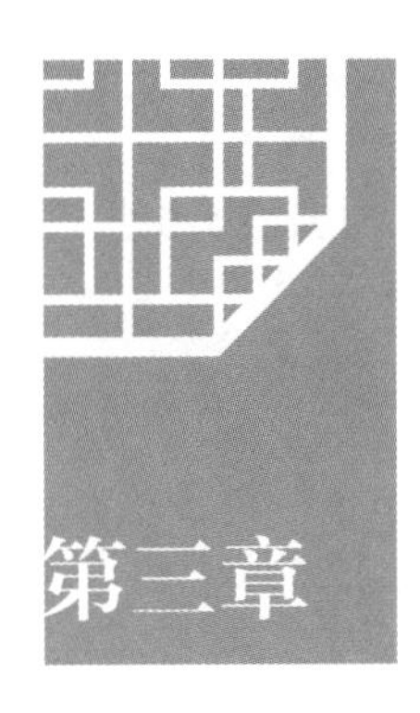

第三章　课程保障及成效

非遗课程的开展只有通过教研部门、行政部门建立有力的保障机制，才能持续良性发展。通过以下保障，我们实现了课程开发与实施的有序、有效。

第一，创新教研体系。2019 年 11 月教育部印发的《关于加强新时代教育科学研究工作的意见》中提到：鼓励共建跨学科、跨领域的科研创新团队。可见，创新教研体系是提升教师业务水平、推动课程改革理念非常重要且可行的方式。金水区从 2016 年起，通过建立 π 学科教研员发展共同体（跨学科教研团队），打破单一学科教研活动，打造多学科不同视角的教研体系，实现跨领域的教研推进模式，助力教师多视野、跨学科地开展教育教学；建立跨界跨学科教研团队，开展每月至少一次的“行之实”活动，吸纳河南省实验中学、黄河科技学院附属中学、哈密红星中学等学校协同发展；开展中层课程领导力项目，提升业务领导的课程理念与指导能力；积极推行省市区一体化的下校调研制度，通过指导学校工作、观摩教师课堂、开展课后教研交流等活动，评价学校课程实施的整体质量。有效、多样的教研体系，对构建德智体美劳全面培养的教育体系，发展素质教育，培养可担当民族复兴大任的时代新人提供了强有力的支撑。

第二，创新教师职称评定机制。自 2001 年课程改革以来，金水区一直在引领教师进行课程开发与实践、课程整合与融合，培养了一批批优秀的教师，形成了一份份优秀的非遗成果报告。金水区还将以学生为主题的研究性学习成果纳入评职称的项目，等同于研究课题。

非遗课程的实施整合了综合实践活动、劳动教育，教师可以根据情况申报综合实践活动、劳动教育科目的职称。

自 2009 年起，开展两年一届的“希望杯”课堂教学展评活动，为开发非遗课程的教师提供了展示的机会，这个活动的成绩有助于职称评定等。这些保障，进一步激发教师落实国家课程改革新理念、制订个体业务发展规划的动力。

第三，建立师生交流平台。金水区注重以评促发展，更新教育评价观念，整体提升师生的综合能力。其一，建平台，开展“希望杯”“金硕杯”课堂教学展评活动，提升教师的教育教学能力，为教师提供成长与交流的平台；其二，改革评价方式，将过程性评价与终结性评价相结合，“赋权下放”，指导学校注重学生“学”的过程，给予多元的综合性评价，促进学生整体发展，实现教学相长；其三，给予学校邀请专家团队指导非遗课程开发与实施的自主权，对师生成果进行发布与展示，激发学校办学活力，发展学校特色，助力师生在活动中得到成长。

以上保障措施，助力了课程的持续有效开发与实施。同时，金水区通过“五结合”助力非遗课程成果的分享和价值推广，即静态与动态相结合、常态与自主相结合、区域内与区域外相结合、一校与多校相结合、网络与社会相结合，让学生的学习过程和成果得以推广，同时让全社会了解当前教育的改革方向，学生学习方式的转变等，让全社会关注教育、支持教育的发展。由此，形成了一定的影响力。主要表现在：

第一，区域非遗课程成果丰硕。在国家课程改革的推动下，在河南省教育厅、郑州市教育局领导以及专家的支持和指导下，经过不断地探索和实践、普及与推广，非遗课程逐渐成为金水区的品牌课程和相关学校的亮点课程。目前，金水区共有省级和市级非遗基地校、实验校 12 所，非遗社团 286 个，开设非遗研习基地的学校有 9 所。非遗课程的整体推进，对提升区域教育质量、变革学校育人方式、改变教师教学方式、培养德智体美劳全面发展的学子，具有深远的影响。

第二，学校非遗课程成果出色。非遗课程持续推进，中国传统文化在区域大力弘扬，学校积极推广成果，形成了一定的社会影响力。郑州市金水区纬五路第一小学已经出版中医文化丛书，郑州市金水区纬三路小学将泥咕咕课程进行校本

化成果整理，郑州市金水区艺术小学获得“全国文明校园”荣誉称号。非遗课程成就学校，也培养了一批批热爱中国文化的非遗传承人。

第三，学生得到全面发展。学生在非遗课程中，综合能力和素养得到发展。在了解历史发展和相关文化中，收集资料的能力得到提高；通过亲自体验制作过程，动手实践与创新能力得到提高；到非遗基地进行考察，发现问题和解决问题的能力得到提高；对非遗传承人进行采访，沟通能力得到提高；走进社区进行宣讲，语言表达和展示交流的能力得到提高；制作海报，设计和审美能力得到提高。

第四，教师能力得到发展。教师是课程的开发者、实践者、评价者，也是管理者。教师承担着多种角色，指导者、帮助者、协调者、组织者、策划者、评价者、激励者等，促进了课程的有序顺利开展。在课程整体的实施与评价中，教师不仅需要储备学生感兴趣的知识，丰富和提高自身的业务素养，还要和学生一起前行和探索，共同完成课程，实现教学相长。师生共同认识非遗文化，了解技艺的精湛，感受工匠精神，感受劳动人民的智慧，感悟中国文化的源远流长与博大精深，增强文化自信和民族自信。

第五，建立了家校协同一体化。金水区凝聚了一批高素质的家长，他们重视教育，关注孩子成长，愿意支持和参与到学校的课程建设中来，一起为孩子的成长提供更为专业和丰富的资源。家长的协助，为课程的开展、学生的课外调查活动提供了有效的保障，实现了家校共同育人的目标。

（作者：观澜，河南省郑州市金水区教育发展研究中心综合实践活动、劳动教育专职教研员，中小学高级教师）

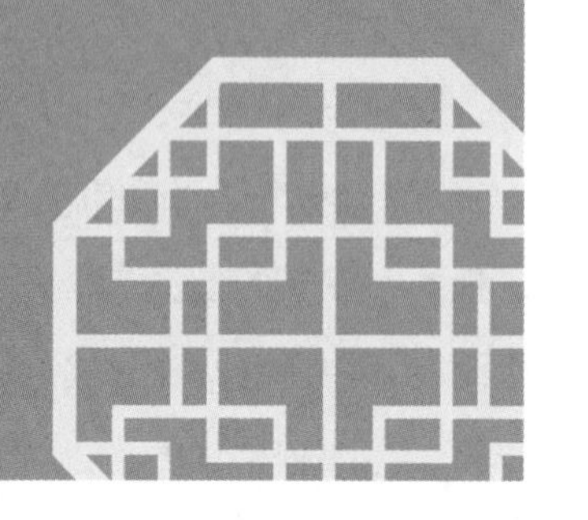

第二篇
课程实践

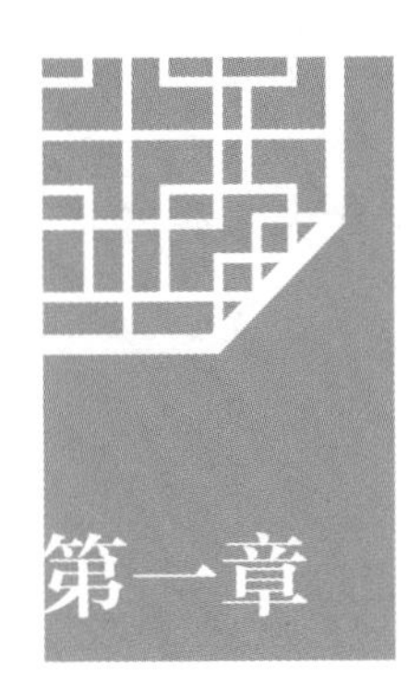

第一章　课程规划

一、课程背景

中国是茶的故乡，茶发乎神农，兴于唐宋，延续发展至今，被誉为“国饮”。茶蕴含丰富的自然科学知识，融汇生动独特的民俗风情，体现多彩的人文艺术与精神，又融入严谨传统的哲学礼教观念，不仅是中华民族传统文化的优秀代表，也是东方文明的象征。

中华茶文化是对少年儿童进行素质教育极好的内容之一。实践证明，学习茶文化，研习点茶技艺，将系统的茶文化知识的学习趣味化、技能训练分散化、理论内容故事化、品德教育在实践活动中感悟内化，有助于激发少年儿童的爱国热忱，增强他们的民族自豪感与自信心；有助于培养劳动意识，提高动手能力；有助于陶冶艺术情操，培养高尚品德；有助于养成良好的礼仪习惯，增强人际交往能力；有助于缓解学习压力，养成健康的生活习惯。

宋代是中国茶文化的鼎盛时期，上至王公大臣，下至平民百姓，无不以饮茶为时尚。宋代饮茶之法以点茶为主。宋代点茶，包括将团饼炙、碾、罗，以及侯汤、点茶等一整套规范的程序。宋徽宗赵佶为此著有《大观茶论》，这本书是现代研究点茶及宋代茶文化的珍贵文献资料。

郑州市金水区丰庆路小学以非遗传学馆为媒介，开设少儿茶艺社团，有目标、有计划地组织学生进行茶艺学习。同时，学校也制订了相关教师培养方案。学校还通过“走出去”“请进来”的方式，定期聘请非遗项目传承人为教师做专业培训、为学生做专业指导。

二、课程目标

茶艺课程充分考虑不同基础学生的接受能力，设计不同的授课内容，体现不同的活动目标。

零基础学生，其理解能力相对有限，而且进行实践也会受到动手能力的限制，因此相关茶艺社团课程以茶礼为主，主要是学习茶诗、茶故事，初步感知茶的技艺等，感受到中国传统茶文化的魅力。

有基础的学生，其理解能力相对有了一定的提升，因此茶艺研学旅行课程主要以识茶、认茶、品茶，掌握点茶技艺，创作点茶作品为主，在感受茶文化的基础上学习茶的知识，形成点茶技艺，宣传宋代点茶文化。

三、课程实施

本学期课程学习内容为“七汤点茶法”。课程以宋代点茶、茶百戏为学习重点，同时在传统艺术传承基础上进行创新。

本课程适用年级为五年级。依据课程主题，基于驱动性问题开展实践学习活动，共分为走近非遗、智创非遗、乐享非遗、推广非遗四个阶段。

年级	活动步骤	活动目标	活动内容	实施策略
五年级	第一阶段走近非遗	1. 通过教师讲解、学生观摩等方式，学生了解宋代茶文化背景及主流饮茶方式。 2. 教师示范，学生实操，学习制作宋代点茶所需的茶叶形式——点茶粉，能够掌握南宋审安老人的《茶具图赞》点茶器具——“十二先生”的名称和使用方法，提高动手实践能力。 3. 学生通过实操、交流、展示等学习活动，亲身体验一千年前宋人生活的情趣与雅致，感受不一样的宋朝	1. 了解宋代点茶文化背景。 2. 认识“十二先生”各器具的名称。 3. 初步探究“十二先生”各器具的作用。 4. 实操制作茶粉。 5. 作品展示与评价	1. 学生通过观看视频、图片等方式，了解宋代历史背景。 2. 小组活动实践体验让学生自己动手，把实操环节变得既有趣，又能对宋代点茶有更深入的感知和体验

续表

年级	活动步骤	活动目标	活动内容	实施策略
五年级	第二阶段智创非遗	1. 通过教师讲解、播放视频，学生分享等方式，学生了解七汤点茶的出处及其对后世的影响。 2. 教师示范并指导学生学习七汤点茶的步骤，提高学生的动手实践能力。 3. 学生通过交流、展示、评价等学习活动，传承点茶技艺文化，体验点茶的乐趣，感受中国茶文化的博大精深	1. 了解七汤点茶的历史出处。 2. 初识点茶器具。 3. 教师示范七汤点茶流程及要点。 （1）碾茶：待团茶炙好冷却后，置于茶碾内碾碎成细末。碾时要快速有力，称为“熟碾”。 （2）罗茶：用细茶罗将茶末筛细，罗以绝细为佳。 （3）候汤：等待汤瓶中的水煮沸。汤“未熟则末浮，过熟则茶沉”。 4. 学生实操，教师点拨。 5. 作品展示与评价	1. 学生通过观看视频、图片等方式，了解宋代历史背景，点茶是如何兴起的，点茶是什么，宋徽宗是谁，他所著的《大观茶论》对后世有什么影响等相关知识。 2. 让学生看一看，摸一摸，感知和体验，了解汤瓶、建盏、茶筅等主要点茶器具的特征和用途。 3. 教师通过要点讲解带领学生实践操作，激发学生的学习兴趣，指导和帮助学生完成一件作品

续表

年级	活动步骤	活动目标	活动内容	实施策略
五年级	第三阶段乐享非遗	1. 教师通过讲解历史文献、人物典故，展示图片、播放视频等方式，让学生了解宋代点茶之茶百戏是怎样的艺术形式。 2. 教师示范，引导、鼓励学生自己创作茶百戏，提高学生的动手实践能力及艺术创作力。 3. 学生通过交流、展示、评价等学习活动，传承和创作茶文化艺术瑰宝之茶百戏，体验创作时的乐趣，感受宋人一杯茶汤中的诗情画意	1. 了解茶百戏的前世今生。 2. 初识茶百戏创作形式。 3. 教师示范茶百戏创作技巧。 4. 学生实操，教师指导。 5. 作品展示与评价	1. 通过展示文献、影视资料、图片的形式让学生对茶百戏有初步的视觉感知，并对它产生兴趣，增强好奇。 2. 展示茶百戏的创作技巧，同时注重学生个性发展，鼓励学生自由大胆地表现和发挥

续表

年级	活动步骤	活动目标	活动内容	实施策略
五年级	第四阶段推广非遗	1. 学生了解推广和宣传活动的方法与流程。 2. 学生积极参与策划和实施展示活动。 3. 通过推广和宣传活动，学生能够进一步认识到非遗的价值，传承非遗文化，弘扬民族精神	1. 办一个茶展，争做有心“小茶人”。 2. 送一份茶礼，争做爱心“小茶人”	1. 教师引导学生策划和制订展示活动方案，并参与整个展示活动流程。 2. 把活动自主权交给学生，有效提升学生的综合素养

四、课程评价

（一）学生评价

1. 评价原则

结合课程和学生特点，依照全面、多元化、综合性评价原则，贯穿活动过程始终，全面监测活动效果，促进目标的有效达成，实现导向、诊断、交流和激励作用。

2. 评价策略

指导教师在活动中关注每位学生，并对其学习表现给予及时鼓励与肯定，激发学生的学习积极性。根据不同的活动内容制订评价表，包括自评、互评、师评等项目，进行指向性评价。每次活动结束前对实操步骤进行评价，引导学生学习他人优点、认识自己不足，进一步改进、提高自己的技能，借助团队的力量提升自己。

3. 评价量规

评价项目	评价标准		
	★★★	★★	★
学习态度	学习态度积极认真，善于思考，具有较强的学习能力，主动练习实操，独立、出色完成学习任务	认真学习，积极参与交流，基本完成实操任务	学习较认真，在同伴的帮助下能够完成实操任务
实践创作	熟练掌握点茶基本要素，基本点茶动作纯熟到位，点出的茶汤沫饽厚实，咬盏，茶百戏作品有主题，画面生动有趣	基本掌握点茶动作要领，茶汤沫饽较薄，较咬盏，茶百戏画面完整	基本掌握点茶动作要领，茶汤沫饽薄，有水痕，茶百戏作品不完善
成果展示	动作优美，步骤正确，茶汤沫饽厚实，茶百戏作品精美，分茶均等一致，有优秀的茶礼仪呈现	动作到位，步骤正确，茶汤沫饽厚实，茶百戏作品简单，分茶基本一致，有熟练的茶礼仪呈现	动作到位，步骤正确，茶汤沫饽较薄，茶百戏作品一般，分茶不够均匀，有较规范的茶礼仪呈现

（二）教师评价

为了落实常规、健全制度，科学管理、追求实效，学校制订了管理工作方案，全面监督和落实课程的实施。方案包括详细的教师管理方法和细则及评价记录表，除采取常规检查的办法外，更注重活动过程常规管理评估和活动成果展示考核，同时更关注民主评价，把课程开展情况作为教师业绩考核的参照依据之一，激励教师挖掘学生的潜能，拓展学生素养，进一步提高教育教学效率和学校办学品位，全面推进素质教育。

（三）课程评价

学校以课程活动类型丰富，体现实践性和综合性，有利于培养和锻炼学生多方面素质为评价标准，从内部管理、活动情况、档案建设、获奖情况四个方面进行评价。内部管理要求组织机构健全，管理体制完善，有规范的规章制度，指导老师认真负责，活动能体现学生的主体性；活动应按计划开展，形式多样，内容丰富，成果显著；活动档案整理齐全、规范；并结合组织的活动、项目在各比赛中获奖的情况进行综合评价。

五、实施建议

（一）坚持实践育人，提升综合能力

以“学习者”为中心，以“实践活动”为抓手，进一步丰富非遗教育形式。强调学生“主动参与、乐于探索、勤于动手”，在“做中学”“用中学”。学生从了解茶叶的基本知识入手，首先了解和掌握茶叶的分类、茶的品质特点等，并在此基础上，学习茶艺表演的程序、动作要领，欣赏茶叶的色、香、味、形，最后学习茶艺的礼仪。学习完理论知识，跟随老师进行一整套的茶艺练习，充分把理论和实践紧密结合。在课程开展的过程中，教师倡导学生动手实践，让学生在实践中感受茶文化的魅力。课程结束后让学生分享茶艺社团阶段的学习收获并进行评比，以此来激发学生学习的积极性，使他们在实践中切实感受茶文化的浩瀚与博大，激发学生对我国优秀传统文化的认同。

办一个茶展或开展“争做我是茶艺讲解员”活动等，多角度宣传并使学生在关注与认识传承非遗传统文化的同时，进一步深入认识茶文化的内涵，激发他们做“小茶人”的兴趣，掌握才艺，修身养性，体验快乐。

（二）在动手创作中，感悟非遗魅力

课程突出学生的实践学习、亲身体验与获得，学生的实践创新精神、动手能力和审美情趣以及对传统文化的认同感在潜移默化中也可得到提升。通过动手创作，在传统的基础上融入现代生活元素，制作出新时代创新产品，成为茶艺传承人、接班人。“茶道”是一种以茶为主题的生活礼仪，也是一种通过沏茶、赏茶、品茶来修身养性的方式。学生可以通过茶艺社团的学习，将茶道陶冶情操、去除杂念、修身养性的良好习惯带到学习、生活中去，学会真正的静心、静神。

（三）开展丰富活动，给予学生展示平台

学校定期开展作品展示活动，在课内和校内、校外进行非遗宣传和推广。通过举办茶艺实践活动，学生可体验做一名“小茶人”的快乐，有展示自己学习成果的机会，激发学习的兴趣和动力。办一个茶展，争做有心“小茶人”。让学生收集或自编茶儿歌、茶诗、茶对联、茶故事，制作成新颖别致的茶文化卡、茶灯、茶扇、小茶报等。送一份茶礼，争做爱心“小茶人”。“小茶人”向家人展示各种茶的冲泡表演，请家长品茶。通过班会茶艺主题，争做热心“小茶人”。茶艺社团成员为大家讲解冲泡要领，示范冲泡步骤，并分到各小组中去指导练习。学生根据自己所学知识和已经具备的能力，对“七汤点茶法”进行宣传，运用所学各学科知识去保护和传承非遗文化。

六、课程保障

1. 建立研习场馆。学校成立“非物质文化遗产学习馆”，配齐、配足课程所需物品材料。

2. 多管齐下。学校聘请校外非遗传承专家，由专业教师引领，培训学校在职教师，为学生答疑解惑，指导实践。

3. 多渠道学习。依托多种宣传渠道，推动非物质文化遗产“走出去”。鼓励中小学校开设非物质文化遗产特色课程，建立非物质文化遗产代表性特色中小学传承基地。

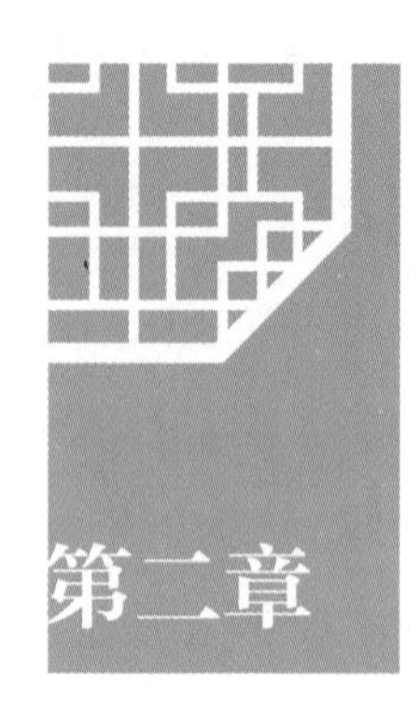

第二章　活动设计

项目一　制作点茶粉

活动目标

1. 通过教师讲解、学生观摩等方式，学生了解宋代茶文化背景及主流饮茶方式。

2. 教师示范，学生实操，学习制作宋代点茶所需的茶叶形式——点茶粉，能够掌握南宋审安老人的《茶具图赞》点茶器具——“十二先生”的名称和使用方法，提高动手实践能力。

3. 通过实操、交流、展示等学习活动，学生亲身体验一千年前宋人生活的情趣与雅致，感受不一样的宋朝。

活动重难点

识别十二器具，掌握点茶粉的制作流程。

活动准备

教师准备：课件、仿宋《茶具图赞》十二器具、茶叶和点茶粉；学生准备：搜集的相关资料。

活动流程

本活动一共分为六个活动环节：了解宋代茶文化背景—认识点茶十二器具—初步探究—实操制作茶粉—展示与评价—活动总结，需要一个课时。

一、了解宋代茶文化背景

设计理念：学生通过观看视频、图片等方式，了解宋代历史背景。

教师通过课件的形式讲解宋朝经济、文化背景，介绍为什么宋人没有沿用唐朝的煎茶法而采用过程繁琐的点茶法。

二、认识点茶十二器具

设计理念：学生了解点茶器具和用途，为下一步实操打基础。

教师通过展示图片与实物对照的形式讲解南宋审安老人《茶具图赞》中记载点茶所需十二器具的名称和具体用途，示范茶粉制作流程。

三、初步探究

设计理念：学生通过观摩实物、小组探讨的方式，对每一个器具更加熟悉。

学生通过老师讲解，对照实物感知和体验，小组讨论与分享，初步了解各器具的主要特征和作用。

四、实操制作茶粉

设计理念：学生自己动手，使实操环节变得既有趣，又能对宋代点茶有更深入的感知和体验。

学生以小组为单位，按照制作流程炙茶、碾茶、罗茶，共同协作制作茶粉。

1. 将炙干的茶饼用干净的牛皮纸包好，用茶臼轻轻敲打，使茶饼变成小块状。

2. 将小块碎茶倒入茶碾中，用碾轮将碎茶碾细。

3. 用茶帚将茶碾中的碎茶扫入牛皮纸中，并倒入茶磨。

4. 磨茶时两人合作，顺时针转动石磨，使茶末一点一点地落入外边槽中。

5. 将槽中茶末扫入牛皮纸中，再次倒入石磨，继续磨茶，重复 3~4 遍，将茶末放入茶叶罐中。

6. 把碾好的茶末过筛，使茶叶更加精细。

教师边巡视边指导学生，提醒学生注意手法和进度。

磨茶

茶末

罗茶

五、展示与评价

设计理念：通过展示与评价，交流分享，互促互进，教师引导学生发现优势和存在问题，促进成长。

每个小组成果展示，分享讨论制作时的感受和问题。教师评价。

六、活动总结

设计理念：针对本次活动，学生提出疑问，教师给予解答和总结，再次激发学生对点茶的兴趣。

发源于唐朝中后期的宋代点茶，历经近百年的积淀、发展，在宋代时迎来了属于自己的“高光时刻”。一千年后的今天，我们每一位“小茶人”不仅是体验者，更是点茶的传承者。

学生活动评价表

《制作点茶粉》评价表		
1	你觉得宋人饮茶有仪式感吗?	
2	你在一步步制作完成后，会不会更加珍惜这一杯茶?	
3	制作完茶粉，你想知道点茶是什么吗?	

（设计者：金水区丰庆路小学特邀专家　范　宇
金水区丰庆路小学　李　然）

项目二　七汤点茶

活动目标

1. 通过教师讲解、播放视频，学生分享等方式，学生了解七汤点茶的出处及其对后世的影响。

2. 教师示范并指导学生学习七汤点茶的步骤，提高学生的动手实践能力。

3. 学生通过交流、展示、评价等学习活动，传承点茶技艺文化，体验点茶的乐趣，感受中国茶文化的博大精深。

活动重难点

掌握点茶的操作要点，感受点茶时运筅的手法。

活动准备

教师准备：课件、点茶器具、点茶粉；学生准备：收集的资料和制作工具。

活动流程

本活动一共分为六个活动环节：了解七汤点茶历史出处—初识点茶器具—教师示范七汤点茶流程及要点—学生实操—展示与评价—活动总结，需要两个课时。

一、了解七汤点茶历史出处

设计理念：学生通过观看视频、图片等方式，了解宋代历史背景，点茶是如何兴起的，点茶是什么，宋徽宗是谁，他所著《大观茶论》对后世的影响等相关知识。

1. 教师通过讲解课件让学生了解宋代文化背景，知道七汤点茶出自北宋第八位皇帝宋徽宗所著《大观茶论》，感受千年前宋代的繁荣与宋人对点茶的痴迷与热爱。

2. 教师通过展示图片让学生了解点茶的具体过程。简单来说，点茶就是先将烘焙过后的茶用茶碾碾碎，再用石磨碾成细茶粉。筛分之后，置入茶碗中，接着注入热水，再用竹制的茶筅将茶水击拂，直至水面泛起细密的泡沫。

二、初识点茶器具

设计理念：让学生看一看，摸一摸，感知和体验，了解汤瓶、建盏、茶筅等主要点茶器具的特征和用途，让学生有直观、真实的体验。

1. 学生通过观摩点茶器具，了解宋代点茶器具的独特性、实用性。

2. 教师通过示范讲解，使学生掌握点茶器具的特征和使用方法。

三、教师示范七汤点茶流程及要点

设计理念：教师通过要点讲解带领学生实践操作，激发学生的学习兴趣，注重研究性、实践性的探究式学习方式，指导和帮助学生完成一件作品。

1. 七汤点茶的流程及要点

第一步：候汤（包括选水和烧水）

宋朝时期人们在煮茶的时候尤其注重水的品质，宋徽宗所写著的《大观茶论》就明确指出点茶法所用水的标准："水以清、轻、甘、洁为美。"

第二步：熁（xié）盏

在进行调膏点茶之前，需要"熁盏"，也就是需要先用热水温热茶盏，有助于更直观地呈现点茶的效果。

第三步：七汤点茶

《大观茶论》中描述点茶共注水七次，使茶粉与水交融，茶汤表面显现雪沫乳花，整个过程不超过 10 分钟。

第一汤　量茶受汤，调如融胶

即调膏，取大概一勺半茶粉，注少量沸水，调成黏稠状，使茶粉全部溶解。

第二汤　击拂既力，珠玑磊落

快速和用力是第二步的关键因素，注汤时水线细细地绕茶面一周，手持茶筅用力击拂，这时茶面汤花渐渐焕发色泽，茶面上升起一层似珠玑的细泡，如果打出大泡泡和小泡泡，那就是珠玑磊落了。

第三汤　击拂轻匀，粟纹蟹眼

注少量水，开始第三汤。使用茶筅的速度要均匀，匀速地将大泡泡击碎成小泡泡，使茶面汤花细腻如粟粒、蟹眼，并渐渐涌起。这时茶的颜色已有六七分了。

第四汤　稍宽勿速，轻云渐生

茶筅击拂幅度要大，速度比第三汤时要慢。轻云渐生，即茶面颜色泛白，云雾渐渐从茶面生起。

第五汤　乃可稍纵，茶色尽矣

注少量水，可随性地打，汤的标准是水乳交融。

第六汤　以观立作，乳点勃然

继续注水做第六汤，要做出乳点勃然，就是要把底部没有打到的茶粉继续打上来，使得乳面更厚。只是点水于汤花过于凝聚的地方，目的在于使整个茶面汤花均匀。运筅宜缓，轻拂汤花表面。

第七汤　乳雾汹涌，溢盏而起

最后一步，就是在茶汤中上部快速地击拂，直到周回凝而不动，也就是咬盏。看整个茶盏中注入的水够不够茶盏的五分之三，看茶汤浓度如何,可点可不点,茶筅的击拂到此也可停止。

四、学生实操

设计理念：通过老师示范讲解后让学生自己动手操作，实际感受看似简单的动作，体验不简单的流程，培养学生持之以恒、不怕失败的探究精神，在亲身体验中掌握技法，感受技艺的精湛。

教师进行巡视指导,解答实操过程中学生不清楚的地方,同时给予肯定、鼓励。

五、展示与评价

设计理念：通过展示与评价，交流分享，互促互进，教师引导学生发现优势和存在的问题，促进成长。

学生展示自己的点茶作品，分享学习心得、制作过程、遇到的问题和解决方法等，并进行生生评价。最后，教师评价，给予充分的肯定和激励。

六、活动总结

设计理念：主题升华，引导学生认识宋代点茶的文化价值，感受宋人点茶带给生活的美好意境。

点茶，是中国传统饮茶方法之一，曾经在中华大地几近失传，只能在众多文献典籍中窥见一二。宋徽宗赵佶《大观茶论》的详细记录，为我们现代研究提供坚实的基础。每一位同学在学习实践过程中不仅要感受点茶的艺术之美，更要发扬与传承传统文化。

学生活动评价表

《七汤点茶》评价表		
1	你学会了七汤点茶的方法吗?	
2	你能否通过多次练习和实践，制作一份符合要求的点茶?	
3	请将你制作点茶的过程拍成小视频，与同学、朋友分享。	

（设计者：金水区丰庆路小学特邀专家　范　宇
金水区教育发展研究中心　观　澜）

项目三　茶百戏

活动目标

1. 教师通过讲解历史文献、人物典故，展示图片、播放视频等方式，让学生了解宋代点茶之茶百戏是怎样的艺术形式。

2. 教师示范，引导、鼓励学生自己创作茶百戏，提高学生的动手实践能力及艺术创作力。

3. 学生通过交流、展示、评价等学习活动，传承和创作茶文化艺术瑰宝之茶百戏，体验创作时的乐趣，感受宋人一杯茶汤中的诗情画意。

活动重难点

掌握茶百戏的创作技巧，认识茶百戏的艺术价值。

活动准备

教师准备：课件、点茶器具、点茶粉，茶匙。

活动流程

本活动一共分为六个活动环节：了解茶百戏的“前世今生”—初识茶百戏创作形式—教师示范茶百戏创作要点—实操—展示与评价—活动总结，需要两个课时。

一、了解茶百戏的“前世今生”

设计理念：教师通过故事讲解、展示图片、播放视频等方式，让学生了解宋代历史背景，点茶如何兴起，什么是“斗茶”之茶百戏等相关文化。

教师通过引用历史名人诗句、著作中与茶相关的片段，带领学生打开时空穿越之门，领略千年之前的宋人的生活美学，感受人人“斗茶”的繁荣景象。

唐宋人饮茶，在一千多年以前，已经玩拉花游戏了，北宋陶谷《清异录》中有记载，茶至唐始盛。近世（宋）有下汤运匕，别施妙诀，使汤纹水脉成物象者，禽兽虫鱼花草之属，纤巧如画。但须臾即就散灭。此茶之变也，时人谓之“茶百戏”。上至达官贵胄，下至平民百姓，无一不追逐饮茶风尚。然而在元代后，由于点茶法逐渐被泡茶法取代，分茶不再盛行。明清时期，闽北一带仍有点茶、分茶流传。近代后，点茶法、茶百戏基本失传。经过不断地研究探索，2009 年才发掘并恢复了茶百戏这一古老技艺。

二、初识茶百戏创作形式

设计理念：学生通过观看文献、影视资料、图片的形式，对茶百戏有初步的视觉感知，并对它产生兴趣。

教师通过多种方式让学生了解到，茶百戏是在点茶基础上，在茶汤表面画画的艺术。茶汤中图案的形成与点茶时茶汤的泡沫有密切关系。茶百戏，以茶为纸，以水为墨，寥寥几笔便能表现国画的意境之美。

三、教师示范茶百戏创作要点

设计理念：教师通过示范实践操作，启发学生自己构思创作。

教师引导学生了解茶百戏，在茶汤上作画与在纸上有所不同。

用茶匙舀上清水或调好的茶膏，在茶汤表面上勾勒线条，茶沫状态随之变幻，即所谓“清水画丹青”。水量的多少，茶匙运行的速度、角度，都非常讲究。

创作时，注意图案的深、浅、浓、淡、粗、细都用一只茶匙来表现。学生需要边实操边感悟、调整。不下一番真功夫，很难“画”出好作品。

四、实操

设计理念：百看不如一练，激发学生的创作激情。

教师引导学生创作前先在脑海中构思自己想要的作品主题和形象，实操时教师边巡视边指导学生注意创作手法与技巧，并解答实操过程中遇到的问题。

五、展示与评价

设计理念：通过展示与评价，交流分享，达到互促互进，教师引导学生发现在课程学习中的优势和存在的问题，促进成长。

1. 教师引导学生分享自己作品的创作理念和创作感悟，并两两之间互相观摩，体验宋人“斗茶”的乐趣。

2. 教师点评与总结，进一步鼓励学生，激发学生的实践兴趣。

六、活动总结

设计理念：主题升华，教师引导学生认识茶百戏的艺术价值。

茶百戏满足了人们饮茶时的味觉美、感觉美和视觉美的需求。通过茶百戏这样的操作，泡茶的过程不再单调，同时也在一定程度上增加了泡茶的娱乐性。茶百戏不仅仅是娱乐消遣，更是千年前的先人给后世留下的丰富文化遗产。

学生活动评价表

《茶百戏》评价表		
1	你觉得在茶汤上作画的茶百戏有趣吗？	
2	你在创作的过程中有哪些难点？	
3	你对自己的作品最满意的地方是哪里？	
4	通过学习和实践茶百戏，你对宋代的文化有什么感悟？	

（设计者：金水区丰庆路小学特邀专家　范　宇

金水区丰庆路小学　宋　妍）

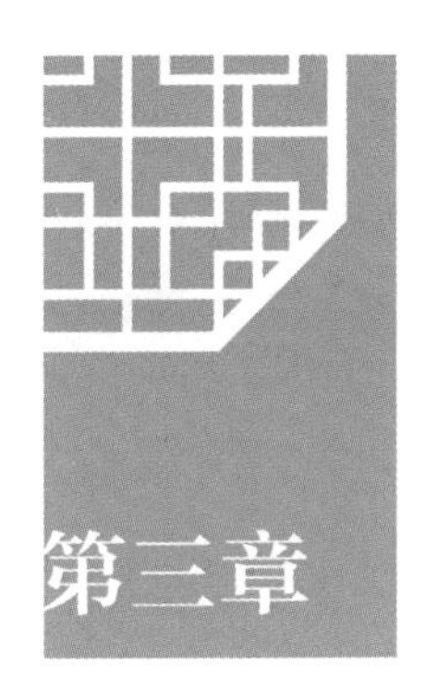

第三章　课程影响力

一、课程概述

茶在手中，艺在心中，茶艺社团是金水区丰庆路小学“中华非遗系列”课程的其中一项。茶文化是中国数千年文明史中的瑰宝，积淀了中华民族优秀的文化传统。传统文化博大精深，其中非物质文化遗产更加璀璨，蕴含着丰富的人文精神和思想元素。学校在各项非遗课程实施过程中遵循素质教育和个性化理念，立足学校课程理念和追求，基于学校历史文化传承和学生发展需求，结合学校师资队伍及专家资源、场地资源等，以学科核心素养为导向，统整出了有逻辑的、立体的、独特的非遗课程体系。

“宋代点茶”课程的开设让学生亲身体验到非物质文化的独特魅力，切身感受到茶文化的博大精深，有利于引导学生体验、了解、热爱宋朝文化和点茶文化，让非遗文化得以更好地传播和继承，从而提升学生的审美素养和创造能力，感悟美好生活需要创造，培养雅致生活。同时，我们号召用非遗技艺传递中国精神，讲述中国故事。

二、实施策略

（一）让专业引领学生深刻地体验

为了确保学校非遗课程深度发展，我们组建了教师核心团队，分包领导和骨干教师专门负责做专业技术、培训授课、学科融合、活动策划、宣传制作及课程编写与开发等，并不断扩大联盟阵营，与有关的专业人士建立联系，加强学习交流，共享共建，实现课程实施的专业化、常态化和持续性发展。

（二）“沉浸式”感受和体验宋韵文化的魅力

很多学生第一次看到点茶，感觉只能用“震惊”两字来形容。看着碧色的茶末在老师的手中变成乳白色的“雪涛”，变幻出种种瑰奇的物象。分茶时，又在茶汤上画出山水画，见识了“水丹青”的精妙，更令人心驰神往。学生学习的不仅仅是一个较复杂的泡茶技艺，更是在沉浸式体验宋韵文化。因此，在课程实施中，重在学生亲自操作与实践，亲历感受宋代点茶的魅力，激发创作兴趣。

（三）让展示成为非遗“会说话”的亮点

茶艺社团面向校园和校外展出，让更多的学生能与非遗近距离接触，体验非遗文化的魅力，同时让非遗文化辐射至家长和社会人群。学生在指导教师的培训下，将理论学习与实践结合，进行精彩纷呈的茶艺展示，从茶学中增长见识，平添了智慧的翅膀。通过茶艺社团的实践与学习，学生扩大了视野，丰富了知识，更重要的是促进了自身世界观的养成。

三、社会影响力

经过两年的实施和推进，“七汤点茶”课程已经成为金水区丰庆路小学的非遗品牌课程。非遗课程的落地生根，蓬勃生长，让学生开阔了非遗文化视野，掌握非遗技艺，感受非遗特有的文化价值，体悟工匠精神，激发热爱祖国的深厚情怀，树立弘扬和传承优秀民族艺术的意识。“七汤点茶”课程开设以来，多次举办校园展示活动，积累了许多宝贵经验。非遗传学馆开展以来，代表学校参加金水区教育艺术节艺术实践工作坊比赛，荣获团体一等奖，2021 年 5 月，参加金水区庆六一嘉年华现场展示活动，得到了广泛的认可和好评。

学校邀请的非遗教师范宇，隶属家族四代茶人，是国家二级评茶师，茶艺讲师，曾是 2019 年中华茶奥会仿宋斗茶大会评委团成员，2020 年南宋斗茶大会评委团成员。范老师酷爱中国传统文化尤其是中国茶文化，并对茶文化巅峰宋代之点茶颇有研究，在她的课堂中学习的不仅仅是点茶的技艺，更是透过点茶了解中国茶文化历史、宋代文化和雅事，比如宋代四雅：焚香、挂画、插花、点茶，都会在课堂上通过图片、视频、实操体验的方式观摩感受。学生在有趣的课堂氛围中，不仅了解宋代文化、美学，掌握一门技艺，同时因为学习了中国茶文化历史，提升了文化自信和民族自信，成为一名中国茶文化的传承人。

同时，金水区在实施“宋代点茶”课程中，注重跨省份的专业研讨与交流活动，与杭州市国家级二级茶艺师郑志伟老师一起将宋代点茶文化进行推广，影响身边的小学生了解文化，参与体验，多次实践，形成作品，潜移默化宋代点茶的知识与技艺。

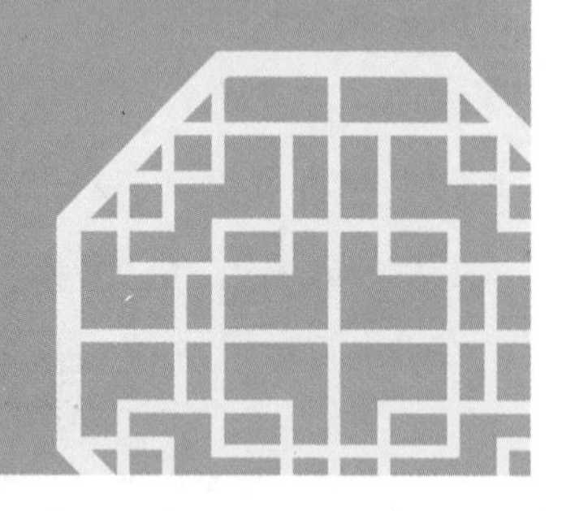

第三篇
师生作品

作品赏析（1）

作品名称：茶山水

作者：李子钰

指导教师：宋妍

学校：郑州市金水区丰庆路小学

设计理念

点茶是宋代的一种煮茶方法。将茶碾成细末，置茶盏中，以沸水点冲。沉浸当下，用心感受水的沸腾，用手感受点茶最精准的汤量，庄重而灵巧，在反复击拂中，一步一步点出雪乳云汤。以茶膏为墨，茶汤为纸，茶勺为笔，在茶上作画，即“茶丹青”。在作画上，运用山水的元素在纯白的茶色上点画显得相得益彰。

教师点评

“茶山水”的汤花细密、如凝冰雪，像一朵云在茶盏中。学生在击拂的过程中使用的力度均匀，茶的水温把控得很好。点画的技法娴熟，画面气韵生动，形与意俱佳。

作品赏析（2）

作品名称：翠竹林

作者：郭欣欣

指导教师：冯春芳

学校：郑州市金水区丰庆路小学

设计理念

竹子纤细柔美，长青不败，象征青春永驻。竹子潇洒挺拔、清丽俊逸，有翩翩君子风度。竹子空心，象征谦虚，品格虚心能自持。竹的特质是弯而不折，折而不断，象征柔中有刚的做人原则。竹节毕露，竹梢拔高，比喻高风亮节品德，高尚不俗，生而有节，视为气节的象征。

教师点评

竹子有彰显气节、坚韧不拔、万古长青之意。“翠竹林”整体设计简约大气，整体特征鲜明，突出了竹子节节高升的特点，符合孩子们对竹子的基本认知，竹叶有层次，引人注目。这位同学在“茶百戏”的过程中轻重有序，充分呈现了所学技巧。

作品赏析（3）

作品名称：喜上眉梢

作者：牛子涵

指导教师：冯春芳

学校：郑州市金水区丰庆路小学

设计理念

喜鹊登梅是中国传统吉祥图案之一，也是征兆吉祥的雕刻题材。民间常把喜鹊登梅的作品陈列家中，以兆好运。喜鹊叫声婉转动听，在中国民间将喜鹊作为吉祥的象征，象征好运与福气。梅，古代又称“报春花”，因此取名为“喜上眉梢”。

教师点评

“喜上眉梢”外观设计精致生动，把喜鹊的灵动充分表现了出来，梅枝向上延伸，梅花含苞未放。这名学生充分利用自己的绘画功底，凸显出了自己的设计理念，作品呈现出“点茶”历史的辉煌时代。

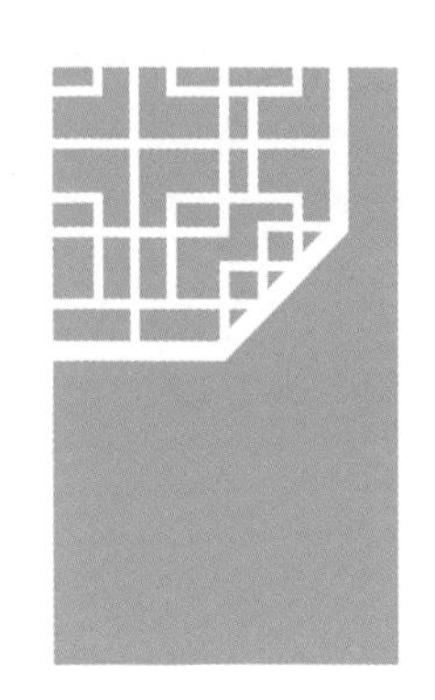

作品赏析（4）

作品名称：福兔献瑞

作者：高梓郁

指导教师：范宇

学校：郑州市金水区丰庆路小学

设计理念

这幅作品将"福"文化与生肖兔文化结合，圆润欢快的瑞兔奔跑在"福"字之中，寓意迎春、纳福，喜迎癸卯新年，健康福禄寿。"福兔献瑞"意思就是有福气的兔子会给人们献上祥瑞的好征兆，这也反映了人们对美好生活的期盼和向往。

教师点评

该作品采用圆满的构图与简练的手法进行设计创作，作品简约概括。在设计上，又将"福"文化与生肖兔文化结合，宣扬了中国的传统文化和民俗文化。

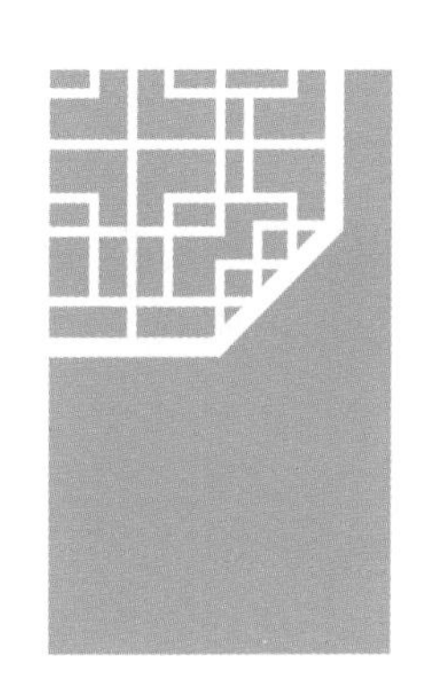

作品赏析（5）

作品名称：回家

作者：潘博文

指导教师：郑志伟

学校：杭州临安青山湖科技城一小

设计理念

2022 年北京冬奥会是由中国举办的国家盛会，冬奥会及冬残奥会吉祥物“冰墩墩”深受广大人民群众喜爱。“冰墩墩”象征着冬奥会运动员们强壮有力的身体和坚韧不拔的精神，和平鸽象征和平、团结。北京冬奥会最令人感动的一幕是一只小和平鸽迷失了方向，一只大的和平鸽跑过去牵着她的手，把她带到团队里面，这让我们想到了宝岛台湾，在祖国母亲的指引下一定会回到母亲的怀抱。

教师点评

这是一幅令人感动的作品，温暖人心，“冰墩墩”可爱灵动，在它的指引下，迷失的孩子一定能回到母亲的怀抱。作品立意新颖，而又富有创新，为新时代的小学生点赞。

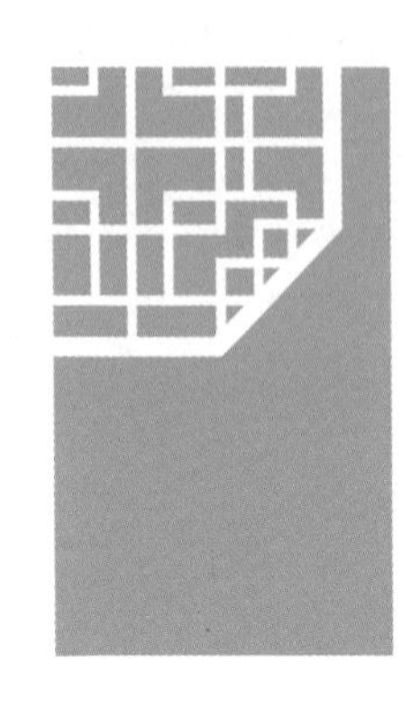

作品赏析（6）

作品名称：空谷幽兰

作者：潘博文

指导教师：郑志伟

学校：杭州临安青山湖科技城一小

设计理念

宋代是中国传统文化繁荣昌盛的时代，当时文人治天下，文人两袖清风，虚怀若谷，正直坦率，就如兰花，清新淡雅。文人不光能“先天下之忧而忧，后天下之乐而乐”，而且还能寄情山水，兰花跟文人气质相符，所以文人独爱兰。

教师点评

小朋友在茶中展现兰花的清雅质朴，独树一帜，不随波逐流。同时也表达了小朋友以文人墨客为表率的价值观，非常值得赞扬！

作品赏析（7）

作品名称：白云浮盏

作者：范宇

学校：郑州市金水区丰庆路小学（特邀专家）

设计理念

宋人嗜茶，上至天子，下至庶民，尽皆无茶不欢，而宋徽宗对于茶的喜爱更是无以复加，其所编纂的《大观茶论》中详细记载的“七汤点茶法”，更是把宋代的点茶文化推向一个高峰。七汤点茶最关键的步骤为点茶与击拂，最精彩的部分则集中于汤花的显现。注水之后，茶汤表面会升起一层白色的、厚厚的泡沫，这层泡沫通常被称为“汤花”。宋代文人常将它比作乳点、云朵和白雪等物象，这给宋人在点茶过程中带来了美的体验，以及心灵享受。

作品赏析（8）

作品名称：文人竹

作者：范宇

学校：郑州市金水区丰庆路小学（特邀专家）

设计理念

竹子自古以来一直象征着那些追求理想、不屑于名利之争的人，表现其有气节、刚正不阿的精神。竹子外节中空，还象征着做人的谦虚、虚心。竹子中空，而外表挺拔，刚直向上，表现了在坚强不屈的外表之下，内心是虚怀若谷的，愿意向一切比自己强的人学习，也永远满怀着一种虚心求学的精神。竹子作为绘画艺术里的题材，是中国所特有的。

作品赏析（9）

作品名称：橘枝栖雀图

作者：郑志伟

单位：郑志伟宋韵点茶工作室

设计理念

宋代是我国历史上文化和审美的巅峰。南宋吴自牧《梦粱录》中记载："焚香点茶，挂画插花，四般雅事，不宜累家"，作者用点茶的方式呈现出1000年前的饮茶方式，并在点茶的基础上用创新茶百戏再现了宋画《橘枝栖雀图》，是对两宋文化的致敬，也是传承宋代点茶七汤点茶法基础之上的创新。

作品赏析（10）

作品名称：西湖四景图之春

作者：郑志伟

单位：郑志伟宋韵点茶工作室

设计理念

苏东坡有诗云："水光潋滟晴方好，山色空蒙雨亦奇。欲把西湖比西子，淡妆浓抹总相宜。"西湖的美传承了千年，西湖之景传遍了世界。作者以宋代点茶为基础，在如云似雪的茶汤上作画，画出春季西湖烟雨蒙蒙细雨绵绵之景，意境悠远，仿佛穿越到了宋代。

新时代的教师应该具备哪些素养

目前,我国的基础教育已全面普及,人民群众“有学上”的问题得到解决,“上好学”的需求日益强烈。全面提高教育质量，实现基础教育高质量发展已成为我国教育的战略性任务。培养有理想、有本领、有担当的社会主义时代新人，办好人民满意的教育被摆在了更加重要的位置。

基于我国国情，中华人民共和国教育部于2022年4月出台了《义务教育课程方案》(以下简称《方案》)，进一步推动了我国在课程、实施与评价等方面的深度改革。《方案》强调了三个方面：一是学科实践，规定每学科拿出不少于10%的课时开展跨学科学习活动；二是综合学习，提倡主题式、项目式、单元式等教学；三是评价改革，关注过程性评价、增值性评价，对学生在学习过程中的学习态度、学习方法、思维方式等进行跟踪，及时引导学生全面发展。这些既是对学生学习方式的改革，更是对教师在课程理念、教学方式、评价方法等方面提出的新的挑战。

那么，如何提升教师自身能力，实现高质量的教育教学活动呢？教师需要具备哪些素养，才能胜任新时代的教育担当，才能落实、实现国家课程改革的理念和方向，培养出一批批德智体美劳全面发展的学生呢？

基于这样的思考，我们整理并总结了各个学科都涉及的相同教学主题，最后决定将中华优秀传统文化中的非遗作为抓手进行跨学科、融合学科的开发，从中

探索出一套非遗文化课程深入推进的方案，提炼出一套非遗项目跨学科学习开发与实施、评价与推广的立体式实践模式。由此，我们建立了以综合实践活动、劳动教育、美术、语文教师为主的跨学科教研团队，根据教师的专业特长和课程能力，组建了十几个联盟校项目，进行了持续的实践探究，并获得了可喜的成果。我们深深感悟到新时代的教师在课程开发、实施、评价与资源利用等方面应该具备如下这样的素养。

一、跳出单一学科界限，“设计”学生课程内容

《方案》提出每一学科要开发不少于10%课时的跨学科活动，从师资能力看，要求教师具备跨学科设计的理念和能力；从活动内容看，指向基于学科为主题的跨学科学习，打破单一学科的壁垒，建立纵向联系，让学生在同一主题的内容中将各个学科涉及的知识、技能、学科思想、素养等进行联结与融合，让学生经历某一主题的完整的学习活动，建立新的思维方式，获得新的经验，实现“知识的价值”。非遗文化课程的研究与实践，涵盖语文学科的文化，美术学科的审美与技能，劳动教育的工匠精神，综合实践活动的综合性学习与能力培养等，它们的融合可以带给学生完整的体系和经历，不再是碎片化学习和认知。

二、尊重学生发展规律，关注学生实践体验过程

教育要遵循学生的身心发展规律，注重个性差异，因材施教，给予学生鼓励，使能力得到提升。根据非遗项目的研究活动，涉及学生对非遗项目的文化认知、设计制作、成果推广等，让学生能够通过一系列的活动“文化于心”“心化于形”，实现“知—情—意—行”相统一，成为一名非遗文化的小传人。在这个过程中，教师需要看到不同能力的孩子在活动中的投入、努力和专注，要看到学生基于自身状态获得的新的发展。我们提倡：尊重学生身心发展规律，不要吝啬教师的赞美，不要吝啬教师的“优秀”评定，要看到学生在付出过程中的那份全力以赴。

三、根据项目活动内涵，制订聚焦性评价量规

评价是导向，在项目活动中我们发现，教师在设计评价量表时经常出现两种情况。第一，能够关注学生经历的活动环节，但缺乏相应的不同等级的具体描述；第二，设计出的评价要素没有结合具体项目，而是笼统的、不聚焦的，没有契合主题。这样的评价不能给予学生具体的指向，无法让学生结合活动主题进行反思与总结，不能明晰究竟哪些方面做得好，哪些方面还需要努力。我们建议，低年级学生认字少，可以图形为主，中高年级学生的评价量规要细致具体，具有指向性，帮助学生知道如何做，怎么做，自己可以做到什么程度。这样的评价才有意义。

四、善于利用社会资源，拓宽学生活动空间

非遗文化是传承的技艺，不具有普遍性。因此，在课程开发与实施中，利用与挖掘社会资源，寻求专家资源的协助，与非遗场馆或实践基地合作是非常有必要的。这可以弥补校内教师专业能力的不足，拓宽学生与教师实践研究的平台，补充丰富的课程资源，助力项目深入实施，促进学生获得专业的、多元的体验，深刻感受非遗文化的博大精深。

新时代的教师，需要具备的素养不只这些，还需要具备信息技术素养、协同发展的能力等。

相信，只要愿意行走在课程改革的道路上，教师就会在教育教学的实践中不断获得素养提升、教育智慧，乃至形成教育思想。久久为功，也必将推动中国的教育改革，为国育人，为党育才。

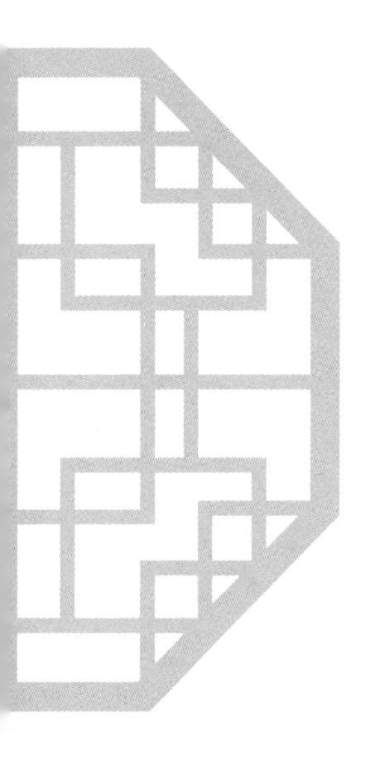

让非遗会说话

非遗劳动项目实施与评价

中医文化

主编 观澜
本册主编 张仁杰 张丽娟 王志芳

河南科学技术出版社
·郑州·

图书在版编目（CIP）数据

中医文化 / 观澜主编 . -- 郑州：河南科学技术出版社，2023.5

（让非遗会说话：非遗劳动项目实施与评价）

ISBN 978-7-5725-1187-5

Ⅰ. ①中… Ⅱ. ①观… Ⅲ. ①中国医药学—文化—介绍 Ⅳ. ① R2-05

中国国家版本馆 CIP 数据核字 (2023) 第 074866 号

出版发行：河南科学技术出版社

地址：郑州市郑东新区祥盛街 27 号　　邮政编码：450016

电话：（0371）65737028　65788613

网址：www.hnstp.cn

策划编辑：黄甜甜

责任编辑：乔伟利

责任校对：李平平

封面设计：张　伟

责任印制：朱　飞

印　　刷：河南博雅彩印有限公司

经　　销：全国新华书店

开　　本：710 mm × 1 010 mm　1/16　　印张：4　　字数：65 千字

版　　次：2023 年 5 月第 1 版　　2023 年 5 月第 1 次印刷

定　　价：258.00 元（全九册）

如发现印、装质量问题，影响阅读，请与出版社联系。

《让非遗会说话——非遗劳动项目实施与评价》（简称《让非遗会说话》）这套书，历经两年最终得以出版，得益于金水区深厚的文化，非常感谢河南省教育厅和郑州市教育局领导的支持，还有学校的大力支持和一起同行的观澜名师工作室的伙伴们。

非遗是传统文化的重要组成部分。在新时代下如何大力继承、推广和创新，是值得深度思考与研究的命题。

河南省郑州市金水区作为课程改革实验区，遵循“灿烂如金，上善如水”的教育理念，注重课程改革、教学改革和评价改革，构建适合金水学子的教育体系，全方位实施素质教育，落实课程育人、活动育人、实践育人、合作育人、评价育人，培养德智体美劳全面发展的新时代学子。

在推进和创新非遗文化课程中，我们建立跨界联盟校，吸纳洛阳、安阳、杭州等优秀非遗团队，以“项目”为驱动，开展跨学科学习教学，将美术、综合实践活动、劳动教育、语文、历史、物理等学科相融合……让学生经历真实情景的探究，重构知识体系和思维，在解决问题过程中使能力、素养、品质得以提升，最终建构学生“知识—人—世界”的完整实践价值观，实现“知—情—意—行”合一的美好教育境界。在整体探索和推进中，我们的团队边实践边总结，一起交流，一起研讨，一起碰撞，探索出一套非遗项目化实施和评价的有效模式。有7所学校的非遗项目成果在全国第六届公益教育博览会上进行参评和推广，河南省实验中学的剪纸、郑州市金水区四月天小学的布老虎、郑州市金水区文化绿城小学的葫芦烙画、郑州市金水区艺术小学的刺绣、郑州冠军中学吹糖人、河南省实验小学扎染、郑州市金水区农科路小学北校区皮影获得优异的成绩。

《让非遗会说话》这套书一共九本，包括九个非遗项目，它们分别是中医文化、宋代点茶、陶艺、布艺、扎染、刺绣、戏曲、葫芦烙画、澄泥砚。每本书分为三篇，第一篇是理论研究，重点阐述如何让非遗会说话的实践路径和模式；第二篇是课程实践，包括课程规划、具有代表性的活动设计、课程影响力，为课程如何规范有效设计、实施与评价提供借鉴和引领，其中活动设计呈现出联盟校各自的特色，为教师实施课程提供了可借鉴的经验和方向；第三篇是师生作品，展现了课程实施效果和师生的成长。

本套书呈现了非遗文化在中小学的有效落实，在师生学习生活中的开花结果、守正创新。对新时代下学校的课程创新、教师的创新实践、学生核心素养的发展都起到引领与推广作用。

在这里非常感谢参与《中医文化》编写工作的郑州市金水区经三路小学的主任夏艳青和焦福梅还有马瑞老师，郑州市金水区纬五路第一小学的副校长张力伟和辛泊宣老师，郑州市金水区农科路小学国基校区的焦楠老师，郑州市金水区第四幼儿园主任孟艳芳等辛勤的付出和智慧的交流。

河南省郑州市金水区教育发展研究中心 观澜

第一篇　理论研究

第二篇　课程实践

第三篇　师生作品

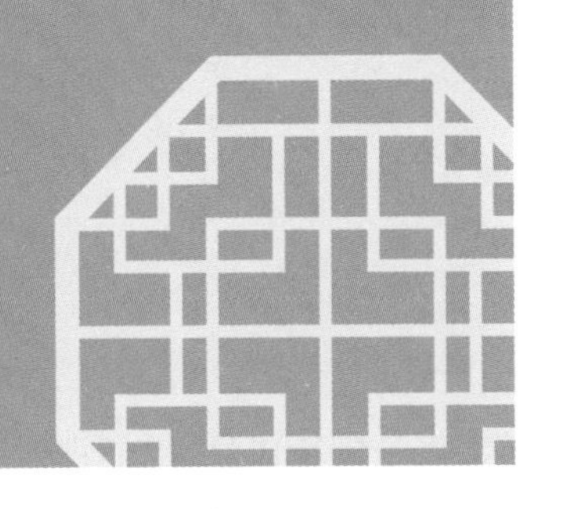

第一篇
理论研究

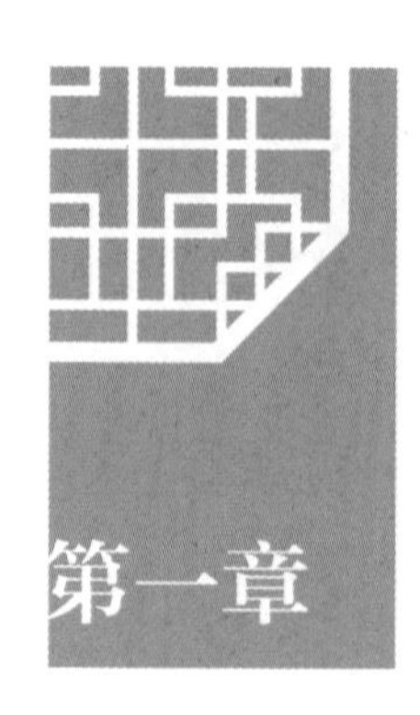

第一章 非遗文化的重要性

习近平总书记强调，中华优秀传统文化是中华民族的精神命脉，是涵养社会主义核心价值观的重要源泉，也是我们在世界文化激荡中站稳脚跟的坚实根基。非遗文化是中国传统文化的一部分，在中国传统文化中具有重要地位。

一、非遗文化的重要性

非遗文化是中国传统文化重要的组成部分，承担着独特的文化内涵和教育推广意义。

非遗文化具有悠久的历史。剪纸是具有最广泛群众基础的民间艺术之一，大概有 1500 年的历史；泥咕咕的历史渊源，可以追溯到远古时期，有记载其产生于河南浚县；钧瓷始于唐，盛于宋，作为中国陶瓷艺术史上的一个重要标志，在世界陶瓷发展史上占有重要地位；风筝由中国古代劳动人民发明于东周春秋时期，距今已 2000 多年，相传墨翟以木头制成木鸟，研制三年而成，是人类最早的风筝起源。

非遗文化是手工业精湛技艺的代表。比如钧瓷，自古以来就有"黄金有价钧无价""家有万贯，不如钧瓷一片""入窑一色，出窑万彩"的美誉；中国的手工刺绣工艺，已有 2000 多年历史，有"玉女飞针巧引线，乾坤绣在方寸间。百花不晓冬寒日，四季绽放在春天"的美誉；至于篆刻技艺的魅力，孙光祖《篆印发微》有言："书虽一艺，与人品相关，资禀清而襟度旷，心术正而气骨刚，胸盈卷轴，

笔自文秀。印文之中流露，勿以为技能之末而忽之也。”

非遗文化具有欣赏价值。如戏曲融入文化、服饰、道德品质，承载着乡音乡情，帮助中国人寻找情感寄托、精神归属，成为传播中国传统文化的重要途径，也成为人们重要的精神家园。“剪纸铺平江，雁飞晕字双”等诗句表达出对剪纸的艺术欣赏。“缬，撮采以线结之，而后染色。既染则解其结，凡结处皆原色，余则入染矣，其色斑斓谓之缬。”可见扎染技艺的神奇。

非遗文化充分体现了劳动人民的工匠精神。非遗作品的创作需要潜心研究，不断创造，专注于每一个细节，凝结了创作者的大量时间和心血，也是创作者毅力和智慧的体现。

一直致力于非物质文化遗产研究与发展的北京师范大学非物质文化遗产研究与发展中心执行主任张明远教授，在首届“致敬中华优秀传统文化”项目学习活动闭幕式上认为，一个民族的文化是一个民族存在的标志，如果没有传统文化，民族就失去了存在的特征。他表示，中华优秀传统文化具有跨越时空的价值，铸就了中华民族得以传承千年的根基。随着中华优秀传统文化走进校园，各类非遗项目与学生之间建立了联系，在学生心目中便形成了一种美学传递，这将伴随他们的成长。张明远教授表示，中华优秀传统文化的影响和价值与我们当下的生活息息相关，促进青少年健康成长，要让更多的青少年沉浸到中华优秀传统文化的学习研究中。

中华优秀传统文化的传承与发展是提升国民素质的重要措施，也是建设社会主义文化强国的重大战略任务。

二、非遗文化在教育中的意义

非物质文化遗产是中华民族智慧的结晶，充分体现了劳动人民的工匠精神以及对文化的传承与弘扬。《完善中华优秀传统文化教育指导纲要》明确提出，加强中华优秀传统文化教育，是深化中国特色社会主义教育和中国梦宣传教育的重要组成部分，对于引导青少年学生全面准确地认识中华民族的历史传统、文化积淀、基本国情，实现中华民族伟大复兴中国梦的理想信念，具有重大而深远的历

史意义。

学校是落实非遗文化的重要场所，担当着非遗文化延续和传承的重任，对从小培养学生对中国文化的了解，起到重要作用。

河南历史文化底蕴厚重。老子、庄子、张仲景、商鞅、李商隐等历史文化名人皆与河南有关，剪纸、拓片、布老虎、澄泥砚、钧瓷、朱仙镇木版年画、汴绣、唐三彩等皆为河南特色非遗文化。开发相应的非遗课程，实践于课堂，让学生作为非遗文化的使者，去影响身边的人，让更多的人了解中国文化、非遗文化，是我们应当做的事。

从教育的角度看，开发与实施非遗课程对学校、教师、学生都具有深远的意义。

从学校课程特色建设看，开发与实施非遗课程能够彰显学校课程特色，构建丰富多元的课程体系。

从教师业务发展看，开发与实施非遗课程具有一定的挑战性，不但能激发教师开发与实施课程的热情，还能进一步转变为教师“教”的方式，实现课程育人、实践育人、活动育人、评价育人。

从学生成长角度看，非遗课程可以让学生学习到书本之外的知识，提高动手操作与创作的能力、探究能力、解决问题能力，帮助学生形成良好的品质和综合素养，让学生热爱家乡，热爱祖国，实现德智体美劳全面发展。

三、当代非遗文化的发展瓶颈

非遗文化具有重要的社会文化地位，但发展受到多种因素的制约。

第一，非遗作品的制作过程是一个“慢”“精”“细”的创作过程，需要付出大量的时间和精力。

第二，非遗作品因投入人力、物力和时间等成本，通常价格比较昂贵。

第三，非遗的技艺需要创新，而这并不是一件容易的事情。

第四，非遗传承人需要极大的耐心、恒心和不怕失败的意志，不怕创作的孤独，才能承担起这份传承的责任。

为此国家出台了相关政策，大力推广非遗文化。将非遗课程落地学校，让非

遗文化植入学生内心，将非遗文化进行宣传，逐步形成体系化解决方案。

鉴于以上种种，笔者提出了“让非遗会说话”的教育思想，学校通过非遗课程的开发与实践,让非遗文化“会说话”,学校容易实施,教师容易教,学生容易懂,社会更加重视，非遗文化更加普及。

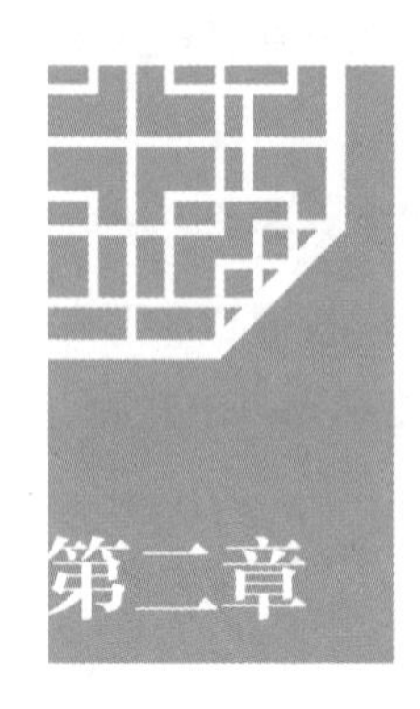

第二章 推进非遗文化的方案

要在教育中落实非遗文化的传承、发扬、创新，就要先分析非遗文化在教材中呈现的样态。国家在编写教材时，非常重视将中华优秀传统文化融入各个学科。

比如“风筝”，不同学科的教师会关注与本学科相关的元素。从美术学科角度看，注重的是美学常识和绘画构图技巧；从语文学科角度看，注重的可能是与风筝有关的意象；从数学、物理学科角度看，注重的是风力、平衡力、三角形的构造等；从历史学科角度看，注重的是风筝的发展史；从德育课程或者专题活动角度看，注重结合风筝开发校本课程，寄语美好未来等。这种单一学科的学习方式和主题活动存在以下不足。

第一，这些内容有交叉、有重复。对学生来讲，占用一定的时间进行重复性的学习，学习的时效性不强。

第二，大多停留在支离破碎的知识层面。每个学科突出的是与本学科相关的知识或者技能，体现的是非遗文化在本学科的价值，是一个“点”而不是一个“面”。

第三，学习方式比较单一。美术学科的学科素养决定着学生需要根据教材内容动手创作，学生能够经历简单的动手实践的过程。其他学科大多不要求学生动手实践。

第四，学生没有兴趣。部分非遗项目很抽象，又离学生生活比较远，学生缺乏浓厚的探究兴趣。

当下，亟待通过一种学习方法或者课程方式，把各个学科涉及非遗的知识、

培养目标、学科思想融合在一起，打破单一学科的壁垒，建构纵向联系，重构学生的知识体系，让学生经历一个完整的项目探究过程，解决真实情境中的问题，促进学生的综合能力不断提高和持续发展。

笔者通过多年的实践与研究，认为“项目学习”和“综合实践活动跨学科学习”是最佳的实施方式。它们具有综合性强、实践性强、生成性强、跨学科性强等特征，是推动学科知识融会贯通的必经桥梁（如下图），可以推进非遗课程的常态持续有效实施，发展学生的核心素养。

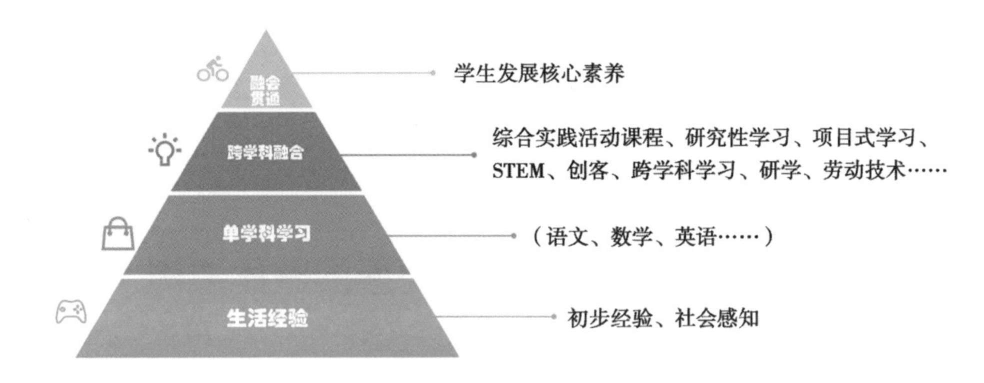

学习方式与核心素养关系图

项目学习和综合实践活动都指向跨学科学习。跨学科学习是多个学科的思想和方法的融合。以“风筝”为例，以项目学习为学习方式，融入综合实践活动课程中的研究性学习步骤，就实现了课程综合育人、实践育人、活动育人、评价育人，如下图所示。

跨学科学习框架图

从图中可以看出，在“风筝”这一项目任务中，通过建立子任务，即研究内容骨架、跨学科学习涉及领域、学习深度发展等，打通各个学科之间的横向联系，融会贯通。每一项研究内容都指向学生的主体地位，注重活动中学生的亲身体验，深化活动的实践探究以及真实情境下的收获，发展学生的多元能力。这不是单一的学科活动经历，而是丰富多元的活动串形成的课程内容、完整的课程体系。突出跨学科方法、思想的融合，基于学生已有知识又进阶发展核心素养，学生解决问题的能力得到提升，建立起个体与自然、社会的统一完整链接，知—情—意—行相融合。这种学习方式，让学生深刻感悟中国传统文化的博大精深，热爱祖国悠久的历史和壮丽的河山，树立人生理想和远大志向，是实现高质量发展的课程育人样态。

第一节　设计非遗课程的整体架构

作为国家级课程改革实验区，二十多年来，河南省郑州市金水区持续优化课程顶层设计，多元开发与实施中华优秀传统文化进校园、进课堂、进课程，实现立德树人，激发学生的民族自信、文化自信。笔者提出“让非遗会说话”的教育思想，构建区域非遗课程“常态 + 融合 + 多元”推进模式，通过“一引领、二融合、多元开发”路径，变革学生学习方式、课程育人方式，让学生感受中华优秀传统文化的博大精深，激发爱国、爱党、爱人民的思想感情，取得了较好的效果。

课程的有效落地需要具体的实施路径和策略支撑。金水区经过多年的实践探究，“自上而下”整体设计课程，从明确实施原则、学习方式四个“转向”、构建课程实践要素三个维度推进课程有效深度实施，形成区域非遗课程样态。

（一）明确实施原则

正确的理念决定行动的成效，明确实施原则就像明灯指引课程的科学发展。因此，我们确定了“三个原则”以实现非遗课程实践的“三个价值”。

（1）知识与实践相结合，让知识更有价值。非遗文化博大精深，对小学生来讲比较抽象，为了让小学生能够丰富相关知识，进一步感受非遗文化的精湛技艺，必须让小学生通过实践来亲身体验，将知识应用到动手实践中，感受创作的过程，体验非遗传承人坚持不懈的精神和不断创造的追求，让理论知识与实践相结合，不断产生新的知识与经验。

（2）教育与生活相结合，让实践更有价值。一件非遗作品，不仅是可以进行售卖的产品，更是艺术品，具有欣赏或收藏价值。非遗课程的开发与实施，需要将教育与生活相结合，实现有价值的实践，让学生知道学习不是单一的知识性活动，而是多元的。人类获得的知识，可以更好地创造财富，创造美好的生活。

（3）学科与个体价值相融合，让人生更有价值。学科知识与学科思想，蕴含着做人做事的道理。非遗课程通过跨学科学习、体验式学习、场馆学习、实践学习等，在“做中学”“学中创”，让非遗文化在学生心中扎根，让学生深刻体悟工匠精神与劳动人民的智慧以及中国文化的博大精深，丰盈学生的道德品质。

以上三个原则的指导思想，为非遗课程的开发、实施与评价，指明了正确的方向。

（二）学习方式四个“转向”

2022年教育部颁布的《义务教育课程方案》中提到“综合学习”“学科实践”“跨学科”等，引领学习方式的变革强化了课程育人导向。非遗文化及作品并非与学生的生活紧密相连。由此，在非遗课程的开发与实施中，只有体现新的课程育人方式、学习方式，才能让学生学得有兴趣，教师教得有趣味，课程实施有成效。我们特别提出在课程实施中要体现学习方式的四个“转向”，实现课程育人。

从单一学科走向融合。非遗课程的设计与实施，可以打破单一学科的壁垒，将非遗历史、文化、特征、技艺、制作等进行整体实施，建立学生对某一项非遗的深入了解与体验，实现高阶思维的学习发展。

从书本知识走向实践。“与其坐而论道，不如起而行之”，说明“行动”的重要性。只有带着知识走向实践，才能将知识与实践融合，发挥知识的价值，创造实践的价值。只有通过实践创造出非遗文化作品，才能更好地发扬光大非遗。

从学校走向社会。社会即学校，生活即教材。利用社会资源让学生更加深刻地了解非遗文化，感悟非遗文化。禹州钧瓷、朱仙镇木版年画、澄泥砚等都是学生遨游的知识海洋。沉浸式教育方式，不需要过多的语言就能带领学生开阔视野，启发思维，感受中华优秀传统文化的伟大。

从重结果走向重过程。非遗课程的开发与实施，不在于让每一位学生都成为创作者，成为非遗传承人，而在于让学生在探究实践的过程中，感受非遗文化的博大精深，感受技艺的精湛，感受劳动人民的智慧，感受中国文化的源远流长，坚定文化自信。这个过程非常重要。

学习方式的四个“转向”，不仅体现了新时代学习方式的变革，更是课程育人方式的变革。

（三）构建课程实践要素

在课程实践探索中，构建非遗课程实践要素，为学生规划有效的学习流程，为教师提供操作模式。

兴趣是最好的教师，学习内容只有建立在学生的兴趣之上，才能激发学生持续的学习激情。基于学生的兴趣或者疑问确定研究任务，以研究任务为驱动目标，制订计划，引导学生开启研究之旅。

像科学家一样思考和实践。学生在研究一个项目时，只有认真思考和实践，才能实现学习的高阶发展，才能培养科学精神，形成严谨的探究态度。

让“附带学习”走向深度。“附带学习”指研究对象延伸出来的子课题，也是具体的研究任务，这些子课题的研究深度，决定着课程实施的深度和研究任务目标能否达成。

将一切想法变成现实。有想法就去做，尤其是在动手实践创作的过程中，要鼓励学生大胆想，大胆做，将想法变成现实，做出作品，让“非遗会说话”。

重活动感悟。课程实施中，学生遇到的问题以及解决问题的方法最能体现学生的成长。学生认识到意志力的重要性，认识到非遗作品制作的不易等，这些感悟能够影响他们做事的态度和方法。

将成果进行推广。鼓励学生成为非遗的代言人，推广和宣传非遗文化。

通过以上实践要素，持续推动学生探究非遗的知识、历史、工艺、传承等，引导学生在活动中积极参与、反思，感知非遗工艺的精湛，提升其继承和发展中国文化的责任感与担当意识。

第二节　推进模式与评价

前面阐述了宏观、中观维度的非遗课程开发与实施的整体理念和设计思路。那么，如何进行具体的实践呢？笔者将从推进模式和实践策略两方面进行阐述。

一、推进模式

通过普及课程与社团课程相结合、必修课程与选修课程相结合、校内与校外相结合等方式，整体推进课程有效实施，构建“一引领”“二融合”“多元开发”的实施模式。

（一）“一引领”：建立非遗项目联盟校

为了深度开展非遗课程，提高活动质量，提升课程品质，我们发展了16个非遗项目联盟校，以引领课程的实施，推进并打造了“一校一品”，实现课程的统整和学习方式的多元融合，如郑州市金水区纬五路第一小学的中医药课程、郑州市金水区银河路小学的纸雕、郑州市金水区农科路小学北校区的皮影课程、河南省实验小学的扎染课程、郑州市金水区南阳路第三小学的剪纸课程、郑州市金水区文化绿城小学的葫芦烙画课程、郑州市金水区艺术小学宏康校区的风筝课程、郑州市金水区黄河路第一小学的麦秸画课程等，课程已经非常成熟。部分学校建立非遗研习馆，如郑州市金水区丰庆路小学不仅建立了非遗馆，还与河南省非遗传承人共同开发了7项非遗品牌项目，郑州市金水区农科路小学国基校区建立了古笛非遗馆等，为学生提供学习的场地、文化熏陶的环境，打造学校非遗课程项目，增强非遗文化在学生中的普及度。

非遗联盟校解决了教研团队力量薄弱的问题，打通了区域间同一类非遗教师之间的交流渠道，起到了互促互进的作用。目前，剪纸、葫芦烙画、篆刻、泥塑、宋代点茶、香包、扎染、布老虎、皮影、豫剧、书法、刺绣、风筝、麦秆画、陶艺等社团课程，都已成为学校的品牌课程。

（二）“二融合”：与综合实践活动、劳动教育三者融合

非遗项目课程涉及综合实践活动考察探究、设计制作、职业体验等活动方式，同时也涉及劳动教育课程中生产劳动、职业体验、工匠精神等内容，三者相辅相成，彼此融合。我们共有综合实践活动、劳动教育专职教师90多名，结合非遗特征，在综合实践活动、劳动教育常态化实施中融合开发与实施非遗项目，保障非遗课程的持续开展。三者的融合，实现了课程育人、综合育人、实践育人，为培养德智体美劳全面发展的学子打下基石。

（三）“多元开发”：开展学科非遗研究性学习

丰富的非遗项目以国家出台的《关于实施中华优秀传统文化传承发展工程的意见》为指导，遵循面向全体学生，结合学生年龄特征，明确各学段学生学习中华优秀传统文化的基础要求，同时为学生提供基于兴趣爱好拓展延伸的空间的理念，基于区域教育积淀、师情特质，鼓励各学科教师通过学科主题、拓展活动等，开发学科非遗研究性学习，挖掘非遗项目，渗透非遗文化在学校课程中的落实与发展，担当起发扬中华优秀传统文化的责任和义务。如结合语文学科春节相关知识开发“灯笼”“书法”“剪纸”作品等，结合数学学科三角形相关知识开发“纸雕”，结合历史学科明清前期的文学艺术相关知识开发“戏曲”，结合音乐学科豫剧相关知识开发“制作脸谱”，结合化学学科相关知识开发“陶艺”等，这些非遗“微项目”既突出学科特色中的非遗特征，又帮助学生在各学科学习中感悟非遗文化。

二、实践策略

笔者提出“1+9+3”的实践策略，整体推进课程的具体实施，保障课程的持续推进和发展。

（一）“1”：建立一所实践基地、合作一位非遗专家 、打造一校一品

为构建互为补充、相互协作的中华优秀传统文化教育格局，郑州市金水区注

重开发与拓宽中华优秀传统文化丰富、生动的教育资源，鼓励学校建立一所实践基地。其一，通过校内建立的非遗研习馆，学生可以身临其境地感受非遗文化的魅力。例如，郑州市金水区丰庆路小学建立研习馆，与河南省非遗传承人合作开发 7 项非遗课程；郑州市金水区农科路小学国基校区建立骨笛非遗馆；郑州丽水外国语学校成立茶艺研习馆；郑州市金水区外国语小学建立陶艺馆；郑州市金水区纬五路第一小学与河南省中医药大学第二附属医院合作建立中医文化课程开发与实践基地；郑州市金水区工人新村第一小学与河南省中医药大学第一附属医院建立中医文化课程开发与实践基地等。其二，在郑州市教育局的支持下，金水区和部分大中专院校建立非遗课程合作项目，拓宽学生实践平台。郑州市金水区南阳路第三小学和郑州市科技工业学校合作建立了课程资源开发与实践基地，开发职业体验课程；郑州市金水区经三路小学与河南省经济技术中等职业学校携手开展非遗香包课程。

非遗专业人士才能带给学生专业的知识和技能，形成正确的文化认知。在课程实施中，邀请国家级、省级非遗传承人，作为指导教师走进学校。郑州市金水区中方园双语小学、郑州市金水区文化绿城小学邀请非遗专家指导葫芦烙画非遗项目；郑州市金水区文化路第三小学邀请省书法协会对相关项目进行指导等，这些都为学生深刻地学习与体验非遗项目提供了专业的环境。

经过多年实践，相关学校打造了课程品牌，形成了区域百花齐放的“一校一品”乃至“一校多品”的课程特色。郑州市金水区农科路小学皮影课程，郑州市金水区农科路小学国基校区布艺课程，郑州市金水区银河路小学纸雕课程，郑州市金水区文化路第二小学篆刻、书法等课程，郑州市金水区艺术小学豫剧、风筝等课程，郑州市金水区黄河路第一小学麦秆画课程，郑州市丽水外国语学校陶艺课程，郑州市金水区凤凰双语小学扎染课程，郑州市金水区纬三路小学泥咕咕课程，郑州市第 47 中学初中部、郑州市第 75 中学刺绣课程，郑州市第 34 中学珐琅彩课程，郑州市金水区新柳路小学汉服课程，郑州市金水区四月天小学布老虎课程等，均已形成影响力。

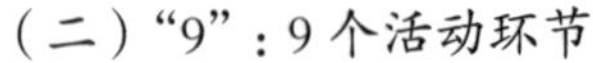

（二）"9"：9个活动环节

从以上9个活动环节中，可以看到非遗课程的整体活动设计，目标涉及知识、认知、方法、技能、情感、核心素养，学生活动涉及研究、实践、实地考察、设计制作、成果推广、社区服务等，学习方式是多样的，实践领域是广阔的，形成了一体化的项目式学习，达成"知—情—意—行"相融合，建立"知识—人—世界"整体观，实现综合育人、实践育人、活动育人。

项目式学习能够打破传统教学上的壁垒和瓶颈，让学生在学习态度、学习方式、学习表达等方面发生积极变化。

（三）"3"：三种评价方式

评价是诊断课程实施效果的依据，是促进学生发展的手段。金水区更新教育评价观念，关注师生共同发展；创新评价方式方法，注重学生"学"的过程，关注典型行为表现，强化学生核心素养导向；增强评价的适宜性、有效性。

金水区确立了过程性评价、可视化成果评价、终结性评价三种评价方式，指导教师根据非遗项目量身定制评价量规，避免评价的"空乏""无效"，聚焦学生的学习活动，注重增值性评价，从"活动态度""设计创作""活动总结""文化推广"四个方面制订评价要素，设置"优""良好""继续努力"三个维度的详细指标，关注学生"学"的过程，肯定优点，引导学生有针对性地反思，发现努力方向，体现非遗项目本身的教育价值，落实核心素养。如郑州市金水区纬五路第一小学开展的"我和中药有个约会"这一非遗项目，学生通过这个项目，对中医药文化进行了了解与调查；自制中药产品，如香包、夏凉茶等；走上街头将茶水送给清洁工等。教师应抓住活动核心，制订评价量规，实现知识、技能、情感态度和价值观的融合发展。

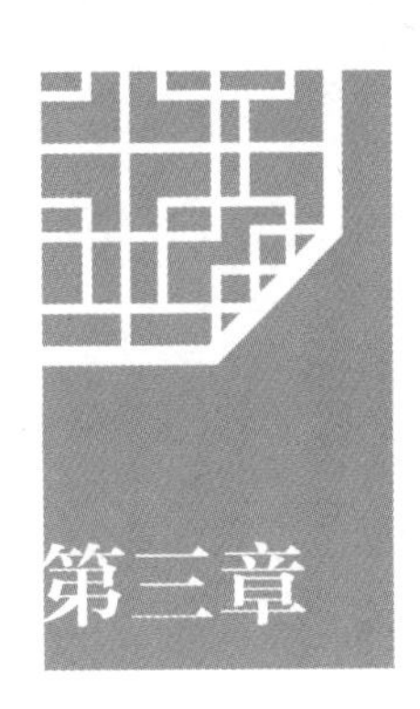

第三章　课程保障及成效

非遗课程的开展只有通过教研部门、行政部门建立有力的保障机制，才能持续良性发展。通过以下保障，我们实现了课程开发与实施的有序、有效。

第一，创新教研体系。2019 年 11 月教育部印发的《关于加强新时代教育科学研究工作的意见》中提到：鼓励共建跨学科、跨领域的科研创新团队。可见，创新教研体系是提升教师业务水平、推动课程改革理念非常重要且可行的方式。金水区从 2016 年起，通过建立 π 学科教研员发展共同体（跨学科教研团队），打破单一学科教研活动，打造多学科不同视角的教研体系，实现跨领域的教研推进模式，助力教师多视野、跨学科地开展教育教学；建立跨界跨学科教研团队，开展每月至少一次的“行之实”活动，吸纳河南省实验中学、黄河科技学院附属中学、哈密红星中学等学校协同发展；开展中层课程领导力项目，提升业务领导的课程理念与指导能力；积极推行省市区一体化的下校调研制度，通过指导学校工作、观摩教师课堂、开展课后教研交流等活动，评价学校课程实施的整体质量。有效、多样的教研体系，对构建德智体美劳全面培养的教育体系，发展素质教育，培养可担当民族复兴大任的时代新人提供了强有力的支撑。

第二，创新教师职称评定机制。自 2001 年课程改革以来，金水区一直在引领教师进行课程开发与实践、课程整合与融合，培养了一批批优秀的教师，形成了一份份优秀的非遗成果报告。金水区还将以学生为主题的研究性学习成果纳入评职称的项目，等同于研究课题。

非遗课程的实施整合了综合实践活动、劳动教育，教师可以根据情况申报综合实践活动、劳动教育科目的职称。

自 2009 年起，开展两年一届的“希望杯”课堂教学展评活动，为开发非遗课程的教师提供了展示的机会，这个活动的成绩有助于职称评定等。这些保障，进一步激发教师落实国家课程改革新理念、制订个体业务发展规划的动力。

第三，建立师生交流平台。金水区注重以评促发展，更新教育评价观念，整体提升师生的综合能力。其一，建平台，开展“希望杯”“金硕杯”课堂教学展评活动，提升教师的教育教学能力，为教师提供成长与交流的平台；其二，改革评价方式，将过程性评价与终结性评价相结合，“赋权下放”，指导学校注重学生“学”的过程，给予多元的综合性评价，促进学生整体发展，实现教学相长；其三，给予学校邀请专家团队指导非遗课程开发与实施的自主权，对师生成果进行发布与展示，激发学校办学活力，发展学校特色，助力师生在活动中得到成长。

以上保障措施，助力了课程的持续有效开发与实施。同时，金水区通过“五结合”助力非遗课程成果的分享和价值推广，即静态与动态相结合、常态与自主相结合、区域内与区域外相结合、一校与多校相结合、网络与社会相结合，让学生的学习过程和成果得以推广，同时让全社会了解当前教育的改革方向，学生学习方式的转变等，让全社会关注教育、支持教育的发展。由此，形成了一定的影响力。主要表现在：

第一，区域非遗课程成果丰硕。在国家课程改革的推动下，在河南省教育厅、郑州市教育局领导以及专家的支持和指导下，经过不断地探索和实践、普及与推广，非遗课程逐渐成为金水区的品牌课程和相关学校的亮点课程。目前，金水区共有省级和市级非遗基地校、实验校 12 所，非遗社团 286 个，开设非遗研习基地的学校有 9 所。非遗课程的整体推进，对提升区域教育质量、变革学校育人方式、改变教师教学方式、培养德智体美劳全面发展的学子，具有深远的影响。

第二，学校非遗课程成果出色。非遗课程持续推进，中国传统文化在区域大力弘扬，学校积极推广成果，形成了一定的社会影响力。郑州市金水区纬五路第一小学已经出版中医文化丛书，郑州市金水区纬三路小学将泥咕咕课程进行校本

化成果整理，郑州市金水区艺术小学获得“全国文明校园”荣誉称号。非遗课程成就学校，也培养了一批批热爱中国文化的非遗传承人。

第三，学生得到全面发展。学生在非遗课程中，综合能力和素养得到发展。在了解历史发展和相关文化中，收集资料的能力得到提高；通过亲自体验制作过程，动手实践与创新能力得到提高；到非遗基地进行考察，发现问题和解决问题的能力得到提高；对非遗传承人进行采访，沟通能力得到提高；走进社区进行宣讲，语言表达和展示交流的能力得到提高；制作海报，设计和审美能力得到提高。

第四，教师能力得到发展。教师是课程的开发者、实践者、评价者，也是管理者。教师承担着多种角色，指导者、帮助者、协调者、组织者、策划者、评价者、激励者等，促进了课程的有序顺利开展。在课程整体的实施与评价中，教师不仅需要储备学生感兴趣的知识，丰富和提高自身的业务素养，还要和学生一起前行和探索，共同完成课程，实现教学相长。师生共同认识非遗文化，了解技艺的精湛，感受工匠精神，感受劳动人民的智慧，感悟中国文化的源远流长与博大精深，增强文化自信和民族自信。

第五，建立了家校协同一体化。金水区凝聚了一批高素质的家长，他们重视教育，关注孩子成长，愿意支持和参与到学校的课程建设中来，一起为孩子的成长提供更为专业和丰富的资源。家长的协助，为课程的开展、学生的课外调查活动提供了有效的保障，实现了家校共同育人的目标。

（作者：观澜，河南省郑州市金水区教育发展研究中心综合实践活动、劳动教育专职教研员，中小学高级教师）

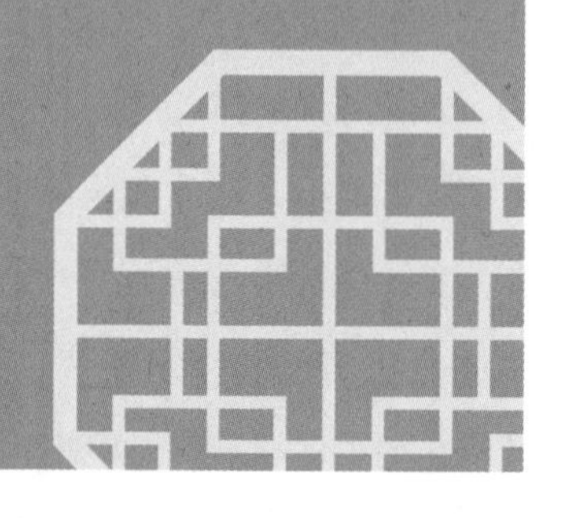

第二篇

课程实践

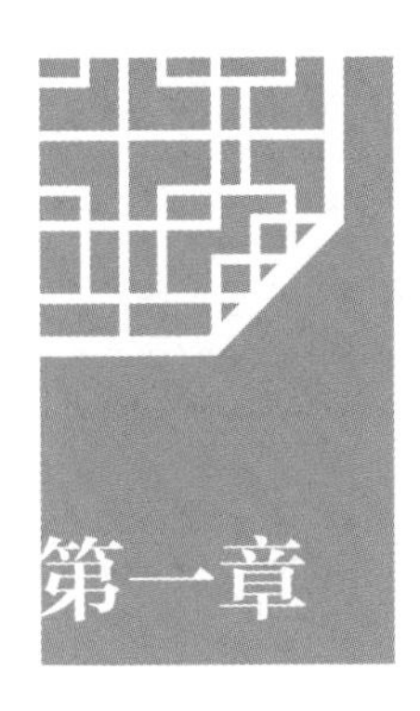

第一章 课程规划

一、课程背景

郑州市金水区经三路小学紧邻河南省中医药大学第三附属医院、河南省人民医院，具有开设中医药课程的优势条件及资源。

为传承中医药文化，培养学生健康生活理念，提高学生的劳动技能，学校特开发此课程。

“了不起的中医药”课程成为学校的品牌课程。该课程从大家身边熟悉的中药入手，指导孩子们结合生活实际通过多种途径认识食物中的中药，了解常见中药的外观、作用等，引导学生结合日常中药食材，开发与制作相关茶饮、食品等，知识与实践相结合，让学生进一步感受中医文化的博大精深。

二、课程目标

1. 通过观察生活中常见中药，了解药食同源的概念，知道中医药和日常生活息息相关。

2. 通过搜集、筛选、整理资料，锻炼学生调查、思考、分析及解决问题的能力。

3. 种植、养护中药，自己动手，用中药作为食材烹饪一道美食，锻炼学生的劳动能力，培养劳动品质。

4. 学生在活动中循序渐进地积累相关中药知识，弘扬、传承中医药文化。

三、课程实施

课程以了解身边的中医药为学习重点，同时结合劳动实践，让学生在实践中感受中医药在人们生活中的作用。因此在课程内容选择方面，依据二年级学生直观思维占优势的特点，把种植、观察、养护中草药作为贯穿始终的活动，根据节日变化，结合中医药知识进行中药香包制作、青团制作、中药扇面画创作、养生茶调制等实践活动。

依据项目主题，共分为四个阶段，分别是“种中药”的活动准备阶段，“识中药”的实践与创作阶段,“泡药茶”“做美食”的展示与评价阶段,“我是传承人”的推广宣传阶段。

年级	活动步骤	活动目标	活动内容	实施策略
二年级	第一阶段 种中药（活动准备）	学生能用合适的方法种植自己喜欢的中草药植物	学生在中草药种植基地种植中草药	通过资料搜集等方法，了解不同中草药的种植方法
		在种植活动中，锻炼学生的种植能力，增强学生劳动技能	学生在家种植自己喜欢的中草药	通过亲自种植中草药植物，认识中草药，感受劳动的快乐

（续表）

年级	活动步骤	活动目标	活动内容	实施策略
二年级	第二阶段 识中药 （实践与创作）	通过“看、闻、触、比”等基本观察方法，对中草药进行全方位细致观察，提高观察能力	观察身边的中草药	通过资料搜集等方法，了解不同中草药的种植方法
		能观察身边常见的中草药，动手制作中草药卡片，记录身边的中草药与同学分享	种植中草药植物	通过亲自种植中草药植物，认识中草药，感受劳动的快乐
		能抓住中草药的主要特征进行绘画，知道中草药的不同入药部位	创造扇面画	学生创作以中草药为主要内容的扇面画
	第三阶段 泡药茶 做美食 （展示与评价）	根据中药茶饮的特点，烹制中药养生茶	识中药，泡药茶	学生通过查资料、观察、体验、交流的形式，学习清热类、利咽类、明目类等中药茶饮。运用图片、视频等形式进行成果展示

（续表）

年级	活动步骤	活动目标	活动内容	实施策略
二年级	第三阶段 泡药茶 做美食 (展示与评价)	认识野菜的药用价值。学生通过动手实践，感受劳动的快乐	师生们走进大自然挖野菜、做野菜、尝野菜	学生识野菜、挖野菜、做野菜、尝野菜，通过观察，发现大自然的美，享受大自然的馈赠
		能在家长的协助下，调制一道中药养生美食。学生在活动过程中体验到实践探索带来的快乐	制作养生美食	学生在家长协助下进行劳动实践，用食材中的中药做一道养生美食，感受药食同源的道理
	第四阶段 我是传承人 (推广与宣传)	通过赠送香包、养生茶等向社会人群推广中医药知识，宣扬中医药文化。学生在活动中提高语言表达能力和人际交往能力	学生在老师的带领下走出校园，向社会人群赠送香包、养生茶	通过校外实践活动，学生向社会人群提供中医养生茶等，体会学以致用、知行合一

四、课程评价

（一）评价原则

结合低年级学生特点，活动的开展要满足学生的需求，以激发学生探索中医药的兴趣为目标，多学科结合组织实践活动。依据以生为本、面向全体、重视实践为原则，逐一进行活动过程、展评结果评价。

（二）评价策略

1. 学生评价

学生每次活动均记录活动过程，包括搜集信息的整理、观察记录、学习体会等与活动相关的文字、图片资料等，按次整理，形成自己的活动记录册，建立活动档案袋。评价量规如下表所示。

项目活动		评价等级		
		★	★★	★★★
种中药	校内外种植中草药	学生乐于尝试种植中草药	学生乐于种植，并且能在家中成功种植一种中草药	除了能成功种植一种中草药，还能够根据中草药的特点进行养护
识中药	观察身边的中草药	学生能主动对身边的3—5种中草药植物进行观察	观察多种中草药，并能用文字或图画进行记录	除了观察并做记录外，对不明白的地方，还可以咨询身边人获得答案

（续表）

项目活动		评价等级		
		★	★★	★★★
识中药	寻找厨房里的中药	能在自家厨房找到不低于5种具有中药药性的食材，并知道其名	除了能叫出药食两用的食材名称，还能说出其可以烹制哪些美食	除了能说出药食两用的食材名称及能烹制的美食，还了解这些食材对人体的作用
	创作中药扇面画	能把自己喜欢的中草药画在扇面上	能抓住中草药的特点，借助扇面进行合理构图	所绘中草药特点突出，构图合理，色彩美观，扇面画具有艺术性
泡药茶	感恩家人请喝茶	能借助生活中的茶材给家人泡一杯养生茶	了解不同茶材的特点，给父母泡一杯或提神或清火或明目的茶	根据家人年龄特点、身体状态，泡制具有针对性的养生茶
做美食	烹制中医养生餐	能在家长协助下，完成一道美食，能说出美食中用到的中药材名称	不仅能说出所做美食中的中药材名称，还能介绍中药材的作用	不仅能说出中药材的作用，还能说出所做美食适合哪类人群食用
做推广	我是中医药传承人	愿意为校外推广活动出谋划策	不仅能出谋划策，还能积极参与活动筹备	不仅参与筹备工作，还能运用自己的语言在真实场域中进行推广
备注：　一般★　　良好★★　　优秀★★★				

2. 教师评价

此课程开展以实践活动为主要形式。实施过程中遵循导向性原则，通过评价积极引导学生热爱中医药文化，在实践过程中给予学生积极反馈，鼓励学生不断发展提高。学校通过学生对课程的接受程度和有形成果的展示对教师进行指导性评价。

	具体内容
课程目标	1. 目标明确、具体，达成度高，促进每一位学生发展。 2. 学生有探究中医药文化知识的兴趣。 3. 学生能够制作各种实践作品。 4. 学生乐于宣传中医药文化
活动内容	符合学生年龄特点，内容丰富有趣
活动实施	活动实践性强，学生乐于参与，综合能力和素养有进阶，活动安全有保障
课程成果	为学生建立活动成果档案袋，教师建立自己的课程成果档案袋

3. 课程评价

“了不起的中医药”课程在实施过程中，体现课程实践性特征，推动学生在“做中学”，在“学中做”，了解中医药，认识中医药文化的博大精深。课程评价如下表所示。

	具体内容
优秀传统文化与劳动精神的统一	课程通过“种中药”“识中药”“泡药茶”等几个环节带学生逐步深入学习。学生在“种中药”的过程中养成不怕脏、不怕累的劳动精神；在“识中药”的过程中养成留心观察身边事物的习惯；在“泡药茶”中获得简单烹饪的技能和手工制作技能

（续表）

	具体内容
中医药知识与多学科的紧密结合	基于校情和生情，从日常生活劳动、生产劳动、服务性劳动三大板块中的十个任务群中整理细化出若干子项目，以劳动和综合实践活动课为主阵地，联合多学科，通过“线上＋线下”多途径、“校内＋校外”多场域融合实施，培养学生劳动观念、劳动能力、劳动习惯、劳动精神
校内探索和校外实践相结合	课程将中医药文化与劳动技能相结合，将学生个人生活、校园生活和社会生活有机结合，学生将校内制作的中药香囊、养生茶饮通过校外实践活动送给他人，丰富社会实践体验

五、实施建议

（一）提供真实场域学习环境

真实活动场域是项目实施的基础条件，学校要为学生提供开放性的课堂，使学生沉浸在真实的学习场所中，感受真实的事物和环境。比如，在校内为学生提供“百草园”中医药种植基地和“小郎中中医馆”，学生在种、养、收中药的耕种劳动中观察一年四季中草药的成长，体悟劳动的乐趣，逐步养成良好劳动习惯和品质；和中医药馆联合进行校外实践活动，学生在中医药馆观摩按药方抓药的过程，体验制作药丸、制作中药香囊等活动，亲身体验中医药品制作过程，深化对中医药文化的学习，加深对劳动价值的理解；还可以鼓励并组织学生利用周末时间走上街头进行中医药文化宣传活动，使学生的服务精神和社会责任感获得发展，让学生在真实场域亲身经历各种活动，获得真实体验，感受生活即教育。

（二）培养学生实践探究能力

为培养学生实践探究能力，学校可以将中医药文化学习与传统节日和劳动等课程有机融合，提炼综合实践活动课程和劳动课程的共性，在生活中探究中医药文化。比如，可以带领学生认识中药茶饮，学习中医药茶在不同季节、不同人群中的制作方法、饮食禁忌。学生可以在寒食节制作艾草青团，在端午节制作艾草香包，在三八节、中秋节、重阳节为亲人送上中药养生茶。也可以走进当地传统名小吃店，了解传统小吃的食材和制作方法，探索中药和饮食之间的关系，进一步了解“药食同源”的饮食特点，让学生在全身心参与活动的过程中实地探索，发现、分析和解决问题，发展学生实践创新能力。

（三）学科融合落实五育并举

为让学生全面了解中医药文化，学校可以联合语文、科学、美术等相关学科，打破单一学科壁垒，开展跨学科学习，落实五育并举。比如，语文学科开展“中医名家故事”“中医药发展历程”主题学习；科学学科开展“中药种植和节气”“中药搭配知多少”主题学习；美术学科开展“中药扇面画”“中药图谱”主题学习；体育学科开展“少儿八段锦”主题学习等，中医药文化的丰富多样性通过各个学科的实践活动展现并传递给学生。学科融合把人与自然和谐相生、尊重自然、敬畏自然、适应自然的理念传递给了学生，让学生体悟劳动中人与人、人与自然、人与社会的关系，让学生综合能力得到提升，核心素养进一步发展。

六、课程保障

（一）师资保障

学校有专职的教师承担课程。此外，利用校外专家为课程提供丰富专业的知识。学校先后邀请河南中医药大学第三附属医院的 22 位专家讲授 24 节中医文化课程，保障课程常态有效实施，为学生提供丰富的中医药文化知识。

（二）场地保障

学校在校内开设“百草园”中医药种植基地和“小郎中中医馆”，深入挖掘中草药种植和实践活动中的劳动育人价值，引导学生学习中医药文化，培养学生劳动素养，引导学生建立文化自信。

（三）安全保障

安全保障是一切活动顺利开展的前提。授课教师增强安全意识，课前做好充分准备，保证学生在校内开展每一次活动的安全。学校对校外活动安全进行预判，积极主动获取家长的支持，家校联合加强对学生的安全管理，教师制订安全守则，落实安全措施。

第二章 活动设计

项目一 山楂果变形记

活动目标

1. 幼儿通过看看、说说、尝尝，寻找身边包含有山楂果的食物。

2. 幼儿在感知与操作中，知道山楂果既是食品，又是药品。

3. 幼儿在体验中萌发对中医药文化的热爱。

活动重难点

寻找身边包含有山楂果的食物，知道山楂果既是食品，又是药品。

活动准备

教师准备：山楂果若干，山楂苹果粥、冰糖葫芦、山楂糕、山楂条、山楂丸等，以及一次性手套、学生活动评价单。

活动流程

本活动一共分为五个环节：认一认，了解山楂果；找一找，发现山楂果制品；做一做，完成操作练习；说一说，分享学习收获；活动延伸。一共需要两个课时。

一、认一认，了解山楂果

设计理念：通过猜谜和讨论，激发兴趣，认识山楂果的基本特征。

1. 通过猜谜游戏，让幼儿对山楂果外形特征有初步认识。

2. 教师出示实物，幼儿讨论分享山楂果的基本特征。

二、找一找，发现山楂果制品

设计理念：通过观察山楂果、认识山楂果制品，知道山楂果有多种用途，既是食品，又是药品，感受中医药文化的博大精深。

1. 幼儿进行“小小中医药馆”情境游戏，在找一找、尝一尝的过程中感知不同的山楂果制品。

2. 教师讲解山楂果制品，幼儿知道山楂条、冰糖葫芦、山楂苹果粥等美食中都包含有山楂果。

3. 教师引导幼儿讨论分享，了解“药食同源”的含义和益处。

三、做一做，完成操作练习

设计理念：教师指导幼儿通过观察图片，辨别山楂果制品。

1. 教师出示图片，请幼儿观察讨论。

2. 幼儿操作练习，教师巡回指导。

小朋友们，请你认真观察下面图中的食物。哪些食物中包含有山楂果呢？快来找一找，并给包含山楂果的食物画上“★”吧。

山楂糕（　　）　糖炒山楂（　　）　山楂红枣汤（　　）

山楂卷（　　）　山楂条（　　）　冰糖葫芦（　　）

四、说一说，分享学习收获

设计理念：教师带领幼儿总结本节活动的主要内容，鼓励幼儿发现生活中常见的中医药材。

1. 回顾本次活动的内容，师生共同小结。

2. 教师鼓励幼儿发现探索更多生活中的中医药。

五、活动延伸

在区域活动中继续开展“小小中医药馆”活动。

学生活动评价表

《山楂果变形记》活动评价表		
1	山楂果是什么样子的？请你来说一说山楂果的外形特征。	
2	你吃过山楂果吗？请你说一说山楂果的味道是怎样的。	
3	你知道哪些由山楂果制成的食品？请你来说一说它们的名称。	

（设计者：郑州市金水区第四幼儿园　孟艳芳）

项目二　用百草——艾草青团制作分享会

活动目标

1. 学生通过搜集资料了解寒食节制作青团的习俗，通过观看视频了解青团制作的方法。

2. 学生通过小组合作的方式成功制作青团，感受劳动的乐趣。

3. 学生了解“药食同源”的饮食特点，树立文化自信。

活动重难点

学生能按方法步骤成功制作青团。

活动准备

组内成员分工准备：用瓶子装好的艾草汁若干；糯米粉若干；馅料若干；一个小组一个盆；保鲜膜、一次性手套若干；青团制作方法的教学视频。

活动流程

本活动一共分为四个环节：识青团，教方法，做青团，共分享。一共需要两个课时。

一、识青团

设计理念：通过故事介绍寒食节，学生了解青团和寒食节之间的关联，知晓艾草驱寒除湿、生阳温通的作用对人们身体的帮助，对中国饮食文化有进一步的认识，激发学生对制作青团的兴趣。

1. 通过故事介绍寒食节吃青团的由来，了解青团在民间的不同名称以及人们吃青团的意义。

2. 明确制作青团所需食材，小组成员核对提前准备的艾草汁、糯米粉、馅料等食材和各种工具。

二、教方法

设计理念：通过学生分享经验、播放视频展示青团制作方法，学生分工协作，教师点面结合重点指导，为学生成功制作青团提供保障。

1. 请有制作青团经验的同学和大家分享制作步骤。

2. 小组成员讨论活动计划和具体分工。

3. 请同学们带着任务观看制作青团的视频，记录关键内容。

4. 邀请学校餐厅厨师为学生进行艾草汁和糯米粉配比、和面等关键问题的专业指导，并指导学生安全使用厨具。

三、做青团

设计理念：知行合一，这是完成本节课活动目标的关键环节。学生在制作青团的实践活动中，体会劳动创造的快乐。

1. 各小组成员按照青团制作步骤制作青团，老师和学校餐厅厨师发现学生制作问题时实时指导。

2. 学生逐步完成包青团、摆放青团到蒸屉的步骤，请餐厅厨师帮忙上锅蒸制。

1. 准备材料

2. 榨艾草汁

3. 和面

4. 揉面

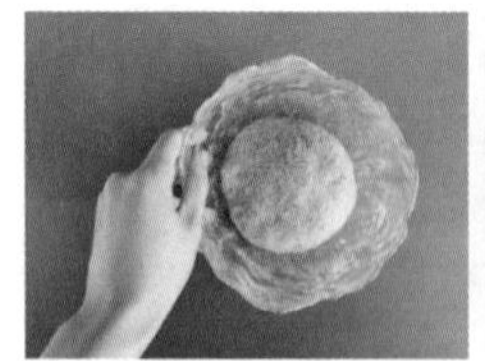

5. 醒面

6. 调馅

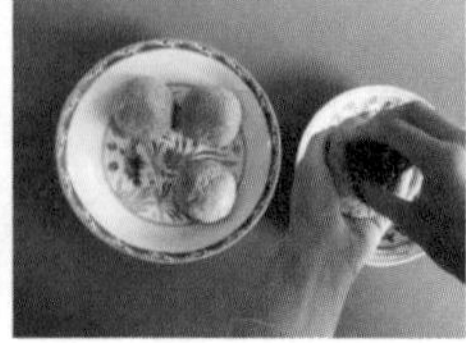

7. 包馅

8. 封口

9. 成型

10. 蒸制

11. 成品

四、共分享

设计理念：学生在总结制作青团经验教训的过程中，完成自评；在品尝青团的过程中，完成生生互评。教师再次传递“药食同源”健康饮食理念，引导学生树立正确的饮食观。

1. 蒸制过程中，老师组织学生总结制作青团的经验教训。

2. 品尝蒸好的青团，享受劳动带来的快乐。

3. 师生讨论，了解中国“药食同源”的饮食特点，传递健康饮食理念。

学生活动评价表

《用百草——艾草青团制作分享会》活动评价表		
1	你能介绍民间寒食节吃青团的原因和意义吗?	
2	你在制作青团的过程中有怎样的感受?	
3	你能把制作青团的方法步骤教给家人和朋友吗?	

（设计者：郑州市金水区经三路小学　焦福梅　马　瑞）

项目三　小吊梨汤

活动目标

1. 通过本活动，学生掌握制作小吊梨汤的方法，了解它的功效。

2. 在体验制作小吊梨汤的过程中，激发学生对健康生活的热爱。

3. 学生进一步感受中医文化的博大精深，体验探究、实践的快乐，提高学生的团结协作能力和审美情趣。

活动重难点

通过小组讨论，学生掌握制作小吊梨汤的技巧，知道小吊梨汤的功效。

活动准备

教师准备：课件、厨具、相机等；学生准备：雪梨、银耳、话梅、冰糖、枇杷干等食材。

活动流程

本活动一共分为五个环节：认识小吊梨汤，初步探究活动，学习了解，活动实践，活动总结。一共需要两个课时。

一、认识小吊梨汤

设计理念：通过谈话导入，学生提出问题，展开一系列调查，提高学生学习的积极性，引导学生复习巩固，为接下来的活动奠定了基础，并调动了课堂氛围。

1. 教师播放学生活动课件，展示各个小组的活动情况，引出本次活动任务。

2. 学生交流小吊梨汤的由来，教师补充。

二、初步探究活动

设计理念：学生搜集大量的资料，并进行整理、筛选，探究制作研究成果，图文并茂进行介绍，让大家获得更多信息。

1. 教师提前将学生搜集的各种食材放在实验台，通过闻、看、品，近距离了解各种食材。

2. 通过预习、搜集资料、小组探讨，了解各种食材的功效。

食材	功效
雪梨	生津润燥
枇杷干	润肺止咳
百合	清心安神
芦根	除烦止呕
红枣	益气养血
银耳	化痰止咳
冰糖	补中益气
话梅	缓解疲劳
桂圆	养心安神
枸杞	滋补明目

3. 学生尝试自己说一说小吊梨汤的制作过程，教师指导。

三、学习了解

设计理念：通过学生制作过程中遇到的问题，追踪学生的实践过程，适时指导学生搜集与整理资料的方法。

1. 教师准备视频并播放，让学生了解制作过程。

2. 小组成员交流制作小吊梨汤的过程。

（1）学生提出问题，关键地方教师做出指导。

预设学生问题：

可以加入枸杞吗?

水跟雪梨的比例是多少？

非得用白冰糖吗？

可以放盐吗?

饮用的最佳时间是什么时候?

最好的储存方式是多少?

……

（2）学生围绕问题展开讨论。

（3）教师可以尝试回答点拨。

强调枸杞的功效。

水跟雪梨的比例为 2 : 1。

讲解黄冰糖与白冰糖的区别。

盐可以解腻。

最佳饮用时间是冷藏后的第二天。

最好储存在 10 ℃左右的地方。

……

四、活动实践

设计理念 :通过教师创设真实情境，为学生提供亲身经历与现场体验的机会，让学生经历多样化的活动方式，促进学生积极参与活动过程，在实践操作、实验探究中发现问题和解决问题。

1. 准备食材 : 雪梨一个（约 400 克），冰糖 30 克，银耳半个，话梅 3 颗，枸杞、百合、枇杷干适量，红枣 3 个。

2. 开始制作

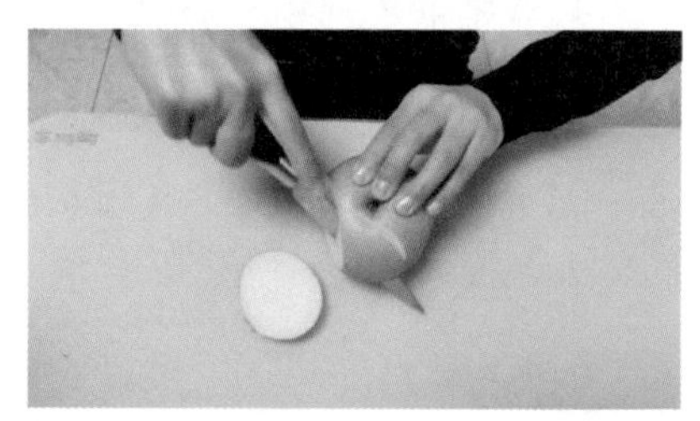

（1）将银耳用冷水泡开后，去蒂，用厨房

剪刀剪成小朵；雪梨用盐水洗净后，不去梨皮切成块。

（2）锅中放入银耳、雪梨、百合、枇杷干。

（3）加水，用中火煮开后下话梅，话梅是小吊梨汤的点睛之笔，可以跟酸梅汤媲美。

（4）撒入枸杞，加入适量的冰糖，搅拌一下，转小火炖煮半小时可出锅饮用。该汤品清肺止咳，尤其适合秋冬喝。

3. 品尝方式：煮好的梨汤热凉都可饮用。

4. 储存方式：没喝完的可以装到保鲜盒里，放在冰箱冷藏室里保存。

五、活动总结

设计理念：促进学生自我反思与表达、和同伴交流与对话，促进知识建构，明确进一步的探究方向，深化主题探究。

1. 学生总结课堂心得，畅谈感受。

2. 学生利用自己的课余时间，制作一份小吊梨汤和家人一起分享。

学生活动评价表

《小吊梨汤》活动评价表		
1	今天你认识了几种具有中药价值的食物？请说出它们的名称。	
2	你能说出哪些获得重要信息的方法？	
3	请说出你在制作小吊梨汤时会注意的问题。	

（设计者：郑州市金水区纬五路第一小学　张力伟　焦　楠）

第三章　课程影响力

一、课程概述

中医药文化不仅有助于增强学生的文化自信和民族自豪感，还能帮助学生养成健康的生活习惯，提高生活自理能力，提升身体素质。

本课程以劳动教育为目标，借中医文化的沃土，把中医启蒙、传统节日和劳动有机融合，建设浓郁的中医药特色校园文化。校内开设“百草园”中医药种植基地和“小郎中中医馆”,给学生提供实践场所,师生们通过“做中学”与“学中做”,亲手操作、亲身体验，经历完整的劳动实践过程。中医药文化将五育有机融合，联结学校教育、家庭教育、社区教育，组成育人共同体。本课程通过劳动教育传播中医药文化，让学生体悟劳动中人与人、人与自然、人与社会的关系，在中医药文化的滋养下自然快乐地成长！

二、实施策略

（一）跨学科实施

在中医药文化课程的实施过程中，融合语文、科学、美术等相关学科，线上 + 线下、校内 + 校外，多场域融合实施，发展素养，提高学生跨学科学习的综合能力。郑州市金水区经三路小学“了不起的中医药”融合语文学科进行“中医名家故事”“中医药发展历程”主题学习,融合科学学科进行“中药种植和节气”“中药搭配知多少”主题学习，融合美术学科进行“中药扇面画”“中药图谱”主题学习，融合体育学科进行“少儿八段锦”主题学习等，中医药文化的丰富多样性通过各个学科的实践活动展现并传递给学生。

郑州市金水区纬五路第一小学希望学生学会爱自己，学会与身体对话，能够通过所学中医知识让自己的身体始终处于健康状态。在课程整体实施中，语文学科开展“写给孩子的中医启蒙故事”，音乐学科开展“唱给孩子的中医汤头歌”，体育学科开展“孩子必会的五行健康操”，美术学科“草药为什么那么美”，科学学科“孩子必会的调理方法”等，每个学科都将中医药知识与生活实践相结合，将防患于未然的思想渗透其中。

郑州市金水区第四幼儿园从健康教育入手，融合社会、语言、科学等多个领域，积极开展中医药主题教育活动，探索幼儿园中医药特色课程。无论是健康领域中的“中医健康知识”的学习，还是语言领域“中医名人名家”的故事讲述，或是“中医药材知多少”的区域游戏活动，都作为幼儿认识中医药、了解中医药文化的重要教育手段，激发幼儿对传统中医文化的兴趣，培养幼儿健康科学的生活理念。

（二）知识与生活相融合

学校以劳动和综合实践活动课为主阵地，培养学生劳动观念、劳动能力、劳动习惯、劳动精神，通过“种中药”“识中药”“泡药茶”等环节逐步推进。在实践活动中，郑州市金水区经三路小学的学生在“百草园”中草药种植基地中种植、养护百草，一起动手种紫苏、垂盆草、鱼腥草、射干、松果菊等近二十种中草药幼苗，感受万物生长之美；在中药店里、在自家厨房里认识生活中的中草药，了解中草药与日常生活的密切联系，领悟万物相生之美；通过挖野菜、尝野菜，烹制养生茶，制作养生餐，在生活中用百草，享受自然的馈赠，传承文化，表达感恩，领悟健康养生之美。郑州市金水区纬五路第一小学学生熬制除霾利咽茶、酸枣仁汤、芍药汤等中药养生汤茶，还制作了清火绿豆糕、补气山药糕、消食山楂棒等中药食品。

郑州市金水区第四幼儿园的娃娃们开展“四幼健康小厨房——我的营养餐”幼儿健康饮食文化系列活动，通过亲子共同查阅资料、动手操作等环节，让幼儿了解食物营养价值和科学饮食对健康的意义，参与搭配健康菜品，感受烹饪的乐趣，构建出自己的“知食体系”，形成健康的饮食方式，提升家庭膳食营养水平。

（三）理论与实践相结合

在课程实践中，学校项目活动组带领学生走进中医院、中药房、中医学院、中药种植基地等场所，实地探寻中医药文化，培养学生对中药材的知晓、辨识与基本应用能力，将理论与实践相结合，让学生能够获得专业的学识，体验实践乐趣。

郑州市金水区经三路小学与河南中医药大学第三附属医院联建校内“小郎中中医馆”，利用课后延时服务时段开展活动，医院的研究生团队带领社团同学认识中药茶饮，学习中医药茶在四季时令、不同人群中的制作方法和饮食禁忌。师生制作红枣桂圆茶、甘草桔梗茶、菊花枸杞茶等不同功效的茶饮，走出校园，走进广场，走进小区，通过摆摊宣传的形式，发放中药茶饮，传播中药养生理念。

郑州市金水区纬五路第一小学自创了“未然堂”品牌，与河南中医药大学第一附属医院、河南省中医院治未病科建立长期合作关系，让孩子们走进中医院探访中医诊疗的过程。学校还在暑期组织学生到禹州中药种植基地等地实地考察中药种植、中药生产，采访药王，亲身感受中药切片等技术。学校还将中医药纳入综合实践活动课程学习，三至六年级均开设该课程，并自主编制学习读本。

郑州市金水区第四幼儿园结合幼儿的年龄特点和生长发育的需要，特别邀请中医儿科医学博士和儿科推拿医师走进幼儿园，开展“儿童中医课堂”及“儿童常见病预防知识讲座”活动，和家长交流儿童中医护理的方法。在活动中实现家园共育，也拓展了中医文化进校园的广度和深度。

（四）成果与社区服务相结合

我们倡导学生的研究成果必须进行推广，第一，实现研究成果的文化影响力，第二，将成果进行推广，让更多的人了解并能进行应用，学生的成果就“活”了。

郑州市金水区经三路小学的学生亲手制作中药香包，将香包分发给学校保安叔叔、附近商店的售货员阿姨和街道保洁人员，通过这种方式传播中医药文化。

郑州市金水区纬五路第一小学的学生将“少儿八段锦”带入社区，组织社区内的老人、儿童一起练习，提高了大家对中医的认同度。暑期，孩子们将制作的中药凉茶送给学校附近的环卫工人品尝，用以消暑解渴。

郑州市金水区第四幼儿园开展了“中医药文化进社区”活动，在所在凤凰台社区进行了中医药文化展板的布置，并为周边居民讲解中医药知识，向社区居民发放中医药知识宣传单，起到了较好的宣传作用。

三、社会影响力

郑州市金水区纬五路第一小学、郑州市金水区经三路小学、郑州市金水区第四幼儿园取得了以下成绩。

郑州市金水区纬五路第一小学“我和中药有个约会”课程在2017年第四届全国教育创新年会上，受到国内外专家学者的好评；2019年12月，“中医文化”课程在郑州市课程建设工作会上展示；2020年5月，“中医文化”课程参加郑州市教育局举办的“五一劳动嘉年华”劳动教育成果展示活动，国家督学成尚荣对课程予以高度好评；2020年11月，学校中医文化课程经验在《中国教师报》被介绍；2020年12月，学校将中医药文化课程的学习内容整合为100个主题，分散在六个年级进行实施与评价，并入学校毕业生形象的N个100课程序列；2021年5月，举办第一届中医文化节，河南省教育厅、郑州市教育局等主要领导参与活动并对活动高度赞扬；同期学校发布了自创品牌“未然堂”，并与河南中医药大学第一附属医院、河南省中医院达成合作关系，河南中医药大学第一附属医院蒋士卿副院长担任郑州市金水区纬五路第一小学的健康副校长，河南省中医院的侯江红教授担任学校中医课程指导专家；2022年4月，学校“中医文化”课程参加第七届中国教育创新成果公益博览会；2022年5月，学校举办第二届中医文化节，中医出版物《给孩子的中医启蒙课》推广活动同期举行，该丛书由郑州市金水区纬五路第一小学校长张丽娟主编，特邀中医专家、教育专家进行指导，由天津科学技术出版社出版发行，丛书共分为4册：《讲给孩子的中医名人故事》《唱给孩子的中药汤头歌》《写给孩子的中医启蒙三字经》《送给孩子的中医养生小锦囊》。

郑州市金水区经三路小学在2020年围绕“知识缝制铠甲　中医传承文明”

主题开展科技节活动，学校邀请22位河南中医药大学第三附属医院的专家讲授24节中医文化课程。2020年12月，“了不起的中医药”综合实践活动课程的主题确定课《身边的中药》获河南省优质课二等奖，教学设计入编梧桐树系列丛书《不一样的课堂》一书中。2021年4月29日，举行“百草园”中医药种植基地揭牌暨开园仪式，学生有了在校种、养、收百草的劳动实践场域。2021年10月，《了不起的中医药》综合实践活动课程设计被评为郑州市中小学综合实践活动课程建设优秀成果二等奖。2022年5月，张仁杰校长主持的研究课题“项目式学习促中医药文化进小学课程化的研究”获金水区课题研究一等奖。2022年11月26日，副校长夏艳青在“中国教育创新卫星峰会2022——创新向未来，推动构建教育高质量发展新格局”区域教育创新成果展播（河南省郑州市金水区专场）中分享主题为“传承中医药文化　领悟自然生长之美”的学校中医药文化活动建设经验。

郑州市金水区第四幼儿园自2020年12月起，尝试将中医药文化引进校园，将中医药文化以主题教育活动的形式展开，并注重分析与评价，使幼儿逐步了解中医药文化知识，建立初步的健康意识，促进幼儿健康成长。2021年6月，组织并承办了第一届“小杏花”杯儿童讲中医故事大赛活动，有18名幼儿在活动中亮相并收获奖项，各大媒体争相报道，获得了社会一致好评。2022年10月，又组织20名幼儿参加了第二届“小杏花”杯儿童讲中医故事大赛活动，获得了评委的高度评价。2022年12月，幼儿园保教主任代表幼儿园，接受河南广播电视台的采访，针对中医药文化进校园的工作经验，包括环境创设、课程设置以及主题活动等方面进行交流分享，受到好评。

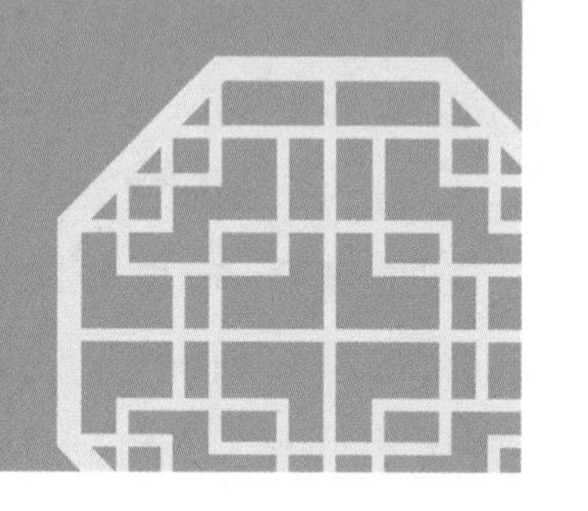

第三篇
师生作品

作品赏析（1）

作品名称：花样冰糖葫芦

作者：李孟圆

指导教师：祝艺茹　冯谦谦

学校：郑州市金水区第四幼儿园

设计理念

在传统中医药文化中，山楂果是一种水果，也是中医药材的一种，有消食化积的作用。冰糖葫芦由山楂果加裹冰糖浆加工制成，作为中华传统美味小吃，流传已久，并因其口感酸甜可口，深受人们的喜爱。

教师点评

冰糖葫芦是幼儿常见又喜爱的传统美味小吃。幼儿在动手制作中，对身边的中医药文化有了深刻的认识和理解，符合幼儿认知发展规律，在操作中，幼儿发展了精细动作。

作品赏析（2）

作品名称：美味春韭炒木樨

作者：李若瑜

指导教师：苏金珂

学校：郑州市金水区第四幼儿园

设计理念

韭菜又名春韭、起阳菜，作为一种常见的蔬菜，它也是一味中药。它对人体有补肝肾、暖腰膝的作用，而鸡蛋则含有丰富的卵磷脂，能够增强记忆力。搅碎的炒鸡蛋雅称“木樨”。韭菜加鸡蛋，能够帮助我们补肝肾、益气血。

教师点评

韭菜炒鸡蛋是一道既好吃又营养丰富的餐桌佳肴。洗韭菜、切韭菜、打鸡蛋、炒菜、装盘这些步骤可以锻炼幼儿小肌肉动作。同时，在此过程中幼儿既感知了劳动的辛苦，又探究了食物营养成分，感受到药食同源的魅力。作品完成度很高，色泽鲜亮饱满，幼儿在参与过程中收获颇丰。

作品赏析（3）

作品名称：养生粥

作者：许一诺

指导教师：马　瑞

学校：郑州市金水区经三路小学

设计理念

粥在中国拥有数千年的发展历史，是民众日常生活中最普通、最常见的主食之一。将一些具有药用价值的配料与米一起熬煮，不仅有饱腹的作用，还具有一定的养生食疗功效。我们用黑米、黑豆、红枣、江米、大米和桂圆干熬制成了一碗香气四溢的养生粥，不仅能补血养气，还能安心宁神。

教师点评

一碗香喷喷的养生粥在学生的精心熬煮下出锅了，人间烟火气，最能抚人心，品尝自己动手熬制的养生粥更能回味其中的甜美。

作品赏析（4）

作品名称：养生中药茶

作者：周乐钦

指导教师：马　瑞

学校：郑州市金水区经三路小学

设计理念

玫瑰枸杞桂圆红枣茶有清肝明目、美容养颜、补气养血、健脑安神的功效。玫瑰和红枣可补气血、活血化瘀，枸杞能滋阴补肾。我的妈妈是一位医务工作者，她非常辛苦，看到她疲惫的样子，我想为她泡上一杯补气养血的玫瑰枸杞桂圆红枣茶。

教师点评

在课堂上，我们了解了红枣、枸杞等常见中药的功效，学生将课堂上学到的理论知识运用到日常生活的实践中，将这些中医药进行合理搭配，为妈妈泡上一杯补气益血的养生茶，说明学生在中医药专题的学习中，收获了知识，得到了成长！

作品赏析（5）

作品名称：中药扇面画

作者：吴南村

指导教师：张　沛

学校：郑州市金水区经三路小学

设计理念

枇杷是分布在河南、陕西、甘肃等地的一种常绿小乔木。枇杷果清香鲜甜，枇杷的叶、果具有促进消化、润肺止咳、防止呕吐等功效。扇面中有枇杷数枝，枝干直挺，粗细有致，穿插交错而又层次分明，果实饱满，突显质感。

教师点评

这幅国画《枇杷》扇面，使用的绘画语言极其简洁，画面却意蕴丰富。屈指可数的线条，松秀而又苍润，透过这些抑扬顿挫的线条来看这些被分割了的空间，颇有雾里看花、水中望月般的虚幻与空灵。此枇杷图生动、传神，观之，心肺皆舒畅。

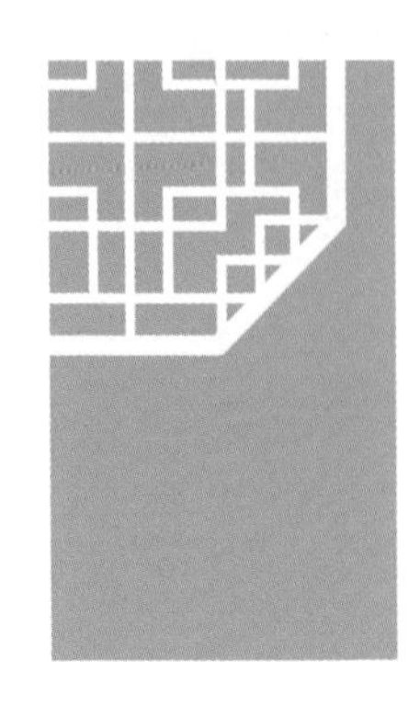

作品赏析（6）

作品名称：香囊

作者：胡锦晖

指导教师：马　瑞

学校：郑州市金水区经三路小学

设计理念

香囊历史悠久，古人将其系于腰间或肘后之下的腰带上，内装具多种芳香气味的中草药研制的细末。中药香囊外观古香古色，具有提神醒脑、散寒化浊的功效。此香囊选用艾绒与甘松制作，这些中药有驱蚊、开郁醒脾的功效，很适合小朋友佩戴。

教师点评

孩子们制作的香囊虽然针脚不够平整，但它饱含的是孩子们满满的爱心。在制作中药香囊的过程中，孩子们了解到丰富的中医药知识，对中国传统文化有了更深的理解，愈发佩服古人的智慧，对中药的兴趣越来越浓厚。

作品赏析（7）

作品名称：酸梅汤

作者：乔浩宇

指导教师：焦　楠

学校：郑州市金水区农科路小学国基校区

设计理念

古有神农尝百草，仲景立《伤寒论》。我国自有文字记载至今，中医文化已有数千年历史，是我国传统文化的重要组成部分。《本草纲目》曰："梅实采半黄者，以烟熏之为乌梅。"乌梅性平，具有敛肺、涩肠、生津、安蛔的功效。酸梅汤可以收敛肺气，用于治疗肺虚久咳，具有强身健体的作用，不仅能平降肝火，还能帮助脾胃消化、滋养肝脏。另外，酸梅汤还是天然的润喉药，可以温和滋润咽喉发炎的部位，缓解疼痛。学习中医文化，有利于儿童养成不挑食、不偏食的良好生活习惯，形成健康的生活方式。

教师点评

酸梅汤由乌梅、陈皮、甘草、山楂、冰糖等制作而成，不仅有健脾胃、促消化的功效，而且口感极佳，盛夏饮用不仅解渴，而且健康。

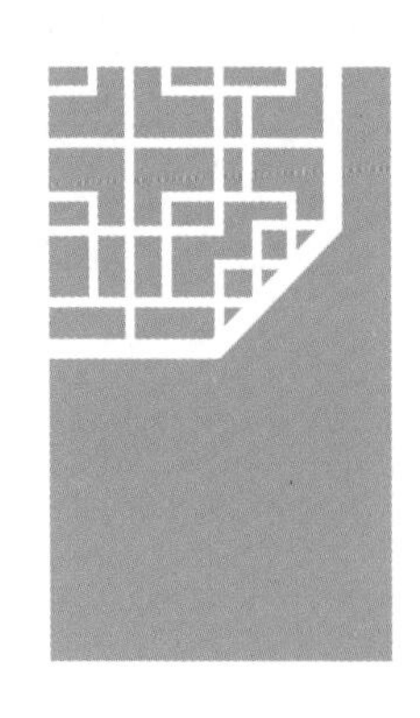

作品赏析（8）

作品名称：小米南瓜粥

作者：李仁锴

指导教师：焦　楠

学校：郑州市金水区农科路小学国基校区

设计理念

中医食疗逐渐走进儿童的生活，小米南瓜粥能促进脾胃运化，健脾胃，补养气血，润肠通便，改善阴虚口干，生津止渴，增强抵抗力，抗疲劳，改善睡眠。该粥亦可添加适量红枣。

教师点评

南瓜中含有丰富的微量元素钴和果胶，可延缓肠道对糖和脂质的吸收，提高人体免疫力。小米含有丰富的铁质、维生素 B、钙质、钾、纤维素和糖。红枣可养胃、健脾、益血等。该粥所用皆是家中常见食材，孩子们会认识到中医文化就在我们的日常生活中。

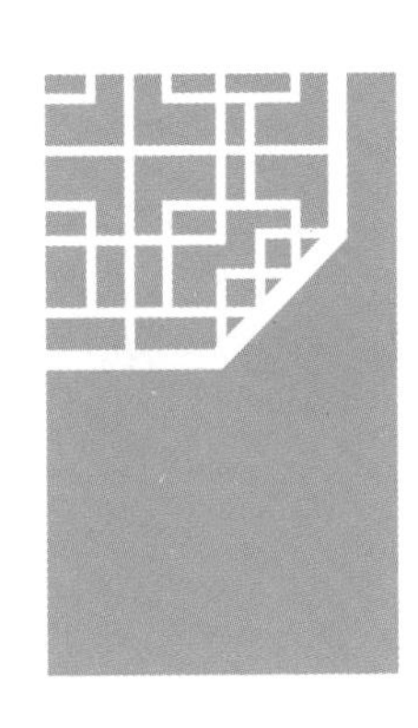

作品赏析（9）

作品名称：小吊梨汤

作者：焦　楠

学校：郑州市金水区农科路小学国基校区

设计理念

秋冬季节天气干燥，易上火、干咳。小吊梨汤作为一道秋冬季的热饮，口感清爽顺口、清甜不腻，具有滋阴润肺、止咳的作用。小吊梨汤里面含有鞣酸，对咽喉部位有养护作用，适量喝小吊梨汤可祛痰、生津。该汤含有维生素 C，适量喝可清热降火、解渴润喉，还能给身体及时补充水分，促进肠道蠕动，预防和改善便秘。

作品赏析（10）

作品名称：青团

作者：马　瑞

学校：郑州市金水区经三路小学

设计理念

青团是寒食节的传统美食。在南方，寒食节有禁火、冷食的习俗，寒食节和清明节相距一两天，甚至重合一日，现在青团成为清明节的节令食品之一。艾草是制作青团的材料之一，具有平喘镇咳、祛湿散寒等作用。青团的寓意有很多，吃青团是为了纪念先人，寓意团圆，也是对传统文化习俗的传承。

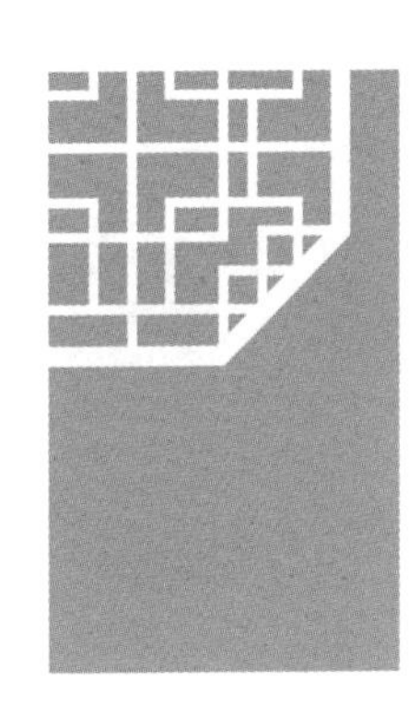

作品赏析（11）

作品名称：银耳莲子羹

作者：李梦雪

指导教师：赵　健

学校：郑州市金水区第四幼儿园

设计理念

银耳性味甘、平，归于肺、胃、肾经。银耳含有丰富的维生素C、维生素D、蛋白质、酸性多糖类物质、胡萝卜素，有清肺养血、滋阴化痰的功效，还含有硒等微量元素，可以提高幼儿免疫功能，防止钙的流失。采用银耳、红枣、杏仁等多种食材，经过清洗、炖煮等流程为幼儿制作药食同源的美味膳食“银耳莲子羹”，汤品色泽清透，有效激发幼儿食欲，味道微甜可口，爽滑细腻，包含多种营养，深受幼儿喜欢，幼儿在品尝美食的时候，也吃出了健康，助力了成长。

新时代的教师应该具备哪些素养

目前，我国的基础教育已全面普及，人民群众“有学上”的问题得到解决，“上好学”的需求日益强烈。全面提高教育质量，实现基础教育高质量发展已成为我国教育的战略性任务。培养有理想、有本领、有担当的社会主义时代新人，办好人民满意的教育被摆在了更加重要的位置。

基于我国国情，中华人民共和国教育部于 2022 年 4 月出台了《义务教育课程方案》(以下简称《方案》)，进一步推动了我国在课程、实施与评价等方面的深度改革。《方案》强调了三个方面：一是学科实践，规定每学科拿出不少于 10% 的课时开展跨学科学习活动；二是综合学习，提倡主题式、项目式、单元式等教学；三是评价改革，关注过程性评价、增值性评价，对学生在学习过程中的学习态度、学习方法、思维方式等进行跟踪，及时引导学生全面发展。这些既是对学生学习方式的改革，更是对教师在课程理念、教学方式、评价方法等方面提出的新的挑战。

那么，如何提升教师自身能力，实现高质量的教育教学活动呢？教师需要具备哪些素养，才能胜任新时代的教育担当，才能落实、实现国家课程改革的理念和方向，培养出一批批德智体美劳全面发展的学生呢？

基于这样的思考，我们整理并总结了各个学科都涉及的相同教学主题，最后决定将中华优秀传统文化中的非遗作为抓手进行跨学科、融合学科的开发，从中

探索出一套非遗文化课程深入推进的方案，提炼出一套非遗项目跨学科学习开发与实施、评价与推广的立体式实践模式。由此，我们建立了以综合实践活动、劳动教育、美术、语文教师为主的跨学科教研团队，根据教师的专业特长和课程能力，组建了十几个联盟校项目，进行了持续的实践探究，并获得了可喜的成果。我们深深感悟到新时代的教师在课程开发、实施、评价与资源利用等方面应该具备如下这样的素养。

一、跳出单一学科界限，“设计”学生课程内容

《方案》提出每一学科要开发不少于10%课时的跨学科活动，从师资能力看，要求教师具备跨学科设计的理念和能力；从活动内容看，指向基于学科为主题的跨学科学习，打破单一学科的壁垒，建立纵向联系，让学生在同一主题的内容中将各个学科涉及的知识、技能、学科思想、素养等进行联结与融合，让学生经历某一主题的完整的学习活动，建立新的思维方式，获得新的经验，实现“知识的价值”。非遗文化课程的研究与实践，涵盖语文学科的文化，美术学科的审美与技能，劳动教育的工匠精神，综合实践活动的综合性学习与能力培养等，它们的融合可以带给学生完整的体系和经历，不再是碎片化学习和认知。

二、尊重学生发展规律，关注学生实践体验过程

教育要遵循学生的身心发展规律，注重个性差异，因材施教，给予学生鼓励，使能力得到提升。根据非遗项目的研究活动，涉及学生对非遗项目的文化认知、设计制作、成果推广等，让学生能够通过一系列的活动“文化于心”“心化于形”，实现“知—情—意—行”相统一，成为一名非遗文化的小传人。在这个过程中，教师需要看到不同能力的孩子在活动中的投入、努力和专注，要看到学生基于自身状态获得的新的发展。我们提倡：尊重学生身心发展规律，不要吝啬教师的赞美，不要吝啬教师的“优秀”评定，要看到学生在付出过程中的那份全力以赴。

三、根据项目活动内涵，制订聚焦性评价量规

评价是导向，在项目活动中我们发现，教师在设计评价量表时经常出现两种情况。第一，能够关注学生经历的活动环节，但缺乏相应的不同等级的具体描述；第二，设计出的评价要素没有结合具体项目，而是笼统的、不聚焦的，没有契合主题。这样的评价不能给予学生具体的指向，无法让学生结合活动主题进行反思与总结，不能明晰究竟哪些方面做得好，哪些方面还需要努力。我们建议，低年级学生认字少，可以图形为主，中高年级学生的评价量规要细致具体，具有指向性，帮助学生知道如何做，怎么做，自己可以做到什么程度。这样的评价才有意义。

四、善于利用社会资源，拓宽学生活动空间

非遗文化是传承的技艺，不具有普遍性。因此，在课程开发与实施中，利用与挖掘社会资源，寻求专家资源的协助，与非遗场馆或实践基地合作是非常有必要的。这可以弥补校内教师专业能力的不足，拓宽学生与教师实践研究的平台，补充丰富的课程资源，助力项目深入实施，促进学生获得专业的、多元的体验，深刻感受非遗文化的博大精深。

新时代的教师，需要具备的素养不只这些，还需要具备信息技术素养、协同发展的能力等。

相信，只要愿意行走在课程改革的道路上，教师就会在教育教学的实践中不断获得素养提升、教育智慧，乃至形成教育思想。久久为功，也必将推动中国的教育改革，为国育人，为党育才。

让非遗会说话

非遗劳动项目实施与评价

葫芦烙画

主编　观澜

本册主编　牛保华　赵彩　杨丽君

河南科学技术出版社

·郑州·

图书在版编目（CIP）数据

葫芦烙画 / 观澜主编 . -- 郑州：河南科学技术出版社，
2023.5

（让非遗会说话：非遗劳动项目实施与评价）

ISBN 978-7-5725-1187-5

Ⅰ . ①葫… Ⅱ . ①观… Ⅲ . ①烫画—介绍—中国
Ⅳ . ① J529

中国国家版本馆 CIP 数据核字 (2023) 第 074861 号

出版发行：河南科学技术出版社

地址：郑州市郑东新区祥盛街 27 号　　邮政编码：450016

电话：（0371）65737028　65788613

网址：www.hnstp.cn

策划编辑：黄甜甜

责任编辑：周青珠

责任校对：李平平

封面设计：张　伟

责任印制：朱　飞

印　　刷：河南博雅彩印有限公司

经　　销：全国新华书店

开　　本：710 mm × 1 010 mm　1/16　印张：4.25　字数：65 千字

版　　次：2023 年 5 月第 1 版　2023 年 5 月第 1 次印刷

定　　价：258.00 元（全九册）

前言

《让非遗会说话——非遗劳动项目实施与评价》（简称《让非遗会说话》）这套书，历经两年最终得以出版，得益于金水区深厚的文化，非常感谢河南省教育厅和郑州市教育局领导的支持，还有学校的大力支持和一起同行的观澜名师工作室的伙伴们。

非遗是传统文化的重要组成部分。在新时代下如何大力继承、推广和创新，是值得深度思考与研究的命题。

河南省郑州市金水区作为课程改革实验区，遵循“灿烂如金，上善如水”的教育理念，注重课程改革、教学改革和评价改革，构建适合金水学子的教育体系，全方位实施素质教育，落实课程育人、活动育人、实践育人、合作育人、评价育人，培养德智体美劳全面发展的新时代学子。

在推进和创新非遗文化课程中，我们建立跨界联盟校，吸纳洛阳、安阳、杭州等优秀非遗团队，以“项目”为驱动，开展跨学科学习教学，将美术、综合实践活动、劳动教育、语文、历史、物理等学科相融合……让学生经历真实情景的探究，重构知识体系和思维，在解决问题过程中使能力、素养、品质得以提升，最终建构学生“知识—人—世界”的完整实践价值观，实现“知—情—意—行”合一的美好教育境界。在整体探索和推进中，我们的团队边实践边总结，一起交流，一起研讨，一起碰撞，探索出一套非遗项目化实施和评价的有效模式。有7所学校的非遗项目成果在全国第六届公益教育博览会上进行参评和推广，河南省实验中学的剪纸、郑州市金水区四月天小学的布老虎、郑州市金水区文化绿城小学的葫芦烙画、郑州市金水区艺术小学的刺绣、郑州冠军中学吹糖人、河南省实验小学扎染、郑州市金水区农科路小学北校区皮影获得优异的成绩。

《让非遗会说话》这套书一共九本，包括九个非遗项目，它们分别是中医文化、宋代点茶、陶艺、布艺、扎染、刺绣、戏曲、葫芦烙画、澄泥砚。每本书分为三篇，第一篇是理论研究，重点阐述如何让非遗会说话的实践路径和模式；第二篇是课程实践，包括课程规划、具有代表性的活动设计、课程影响力，为课程如何规范有效设计、实施与评价提供借鉴和引领，其中活动设计呈现出联盟校各自的特色，为教师实施课程提供了可借鉴的经验和方向；第三篇是师生作品，展现了课程实施效果和师生的成长。

本套书呈现了非遗文化在中小学的有效落实，在师生学习生活中的开花结果、守正创新。对新时代下学校的课程创新、教师的创新实践、学生核心素养的发展都起到引领与推广作用。

在这里非常感谢参与《葫芦烙画》编写工作的金水区文化绿城小学周静老师，郑州市第 80 中学郑海滨老师等辛勤的付出和智慧的交流。

河南省郑州市金水区教育发展研究中心 观澜

第一篇　理论研究

第二篇　课程实践

第三篇　师生作品

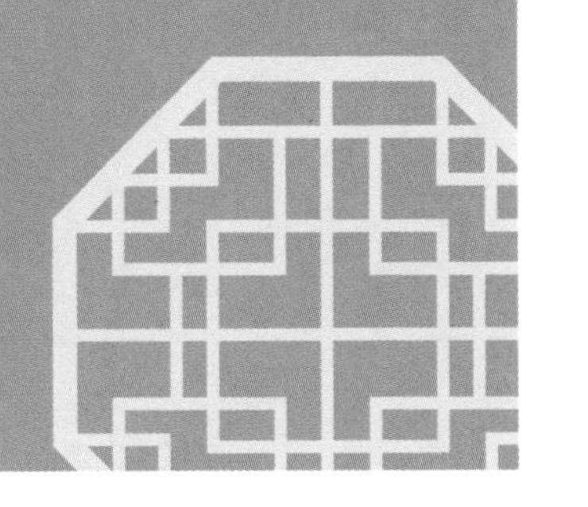

第一篇
理论研究

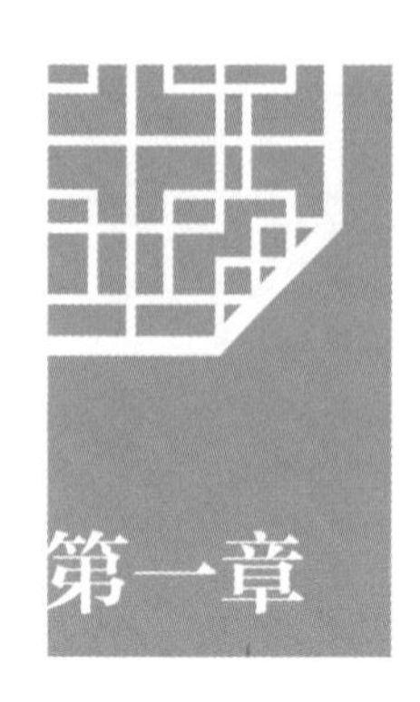

第一章 非遗文化的重要性

习近平总书记强调，中华优秀传统文化是中华民族的精神命脉，是涵养社会主义核心价值观的重要源泉，也是我们在世界文化激荡中站稳脚跟的坚实根基。非遗文化是中国传统文化的一部分，在中国传统文化中具有重要地位。

一、非遗文化的重要性

非遗文化是中国传统文化重要的组成部分，承担着独特的文化内涵和教育推广意义。

非遗文化具有悠久的历史。剪纸是具有最广泛群众基础的民间艺术之一，大概有 1500 年的历史；泥咕咕的历史渊源，可以追溯到远古时期，有记载其产生于河南浚县；钧瓷始于唐，盛于宋，作为中国陶瓷艺术史上的一个重要标志，在世界陶瓷发展史上占有重要地位；风筝由中国古代劳动人民发明于东周春秋时期，距今已 2000 多年，相传墨翟以木头制成木鸟，研制三年而成，是人类最早的风筝起源。

非遗文化是手工业精湛技艺的代表。比如钧瓷，自古以来就有“黄金有价钧无价”“家有万贯，不如钧瓷一片”“入窑一色，出窑万彩”的美誉；中国的手工刺绣工艺，已有 2000 多年历史，有“玉女飞针巧引线，乾坤绣在方寸间。百花不晓冬寒日，四季绽放在春天”的美誉；至于篆刻技艺的魅力，孙光祖《篆印发微》有言：“书虽一艺，与人品相关，资禀清而襟度旷，心术正而气骨刚，胸盈卷轴，

笔自文秀。印文之中流露，勿以为技能之末而忽之也。”

非遗文化具有欣赏价值。如戏曲融入文化、服饰、道德品质，承载着乡音乡情，帮助中国人寻找情感寄托、精神归属，成为传播中国传统文化的重要途径，也成为人们重要的精神家园。“剪纸铺平江，雁飞犟字双”等诗句表达出对剪纸的艺术欣赏。“缬，撮采以线结之，而后染色。既染则解其结，凡结处皆原色，余则入染矣，其色斑斓谓之缬。”可见扎染技艺的神奇。

非遗文化充分体现了劳动人民的工匠精神。非遗作品的创作需要潜心研究，不断创造，专注于每一个细节，凝结了创作者的大量时间和心血，也是创作者毅力和智慧的体现。

一直致力于非物质文化遗产研究与发展的北京师范大学非物质文化遗产研究与发展中心执行主任张明远教授，在首届“致敬中华优秀传统文化”项目学习活动闭幕式上认为，一个民族的文化是一个民族存在的标志，如果没有传统文化，民族就失去了存在的特征。他表示，中华优秀传统文化具有跨越时空的价值，铸就了中华民族得以传承千年的根基。随着中华优秀传统文化走进校园，各类非遗项目与学生之间建立了联系，在学生心目中便形成了一种美学传递，这将伴随他们的成长。张明远教授表示，中华优秀传统文化的影响和价值与我们当下的生活息息相关，促进青少年健康成长，要让更多的青少年沉浸到中华优秀传统文化的学习研究中。

中华优秀传统文化的传承与发展是提升国民素质的重要措施，也是建设社会主义文化强国的重大战略任务。

二、非遗文化在教育中的意义

非物质文化遗产是中华民族智慧的结晶，充分体现了劳动人民的工匠精神以及对文化的传承与弘扬。《完善中华优秀传统文化教育指导纲要》明确提出，加强中华优秀传统文化教育，是深化中国特色社会主义教育和中国梦宣传教育的重要组成部分，对于引导青少年学生全面准确地认识中华民族的历史传统、文化积淀、基本国情，实现中华民族伟大复兴中国梦的理想信念，具有重大而深远的历

史意义。

学校是落实非遗文化的重要场所，担当着非遗文化延续和传承的重任，对从小培养学生对中国文化的了解，起到重要作用。

河南历史文化底蕴厚重。老子、庄子、张仲景、商鞅、李商隐等历史文化名人皆与河南有关，剪纸、拓片、布老虎、澄泥砚、钧瓷、朱仙镇木版年画、汴绣、唐三彩等皆为河南特色非遗文化。开发相应的非遗课程，实践于课堂，让学生作为非遗文化的使者，去影响身边的人，让更多的人了解中国文化、非遗文化，是我们应当做的事。

从教育的角度看，开发与实施非遗课程对学校、教师、学生都具有深远的意义。

从学校课程特色建设看，开发与实施非遗课程能够彰显学校课程特色，构建丰富多元的课程体系。

从教师业务发展看，开发与实施非遗课程具有一定的挑战性，不但能激发教师开发与实施课程的热情，还能进一步转变为教师“教”的方式，实现课程育人、实践育人、活动育人、评价育人。

从学生成长角度看，非遗课程可以让学生学习到书本之外的知识，提高动手操作与创作的能力、探究能力、解决问题能力，帮助学生形成良好的品质和综合素养，让学生热爱家乡，热爱祖国，实现德智体美劳全面发展。

三、当代非遗文化的发展瓶颈

非遗文化具有重要的社会文化地位，但发展受到多种因素的制约。

第一，非遗作品的制作过程是一个“慢”“精”“细”的创作过程，需要付出大量的时间和精力。

第二，非遗作品因投入人力、物力和时间等成本，通常价格比较昂贵。

第三，非遗的技艺需要创新，而这并不是一件容易的事情。

第四，非遗传承人需要极大的耐心、恒心和不怕失败的意志，不怕创作的孤独，才能承担起这份传承的责任。

为此国家出台了相关政策，大力推广非遗文化。将非遗课程落地学校，让非

遗文化植入学生内心，将非遗文化进行宣传，逐步形成体系化解决方案。

鉴于以上种种，笔者提出了“让非遗会说话”的教育思想，学校通过非遗课程的开发与实践，让非遗文化“会说话”，学校容易实施，教师容易教，学生容易懂，社会更加重视，非遗文化更加普及。

第二章 推进非遗文化的方案

要在教育中落实非遗文化的传承、发扬、创新，就要先分析非遗文化在教材中呈现的样态。国家在编写教材时，非常重视将中华优秀传统文化融入各个学科。

比如“风筝”，不同学科的教师会关注与本学科相关的元素。从美术学科角度看，注重的是美学常识和绘画构图技巧；从语文学科角度看，注重的可能是与风筝有关的意象；从数学、物理学科角度看，注重的是风力、平衡力、三角形的构造等；从历史学科角度看，注重的是风筝的发展史；从德育课程或者专题活动角度看，注重结合风筝开发校本课程，寄语美好未来等。这种单一学科的学习方式和主题活动存在以下不足。

第一，这些内容有交叉、有重复。对学生来讲，占用一定的时间进行重复性的学习，学习的时效性不强。

第二，大多停留在支离破碎的知识层面。每个学科突出的是与本学科相关的知识或者技能，体现的是非遗文化在本学科的价值，是一个“点”而不是一个“面”。

第三，学习方式比较单一。美术学科的学科素养决定着学生需要根据教材内容动手创作，学生能够经历简单的动手实践的过程。其他学科大多不要求学生动手实践。

第四，学生没有兴趣。部分非遗项目很抽象，又离学生生活比较远，学生缺乏浓厚的探究兴趣。

当下，亟待通过一种学习方法或者课程方式，把各个学科涉及非遗的知识、

培养目标、学科思想融合在一起，打破单一学科的壁垒，建构纵向联系，重构学生的知识体系，让学生经历一个完整的项目探究过程，解决真实情境中的问题，促进学生的综合能力不断提高和持续发展。

笔者通过多年的实践与研究，认为“项目学习”和“综合实践活动跨学科学习”是最佳的实施方式。它们具有综合性强、实践性强、生成性强、跨学科性强等特征，是推动学科知识融会贯通的必经桥梁（如下图），可以推进非遗课程的常态持续有效实施，发展学生的核心素养。

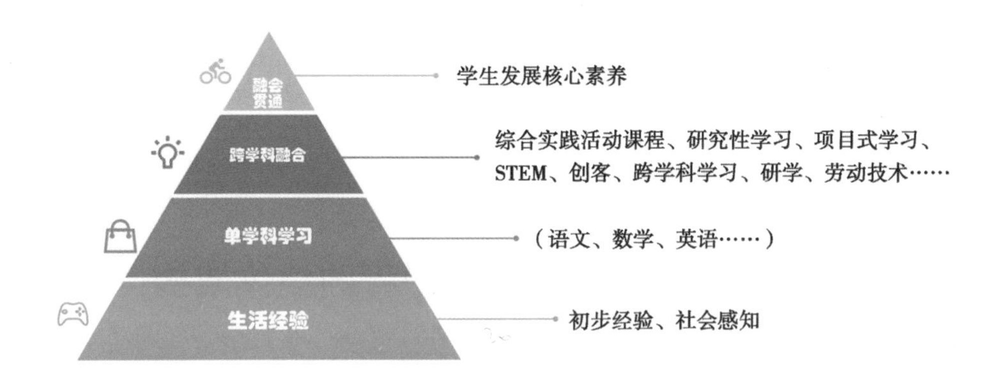

学习方式与核心素养关系图

项目学习和综合实践活动都指向跨学科学习。跨学科学习是多个学科的思想和方法的融合。以“风筝”为例，以项目学习为学习方式，融入综合实践活动课程中的研究性学习步骤，就实现了课程综合育人、实践育人、活动育人、评价育人，如下图所示。

跨学科学习框架图

从图中可以看出，在“风筝”这一项目任务中，通过建立子任务，即研究内容骨架、跨学科学习涉及领域、学习深度发展等，打通各个学科之间的横向联系，融会贯通。每一项研究内容都指向学生的主体地位，注重活动中学生的亲身体验，深化活动的实践探究以及真实情境下的收获，发展学生的多元能力。这不是单一的学科活动经历，而是丰富多元的活动串形成的课程内容、完整的课程体系。突出跨学科方法、思想的融合，基于学生已有知识又进阶发展核心素养，学生解决问题的能力得到提升，建立起个体与自然、社会的统一完整链接，知—情—意—行相融合。这种学习方式，让学生深刻感悟中国传统文化的博大精深，热爱祖国悠久的历史和壮丽的河山，树立人生理想和远大志向，是实现高质量发展的课程育人样态。

第一节　设计非遗课程的整体架构

作为国家级课程改革实验区，二十多年来，河南省郑州市金水区持续优化课程顶层设计，多元开发与实施中华优秀传统文化进校园、进课堂、进课程，实现立德树人，激发学生的民族自信、文化自信。笔者提出“让非遗会说话”的教育思想，构建区域非遗课程“常态 + 融合 + 多元”推进模式，通过“一引领、二融合、多元开发”路径，变革学生学习方式、课程育人方式，让学生感受中华优秀传统文化的博大精深，激发爱国、爱党、爱人民的思想感情，取得了较好的效果。

课程的有效落地需要具体的实施路径和策略支撑。金水区经过多年的实践探究，“自上而下”整体设计课程，从明确实施原则、学习方式四个“转向”、构建课程实践要素三个维度推进课程有效深度实施，形成区域非遗课程样态。

（一）明确实施原则

正确的理念决定行动的成效，明确实施原则就像明灯指引课程的科学发展。因此，我们确定了“三个原则”以实现非遗课程实践的“三个价值”。

（1）知识与实践相结合，让知识更有价值。非遗文化博大精深，对小学生来讲比较抽象，为了让小学生能够丰富相关知识，进一步感受非遗文化的精湛技艺，必须让小学生通过实践来亲身体验，将知识应用到动手实践中，感受创作的过程，体验非遗传承人坚持不懈的精神和不断创造的追求，让理论知识与实践相结合，不断产生新的知识与经验。

（2）教育与生活相结合，让实践更有价值。一件非遗作品，不仅是可以进行售卖的产品，更是艺术品，具有欣赏或收藏价值。非遗课程的开发与实施，需要将教育与生活相结合，实现有价值的实践，让学生知道学习不是单一的知识性活动，而是多元的。人类获得的知识，可以更好地创造财富，创造美好的生活。

（3）学科与个体价值相融合，让人生更有价值。学科知识与学科思想，蕴含着做人做事的道理。非遗课程通过跨学科学习、体验式学习、场馆学习、实践学习等，在“做中学”“学中创”，让非遗文化在学生心中扎根，让学生深刻体悟工匠精神与劳动人民的智慧以及中国文化的博大精深，丰盈学生的道德品质。

以上三个原则的指导思想，为非遗课程的开发、实施与评价，指明了正确的方向。

（二）学习方式四个“转向”

2022年教育部颁布的《义务教育课程方案》中提到“综合学习”“学科实践”“跨学科”等，引领学习方式的变革强化了课程育人导向。非遗文化及作品并非与学生的生活紧密相连。由此，在非遗课程的开发与实施中，只有体现新的课程育人方式、学习方式，才能让学生学得有兴趣，教师教得有趣味，课程实施有成效。我们特别提出在课程实施中要体现学习方式的四个“转向”，实现课程育人。

从单一学科走向融合。非遗课程的设计与实施，可以打破单一学科的壁垒，将非遗历史、文化、特征、技艺、制作等进行整体实施，建立学生对某一项非遗的深入了解与体验，实现高阶思维的学习发展。

从书本知识走向实践。“与其坐而论道，不如起而行之”，说明“行动”的重要性。只有带着知识走向实践，才能将知识与实践融合，发挥知识的价值，创造实践的价值。只有通过实践创造出非遗文化作品，才能更好地发扬光大非遗。

从学校走向社会。社会即学校，生活即教材。利用社会资源让学生更加深刻地了解非遗文化，感悟非遗文化。禹州钧瓷、朱仙镇木版年画、澄泥砚等都是学生遨游的知识海洋。沉浸式教育方式，不需要过多的语言就能带领学生开阔视野，启发思维，感受中华优秀传统文化的伟大。

从重结果走向重过程。非遗课程的开发与实施，不在于让每一位学生都成为创作者，成为非遗传承人，而在于让学生在探究实践的过程中，感受非遗文化的博大精深，感受技艺的精湛，感受劳动人民的智慧，感受中国文化的源远流长，坚定文化自信。这个过程非常重要。

学习方式的四个“转向”，不仅体现了新时代学习方式的变革，更是课程育人方式的变革。

（三）构建课程实践要素

在课程实践探索中，构建非遗课程实践要素，为学生规划有效的学习流程，为教师提供操作模式。

兴趣是最好的教师，学习内容只有建立在学生的兴趣之上，才能激发学生持续的学习激情。基于学生的兴趣或者疑问确定研究任务，以研究任务为驱动目标，制订计划，引导学生开启研究之旅。

像科学家一样思考和实践。学生在研究一个项目时，只有认真思考和实践，才能实现学习的高阶发展，才能培养科学精神，形成严谨的探究态度。

让“附带学习”走向深度。“附带学习”指研究对象延伸出来的子课题，也是具体的研究任务，这些子课题的研究深度，决定着课程实施的深度和研究任务目标能否达成。

将一切想法变成现实。有想法就去做，尤其是在动手实践创作的过程中，要鼓励学生大胆想，大胆做，将想法变成现实，做出作品，让“非遗会说话”。

重活动感悟。课程实施中，学生遇到的问题以及解决问题的方法最能体现学生的成长。学生认识到意志力的重要性，认识到非遗作品制作的不易等，这些感悟能够影响他们做事的态度和方法。

将成果进行推广。鼓励学生成为非遗的代言人，推广和宣传非遗文化。

通过以上实践要素，持续推动学生探究非遗的知识、历史、工艺、传承等，引导学生在活动中积极参与、反思，感知非遗工艺的精湛，提升其继承和发展中国文化的责任感与担当意识。

第二节　推进模式与评价

前面阐述了宏观、中观维度的非遗课程开发与实施的整体理念和设计思路。那么，如何进行具体的实践呢？笔者将从推进模式和实践策略两方面进行阐述。

一、推进模式

通过普及课程与社团课程相结合、必修课程与选修课程相结合、校内与校外相结合等方式，整体推进课程有效实施，构建“一引领”“二融合”“多元开发”的实施模式。

（一）“一引领”：建立非遗项目联盟校

为了深度开展非遗课程，提高活动质量，提升课程品质，我们发展了16个非遗项目联盟校，以引领课程的实施，推进并打造了“一校一品”，实现课程的统整和学习方式的多元融合，如郑州市金水区纬五路第一小学的中医药课程、郑州市金水区银河路小学的纸雕、郑州市金水区农科路小学北校区的皮影课程、河南省实验小学的扎染课程、郑州市金水区南阳路第三小学的剪纸课程、郑州市金水区文化绿城小学的葫芦烙画课程、郑州市金水区艺术小学宏康校区的风筝课程、郑州市金水区黄河路第一小学的麦秸画课程等，课程已经非常成熟。部分学校建立非遗研习馆，如郑州市金水区丰庆路小学不仅建立了非遗馆，还与河南省非遗传承人共同开发了7项非遗品牌项目，郑州市金水区农科路小学国基校区建立了古笛非遗馆等，为学生提供学习的场地、文化熏陶的环境，打造学校非遗课程项目，增强非遗文化在学生中的普及度。

非遗联盟校解决了教研团队力量薄弱的问题，打通了区域间同一类非遗教师之间的交流渠道，起到了互促互进的作用。目前，剪纸、葫芦烙画、篆刻、泥塑、宋代点茶、香包、扎染、布老虎、皮影、豫剧、书法、刺绣、风筝、麦秆画、陶艺等社团课程，都已成为学校的品牌课程。

（二）“二融合”：与综合实践活动、劳动教育三者融合

非遗项目课程涉及综合实践活动考察探究、设计制作、职业体验等活动方式，同时也涉及劳动教育课程中生产劳动、职业体验、工匠精神等内容，三者相辅相成，彼此融合。我们共有综合实践活动、劳动教育专职教师90多名，结合非遗特征，在综合实践活动、劳动教育常态化实施中融合开发与实施非遗项目，保障非遗课程的持续开展。三者的融合，实现了课程育人、综合育人、实践育人，为培养德智体美劳全面发展的学子打下基石。

（三）“多元开发”：开展学科非遗研究性学习

丰富的非遗项目以国家出台的《关于实施中华优秀传统文化传承发展工程的意见》为指导，遵循面向全体学生，结合学生年龄特征，明确各学段学生学习中华优秀传统文化的基础要求，同时为学生提供基于兴趣爱好拓展延伸的空间的理念，基于区域教育积淀、师情特质，鼓励各学科教师通过学科主题、拓展活动等，开发学科非遗研究性学习，挖掘非遗项目，渗透非遗文化在学校课程中的落实与发展，担当起发扬中华优秀传统文化的责任和义务。如结合语文学科春节相关知识开发“灯笼”“书法”“剪纸”作品等，结合数学学科三角形相关知识开发“纸雕”，结合历史学科明清前期的文学艺术相关知识开发“戏曲”，结合音乐学科豫剧相关知识开发“制作脸谱”，结合化学学科相关知识开发“陶艺”等，这些非遗“微项目”既突出学科特色中的非遗特征，又帮助学生在各学科学习中感悟非遗文化。

二、实践策略

笔者提出“1+9+3”的实践策略，整体推进课程的具体实施，保障课程的持续推进和发展。

（一）“1”：建立一所实践基地、合作一位非遗专家 、打造一校一品

为构建互为补充、相互协作的中华优秀传统文化教育格局，郑州市金水区注

重开发与拓宽中华优秀传统文化丰富、生动的教育资源，鼓励学校建立一所实践基地。其一，通过校内建立的非遗研习馆，学生可以身临其境地感受非遗文化的魅力。例如，郑州市金水区丰庆路小学建立研习馆，与河南省非遗传承人合作开发 7 项非遗课程；郑州市金水区农科路小学国基校区建立骨笛非遗馆；郑州丽水外国语学校成立茶艺研习馆；郑州市金水区外国语小学建立陶艺馆；郑州市金水区纬五路第一小学与河南省中医药大学第二附属医院合作建立中医文化课程开发与实践基地；郑州市金水区工人新村第一小学与河南省中医药大学第一附属医院建立中医文化课程开发与实践基地等。其二，在郑州市教育局的支持下，金水区和部分大中专院校建立非遗课程合作项目，拓宽学生实践平台。郑州市金水区南阳路第三小学和郑州市科技工业学校合作建立了课程资源开发与实践基地，开发职业体验课程；郑州市金水区经三路小学与河南省经济技术中等职业学校携手开展非遗香包课程。

非遗专业人士才能带给学生专业的知识和技能，形成正确的文化认知。在课程实施中，邀请国家级、省级非遗传承人，作为指导教师走进学校。郑州市金水区中方园双语小学、郑州市金水区文化绿城小学邀请非遗专家指导葫芦烙画非遗项目；郑州市金水区文化路第三小学邀请省书法协会对相关项目进行指导等，这些都为学生深刻地学习与体验非遗项目提供了专业的环境。

经过多年实践，相关学校打造了课程品牌，形成了区域百花齐放的“一校一品”乃至“一校多品”的课程特色。郑州市金水区农科路小学皮影课程，郑州市金水区农科路小学国基校区布艺课程，郑州市金水区银河路小学纸雕课程，郑州市金水区文化路第二小学篆刻、书法等课程，郑州市金水区艺术小学豫剧、风筝等课程，郑州市金水区黄河路第一小学麦秆画课程，郑州市丽水外国语学校陶艺课程，郑州市金水区凤凰双语小学扎染课程，郑州市金水区纬三路小学泥咕咕课程，郑州市第 47 中学初中部、郑州市第 75 中学刺绣课程，郑州市第 34 中学珐琅彩课程，郑州市金水区新柳路小学汉服课程，郑州市金水区四月天小学布老虎课程等，均已形成影响力。

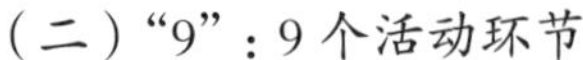

从以上9个活动环节中，可以看到非遗课程的整体活动设计，目标涉及知识、认知、方法、技能、情感、核心素养，学生活动涉及研究、实践、实地考察、设计制作、成果推广、社区服务等，学习方式是多样的，实践领域是广阔的，形成了一体化的项目式学习，达成“知—情—意—行”相融合，建立“知识—人—世界”整体观，实现综合育人、实践育人、活动育人。

项目式学习能够打破传统教学上的壁垒和瓶颈，让学生在学习态度、学习方式、学习表达等方面发生积极变化。

（三）“3”：三种评价方式

评价是诊断课程实施效果的依据，是促进学生发展的手段。金水区更新教育评价观念，关注师生共同发展；创新评价方式方法，注重学生“学”的过程，关注典型行为表现，强化学生核心素养导向；增强评价的适宜性、有效性。

金水区确立了过程性评价、可视化成果评价、终结性评价三种评价方式，指导教师根据非遗项目量身定制评价量规，避免评价的“空乏”“无效”，聚焦学生的学习活动，注重增值性评价，从“活动态度”“设计创作”“活动总结”“文化推广”四个方面制订评价要素，设置“优”“良好”“继续努力”三个维度的详细指标，关注学生“学”的过程，肯定优点，引导学生有针对性地反思，发现努力方向，体现非遗项目本身的教育价值，落实核心素养。如郑州市金水区纬五路第一小学开展的“我和中药有个约会”这一非遗项目，学生通过这个项目，对中医药文化进行了了解与调查；自制中药产品，如香包、夏凉茶等；走上街头将茶水送给清洁工等。教师应抓住活动核心，制订评价量规，实现知识、技能、情感态度和价值观的融合发展。

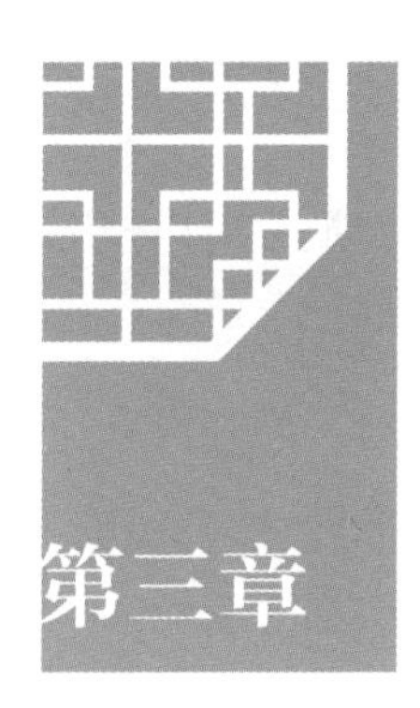

第三章　课程保障及成效

非遗课程的开展只有通过教研部门、行政部门建立有力的保障机制，才能持续良性发展。通过以下保障，我们实现了课程开发与实施的有序、有效。

第一，创新教研体系。2019 年 11 月教育部印发的《关于加强新时代教育科学研究工作的意见》中提到：鼓励共建跨学科、跨领域的科研创新团队。可见，创新教研体系是提升教师业务水平、推动课程改革理念非常重要且可行的方式。金水区从 2016 年起，通过建立 π 学科教研员发展共同体（跨学科教研团队），打破单一学科教研活动，打造多学科不同视角的教研体系，实现跨领域的教研推进模式，助力教师多视野、跨学科地开展教育教学；建立跨界跨学科教研团队，开展每月至少一次的“行之实”活动，吸纳河南省实验中学、黄河科技学院附属中学、哈密红星中学等学校协同发展；开展中层课程领导力项目，提升业务领导的课程理念与指导能力；积极推行省市区一体化的下校调研制度，通过指导学校工作、观摩教师课堂、开展课后教研交流等活动，评价学校课程实施的整体质量。有效、多样的教研体系，对构建德智体美劳全面培养的教育体系，发展素质教育，培养可担当民族复兴大任的时代新人提供了强有力的支撑。

第二，创新教师职称评定机制。自 2001 年课程改革以来，金水区一直在引领教师进行课程开发与实践、课程整合与融合，培养了一批批优秀的教师，形成了一份份优秀的非遗成果报告。金水区还将以学生为主题的研究性学习成果纳入评职称的项目，等同于研究课题。

非遗课程的实施整合了综合实践活动、劳动教育，教师可以根据情况申报综合实践活动、劳动教育科目的职称。

自2009年起，开展两年一届的“希望杯”课堂教学展评活动，为开发非遗课程的教师提供了展示的机会，这个活动的成绩有助于职称评定等。这些保障，进一步激发教师落实国家课程改革新理念、制订个体业务发展规划的动力。

第三，建立师生交流平台。金水区注重以评促发展，更新教育评价观念，整体提升师生的综合能力。其一，建平台，开展“希望杯”“金硕杯”课堂教学展评活动，提升教师的教育教学能力，为教师提供成长与交流的平台；其二，改革评价方式，将过程性评价与终结性评价相结合，“赋权下放”，指导学校注重学生“学”的过程，给予多元的综合性评价，促进学生整体发展，实现教学相长；其三，给予学校邀请专家团队指导非遗课程开发与实施的自主权，对师生成果进行发布与展示，激发学校办学活力，发展学校特色，助力师生在活动中得到成长。

以上保障措施，助力了课程的持续有效开发与实施。同时，金水区通过“五结合”助力非遗课程成果的分享和价值推广，即静态与动态相结合、常态与自主相结合、区域内与区域外相结合、一校与多校相结合、网络与社会相结合，让学生的学习过程和成果得以推广，同时让全社会了解当前教育的改革方向，学生学习方式的转变等，让全社会关注教育、支持教育的发展。由此，形成了一定的影响力。主要表现在：

第一，区域非遗课程成果丰硕。在国家课程改革的推动下，在河南省教育厅、郑州市教育局领导以及专家的支持和指导下，经过不断地探索和实践、普及与推广，非遗课程逐渐成为金水区的品牌课程和相关学校的亮点课程。目前，金水区共有省级和市级非遗基地校、实验校12所，非遗社团286个，开设非遗研习基地的学校有9所。非遗课程的整体推进，对提升区域教育质量、变革学校育人方式、改变教师教学方式、培养德智体美劳全面发展的学子，具有深远的影响。

第二，学校非遗课程成果出色。非遗课程持续推进，中国传统文化在区域大力弘扬，学校积极推广成果，形成了一定的社会影响力。郑州市金水区纬五路第一小学已经出版中医文化丛书，郑州市金水区纬三路小学将泥咕咕课程进行校本

化成果整理，郑州市金水区艺术小学获得“全国文明校园”荣誉称号。非遗课程成就学校，也培养了一批批热爱中国文化的非遗传承人。

第三，学生得到全面发展。学生在非遗课程中，综合能力和素养得到发展。在了解历史发展和相关文化中，收集资料的能力得到提高；通过亲自体验制作过程，动手实践与创新能力得到提高；到非遗基地进行考察，发现问题和解决问题的能力得到提高；对非遗传承人进行采访，沟通能力得到提高；走进社区进行宣讲，语言表达和展示交流的能力得到提高；制作海报，设计和审美能力得到提高。

第四，教师能力得到发展。教师是课程的开发者、实践者、评价者，也是管理者。教师承担着多种角色，指导者、帮助者、协调者、组织者、策划者、评价者、激励者等，促进了课程的有序顺利开展。在课程整体的实施与评价中，教师不仅需要储备学生感兴趣的知识，丰富和提高自身的业务素养，还要和学生一起前行和探索，共同完成课程，实现教学相长。师生共同认识非遗文化，了解技艺的精湛，感受工匠精神，感受劳动人民的智慧，感悟中国文化的源远流长与博大精深，增强文化自信和民族自信。

第五，建立了家校协同一体化。金水区凝聚了一批高素质的家长，他们重视教育，关注孩子成长，愿意支持和参与到学校的课程建设中来，一起为孩子的成长提供更为专业和丰富的资源。家长的协助，为课程的开展、学生的课外调查活动提供了有效的保障，实现了家校共同育人的目标。

（作者：观澜，河南省郑州市金水区教育发展研究中心综合实践活动、劳动教育专职教研员，中小学高级教师）

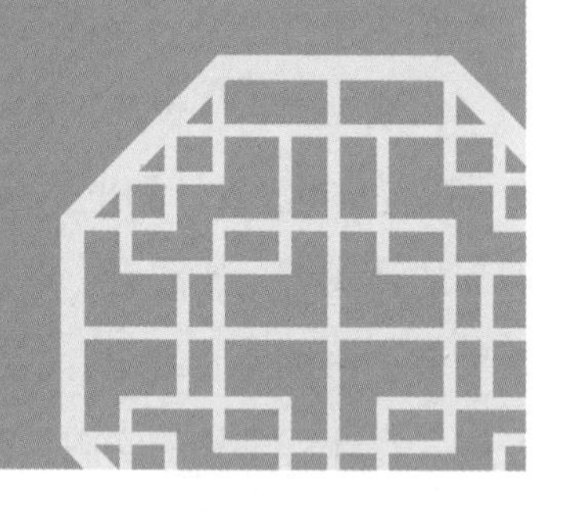

第二篇
课程实践

第一章　课程规划

一、课程背景

河南是华夏文明和中华民族的核心发祥地，华夏历史文化的中心，先后有 20 多个朝代建都或迁都于中原大地，数千年来是全国政治、经济、文化中心。郑州市金水区文化绿城小学在校园文化建设上力求雅美教育，以“品味文化”为核心的葫芦烙画特色学科课程的开发，使传承民族文化逐步成为学校的校园文化特色。

葫芦，谐音“福禄”，“福”代表美好生活，“禄”代表前程和仕途；葫芦多籽，代表人丁兴旺，子孙满堂。葫芦以其独特的形状被学生所喜爱，极易激发学生参与实践与探究的兴趣。同时作为历史悠久的民间工艺，葫芦工艺也蕴涵着绚丽灿烂的民间艺术和博大精深的民族文化，以葫芦文化为切入点，劳动课程有广袤的开发空间和探究研发的深度。

本课程通过让学生了解工艺葫芦的历史，学习表现技法，结合民族文化进行创作，培养学生绘画创作能力、实践创新能力，提高学生的劳动素养和文化艺术素养，激发学生对中国传统工艺的热爱。

二、课程目标

1. 通过种植葫芦，了解葫芦的生长过程，掌握基本的劳动技能；通过记录葫芦的生长状态，引导学生发现问题、探究问题和解决问题，并最终引导学生转变学习方式，培养学生的合作、探究与创新能力。

2. 通过教师讲授、专家进课堂、参观及实践操作等活动，了解葫芦工艺的历史、现状与传承，培养学生探究历史的能力和实践操作能力。

3. 通过学习“葫芦文化”，感受“葫芦文化”的魅力和深厚内涵，提高文化素养，增加爱护“葫芦文化”、保护中华文化的责任感，认识中国传统文化，激发强烈的民族自豪感。

三、课程实施

课程以社团形式开展，以课堂和葫芦基地为主，组织学生实地参观、动手实践、综合性研究等。将葫芦知识与文化贯穿各分支课程始终，并根据学生年龄特点与接受能力分学段渗透，充分体现综合性与层次性。学校在实施过程中坚持开放与统一相结合，培训与实践相结合，知识和技能相结合，情感、态度与价值观培养相结合，过程与结果相结合的原则，分步实施。

年级	活动步骤	活动目标	活动内容	实施策略
五年级	第一阶段 种植葫芦	1. 通过调查、访问和交流，知道种植葫芦需要浸种、施肥、播种等步骤，了解种植葫芦的注意事项。 2. 通过分组合作种植葫芦，初步掌握种植葫芦的基本方法。 3. 培养劳动观念，激发劳动的热情，体会合作与劳动的乐趣。	1. 欣赏学校里有关葫芦的场景及葫芦作品。 2. 了解葫芦的生长过程。 3. 课前交流关于葫芦种植的步骤以及注意事项。 4. 分组进行葫芦种植活动，体验合作与劳动的乐趣。	1. 学生通过观看视频、参观基地等方式，了解葫芦种植。 2. 小组活动实践，体验种植，感受劳动实践乐趣。

（续表）

年级	活动步骤	活动目标	活动内容	实施策略
五年级	第二阶段 葫芦烙画	1. 通过教师讲解、学生观摩等方式，让学生了解葫芦烙画及其相关的文化背景。 2. 通过欣赏作品，掌握工艺葫芦的制作知识、技能，通过合作探究的学习方法，培养学生的审美、协作以及创新能力。 3. 通过展示、评价等活动，激发学生对葫芦烙画的学习兴趣，增强文化自信。	1. 了解烙画的历史和发展。 2. 认识烙画工具，通过线稿、烙线、润色、整理等步骤感知葫芦烙画的工艺与制作。 3. 发放工具，学生分组实践。	1. 通过观看视频、图片等方式，了解葫芦烙画历史发展。 2. 通过观看视频，了解葫芦烙画的制作步骤。 3. 教师通过示范操作和要点讲解，激发学生兴趣，指导学生完成葫芦烙画作品。

（续表）

年级	活动步骤	活动目标	活动内容	实施策略
五年级	第三阶段 创意葫芦	1. 通过学生查资料，教师讲解、视频展示等方式，让学生了解葫芦烙画的不同艺术形式。 2. 通过教师示范，引导、鼓励学生自己创作葫芦烙画作品，提高学生的动手实践能力及艺术创作能力。 3. 通过交流、展示、评价等学习活动，激发学生创作和传承葫芦创意作品，体验传统工艺创作时的乐趣。	1. 了解葫芦工艺多种表现形式。 2. 感受葫芦雕刻、彩绘等艺术创作形式。 3. 教师示范雕刻葫芦创作技巧。 4. 学生实践。 5. 开展作品展示与评价。	1. 通过欣赏影视资料、图片、实物的形式让学生对创意葫芦有初步的视觉感知，激发兴趣。 2. 展示雕刻葫芦的创作技巧，鼓励学生自由大胆地创作。
	第四阶段 文化推广	1. 通过观看纪录片让学生了解外国文化入侵、传统文化流失的严重性。 2. 了解推广和宣传活动的方法与流程，参与策划和实施展示活动。 3.通过文化推广活动，感受非遗课程的价值，传承非遗文化，弘扬民族精神。	1. 举办校园非遗文化展，争当“非遗宣传员”。 2. 制作非遗葫芦烙画宣传片，通过校园公众号、社会媒体资源宣传，让更多人认识传统文化、保护非物质文化遗产。	1. 引导学生策划和制订展示活动方案，并参与整个展示活动流程，提供技术支持。 2. 走进社区，走向社会，以展板、现场制作等形式宣传葫芦烙画的文化。

四、课程评价

通过评价，激发学生的兴趣、培养学生的好奇心与探索精神，使学生对课程的学习始终抱有愉悦的情感体验。

（一）课程评价

将从课程方案、课程实施、学生学业成绩三个方面进行评价。课程方案评价的要素主要有：课程目标是否符合学校办学宗旨，课程内容的选择是否合适，所需课程资源能否有效获取，课程内容设计是否符合学生的身心发展特点等。

（二）教师评价

对教师教学过程的评价主要包括教学评价、教学方法、教学态度等方面，要有利于教师的专业发展。

教师评价表

评价内容	评价标准	评价等级（0~5分）
烙葫芦课程实施的基本素质	指导教师要有与时俱进的精神，着眼于学生的未来发展，有强烈的责任感和使命感。	
烙葫芦课程的开发能力	指导教师开发课程，要尊重每一个学生的兴趣、爱好与特长，注重课程的生成性。	
烙葫芦课程的知识结构	指导教师不断学习新知识，保持对新知识的敏感，善于获得并懂得处理新知识。	
课程的设计能力	应具有：①计划性。②合理性。③可行性。	
课程指导与调控能力	教师的指导与调控管理能力应具有及时性、协商性、启发性、灵活性。	
课程的成效	学生的参与性表现、发展性表现、深刻性表现。	
总分		

（三）学生评价

对学生学业成绩评价主要是对学生在学习过程中知识与技能，过程与方法，情感与态度、价值观等方面的综合成绩来作出评价，这样才有利于学生个性的发展。

学生活动评价表

项目 活动	评价等级		
	★★★	★★	★
活动态度	对活动兴趣持久，意志坚定，积极参与各项内容。	活动准备较为充分，能够配合参与各项活动。	基本能够参与各项活动。
资料收集	能够设计出调查问卷，会通过校园、社区随访等方式获得真实、有效的研究结果，能对结果进行分析与思考，确定研究学习内容并制订出完善的活动方案。	各组合作完成调研活动，会整理问卷及汇总结果，并将调研结果有重点、有主次地呈现出来。	各组成员协作，运用合理的方法得到调查结果，能针对结果提出自己的见解。
设计创作	设计拍摄脚本，撰写视频解说词；选择合适的艺术表现方式对葫芦进行创作，拍摄宣传视频并进行剪辑制作。	各组成员能在葫芦上进行彩绘、烙画和雕刻等方式的艺术创作。	完成葫芦工艺创作和宣传片的拍摄制作。
活动总结	了解葫芦工艺创新的意义，探寻正确的传承途径，提升民族自豪感。	找到本组不足之处及努力方向，有个人的想法及见解。	能梳理出本次活动中本组的不足之处及值得其他小组借鉴的地方。
文化推广	组织开展校内、社区展示活动，在校内外及网络平台进行葫芦文化宣传。	能进行研究成果展示，对与葫芦有关的传统文化有所感悟和强烈的使命感。	愿意介绍、熟知葫芦工艺的文化价值。
备注：　一般★　　良好★★　　优秀★★★			

五、实施建议

（一）明确课程实施原则

注重学生主动实践。鼓励学生从自身成长需要出发，选择活动主题，主动参与并亲身经历实践过程，体验并践行价值信念。在实践过程中，随着活动的不断展开，在教师指导下，学生可根据实际需要，对活动的目标与内容、组织与方法、过程与步骤等做出动态调整，使活动不断深化。同时，本课程还注重启迪创新，在学生探究、体验、制作、反思、交流、改进的实践过程中，激发灵感，启迪劳动创新思维。

由此，提出以下原则：坚持实践性原则，强调通过学生亲自动手获得相应的知识与技能；坚持开放性原则，关注现实生活，让学生从自身的生活和身边熟悉的事物入手，进行有针对性的探索活动；坚持自主性原则，尊重学生对学习内容与合作伙伴的选择；坚持探究性原则，强调动态生成，引导学生从已知到未知，从现象到本质。

（二）建立常态教学研究机制

学校课程的实践和发展涉及许多理论问题和实践问题，必须加强研究、探讨。学校将课程的研究工作列入日常教学议程，定期开展教研活动，定期“走出去，请进来”，定期进行反思。同时，对课程实施过程中的共性问题进行专题研究，聘请教研部门专家作专题报告，对热点问题进行探讨、交流与释疑。通过多种形式的教研活动，引导教师改变教学方式，提高课程的教学效果。

（三）注重培养学生的综合能力

引导学生发现问题、探究问题、解决问题，并最终转变学习方式，培养合作、探究与创新等综合能力。

学生通过阅读、参观、竞赛等方式来巩固基本常识，重点开展彩绘、烙画、雕刻创意设计等实践活动，在实践过程中，鼓励学生大胆想象、敢于表达、积极求证，从而成长为基础强、实践勤、敢创新的新时代少年。

（四）多途径开拓课程资源

在学校课程的开发过程中，资源是一个重要组成部分，包括调查了解校园内的、学生所在社区的一切可产生教育作用的资源。通过多种媒体获取资源，如电视、网络、报刊等。借助综合实践活动基地——葫芦园，引导学生在家里种葫芦，通过观察记录葫芦的生长历程，搜集与葫芦有关的民间故事、经典诗词等多种形式，组织学生开展研究性学习。通过探究活动，实现各课程资源的有效整合与利用。

六、课程保障

1. 学校监管。学校领导小组负责课程活动内容、教师培训、教学指导、督导评价、期末总结等日常管理工作，保障课程高效进行。

2. 教师专职。学校为烙葫芦课程教师配置教学设备，通过专家引领、信息中心保障课程研发，为教师实施活动提供硬件支持。

3. 学生活动。充分利用互联网、图书室、打印室，收集理论资料，学校为烙葫芦课程提供活动场地，种植基地保障学生实践学习。

4. 经费保障。学校设立课程管理专项经费，用于课程实施与开发、教师教育、设备配置与展示交流等方面。

第二章　活动设计

项目一　彩刻石榴摆件

活动目标

1. 通过欣赏葫芦工艺品，了解葫芦雕刻制作的工艺特点，感受葫芦墨刻的艺术魅力。

2. 通过技法学习和实践操作，掌握彩刻的基本方法步骤，掌握基本的葫芦雕刻技术，感受劳动与创作的乐趣。

3. 通过学习实践，感受雕刻葫芦的艺术特色，感受工匠精神，增强民族自豪感。

活动重难点

能够把控刻刀力度和刀法，能刻出简单流畅的图案和文字。

活动准备

教学课件、葫芦材料、葫芦作品、刻刀、墨汁、颜料等。

活动流程

本活动一共有六个环节：欣赏雕刻葫芦—熟悉雕刻工具—教师示范步骤—学生实践操作—作品展示评价—课堂活动小结，一共两个课时。

一、感受墨刻葫芦艺术

设计理念：学生通过观察葫芦作品，激发学习兴趣。

思考：葫芦上是什么图案？这些图案是用什么艺术方式表现的？

1. 欣赏传统吉祥文化。石榴，寓意吉祥、吉利，多子多福。石榴的颜色十分鲜艳，寓意红红火火，象征人们的生活和事业蒸蒸日上。

2. 分析葫芦雕刻艺术特色：用刻刀在葫芦表皮上以纤细的线条阴刻出所要描绘的山水、花卉和人物，然后涂上松墨，使线条变得明显。

二、观看视频

1. 通过观看视频让学生快速了解雕刻工具及使用注意事项。

2. 通过视频，学生了解刻刀的基本型号：尖刀、圆刀、平刀。教师要强调用刀安全，一手佩戴手套，一手执刀；刀尖不对人，手停刀落。

三、教师示范步骤

设计理念：通过观看教师示范，逐步学习葫芦雕刻方法。引导学生分析影响雕刻效果的主要因素，加深对雕刻技法的理解。

1. 葫芦雕刻基础示范。

教师演示常见线条、字符、形状等控刀练习；演示用不同刻刀雕刻，感受不同深浅层次的雕刻效果。

影响雕刻效果的主要因素是力度和刀法。刀头平缓倾斜于葫芦表面，轻轻推动刀柄，带动刻刀在葫芦表面流畅地雕刻。切忌用力过猛，造成刀头损坏、滑刀受伤，或者刻破葫芦。

2. 教师演示制作步骤：起稿，雕线，着墨，上色，题字，落款。

起稿

雕线

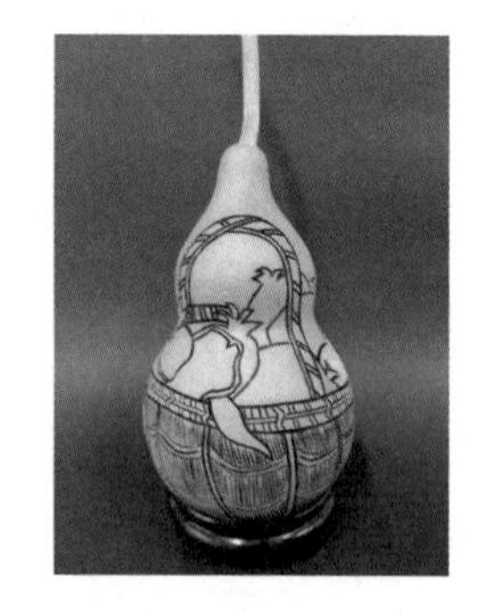

着墨

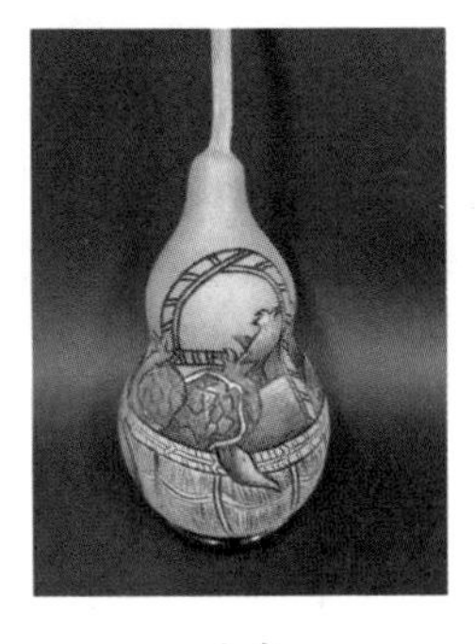

上色

题字

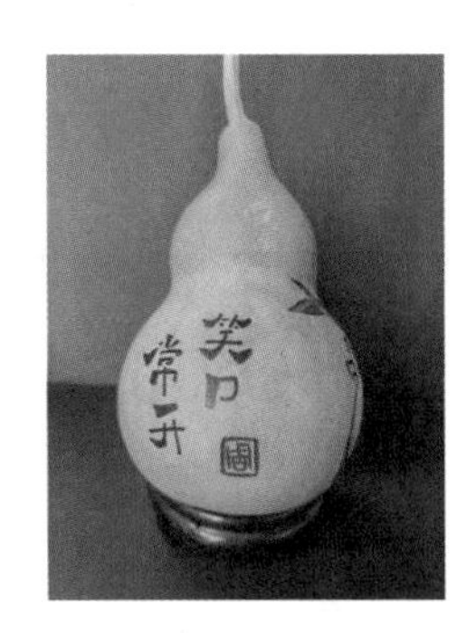

落款

四、葫芦墨刻实践

设计理念：本次实践活动为中高年级任务，通过欣赏葫芦雕刻作品，以刀代笔描绘石榴图案，表现中国传统吉祥文化。

1. 教师提出活动要求：运用所学雕刻知识，完成图案，体悟工匠精神。

2. 学生实践操作，教师答疑解难，单独点拨个性问题，及时纠正共性问题。提醒学生规范使用刻刀，注意安全，做好防护。

五、展示评价

设计理念：检测目标达成情况，在评价中加深对葫芦技法的理解，在交流中提升对葫芦雕刻作品的赏析能力，在展示中体验成功的喜悦。

1. 学生展示作品，结合葫芦雕刻技法和制作体验两方面自评。

2. 学生互评，多角度分析作品，提出合理建议。

3. 评出制作精美的葫芦作品，完成活动评价表。

六、分享收获，总结活动

设计理念：通过分享本次活动收获，回顾本节课主要内容，让学生梳理制作要点，加深理解和记忆，增强学生学习葫芦工艺的兴趣，更加喜爱中国传统文化。

学生分享活动收获，并与作品进行合影留念。

学生活动评价表

评价等级	★★★		★★		★	
评价主体	自评	互评	自评	互评	自评	互评
设计创意						
线条流畅						
色彩协调						
文化推广						
总评						
备注：√　优秀★★★　良好★★　一般★						

（设计者：郑州市金水区文化绿城小学　周　静）

项目二　五福烙画小挂件

活动目标

1. 在赏析大师葫芦烙画作品及参与烙画过程中走进葫芦烙画艺术，感受葫芦烙画的艺术魅力。

2. 学生通过观看葫芦烙画非遗大师的视频讲座、教师烙画福字的示范，学习电烙笔的基本使用方法，掌握最基本的葫芦烙画技术，完成五福烙画小挂件作品。

3. 通过葫芦烙画项目的学习实践，感受葫芦烙画的艺术特色，学会欣赏葫芦烙画作品，积极参与葫芦烙画非遗项目的学习和传承。

活动重难点

掌握葫芦烙画的基本方法步骤，把控电烙笔的温度和速度，能烙制简单流畅的线条和文字。

活动准备

教学课件、小葫芦材料、葫芦烙画作品若干、电烙笔、试温纸、小中国结等。

活动流程

本活动分为七个环节：走进葫芦烙画—认识烙画工具—明确活动内容—示范制作步骤—葫芦烙画实践—作品展示评价—活动小结，一共两个课时。

一、传阅葫芦烙画作品，近距离感受烙画艺术

设计理念：学生通过近距离观察葫芦烙画艺术，激发学习兴趣，感受直观且印象深刻。

1. 教师提出问题：同学们知道葫芦上的这些棕黑色的画是用什么工具材料画的吗？

2. 学生分析，教师补充葫芦烙画艺术特色：葫芦烙画艺术又称烫画葫芦、火笔画葫芦，是一种特色传统工艺美术品。葫芦烙画创作者用电烙笔在葫芦上烫出烙痕以作画，色彩古朴，浑然天成。

二、观看《认识电烙笔》视频

1. 了解电烙笔基本构件：控制开关、调温旋钮、烙笔。通过观看视频快速了解烙画工具及使用注意事项。

2. 教师强调用电安全，电烙笔停笔时要及时关闭电源，将电烙笔放置妥当，避免余温带来的危害。

三、应用电烙笔，完成五福烙画小挂件

设计理念：通过了解“五福”寓意，让学生了解中国传统文化，理解本活动项目的目标和内容。

1. 教师提出问题：提到“五福”，会想到“五福临门”，你们知道“五福”是指哪“五福”吗？

2. 学生交流，并小结：“五福”是中国古代人民关于幸福观的五条标准，一般指长寿、富贵、康宁、好德、善终。现在我们就来设计烙画五福，并制成葫芦小挂件。

四、教师示范电烙笔作画基本方法及五福烙画小挂件制作步骤

设计理念：学生通过观看两段教师示范，学习葫芦烙画方法及小挂件制作步骤，由浅到深，由易到难。引导学生分析影响烙画效果的主要因素，加深对烙画技法的理解，为亲手制作打下基础。

（一）教师示范葫芦烙画的基础方法

教师演示长直线、短直线、长弧线、短弧线、常见形状等线条练习，演示用不同温度烙色块，感受不同深浅层次的丰富效果。

师生共同分析可以得出影响烙痕效果的主要因素是运笔快慢和温度高低。教师要向学生说明烙痕效果和力度无关，切忌用力过猛，造成滑笔烫手和破坏葫芦表面。温度以笔尖接触试温纸能产生淡黄色痕迹为宜，温度过高会降低设备使用寿命，也会烫糊葫芦。

（二）教师演示五福烙画小挂件制作方法步骤

1. 观察葫芦材料，选取最佳角度作为正面作画。

2. 用铅笔在葫芦下半个圆肚上画出菱形用来定位，注意大小和位置。

3. 在菱形方框中用铅笔书写福字。不同书法字体有不同效果，可以大胆尝试。注意大小适中。

4. 将电烙笔调到合适温度烙制福字，注意笔画的顿挫转折。

5. 烙制边框，注意与字体风格统一，整体协调。

6. 在葫芦腰部绑扎中国结，打死结防止脱落。

7. 两条线一并穿过流苏，套小铁环打死结，修剪多余线头，完成一件五福烙画小挂件。

（三）学生提出疑问，教师进行解答

五、葫芦烙画实践

设计理念：本次活动项目为葫芦烙画初级任务，通过对福字书写及简单装饰，学生用电烙笔描绘简单图形更容易上手，能够较好完成任务，增强自信心。通过制作五福烙画小挂件，逐渐熟悉劳动工具电烙笔的科学应用，为后期的进阶练习打好基础。

1. 教师提出要求：运用所学烙画知识，完成五福烙画小挂件作品，鼓励传承精益求精的工匠精神，把简单的任务做得“不简单”。

2. 学生烙画实践，教师答疑解难。单独点拨个性问题，及时纠正共性问题。提醒学生规范使用电烙笔，注意用电安全，戴手套做好防护。

六、展示评价

设计理念：检测目标达成情况，在评价中加深对葫芦烙画技法的理解，在交流中提升对葫芦烙画作品的赏析能力，在展示中体验成功的快乐。

1. 学生展示作品，结合葫芦烙画技法和制作体验两方面自评。

2. 学生互评，多角度分析作品，提出合理建议。

3. 评出设计精美、制作精良的作品，完成活动评价表。

七、分享收获，总结活动

设计理念：通过分享本次活动收获，回顾本节课主要内容，让学生梳理葫芦烙画要点，加深理解和记忆。本次活动不仅收获了五福葫芦烙画小挂件作品，同时增强了学生学习葫芦烙画的兴趣，更加喜爱中国传统文化。

学生分享活动收获，手持葫芦烙画挂件合影留念。

学生活动评价表

评价要素	评价内容	自评	互评	师评
学习品质	基础知识的掌握			
	合作与交流能力			
	观察、归纳能力			
学习水平	工具操作规范熟练			
	制作精细程度			
	作品的创新能力			
学习成果	是否完成			
	制作精美			
	清洁卫生			
总评				

（设计者：郑州市第 80 中学　郑海滨）

项目三　花鸟题材葫芦烙画

活动目标

1. 在已有烙画技能的基础上，进阶到较为复杂的葫芦烙画活动——烙制花鸟画，通过赋予葫芦烙画美好的谐音寓意，学会表达和传递美好情感。

2. 通过观看在葫芦上烙制花鸟画的教师示范和相关作品视频，学习烙制花鸟画的方法步骤。通过烙制羽毛等提升学生烙制精细线条的能力；通过烙制叶片的明暗关系，提升学生运用电烙笔表现叶片层次的能力。

3. 通过较为复杂的葫芦烙画内容的学习实践，巩固和提升学生葫芦烙画技艺，增强学生赏析葫芦烙画作品的审美能力和创作能力，感悟工匠精神。

活动重难点

掌握葫芦烙画中花鸟画烙制的基本方法步骤，灵活运用电烙笔，制作生动传神的花鸟画作品。

活动准备

教学课件、中号压腰葫芦、葫芦烙画作品实物、电烙笔、试温纸、红丝带等工具。

活动流程

本活动分为五个环节：赏析美—探究美—表现美—品鉴美—传递美，一共两个课时。

一、赏析美

设计理念：欣赏烙制的花鸟画作品，复习之前的烙画知识，同时通过全面分析葫芦烙画艺术，观察烙画实物作品，开阔眼界，提升审美能力，为本次活动打好基础。

师生欣赏烙制的花鸟画葫芦作品实物，让学生尝试从作品主题、烙画效果等方面分析花鸟题材烙画艺术特色。

1. 作品主题方面：作品“事事如意”画面为满是柿子的枝头上有一只如意鸟跳跃其间。“柿柿”谐音“事事”，借用谐音取其吉祥寓意，是我国传统美术，尤其是民间美术的一大特色。到了明清时期，这一特色几乎已经达到“图必有意，意必吉祥”的地步。为了构成吉祥寓意,有的采用谐音如“蝠—福”“鹿—禄”等；有的取其形象寓意，如成熟的石榴，或长裂了果皮露出石榴籽的石榴，象征多子多孙、笑口常开。

学生分享所知道的其他寓意吉祥的谐音例子，为创作提供更多思路。

2. 烙画效果方面：运用电烙笔模仿中国画中勾线技法，包括浓淡虚实、顿挫转折、细笔丝毛等，用富于变化的线条充分表现枝叶、羽毛等质感。

3. 明暗层次方面：运用电烙笔晕染叶片明暗关系，区分叶片色彩变化，塑造丰富有层次的画面。

二、探究美

设计理念：通过动手练习，体会电烙笔的调温、运笔等细节处理技巧。通过学生交流分享经验教训，为后续完成作品打好基础。

1. 学生在废弃葫芦上烙制部分枝干、叶片、羽毛等局部练习。

2. 学生探究练习，分享心得。

三、表现美

设计理念：通过观看示范学习相关表现方法和技巧，尝试创作花鸟题材的葫芦烙画作品，让学生学会整体把握葫芦特点，因材构图，组织画面的能力。

1. 教师示范方法步骤。

①选取中号亚腰葫芦，整体观察葫芦，发现并利用其特点进行构思创作。注

意主要内容一定要居于最佳位置。葫芦腰较平坦的话也可以安排烙画内容，葫芦龙头部分也要考虑进去。

②用铅笔轻轻定位起稿，铅笔线不可过重，否则会影响后期的烙制。注重大体轮廓，如羽毛之类的细节可以不起稿。这一步有绘画基础的也可以直接烙制，不过烙制前也需要整体谋篇布局。

③勾勒完成线稿烙制。勾线阶段一定要注意线条的变化，枝干烙制需增大笔头接触面，可粗可细，丰富线条表现力。老枝干线条浓重顿挫，新枝干顺滑均匀；如意鸟轮廓不可框得过死，注意羽毛蓬松虚实的细节表现，运用烙笔最尖端烙制羽毛。

④晕染画面明暗层次。老枝干及其上的叶片通常烙深色，新枝干及其上的叶片反之。控制电烙笔的温度，由浅到深，逐渐加重色调，切不可操之过急。温度过高虽色重且快，但黑色发乌缺少光泽，同时也会破坏葫芦表皮。烙画晕染考验的是细心和耐心，类似国画工笔的三矾九染，无论深色浅色都要慢慢来。

⑤题字落款。根据画面确定题字内容，可借助谐音赋予美好心愿。选取的字体要与画面和谐统一。注意烙字前先定位，注意葫芦肚形成的弧度变形，注意多角度观察垂直线和水平线是否倾斜。

⑥装饰完成作品。在民间流行用红色丝带缠葫芦龙头，这样做不仅美观，同时对龙头具有一定的保护作用且寓意吉祥。

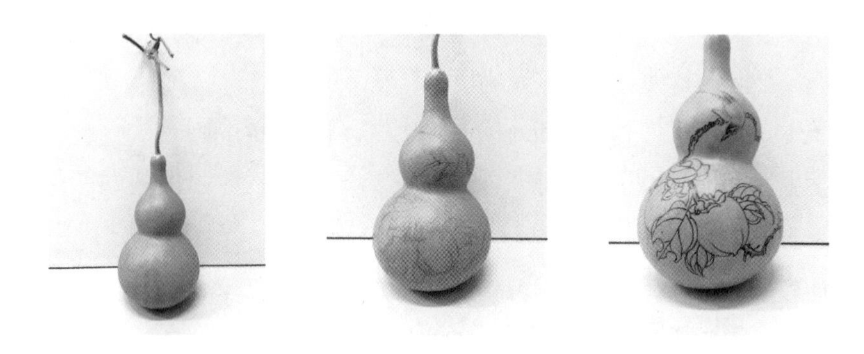

2. 学生实践，完成作品，教师巡回辅导。

完成花鸟题材的葫芦烙画作品，因材构图，寓意美好。教师辅导学生，及时发现普遍性问题和个性问题，根据需要进行指导。提醒学生意在笔先，谨慎落笔，追求精益求精，力争出精品。

四、品鉴美

设计理念：通过品读学生作品，在互评、自评中提升学生鉴赏能力。在交流互鉴中找到进一步完善作品的方向。

1. 展示作品，学生自评。

2. 学生互评，合理建议。

3. 评出烙画构图佳、画面效果佳、主题寓意佳的作品。完成活动评价表。

五、传递美

设计理念：通过赠送葫芦作品的情景预演，根据作品设计吉祥祝福语，表达对亲朋好友的祝福。锻炼学生人际交往和语言表达能力，将葫芦烙画的外在美转化为传递感情的内在美。

学生设计祝福语，预演赠送作品的情景，借此表达感情，实现作品价值。

六、任务评价

设计理念：引导学生及时自我反思，发现优势，找到不足，为下一阶段的创作制订目标。

教师出示评价表，学生进行自我评价并进行交流。

学生活动评价表

评价要素	评价内容	自评
劳动习惯	应用基础知识	
	善于观察与思考	
劳动实践	工具操作规范熟练	
	不怕困难	
	掌握制作技能	
劳动成果	制作精美并有创意	
	感悟非遗文化的精湛	
总评		

（设计者：郑州市第 80 中学　郑海滨）

第三章　课程影响力

一、课程概述

葫芦是我国传统吉祥物。学校充分挖掘葫芦中可利用的教育元素，紧密结合学校实际开发出以葫芦为载体的一系列跨学科活动项目。学生在参与项目活动的过程中学习知识、锻炼能力、创作产品等，传承非遗文化，形成劳动素养和劳动精神，感悟技艺以及中国劳动人民的智慧。

课程由一粒有生命的种子展开各项活动，涉及葫芦栽培、采收去皮、艺术美化、收藏保养、创意制作、基地考察、展示推广等，将学科融合、文化传承、生命教育有机地融为一体。

学校以社团活动和劳动课程两种形式开展实施，在活动形式和内容方面进行大胆创新，在实践中不断增强学生解决问题的综合能力，从而实现提高学生多学科核心素养的最终目标。

二、实施策略

（一）充分发挥育人功能，实现学生全面发展

优秀传统文化对丰富人的精神生活，提高人的综合素质，促进人的全面发展，形成良好的社会风尚，具有不可替代的作用。郑州市金水区文化绿城小学的学生

在课程系列项目活动中，接受中华优秀传统文化的滋养，感受栽培葫芦的乐趣，体会自然生长之美，迸发葫芦艺术创意，在相关技术、创意实践中学会传承和创新，同时深深地体会工匠精神的宝贵与重要。

郑州市第80中学将课程贯穿各年级，七年级新生入校时，学生们都会领到一粒葫芦种子，把它种在土里，培土、浇水、捉虫，等到葫芦成熟以后，会把收获的葫芦进行加工，感受生命的力量。到了九年级，则会将收获的葫芦加工成独一无二的葫芦纪念品。毕业时，每个学生都会收到母校留给他们的这一特殊纪念。

（二）在跨学科学习中实现融合与创新

组建跨学科项目活动开发团队，做到多学科的深入融合。该课程教师团队涉及语文、生物学、物理、化学、美术等13个学科的三十多名教师，通过举行跨学科活动项目设计评比活动，凝聚多学科智慧，汇集了一批精品的活动方案，形成了丰富的原创案例资源集，为后续的活动开展奠定了坚实基础。

学生在关于葫芦诗词的学习中，认识到葫芦文化与中华文化的密切联系；在葫芦栽培活动中体验种植的乐趣，感受自然生长之美；在创意加工葫芦作品中感悟生命的独特，学会接纳并欣赏他人，全面认识自我；在每一处精心地描绘和艺术加工中，磨炼和培养精益求精的工匠精神，通过有形的葫芦艺术和创意加工将学生动手能力与创新能力有机融合，让孩子们在学习技艺、应用创客知识中学会传承和创新。多学科的融合使得活动项目成为有机整体，丰富多元的知识精彩纷呈，更好地促进了学生的全面发展。

（三）渗透生命教育，服务学生健康成长

生命教育是学生身心、人格健康成长所不可缺失的。这些教育不能被边缘化，也不能被功利化、形式化，而应该融入学生的学习生活之中，以学生为本，尊重每个学生，让每个学生学会健康生活，有责任担当。

学生在栽培葫芦中感受生命的不易，在葫芦加工中领悟独特魅力。比如在“品相葫芦识自我”项目活动中，孩子们能够发现并利用每一个天然葫芦的外形、纹理、色彩等特点进行艺术创作，甚至连废弃的边角料都能得到充分的利用。正所谓：有了丰富营养的“葫芦藤”，就不愁没有长势良好的“葫芦”。葫芦器皿结合葫芦烙画，实用而精美；结合电子元件葫芦制作，独特又智能；天然的斑疤结合葫芦雕刻，巧妙而新颖……具体的实例，不胜枚举。有型的葫芦艺术让孩子们深深地体会到“天生我材必有用”的真谛！

三、社会影响力

在金水区教研员观澜老师组建的非遗联盟校和非遗课程学习推进过程中，郑州市金水区文化绿城小学的“葫涂乐”课程取得了一定的成绩。“葫涂乐”课程多次参加市级等艺术节展示活动，使学生对葫芦有了深厚的情感。同学们将葫芦作品与宣传片展示在校园内、社区中及网络平台上，让更多的人了解传统葫芦工艺，得到了一致好评。2022 年参与了第六届教育公益博览会首届“致敬中华优秀传统文化”项目式学习活动，荣获单项“最佳纪录片”银奖、综合奖项二等奖。师生在了解非遗文化、推广葫芦工艺的过程中坚定了文化信念，立志做传统文化的传承者、创新者。

郑州市第 80 中学，通过多年的实践，以葫芦为载体的跨学科项目学习逐步成为学校的特色品牌。在省市区级各项展览、展示中，收获了广泛的认可和赞誉。2016 年被评为郑州市首批美育示范校；2017 年被评为郑州市创客教育试点校，在郑州市首届创客艺术节创客工坊现场展示活动中获得创之展最具影响力奖；2018 年被国家教育部认定为第二批全国中小学中华优秀文化艺术传承学校，被河南省教育厅评为体育艺术一校一品示范校；2019 年 4 月，获得全国第六届中小学生艺术展演活动学生艺术实践工作坊三等奖；11 月，获得郑州市创客教育嘉年华“创之展”最佳影响力奖。“葫芦制造”课程获得河南省中小学综合实践活动课程建设优秀成果省级二等奖。“魅力葫芦”社团获得郑州市红领巾优秀社团、郑州市文明社团。郑海滨老师所授课程“葫芦变形记”被评为河南省中小劳动优质课一等奖，并被收入河南省跨学科精品课资源库。近年来，团队成员中成长了一批创新意识强、工作有特色的优秀教师，产生河南省名师 2 人、省级骨干教师

2 人、市级骨干教师 1 人、郑州市教科研先进个人 2 人、郑州市教学创新先进个人 2 人，区级骨干教师 5 人。课程成为学校一张靓丽的名片，被越来越多的家长和学生所认可，也吸引了多家省市新闻媒体争相宣传报道，为广大教育同行提供了丰富的参考案例。

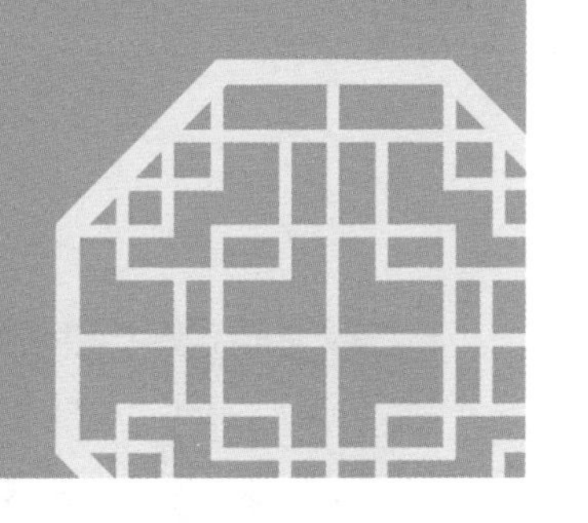

第三篇
师生作品

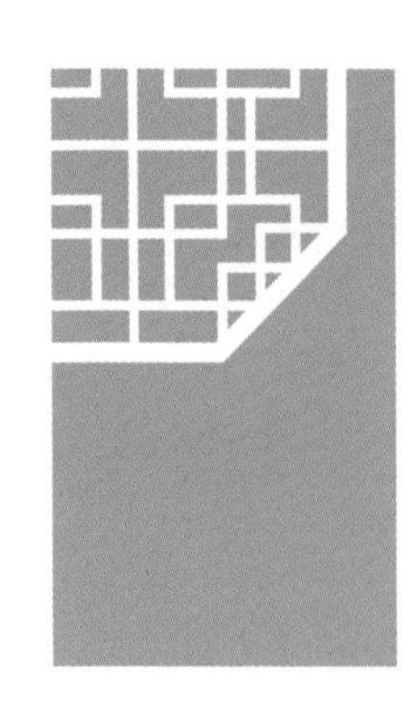

作品赏析（1）

作品名称：彩绘戏曲人物

作者：王子木

指导教师：周　静

学校：郑州市金水区文化绿城小学

设计思路

葫芦和戏曲，深受人们的喜爱。在绘制戏曲人物葫芦时，彩绘着色打底，用纸、竹签制作靠旗，用黏土制作头饰，让戏曲人物看上去生动有趣。通过这个作品让更多人了解我国传统戏曲和相关文化常识。

教师点评

戏曲丰富了中国人数百年的精神世界，它应该被所有人了解和认识。王子木同学用彩绘等多种方式，综合利用多种材料将造型生动的戏曲角色再现。这样传神又逼真的戏曲人物葫芦，为我们国家的戏曲文化增添了一道美景，同时将彩绘葫芦带入新的创意领域。

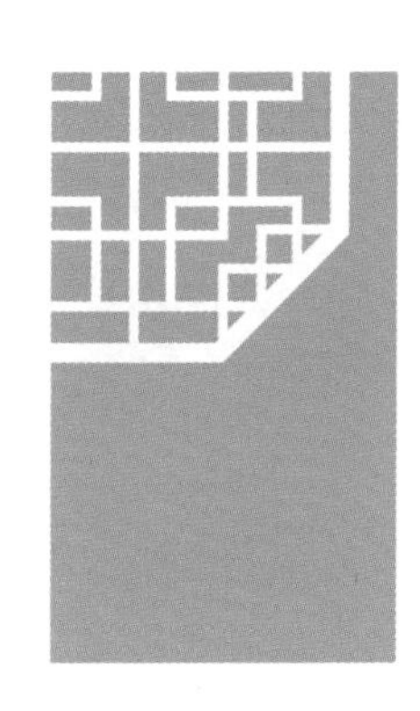

作品赏析（2）

作品名称：植物大战僵尸

作者：郜婧琦

指导教师：周　静

学校：郑州市金水区文化绿城小学

设计思路

原型选自“植物大战僵尸”游戏中的形象，“向日葵”“大喷菇”“椰子加农炮”这些形象与葫芦外形相似，把葫芦切割、组合、装饰，完成与游戏中相似的造型。把葫芦材料加以合理利用，装饰后完成改造。

教师点评

“植物大战僵尸”作品利用不同形状的葫芦切割、组合制作植物的身体，利用葫芦的龙头做植物的枝干。小小的花瓣和叶片都是切割、打磨光滑后再上色、粘贴、组装。明亮鲜艳的色彩和生动有趣的造型，极大还原了“植物大战僵尸”的形象，激发了学生的制作兴趣。

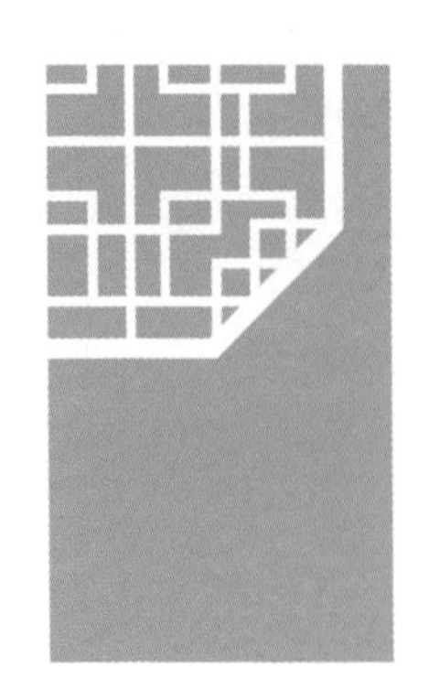

作品赏析（3）

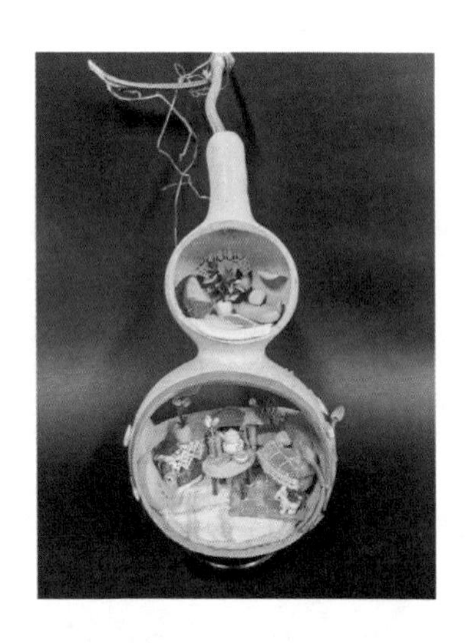

作品名称：田园小屋

作者：肖宇萱

指导教师：周　静

学校：郑州市金水区文化绿城小学

设计思路

这间田园小屋有温馨的家居和作者喜爱的阁楼。小屋里的桌椅是用葫芦切割组合而成的，沙发是黏土做的，窗帘和桌布是蕾丝做的，综合各种材料让田园小屋更精致。

教师点评

“田园小屋”是孩子对家的一种美好畅想。设计草图、测量尺寸、切割组装、装饰美化等，葫芦田园小屋制作的每一步都是学生精心设计的。整件作品构思巧妙，制作精美。

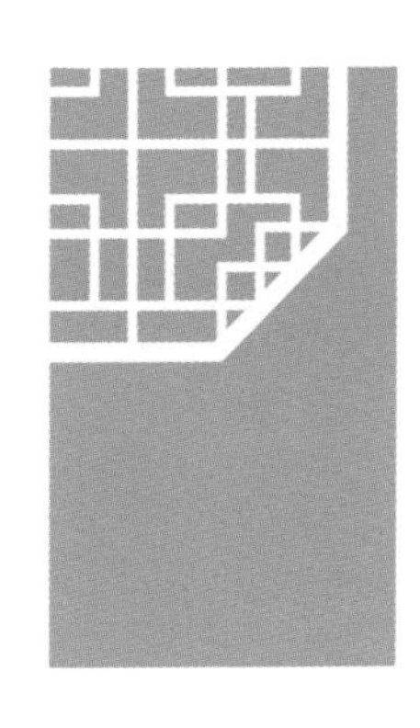

作品赏析（4）

作品名称：长颈葫芦花瓶

作者：随子墨

指导教师：郑海滨

学校：郑州市第80中学

设计思路

长颈瓶颈长口小、简洁流畅、稳定挺拔，给人以高雅脱俗的联想，特别适合插单枝长茎花草，瓶身上传统纹样更增加了其深厚久远的文化底蕴。在设计上，除了运用烙画技法在花瓶瓶体不同部位烙制牡丹、水波等传统纹样，同时用葫芦细长的腰部做长颈，用葫芦的圆肚做瓶肚，用半个小葫芦做底座，使葫芦瓶整体稳定协调。

教师点评

“长颈葫芦花瓶”作品，充分利用了天然葫芦腰部细长的特点，构思巧妙，富有创意。葫芦上用电烙笔烙制的传统花纹，线条流畅，富有层次。整件作品将葫芦烙画和创意加工完美融合，传统艺术中见创新。

作品赏析（5）

作品名称：芦花鸡

作者：张　曦

指导教师：郑海滨

学校：郑州市第80中学

设计思路

本着每个葫芦都有其独特价值的思路，没有丢弃浑身是斑、品相不好的葫芦，而是专注发现葫芦材料特点并加以合理利用。

教师点评

“芦花鸡”作品利用下大上小的瓢形葫芦外观特点，利用天然的葫芦斑纹表现芦花鸡身上的花纹，把小葫芦尖头部分切割成嘴巴形状，运用红色毛线团成鸡冠形状，用少量的画笔颜料画眼睛和翅膀，保留了更多的葫芦本色。作品能因材创意，生动地表现出芦花鸡的形象。

作品赏析（6）

作品名称：迷你葫芦罐

作者：王艺涵

指导教师：郑海滨

学校：郑州市第 80 中学

设计思路

罐子作为人们生活中不可或缺的盛贮器，历史悠久，种类丰富。“迷你葫芦罐”由罐体、盖子、底座三部分组成。罐体为一个小号亚腰葫芦切除上半部分而成，盖子由一大一小两个葫芦上半部组合而成，底座为横截葫芦底的一部分，倒扣在桌面上和罐体粘接，支撑罐体平稳不倒。

教师点评

“迷你葫芦罐”作品，应用到葫芦烙画和切割加工两项技术，仿制出年代久远的陶罐。作者发现并利用葫芦不同部位的特点，用木工工具裁切组合成葫芦罐体。然后用电烙笔在葫芦罐体上烙制陶罐纹样，将葫芦罐体装饰得十分美观。整件作品构思巧妙，制作精良。

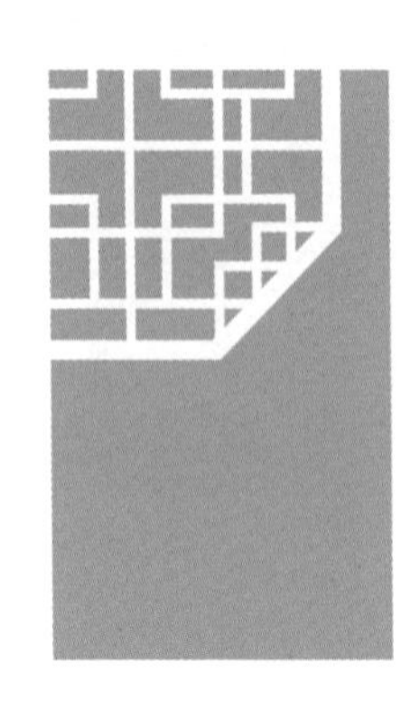

作品赏析（7）

作品名称：年年有“鱼”

作者：熊　枫

指导教师：周　静

学校：郑州市金水区文化绿城小学

设计思路

“鱼”谐音为“余、裕”，因此有“年年有余”“金玉满堂”的吉祥寓意。逢年过节、生日喜庆之时，国人餐桌上常有鱼，人们不仅享用了美食，更讨得一份吉祥如意的好口彩。“鲤鱼跃龙门”的故事更是家喻户晓，鱼是中国人喜爱的吉祥图案。学生用电烙笔，烫染出焦黑褐黄白不同颜色，构造出明暗层次，一条勇于“跃龙门”的鱼栩栩如生。

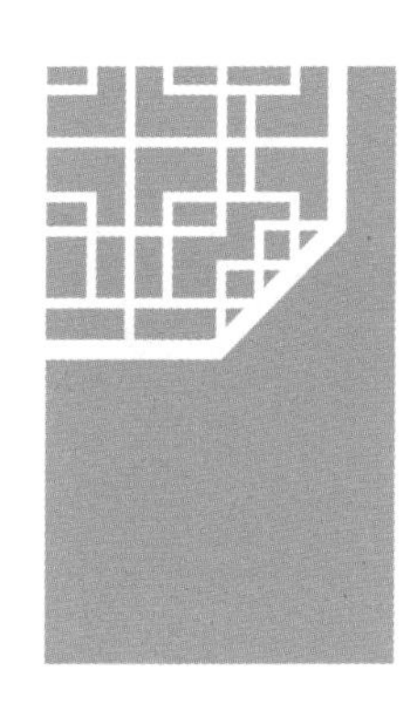

作品赏析（8）

作品名称：喜上“梅”梢

作者：周　静

学校：郑州市金水区文化绿城小学

设计思路

作品用到了烙画和雕刻两种形式，根据葫芦外形特点进行构思设计——一只喜鹊立在红梅枝上，寓意好运、吉祥、幸福、美满。

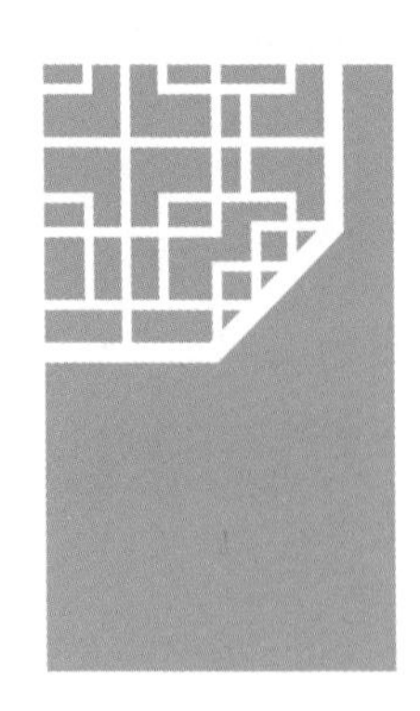

作品赏析（9）

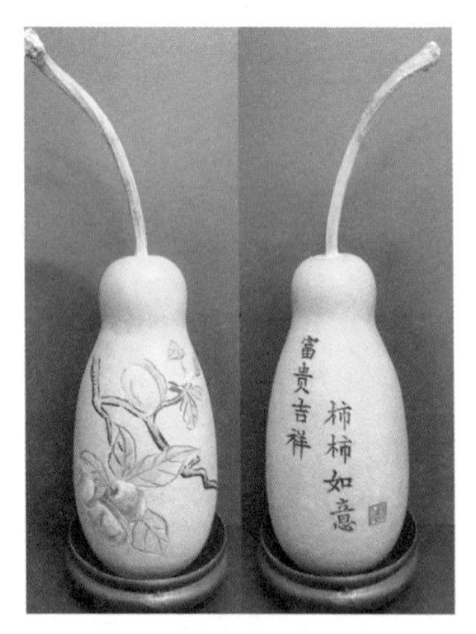

作品名称：柿柿如意

作者：周　静

学校：郑州市金水区文化绿城小学

设计思路

该葫芦形似观音瓶，用雕刻的方式绘出柿满枝头，寓意柿柿（事事）如意。正面雕刻线条，淡彩着色；背面雕刻文字："富贵吉祥，柿柿如意"。

作品赏析（10）

作品名称：虎虎生威

作者：周　静

学校：郑州市金水区文化绿城小学

设计思路

该作品为生肖系列之“虎虎生威”。在创作小老虎时把握温度和力度，注重童趣传神，运用中国画的勾、勒、点、染、擦、白描等手法，烙出丰富的图案层次与色调。在传统烙画的基础上，刮白刻线，使老虎皮毛具有较强的立体感。

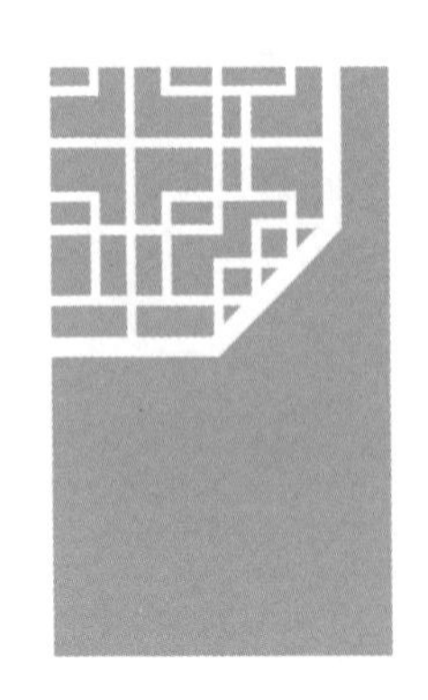

作品赏析（11）

作品名称：松鹤图

作者：郑海滨

学校：郑州市第80中学

设计思路

该作品根据葫芦外形特点进行构思设计。这个葫芦属于中号亚腰葫芦，利用腰部设计图案将葫芦上下两部分联系起来。葫芦下半部烙着一只俯首白鹤，右侧为另一只直立白鹤，鹤颈刚好处于葫芦腰部，随着腰部曲线自然弯曲。葫芦左侧腰部烙制部分松枝，将葫芦上下两部分画面内容联系起来，自然过渡到葫芦上半部描绘的松树枝。松树左右呼应，托起一轮明月，和白鹤及水波上下呼应，画面层次丰富，动静相宜。松、鹤两个形象在传统文化中均有长寿的寓意，作品背后“松鹤图”三字点明主题。

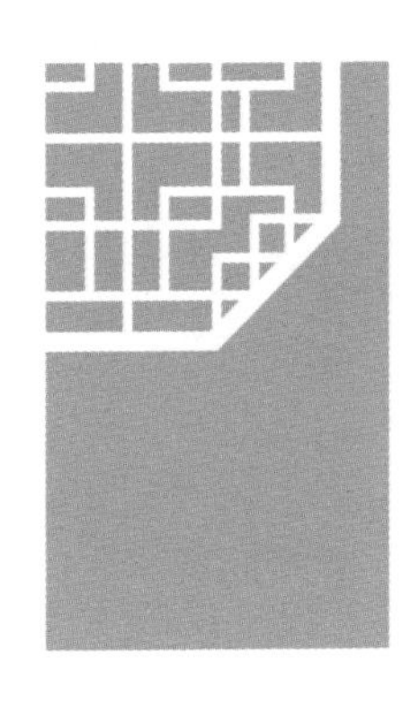

作品赏析（12）

作品名称：幽香送吉

作者：郑海滨

学校：郑州市第 80 中学

设计思路

该作品根据葫芦外形特点进行构思设计。这个葫芦属于中号亚腰葫芦，形状不对称，上半部小且偏向一边，龙头较短，腰部有一块凸起疤。根据葫芦偏向一侧的特点，设计上下两簇兰花，舒展的叶片增加画面动感，同时修饰了葫芦外形。将葫芦腰部的疤痕烙制为兰花根部的石块。在两丛兰花之间烙制两只小鸡，显得灵动且富有生机。鸡有“吉祥”之意，所以在葫芦背面烙“幽香送吉”四字点明主题。

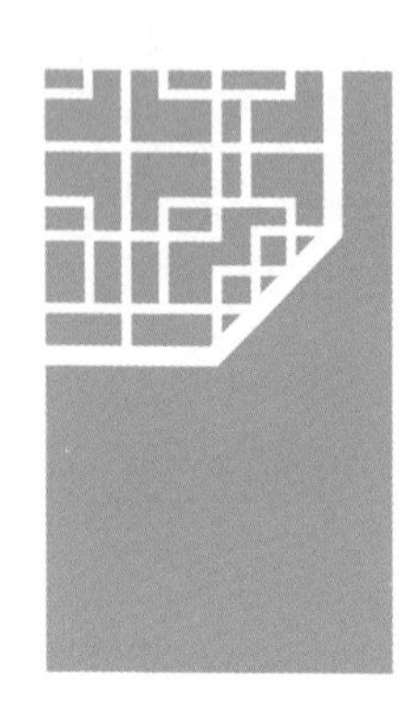

作品赏析（13）

作品名称：同一首歌葫芦不倒翁

作者：郑海滨

学校：郑州市第 80 中学

设计思路

针对不完整的葫芦进行创意加工。将葫芦下半部分切口裁割成嘴唇形状，然后在内部填充石膏等材料，改变葫芦的重心，使原本平放的葫芦立起来。用画笔描绘眼睛、嘴唇、皮肤等的颜色。用毛线绑扎不同造型的辫子，彰显不同人物的个性。用葫芦种子制作牙齿，真实有趣，憨态可掬。三个不同的人物在演唱同一首歌曲，寓意人们和谐相处的美好。

新时代的教师应该具备哪些素养

目前，我国的基础教育已全面普及，人民群众“有学上”的问题得到解决，“上好学”的需求日益强烈。全面提高教育质量，实现基础教育高质量发展已成为我国教育的战略性任务。培养有理想、有本领、有担当的社会主义时代新人，办好人民满意的教育被摆在了更加重要的位置。

基于我国国情，中华人民共和国教育部于2022年4月出台了《义务教育课程方案》（以下简称《方案》），进一步推动了我国在课程、实施与评价等方面的深度改革。《方案》强调了三个方面：一是学科实践，规定每学科拿出不少于10%的课时开展跨学科学习活动；二是综合学习，提倡主题式、项目式、单元式等教学；三是评价改革，关注过程性评价、增值性评价，对学生在学习过程中的学习态度、学习方法、思维方式等进行跟踪，及时引导学生全面发展。这些既是对学生学习方式的改革，更是对教师在课程理念、教学方式、评价方法等方面提出的新的挑战。

那么，如何提升教师自身能力，实现高质量的教育教学活动呢？教师需要具备哪些素养，才能胜任新时代的教育担当，才能落实、实现国家课程改革的理念和方向，培养出一批批德智体美劳全面发展的学生呢？

基于这样的思考，我们整理并总结了各个学科都涉及的相同教学主题，最后决定将中华优秀传统文化中的非遗作为抓手进行跨学科、融合学科的开发，从中

探索出一套非遗文化课程深入推进的方案，提炼出一套非遗项目跨学科学习开发与实施、评价与推广的立体式实践模式。由此，我们建立了以综合实践活动、劳动教育、美术、语文教师为主的跨学科教研团队，根据教师的专业特长和课程能力，组建了十几个联盟校项目，进行了持续的实践探究，并获得了可喜的成果。我们深深感悟到新时代的教师在课程开发、实施、评价与资源利用等方面应该具备如下这样的素养。

一、跳出单一学科界限，“设计”学生课程内容

《方案》提出每一学科要开发不少于10%课时的跨学科活动，从师资能力看，要求教师具备跨学科设计的理念和能力；从活动内容看，指向基于学科为主题的跨学科学习，打破单一学科的壁垒，建立纵向联系，让学生在同一主题的内容中将各个学科涉及的知识、技能、学科思想、素养等进行联结与融合，让学生经历某一主题的完整的学习活动，建立新的思维方式，获得新的经验，实现“知识的价值”。非遗文化课程的研究与实践，涵盖语文学科的文化，美术学科的审美与技能，劳动教育的工匠精神，综合实践活动的综合性学习与能力培养等，它们的融合可以带给学生完整的体系和经历，不再是碎片化学习和认知。

二、尊重学生发展规律，关注学生实践体验过程

教育要遵循学生的身心发展规律，注重个性差异，因材施教，给予学生鼓励，使能力得到提升。根据非遗项目的研究活动，涉及学生对非遗项目的文化认知、设计制作、成果推广等，让学生能够通过一系列的活动“文化于心”“心化于形”，实现“知一情一意一行”相统一，成为一名非遗文化的小传人。在这个过程中，教师需要看到不同能力的孩子在活动中的投入、努力和专注，要看到学生基于自身状态获得的新的发展。我们提倡：尊重学生身心发展规律，不要吝啬教师的赞美，不要吝啬教师的“优秀”评定，要看到学生在付出过程中的那份全力以赴。

三、根据项目活动内涵，制订聚焦性评价量规

评价是导向，在项目活动中我们发现，教师在设计评价量表时经常出现两种情况。第一，能够关注学生经历的活动环节，但缺乏相应的不同等级的具体描述；第二，设计出的评价要素没有结合具体项目，而是笼统的、不聚焦的，没有契合主题。这样的评价不能给予学生具体的指向，无法让学生结合活动主题进行反思与总结，不能明晰究竟哪些方面做得好，哪些方面还需要努力。我们建议，低年级学生认字少,可以图形为主,中高年级学生的评价量规要细致具体,具有指向性，帮助学生知道如何做，怎么做，自己可以做到什么程度。这样的评价才有意义。

四、善于利用社会资源，拓宽学生活动空间

非遗文化是传承的技艺，不具有普遍性。因此，在课程开发与实施中，利用与挖掘社会资源，寻求专家资源的协助，与非遗场馆或实践基地合作是非常有必要的。这可以弥补校内教师专业能力的不足，拓宽学生与教师实践研究的平台，补充丰富的课程资源，助力项目深入实施，促进学生获得专业的、多元的体验，深刻感受非遗文化的博大精深。

新时代的教师，需要具备的素养不只这些，还需要具备信息技术素养、协同发展的能力等。

相信，只要愿意行走在课程改革的道路上，教师就会在教育教学的实践中不断获得素养提升、教育智慧，乃至形成教育思想。久久为功，也必将推动中国的教育改革，为国育人，为党育才。

让非遗会说话

非遗劳动项目实施与评价

陶艺

主编　观澜

本册主编　孙鹏　邵玉慧　郭淇

河南科学技术出版社

·郑州·

图书在版编目（CIP）数据

陶艺 / 观澜主编 . -- 郑州 : 河南科学技术出版社，2023.5

（让非遗会说话：非遗劳动项目实施与评价）

ISBN 978-7-5725-1187-5

Ⅰ . ①陶… Ⅱ . ①观… Ⅲ . ①陶瓷艺术—介绍—中国 Ⅳ . ① J527

中国国家版本馆 CIP 数据核字 (2023) 第 075435 号

出版发行：河南科学技术出版社

地址：郑州市郑东新区祥盛街 27 号　　邮政编码：450016

电话：（0371）65737028　65788613

网址：www.hnstp.cn

策划编辑：黄甜甜

责任编辑：束华杰

责任校对：王智欢

封面设计：张　伟

责任印制：朱　飞

印　　刷：河南博雅彩印有限公司

经　　销：全国新华书店

开　　本：710 mm × 1 010 mm　1/16　　印张：3.75　　字数：61 千字

版　　次：2023 年 5 月第 1 版　　2023 年 5 月第 1 次印刷

定　　价：258.00 元（全九册）

《让非遗会说话——非遗劳动项目实施与评价》(简称《让非遗会说话》) 这套书，历经两年最终得以出版，得益于金水区深厚的文化，非常感谢河南省教育厅和郑州市教育局领导的支持，还有学校的大力支持和一起同行的观澜名师工作室的伙伴们。

非遗是传统文化的重要组成部分。在新时代下如何大力继承、推广和创新，是值得深度思考与研究的命题。

河南省郑州市金水区作为课程改革实验区，遵循“灿烂如金，上善如水”的教育理念，注重课程改革、教学改革和评价改革，构建适合金水学子的教育体系，全方位实施素质教育，落实课程育人、活动育人、实践育人、合作育人、评价育人，培养德智体美劳全面发展的新时代学子。

在推进和创新非遗文化课程中，我们建立跨界联盟校，吸纳洛阳、安阳、杭州等优秀非遗团队，以“项目”为驱动，开展跨学科学习教学，将美术、综合实践活动、劳动教育、语文、历史、物理等学科相融合……让学生经历真实情景的探究，重构知识体系和思维，在解决问题过程中使能力、素养、品质得以提升，最终建构学生“知识—人—世界”的完整实践价值观，实现“知—情—意—行”合一的美好教育境界。在整体探索和推进中，我们的团队边实践边总结，一起交流，一起研讨，一起碰撞，探索出一套非遗项目化实施和评价的有效模式。有 7 所学校的非遗项目成果在全国第六届公益教育博览会上进行参评和推广，河南省实验中学的剪纸、郑州市金水区四月天小学的布老虎、郑州市金水区文化绿城小学的葫芦烙画、郑州市金水区艺术小学的刺绣、郑州冠军中学吹糖人、河南省实验小学扎染、郑州市金水区农科路小学北校区皮影获得优异的成绩。

《让非遗会说话》这套书一共九本，包括九个非遗项目，它们分别是中医文化、宋代点茶、陶艺、布艺、扎染、刺绣、戏曲、葫芦烙画、澄泥砚。每本书分为三篇，第一篇是理论研究，重点阐述如何让非遗会说话的实践路径和模式；第二篇是课程实践，包括课程规划、具有代表性的活动设计、课程影响力，为课程如何规范有效设计、实施与评价提供借鉴和引领，其中活动设计呈现出联盟校各自的特色，为教师实施课程提供了可借鉴的经验和方向；第三篇是师生作品，展现了课程实施效果和师生的成长。

本套书呈现了非遗文化在中小学的有效落实，在师生学习生活中的开花结果、守正创新。对新时代下学校的课程创新、教师的创新实践、学生核心素养的发展都起到引领与推广作用。

在这里非常感谢参与《陶艺》编写工作的郑州市金水区外国语小学副校长闫彦，特聘专家武联才、程军雅老师，郑州丽水外国语学校李兵、王晨晨老师等辛勤的付出和智慧的交流。

河南省郑州市金水区教育发展研究中心 观澜

目
录

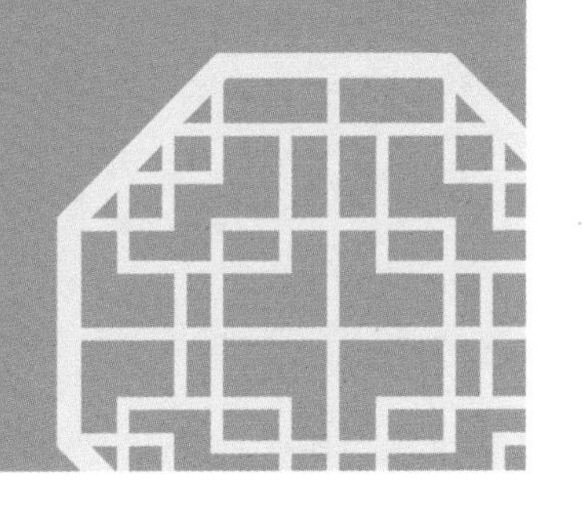

第一篇
理论研究

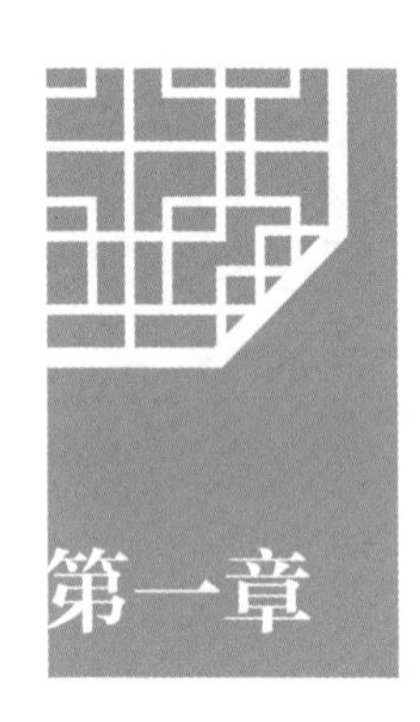

第一章 非遗文化的重要性

习近平总书记强调，中华优秀传统文化是中华民族的精神命脉，是涵养社会主义核心价值观的重要源泉，也是我们在世界文化激荡中站稳脚跟的坚实根基。非遗文化是中国传统文化的一部分，在中国传统文化中具有重要地位。

一、非遗文化的重要性

非遗文化是中国传统文化重要的组成部分，承担着独特的文化内涵和教育推广意义。

非遗文化具有悠久的历史。剪纸是具有最广泛群众基础的民间艺术之一，大概有 1500 年的历史；泥咕咕的历史渊源，可以追溯到远古时期，有记载其产生于河南浚县；钧瓷始于唐，盛于宋，作为中国陶瓷艺术史上的一个重要标志，在世界陶瓷发展史上占有重要地位；风筝由中国古代劳动人民发明于东周春秋时期，距今已 2000 多年，相传墨翟以木头制成木鸟，研制三年而成，是人类最早的风筝起源。

非遗文化是手工业精湛技艺的代表。比如钧瓷，自古以来就有“黄金有价钧无价”“家有万贯，不如钧瓷一片”“入窑一色，出窑万彩”的美誉；中国的手工刺绣工艺，已有 2000 多年历史，有“玉女飞针巧引线，乾坤绣在方寸间。百花不晓冬寒日，四季绽放在春天”的美誉；至于篆刻技艺的魅力，孙光祖《篆印发微》有言：“书虽一艺，与人品相关，资禀清而襟度旷，心术正而气骨刚，胸盈卷轴，

笔自文秀。印文之中流露，勿以为技能之末而忽之也。”

非遗文化具有欣赏价值。如戏曲融入文化、服饰、道德品质，承载着乡音乡情，帮助中国人寻找情感寄托、精神归属，成为传播中国传统文化的重要途径，也成为人们重要的精神家园。“剪纸铺平江，雁飞翚字双”等诗句表达出对剪纸的艺术欣赏。“缬，撮采以线结之，而后染色。既染则解其结，凡结处皆原色，余则入染矣，其色斑斓谓之缬。”可见扎染技艺的神奇。

非遗文化充分体现了劳动人民的工匠精神。非遗作品的创作需要潜心研究，不断创造，专注于每一个细节，凝结了创作者的大量时间和心血，也是创作者毅力和智慧的体现。

一直致力于非物质文化遗产研究与发展的北京师范大学非物质文化遗产研究与发展中心执行主任张明远教授，在首届“致敬中华优秀传统文化”项目学习活动闭幕式上认为，一个民族的文化是一个民族存在的标志，如果没有传统文化，民族就失去了存在的特征。他表示，中华优秀传统文化具有跨越时空的价值，铸就了中华民族得以传承千年的根基。随着中华优秀传统文化走进校园，各类非遗项目与学生之间建立了联系，在学生心目中便形成了一种美学传递，这将伴随他们的成长。张明远教授表示，中华优秀传统文化的影响和价值与我们当下的生活息息相关，促进青少年健康成长，要让更多的青少年沉浸到中华优秀传统文化的学习研究中。

中华优秀传统文化的传承与发展是提升国民素质的重要措施，也是建设社会主义文化强国的重大战略任务。

二、非遗文化在教育中的意义

非物质文化遗产是中华民族智慧的结晶，充分体现了劳动人民的工匠精神以及对文化的传承与弘扬。《完善中华优秀传统文化教育指导纲要》明确提出，加强中华优秀传统文化教育，是深化中国特色社会主义教育和中国梦宣传教育的重要组成部分，对于引导青少年学生全面准确地认识中华民族的历史传统、文化积淀、基本国情，实现中华民族伟大复兴中国梦的理想信念，具有重大而深远的历

史意义。

学校是落实非遗文化的重要场所，担当着非遗文化延续和传承的重任，对从小培养学生对中国文化的了解，起到重要作用。

河南历史文化底蕴厚重。老子、庄子、张仲景、商鞅、李商隐等历史文化名人皆与河南有关，剪纸、拓片、布老虎、澄泥砚、钧瓷、朱仙镇木版年画、汴绣、唐三彩等皆为河南特色非遗文化。开发相应的非遗课程，实践于课堂，让学生作为非遗文化的使者，去影响身边的人，让更多的人了解中国文化、非遗文化，是我们应当做的事。

从教育的角度看，开发与实施非遗课程对学校、教师、学生都具有深远的意义。

从学校课程特色建设看，开发与实施非遗课程能够彰显学校课程特色，构建丰富多元的课程体系。

从教师业务发展看，开发与实施非遗课程具有一定的挑战性，不但能激发教师开发与实施课程的热情，还能进一步转变为教师“教”的方式，实现课程育人、实践育人、活动育人、评价育人。

从学生成长角度看，非遗课程可以让学生学习到书本之外的知识，提高动手操作与创作的能力、探究能力、解决问题能力，帮助学生形成良好的品质和综合素养，让学生热爱家乡，热爱祖国，实现德智体美劳全面发展。

三、当代非遗文化的发展瓶颈

非遗文化具有重要的社会文化地位，但发展受到多种因素的制约。

第一，非遗作品的制作过程是一个“慢”“精”“细”的创作过程，需要付出大量的时间和精力。

第二，非遗作品因投入人力、物力和时间等成本，通常价格比较昂贵。

第三，非遗的技艺需要创新，而这并不是一件容易的事情。

第四，非遗传承人需要极大的耐心、恒心和不怕失败的意志，不怕创作的孤独，才能承担起这份传承的责任。

为此国家出台了相关政策，大力推广非遗文化。将非遗课程落地学校，让非

遗文化植入学生内心，将非遗文化进行宣传，逐步形成体系化解决方案。

鉴于以上种种，笔者提出了“让非遗会说话”的教育思想，学校通过非遗课程的开发与实践，让非遗文化“会说话”，学校容易实施，教师容易教，学生容易懂，社会更加重视，非遗文化更加普及。

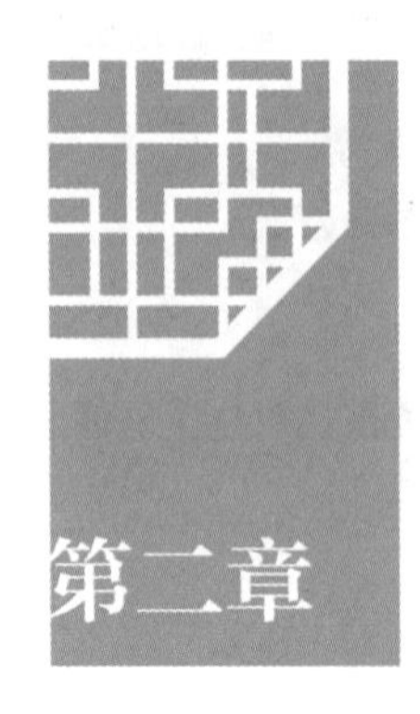

第二章 推进非遗文化的方案

要在教育中落实非遗文化的传承、发扬、创新，就要先分析非遗文化在教材中呈现的样态。国家在编写教材时，非常重视将中华优秀传统文化融入各个学科。

比如“风筝”，不同学科的教师会关注与本学科相关的元素。从美术学科角度看，注重的是美学常识和绘画构图技巧；从语文学科角度看，注重的可能是与风筝有关的意象；从数学、物理学科角度看，注重的是风力、平衡力、三角形的构造等；从历史学科角度看，注重的是风筝的发展史；从德育课程或者专题活动角度看，注重结合风筝开发校本课程，寄语美好未来等。这种单一学科的学习方式和主题活动存在以下不足。

第一，这些内容有交叉、有重复。对学生来讲，占用一定的时间进行重复性的学习，学习的时效性不强。

第二，大多停留在支离破碎的知识层面。每个学科突出的是与本学科相关的知识或者技能，体现的是非遗文化在本学科的价值，是一个“点”而不是一个“面”。

第三，学习方式比较单一。美术学科的学科素养决定着学生需要根据教材内容动手创作，学生能够经历简单的动手实践的过程。其他学科大多不要求学生动手实践。

第四，学生没有兴趣。部分非遗项目很抽象，又离学生生活比较远，学生缺乏浓厚的探究兴趣。

当下，亟待通过一种学习方法或者课程方式，把各个学科涉及非遗的知识、

培养目标、学科思想融合在一起，打破单一学科的壁垒，建构纵向联系，重构学生的知识体系，让学生经历一个完整的项目探究过程，解决真实情境中的问题，促进学生的综合能力不断提高和持续发展。

笔者通过多年的实践与研究，认为“项目学习”和“综合实践活动跨学科学习”是最佳的实施方式。它们具有综合性强、实践性强、生成性强、跨学科性强等特征，是推动学科知识融会贯通的必经桥梁（如下图），可以推进非遗课程的常态持续有效实施，发展学生的核心素养。

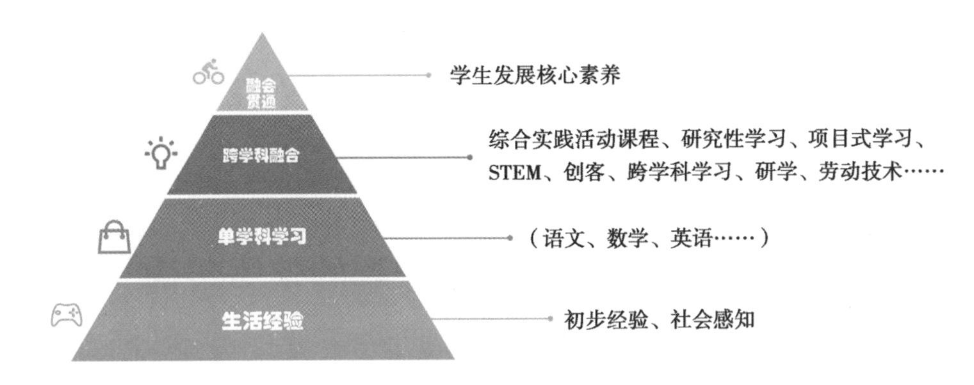

学习方式与核心素养关系图

项目学习和综合实践活动都指向跨学科学习。跨学科学习是多个学科的思想和方法的融合。以“风筝”为例，以项目学习为学习方式，融入综合实践活动课程中的研究性学习步骤，就实现了课程综合育人、实践育人、活动育人、评价育人，如下图所示。

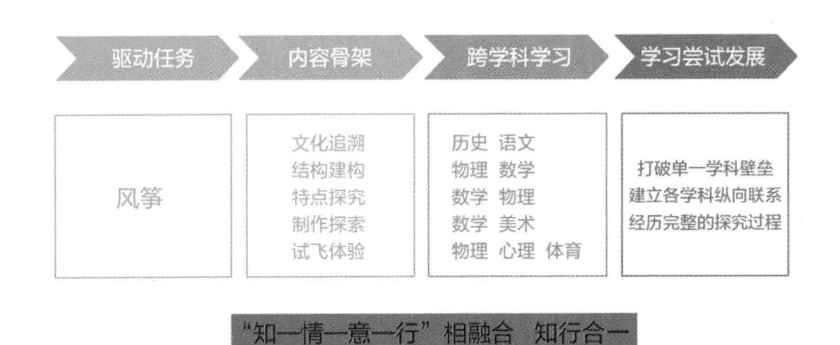

跨学科学习框架图

从图中可以看出，在“风筝”这一项目任务中，通过建立子任务，即研究内容骨架、跨学科学习涉及领域、学习深度发展等，打通各个学科之间的横向联系，融会贯通。每一项研究内容都指向学生的主体地位，注重活动中学生的亲身体验，深化活动的实践探究以及真实情境下的收获，发展学生的多元能力。这不是单一的学科活动经历，而是丰富多元的活动串形成的课程内容、完整的课程体系。突出跨学科方法、思想的融合，基于学生已有知识又进阶发展核心素养，学生解决问题的能力得到提升，建立起个体与自然、社会的统一完整链接，知—情—意—行相融合。这种学习方式，让学生深刻感悟中国传统文化的博大精深，热爱祖国悠久的历史和壮丽的河山，树立人生理想和远大志向，是实现高质量发展的课程育人样态。

第一节　设计非遗课程的整体架构

作为国家级课程改革实验区，二十多年来，河南省郑州市金水区持续优化课程顶层设计，多元开发与实施中华优秀传统文化进校园、进课堂、进课程，实现立德树人，激发学生的民族自信、文化自信。笔者提出“让非遗会说话”的教育思想，构建区域非遗课程“常态＋融合＋多元”推进模式，通过“一引领、二融合、多元开发”路径，变革学生学习方式、课程育人方式，让学生感受中华优秀传统文化的博大精深，激发爱国、爱党、爱人民的思想感情，取得了较好的效果。

课程的有效落地需要具体的实施路径和策略支撑。金水区经过多年的实践探究，“自上而下”整体设计课程，从明确实施原则、学习方式四个“转向”、构建课程实践要素三个维度推进课程有效深度实施，形成区域非遗课程样态。

（一）明确实施原则

正确的理念决定行动的成效，明确实施原则就像明灯指引课程的科学发展。因此，我们确定了“三个原则”以实现非遗课程实践的“三个价值”。

（1）知识与实践相结合，让知识更有价值。非遗文化博大精深，对小学生来讲比较抽象，为了让小学生能够丰富相关知识，进一步感受非遗文化的精湛技艺，必须让小学生通过实践来亲身体验，将知识应用到动手实践中，感受创作的过程，体验非遗传承人坚持不懈的精神和不断创造的追求，让理论知识与实践相结合，不断产生新的知识与经验。

（2）教育与生活相结合，让实践更有价值。一件非遗作品，不仅是可以进行售卖的产品，更是艺术品，具有欣赏或收藏价值。非遗课程的开发与实施，需要将教育与生活相结合，实现有价值的实践，让学生知道学习不是单一的知识性活动，而是多元的。人类获得的知识，可以更好地创造财富，创造美好的生活。

（3）学科与个体价值相融合，让人生更有价值。学科知识与学科思想，蕴含着做人做事的道理。非遗课程通过跨学科学习、体验式学习、场馆学习、实践学习等，在“做中学”“学中创”，让非遗文化在学生心中扎根，让学生深刻体悟工匠精神与劳动人民的智慧以及中国文化的博大精深，丰盈学生的道德品质。

以上三个原则的指导思想，为非遗课程的开发、实施与评价，指明了正确的方向。

（二）学习方式四个“转向”

2022 年教育部颁布的《义务教育课程方案》中提到“综合学习”“学科实践”“跨学科”等，引领学习方式的变革强化了课程育人导向。非遗文化及作品并非与学生的生活紧密相连。由此，在非遗课程的开发与实施中，只有体现新的课程育人方式、学习方式，才能让学生学得有兴趣，教师教得有趣味，课程实施有成效。我们特别提出在课程实施中要体现学习方式的四个“转向”，实现课程育人。

从单一学科走向融合。非遗课程的设计与实施，可以打破单一学科的壁垒，将非遗历史、文化、特征、技艺、制作等进行整体实施，建立学生对某一项非遗的深入了解与体验，实现高阶思维的学习发展。

从书本知识走向实践。“与其坐而论道，不如起而行之”，说明“行动”的重要性。只有带着知识走向实践，才能将知识与实践融合，发挥知识的价值，创造实践的价值。只有通过实践创造出非遗文化作品，才能更好地发扬光大非遗。

从学校走向社会。社会即学校，生活即教材。利用社会资源让学生更加深刻地了解非遗文化，感悟非遗文化。禹州钧瓷、朱仙镇木版年画、澄泥砚等都是学生遨游的知识海洋。沉浸式教育方式，不需要过多的语言就能带领学生开阔视野，启发思维，感受中华优秀传统文化的伟大。

从重结果走向重过程。非遗课程的开发与实施，不在于让每一位学生都成为创作者，成为非遗传承人，而在于让学生在探究实践的过程中，感受非遗文化的博大精深，感受技艺的精湛，感受劳动人民的智慧，感受中国文化的源远流长，坚定文化自信。这个过程非常重要。

学习方式的四个“转向”，不仅体现了新时代学习方式的变革，更是课程育人方式的变革。

（三）构建课程实践要素

在课程实践探索中，构建非遗课程实践要素，为学生规划有效的学习流程，为教师提供操作模式。

兴趣是最好的教师，学习内容只有建立在学生的兴趣之上，才能激发学生持续的学习激情。基于学生的兴趣或者疑问确定研究任务，以研究任务为驱动目标，制订计划，引导学生开启研究之旅。

像科学家一样思考和实践。学生在研究一个项目时，只有认真思考和实践，才能实现学习的高阶发展，才能培养科学精神，形成严谨的探究态度。

让“附带学习”走向深度。“附带学习”指研究对象延伸出来的子课题，也是具体的研究任务，这些子课题的研究深度，决定着课程实施的深度和研究任务目标能否达成。

将一切想法变成现实。有想法就去做，尤其是在动手实践创作的过程中，要鼓励学生大胆想，大胆做，将想法变成现实，做出作品，让“非遗会说话”。

重活动感悟。课程实施中，学生遇到的问题以及解决问题的方法最能体现学生的成长。学生认识到意志力的重要性，认识到非遗作品制作的不易等，这些感悟能够影响他们做事的态度和方法。

将成果进行推广。鼓励学生成为非遗的代言人，推广和宣传非遗文化。

通过以上实践要素，持续推动学生探究非遗的知识、历史、工艺、传承等，引导学生在活动中积极参与、反思，感知非遗工艺的精湛，提升其继承和发展中国文化的责任感与担当意识。

第二节　推进模式与评价

前面阐述了宏观、中观维度的非遗课程开发与实施的整体理念和设计思路。那么，如何进行具体的实践呢？笔者将从推进模式和实践策略两方面进行阐述。

一、推进模式

通过普及课程与社团课程相结合、必修课程与选修课程相结合、校内与校外相结合等方式，整体推进课程有效实施，构建“一引领”“二融合”“多元开发”的实施模式。

（一）“一引领”：建立非遗项目联盟校

为了深度开展非遗课程，提高活动质量，提升课程品质，我们发展了16个非遗项目联盟校，以引领课程的实施，推进并打造了“一校一品”，实现课程的统整和学习方式的多元融合，如郑州市金水区纬五路第一小学的中医药课程、郑州市金水区银河路小学的纸雕、郑州市金水区农科路小学北校区的皮影课程、河南省实验小学的扎染课程、郑州市金水区南阳路第三小学的剪纸课程、郑州市金水区文化绿城小学的葫芦烙画课程、郑州市金水区艺术小学宏康校区的风筝课程、郑州市金水区黄河路第一小学的麦秸画课程等，课程已经非常成熟。部分学校建立非遗研习馆，如郑州市金水区丰庆路小学不仅建立了非遗馆，还与河南省非遗传承人共同开发了7项非遗品牌项目，郑州市金水区农科路小学国基校区建立了古笛非遗馆等，为学生提供学习的场地、文化熏陶的环境，打造学校非遗课程项目，增强非遗文化在学生中的普及度。

非遗联盟校解决了教研团队力量薄弱的问题，打通了区域间同一类非遗教师之间的交流渠道，起到了互促互进的作用。目前，剪纸、葫芦烙画、篆刻、泥塑、宋代点茶、香包、扎染、布老虎、皮影、豫剧、书法、刺绣、风筝、麦秆画、陶艺等社团课程，都已成为学校的品牌课程。

（二）“二融合”：与综合实践活动、劳动教育三者融合

非遗项目课程涉及综合实践活动考察探究、设计制作、职业体验等活动方式，同时也涉及劳动教育课程中生产劳动、职业体验、工匠精神等内容，三者相辅相成，彼此融合。我们共有综合实践活动、劳动教育专职教师90多名，结合非遗特征，在综合实践活动、劳动教育常态化实施中融合开发与实施非遗项目，保障非遗课程的持续开展。三者的融合，实现了课程育人、综合育人、实践育人，为培养德智体美劳全面发展的学子打下基石。

（三）“多元开发”：开展学科非遗研究性学习

丰富的非遗项目以国家出台的《关于实施中华优秀传统文化传承发展工程的意见》为指导，遵循面向全体学生，结合学生年龄特征，明确各学段学生学习中华优秀传统文化的基础要求，同时为学生提供基于兴趣爱好拓展延伸的空间的理念，基于区域教育积淀、师情特质，鼓励各学科教师通过学科主题、拓展活动等，开发学科非遗研究性学习，挖掘非遗项目，渗透非遗文化在学校课程中的落实与发展，担当起发扬中华优秀传统文化的责任和义务。如结合语文学科春节相关知识开发“灯笼”“书法”“剪纸”作品等，结合数学学科三角形相关知识开发“纸雕”，结合历史学科明清前期的文学艺术相关知识开发“戏曲”，结合音乐学科豫剧相关知识开发“制作脸谱”，结合化学学科相关知识开发“陶艺”等，这些非遗“微项目”既突出学科特色中的非遗特征，又帮助学生在各学科学习中感悟非遗文化。

二、实践策略

笔者提出“1+9+3”的实践策略，整体推进课程的具体实施，保障课程的持续推进和发展。

（一）“1”：建立一所实践基地、合作一位非遗专家 、打造一校一品

为构建互为补充、相互协作的中华优秀传统文化教育格局，郑州市金水区注

重开发与拓宽中华优秀传统文化丰富、生动的教育资源，鼓励学校建立一所实践基地。其一，通过校内建立的非遗研习馆，学生可以身临其境地感受非遗文化的魅力。例如，郑州市金水区丰庆路小学建立研习馆，与河南省非遗传承人合作开发 7 项非遗课程；郑州市金水区农科路小学国基校区建立骨笛非遗馆；郑州丽水外国语学校成立茶艺研习馆；郑州市金水区外国语小学建立陶艺馆；郑州市金水区纬五路第一小学与河南省中医药大学第二附属医院合作建立中医文化课程开发与实践基地；郑州市金水区工人新村第一小学与河南省中医药大学第一附属医院建立中医文化课程开发与实践基地等。其二，在郑州市教育局的支持下，金水区和部分大中专院校建立非遗课程合作项目，拓宽学生实践平台。郑州市金水区南阳路第三小学和郑州市科技工业学校合作建立了课程资源开发与实践基地，开发职业体验课程；郑州市金水区经三路小学与河南省经济技术中等职业学校携手开展非遗香包课程。

非遗专业人士才能带给学生专业的知识和技能，形成正确的文化认知。在课程实施中，邀请国家级、省级非遗传承人，作为指导教师走进学校。郑州市金水区中方园双语小学、郑州市金水区文化绿城小学邀请非遗专家指导葫芦烙画非遗项目；郑州市金水区文化路第三小学邀请省书法协会对相关项目进行指导等，这些都为学生深刻地学习与体验非遗项目提供了专业的环境。

经过多年实践，相关学校打造了课程品牌，形成了区域百花齐放的“一校一品”乃至“一校多品”的课程特色。郑州市金水区农科路小学皮影课程，郑州市金水区农科路小学国基校区布艺课程，郑州市金水区银河路小学纸雕课程，郑州市金水区文化路第二小学篆刻、书法等课程，郑州市金水区艺术小学豫剧、风筝等课程，郑州市金水区黄河路第一小学麦秆画课程，郑州市丽水外国语学校陶艺课程，郑州市金水区凤凰双语小学扎染课程，郑州市金水区纬三路小学泥咕咕课程，郑州市第 47 中学初中部、郑州市第 75 中学刺绣课程，郑州市第 34 中学珐琅彩课程，郑州市金水区新柳路小学汉服课程，郑州市金水区四月天小学布老虎课程等，均已形成影响力。

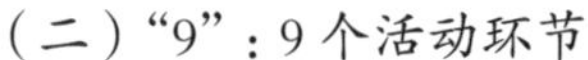

从以上9个活动环节中，可以看到非遗课程的整体活动设计，目标涉及知识、认知、方法、技能、情感、核心素养，学生活动涉及研究、实践、实地考察、设计制作、成果推广、社区服务等，学习方式是多样的，实践领域是广阔的，形成了一体化的项目式学习，达成“知—情—意—行”相融合，建立“知识—人—世界”整体观，实现综合育人、实践育人、活动育人。

项目式学习能够打破传统教学上的壁垒和瓶颈，让学生在学习态度、学习方式、学习表达等方面发生积极变化。

（三）“3”：三种评价方式

评价是诊断课程实施效果的依据，是促进学生发展的手段。金水区更新教育评价观念，关注师生共同发展；创新评价方式方法，注重学生“学”的过程，关注典型行为表现，强化学生核心素养导向；增强评价的适宜性、有效性。

金水区确立了过程性评价、可视化成果评价、终结性评价三种评价方式，指导教师根据非遗项目量身定制评价量规，避免评价的“空乏”“无效”，聚焦学生的学习活动，注重增值性评价，从“活动态度”“设计创作”“活动总结”“文化推广”四个方面制订评价要素，设置“优”“良好”“继续努力”三个维度的详细指标，关注学生“学”的过程，肯定优点，引导学生有针对性地反思，发现努力方向，体现非遗项目本身的教育价值，落实核心素养。如郑州市金水区纬五路第一小学开展的“我和中药有个约会”这一非遗项目，学生通过这个项目，对中医药文化进行了了解与调查；自制中药产品，如香包、夏凉茶等；走上街头将茶水送给清洁工等。教师应抓住活动核心，制订评价量规，实现知识、技能、情感态度和价值观的融合发展。

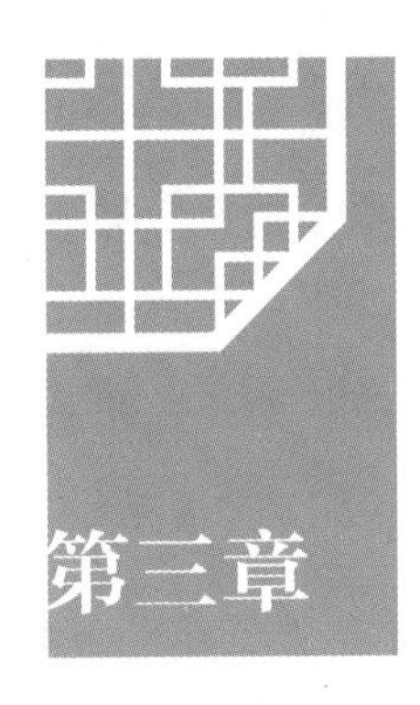

第三章　课程保障及成效

非遗课程的开展只有通过教研部门、行政部门建立有力的保障机制，才能持续良性发展。通过以下保障，我们实现了课程开发与实施的有序、有效。

第一，创新教研体系。2019 年 11 月教育部印发的《关于加强新时代教育科学研究工作的意见》中提到：鼓励共建跨学科、跨领域的科研创新团队。可见，创新教研体系是提升教师业务水平、推动课程改革理念非常重要且可行的方式。金水区从 2016 年起，通过建立 π 学科教研员发展共同体（跨学科教研团队），打破单一学科教研活动，打造多学科不同视角的教研体系，实现跨领域的教研推进模式，助力教师多视野、跨学科地开展教育教学；建立跨界跨学科教研团队，开展每月至少一次的“行之实”活动，吸纳河南省实验中学、黄河科技学院附属中学、哈密红星中学等学校协同发展；开展中层课程领导力项目，提升业务领导的课程理念与指导能力；积极推行省市区一体化的下校调研制度，通过指导学校工作、观摩教师课堂、开展课后教研交流等活动，评价学校课程实施的整体质量。有效、多样的教研体系，对构建德智体美劳全面培养的教育体系，发展素质教育，培养可担当民族复兴大任的时代新人提供了强有力的支撑。

第二，创新教师职称评定机制。自 2001 年课程改革以来，金水区一直在引领教师进行课程开发与实践、课程整合与融合，培养了一批批优秀的教师，形成了一份份优秀的非遗成果报告。金水区还将以学生为主题的研究性学习成果纳入评职称的项目，等同于研究课题。

非遗课程的实施整合了综合实践活动、劳动教育，教师可以根据情况申报综合实践活动、劳动教育科目的职称。

自2009年起，开展两年一届的“希望杯”课堂教学展评活动，为开发非遗课程的教师提供了展示的机会，这个活动的成绩有助于职称评定等。这些保障，进一步激发教师落实国家课程改革新理念、制订个体业务发展规划的动力。

第三，建立师生交流平台。金水区注重以评促发展，更新教育评价观念，整体提升师生的综合能力。其一，建平台，开展“希望杯”“金硕杯”课堂教学展评活动，提升教师的教育教学能力，为教师提供成长与交流的平台；其二，改革评价方式，将过程性评价与终结性评价相结合，“赋权下放”，指导学校注重学生“学”的过程，给予多元的综合性评价，促进学生整体发展，实现教学相长；其三，给予学校邀请专家团队指导非遗课程开发与实施的自主权，对师生成果进行发布与展示，激发学校办学活力，发展学校特色，助力师生在活动中得到成长。

以上保障措施，助力了课程的持续有效开发与实施。同时，金水区通过“五结合”助力非遗课程成果的分享和价值推广，即静态与动态相结合、常态与自主相结合、区域内与区域外相结合、一校与多校相结合、网络与社会相结合，让学生的学习过程和成果得以推广，同时让全社会了解当前教育的改革方向，学生学习方式的转变等，让全社会关注教育、支持教育的发展。由此，形成了一定的影响力。主要表现在：

第一，区域非遗课程成果丰硕。在国家课程改革的推动下，在河南省教育厅、郑州市教育局领导以及专家的支持和指导下，经过不断地探索和实践、普及与推广，非遗课程逐渐成为金水区的品牌课程和相关学校的亮点课程。目前，金水区共有省级和市级非遗基地校、实验校12所，非遗社团286个，开设非遗研习基地的学校有9所。非遗课程的整体推进，对提升区域教育质量、变革学校育人方式、改变教师教学方式、培养德智体美劳全面发展的学子，具有深远的影响。

第二，学校非遗课程成果出色。非遗课程持续推进，中国传统文化在区域大力弘扬，学校积极推广成果，形成了一定的社会影响力。郑州市金水区纬五路第一小学已经出版中医文化丛书，郑州市金水区纬三路小学将泥咕咕课程进行校本

化成果整理，郑州市金水区艺术小学获得“全国文明校园”荣誉称号。非遗课程成就学校，也培养了一批批热爱中国文化的非遗传承人。

第三，学生得到全面发展。学生在非遗课程中，综合能力和素养得到发展。在了解历史发展和相关文化中，收集资料的能力得到提高；通过亲自体验制作过程，动手实践与创新能力得到提高；到非遗基地进行考察，发现问题和解决问题的能力得到提高；对非遗传承人进行采访，沟通能力得到提高；走进社区进行宣讲，语言表达和展示交流的能力得到提高；制作海报，设计和审美能力得到提高。

第四，教师能力得到发展。教师是课程的开发者、实践者、评价者，也是管理者。教师承担着多种角色，指导者、帮助者、协调者、组织者、策划者、评价者、激励者等，促进了课程的有序顺利开展。在课程整体的实施与评价中，教师不仅需要储备学生感兴趣的知识，丰富和提高自身的业务素养，还要和学生一起前行和探索，共同完成课程，实现教学相长。师生共同认识非遗文化，了解技艺的精湛，感受工匠精神，感受劳动人民的智慧，感悟中国文化的源远流长与博大精深，增强文化自信和民族自信。

第五，建立了家校协同一体化。金水区凝聚了一批高素质的家长，他们重视教育，关注孩子成长，愿意支持和参与到学校的课程建设中来，一起为孩子的成长提供更为专业和丰富的资源。家长的协助，为课程的开展、学生的课外调查活动提供了有效的保障，实现了家校共同育人的目标。

（作者：观澜，河南省郑州市金水区教育发展研究中心综合实践活动、劳动教育专职教研员，中小学高级教师）

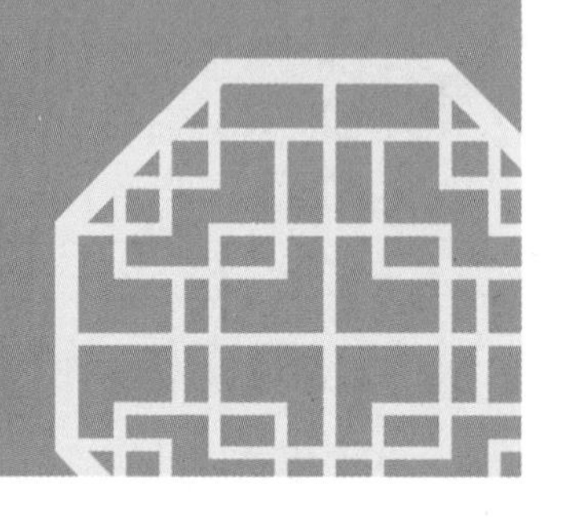

第二篇
课程实践

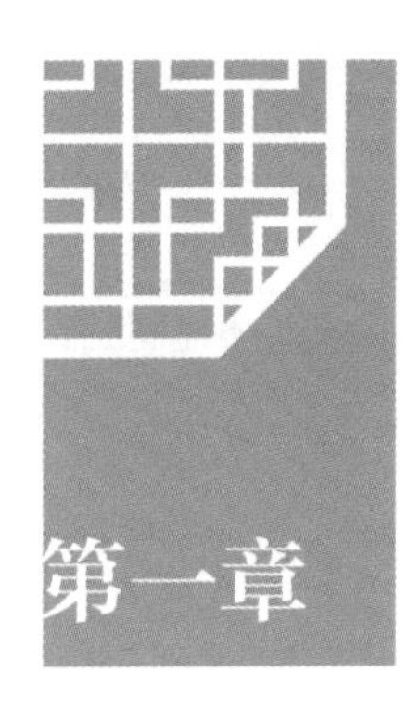

第一章　课程规划

一、课程背景

陶艺是集绘画、书法、雕塑、装饰、人文等于一体的综合性艺术，也是我国的传统文化之一。陶瓷是陶器和瓷器的合称。中国陶瓷是中国文化宝库中的瑰宝，数千年的文明积淀为我们留下了丰富的文物和精湛的制作工艺。

通过开设陶艺课程，让学生自己动手敲、打、揉、盘，学习拉坯等技艺，体验烧制过程，亲手制作各种器皿、动物、人物、首饰等，促进学生的手、眼、脑相互协调，使学生的空间思维和想象力得到充分发展。陶艺教学让学生能亲近自然，感受泥土芳香，开拓视野，提高艺术欣赏水平，提升自身综合素质。

陶艺课程的研究与开发是一个不断改革、发展和完善的漫长过程。学校高度重视陶艺课程，为课程提供了充足的资金支持，并配备了专业的陶艺功能室，定期邀请陶艺专家指导培训。陶艺课程根据各年级学生认知水平规划和设计课程内容，真正将陶艺教学融入课堂，使每位学生都可以亲身体验陶艺作品的整个制作流程，感受陶艺文化的独特魅力。陶艺课程开展数年以来，取得了亮眼的成绩，成为学校教学的一大特色。

二、课程目标

1. 了解陶瓷的相关知识以及我国在陶瓷方面的灿烂文化，增强学生对祖国的热爱之情和民族自豪感。

2. 学习、掌握基本的陶艺技法，动手创作较精细、有意义的作品，提高学生的实践能力、创造能力和审美能力。

3. 观察、欣赏他人的陶艺作品，并能作初步的品评；培养积极思考、不怕困难、乐于分享的品格；主动宣传陶艺知识，更好地传承陶艺文化。

三、课程实施

本课程面向五年级学生，课程主要采用讲授法和示范法，使学生直观形象地获得知识和掌握技法。学生在老师的指导下将所学知识运用于实践，掌握各种技能技巧，培养劳动态度，形成创作能力，感受劳动制作的乐趣。

年级	活动步骤	活动目标	活动内容	实施策略
五年级	第一阶段 活动准备	1. 通过学习、参与陶艺制作、探究，认识陶艺这门艺术，从而培养学生对陶艺的热爱。 2. 学生能够了解陶艺基本制作技法，初步掌握陶艺制作技能。	1. 了解陶艺的起源及发展历史。 2.初步感受陶泥，通过视频等方式了解陶艺基本制作技法。	邀请专家进课堂，教师用图片、视频等方式教学。

（续表）

年级	活动步骤	活动目标	活动内容	实施策略
五年级	第二阶段实践与创作	1. 指导学生在掌握陶艺技法的基础上，尝试创作、学会创作，从而体验创作的乐趣，感受成功的喜悦。 2. 通过学习与操作，进一步掌握陶艺制作的步骤及技法，能够自主完成陶艺作品制作。 3. 通过陶艺作品的制作，培养学生的动手能力、想象力、创造力。	1. 学习基本的陶艺技法，如揉泥球、搓泥条等。 2. 围绕一个主题或选取一个故事情节，合作制作一组作品。	采用讲授法、示范法、练习法，邀请专家进课堂等教学方法。
	第三阶段展示与评价	1. 学生能够运用形、色、肌理、空间等美术语言介绍自己的作品。 2. 学生能够通过作品表达自己的观点、思想和情感，发展构思和创作能力。 3. 学生能够结合作品的特点与形式，运用多种展示方法对作品进行展示。	1. 根据脚本编排对制作过程及各步骤的记录进行文稿总结或视频编辑。 2. 学生介绍作品的主题、制作步骤、所表达情感等内容。 3. 对每个学生作品进行自评、互评、师评。	利用静态展示、动态展示等方法，多角度、多方面、多维度进行展示。静态展示可采用作品现场展示，照片展示等；动态展示可采用视频录制讲解制作步骤，现场制作陶艺等。

（续表）

年级	活动步骤	活动目标	活动内容	实施策略
五年级	第四阶段推广与宣传	1. 进行有主题的想象、创作、表演和展示。 2. 结合学校和社区的活动，以陶艺课程和其他课程相结合的方式进行表演与展示。 3. 通过推广宣传，体会陶艺与环境及传统文化的关系。	1. 利用信息技术查询历史人物，合作制作一组有场景的人物作品。 2. 为自己的陶艺作品编写作品简介并进行解说、展览，使用摄像机、照相机、计算机等工具进行展示活动。 3. 拍摄陶艺宣传片，撰写陶艺相关文章，记录陶艺作品参加展览或比赛的情况。	1. 利用学校、社区等场所，借助新媒体等手段进行宣传推广活动。 2. 可在学校举办陶艺作品展览、陶艺进课堂、陶艺比赛等活动，提高学生对陶艺的关注度和参与度。 3. 可与周边社区进行合作宣传，让陶艺课程走出校园，走入社会，让家长及社会利用微视频、新闻报道、公众号等进行推广。

四、课程评价

（一）评价原则

陶艺课程遵循以下评价原则：过程性原则，关注学生陶艺学习参与的程度，注重制作过程中认知与思维的变化；发展性原则，注重学生的长远发展，而不是只给予一个等级评定；创造性原则，引导学生注重实践，提高创新意识。

（二）评价策略

1. 学生评价：学生是课程实施的参与者，是教学过程的直接感受者。教师对学生的评价，可以从学生对活动的参与度、学生在学习活动过程中的行为表现、学生作品的呈现效果、学生对作品的理解与表达能力等方面进行。采用表现性评价，关注学习过程；设置评价量规，及时进行反馈；多维度进行评价，促进学生全面发展。

2. 教师评价：教师是课程的开发者与实施者，也是课程的管理者与评价者。教师评价一方面是学校对教师进行课程开发与实施的评价，另一方面是教师对课程开发与实施的自我反思性评价。学校对教师的评价，指向教师开发与实施课程的教育理念和能力、教学手段和方法以及由此达成的教学效果。通过评价与反思，促进教师的业务水平进一步提高。

3. 课程评价：课程遵循教育发展规律和学生的成长规律，关注学生个性和特长的发展，重视学生的创新意识和实践能力的培养，体现学校的特色。有科学、合理、系统、全面的课程纲要，充分开发利用校内外资源，课时安排符合规定，课程实施的方法科学，课程内容选择适应学生发展需要，课程对学生的成长过程是显性的。

（三）评价量规

评价项目	评价标准		
	★★★	★★	★
作品设计	陶艺作品设计有理念，造型丰富，富有想象力与创造力，突出作品的独特性。	能够用陶泥制作出较为丰富的造型，并能表现出造型特点，具有一定的想象力与创造力。	陶艺作品造型表现不够明确，造型特点不够突出，想象力与创造力不够丰富。

（续表）

评价项目	评价标准		
	★★★	★★	★
实践与制作	能够熟练掌握陶艺制作技法，制作时能够将技法进行整合，作品成功率高。	能够掌握部分陶艺制作技法，制作时能够在作品中体现技法的使用。	掌握的陶艺制作技法不够丰富，制作时不够熟练，作品成功率低。
作品推广	作品主题明确，能够准确表达自己的设计意图与情感，能够利用丰富的媒介进行作品的介绍与宣传。	作品主题较明确，作品情感表现丰富，能够利用部分方式进行作品的介绍与宣传。	作品主题不明确，未能表达作品的设计意图，仅能用单一方式对作品进行介绍与宣传。

五、实施建议

（一）因材施教，发展个性

在艺术创作中，没有个性就没有创造力。“以人为本”是新课程倡导的一种教育理念。在教学中，如果只强调某种技法的示范或对某种创作对象的单一模仿，往往会限制学生想象力的发挥，还会限制学生形象思维能力和动手创造能力的发展，违背学生的创造天性，抹杀学生独特的感受力和个性化的表现力。在陶艺课堂上，教师要鼓励学生发挥个性，通过积极引导，让学生更大胆地表现作品的创造性与独特性，教师评价时也应从多维度进行过程性评价。

（二）课程实践，学科交融

陶艺课程有很强的综合活动实践课程的特征。在课程实施过程中，要密切联系学生自身生活和社会生活，鼓励学生进行体验性、探究性、合作性学习，突出陶艺的多元化和个性化，有效地利用校内外优质资源，重视学科交叉融合，为学生营造各学科相互支持、相互补充的艺术学习环境，进而提高学生综合素质，促进学生全面发展。

（三）体验成功，感受文化

教师要善于发现学生身上的闪光点，为每位学生制订一个可以达到的预期目标。在教学过程中，指导和帮助学生完成作品，善于运用表扬和鼓励等方式，调动学生的积极性，让学生体验到成功的快乐，从取得成功的体验中感受学习的乐趣，从而更充满信心地投入学习。在课堂中充分融入陶艺文化，让学生在体验陶泥带来的快乐的同时，也能够感受到陶艺文化的深邃之处，体悟到传统技艺的博大精深，引导学生更好地宣传和传承陶艺文化。

六、课程保障

（一）建立专业功能室

陶艺涉及陶泥、拉坯机等材料工具的使用，专业功能室能为学生实践提供便利，同时为师生作品提供展示空间。

（二）拓宽校外资源

学校可与校外建立合作关系，不仅可以实现实地考察的研究活动，还可以让学生领悟陶艺精湛技艺的传承和工匠精神。

（三）课程成果宣传

为了让更多人了解陶艺的灿烂文化、制作过程以及技艺创新，可以通过走进社区、开展义卖、制作视频等方式，进行宣传和推广。

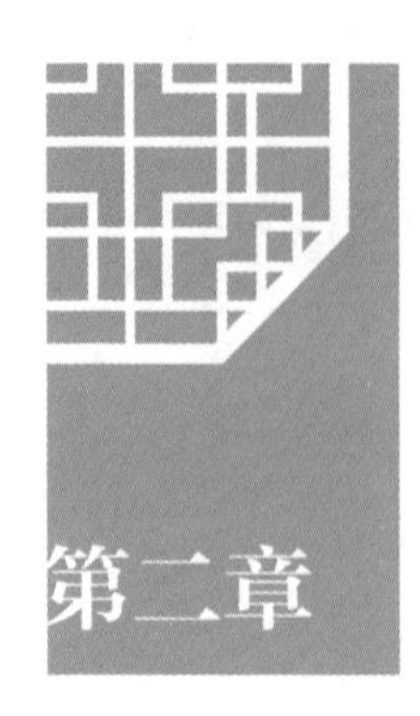

第二章 活动设计

项目一　认识陶艺

活动目标

1. 通过教师讲解、播放视频、实物展示等方式，带领学生欣赏陶艺作品，让学生了解我国制陶艺术的悠久历史和艺术成就。

2. 通过图片展示、微课视频及教师示范或邀请专家示范等方式，指导学生探究学习不同材质、不同造型的陶艺作品的成型技法，培养对陶艺作品的审美能力，提高立体造型能力。

3. 通过交流、展示、评价等学习活动，生动直观地了解我国陶艺的灿烂文化，培养学生对中华民族传统文化的兴趣及热爱，提升民族自豪感。

活动重难点

学习体验陶艺的制作工序及方法，根据所学内容尝试制作一件陶艺作品。

活动准备

教师准备：课件、陶艺工具材料、陶罐等陶艺作品；学生准备：陶艺工具材料。

活动流程

本活动一共分为六个环节：初识陶艺—欣赏探究—创作体验—展示评价—活

动总结—活动评价，一共需要两个课时。

一、初识陶艺

设计理念：创设情境，通过图片、视频及实物展示等方式，激发学生对陶艺的兴趣，了解陶艺的起源及发展历史，感受不同时期陶艺作品的特点。

1. 教师通过播放图片，让学生欣赏精美的陶艺作品，初步感受陶艺。

2. 教师播放陶艺纪录片，讲解什么是陶艺，陶瓷与陶艺的区别和联系，以及陶艺的发展历程。

3. 教师分发陶艺作品，学生通过观察、触摸、敲打等感受陶艺作品的质感，了解陶艺作品的造型差异。

二、欣赏探究

设计理念：通过探究和体验，了解陶艺制作工序，初步掌握陶艺的成型方法。

1. 教师通过视频及图片展示，让学生了解陶艺制作工序。

2. 学生观察总结陶艺作品造型特点，教师进行现场示范及播放视频等，让学生了解陶艺的基本成型方法，如泥板成型法、拉坯成型法、泥条盘筑成型法、手捏成型法。

3. 学生分组总结学习过的陶艺知识。

三、创作体验

设计理念：教师通过多种教学方法，引导学生自主学习，及时解决学生在学习过程中遇到的问题，指导和帮助学生深入感受陶艺，总结陶艺相关知识。

1. 学生分组交流讨论，教师回顾总结陶艺相关知识。

2. 教师介绍陶艺工具并示范陶艺基本成型方法。

第一步，认识陶艺工具并了解其使用方法。

第二步，近距离观察、触摸陶艺作品，分类总结不同造型的成型方法。

第三步，初步感受泥性，取一团陶泥进行揉搓，感受陶泥质地，学会揉泥。

第四步，学习使用工具进行泥板的制作，体验陶艺工具的特点以及使用技巧。

第五步，体验陶艺成型方法——泥条盘筑成型法，掌握搓泥条方法，感受搓泥条时的力度与技巧。

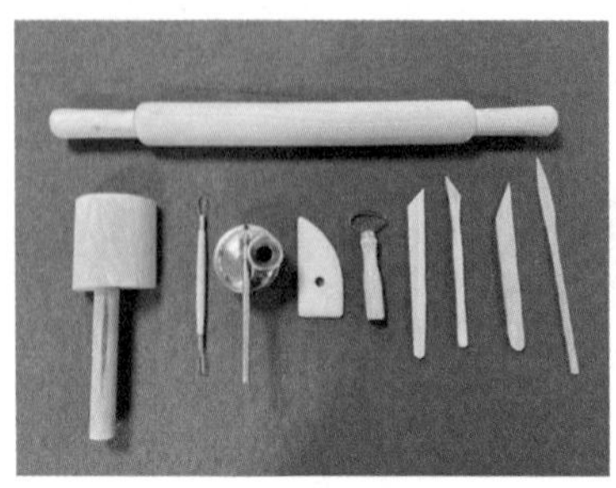
认识工具

欣赏作品

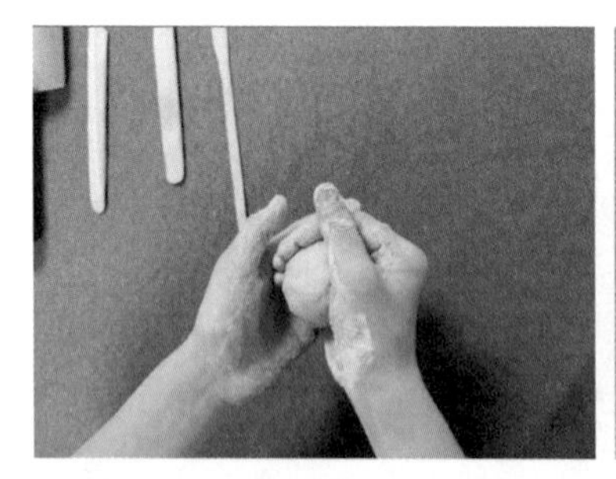
感受泥性

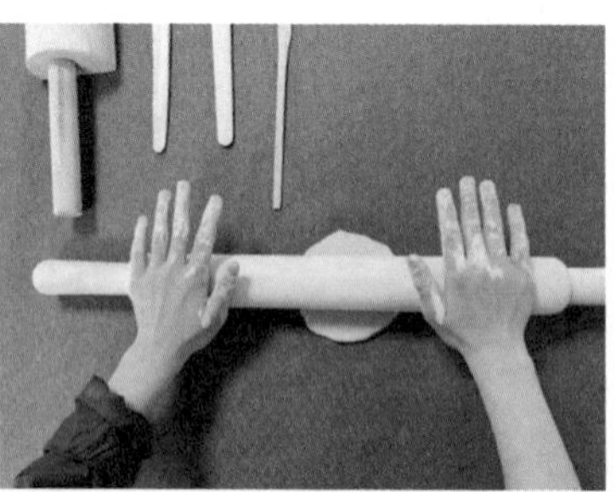
尝试工具

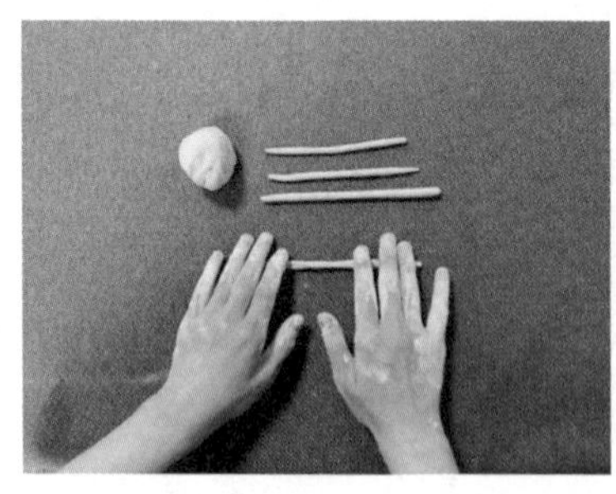
搓泥条

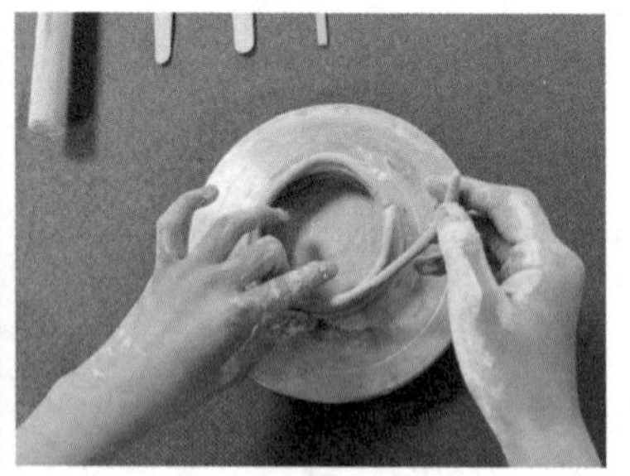
盘泥条

3. 学生提问，教师答疑解惑。

4. 学生交流设计理念和想法，尝试制作一件陶艺作品。

教师边巡视边指导学生，提醒学生在操作过程中，要注意感受陶泥的泥性，耐心细致，注意手的力度，技巧要活学活用。使用工具时，要选择合适的工具，注意正确使用工具，注意安全。粘接陶泥时，注意粘接牢固，避免散落。

四、展示评价

设计理念：检验学生学习目标达成情况，采用多种评价方式引导学生赏析陶艺作品，并让学生发现、总结在课程学习中的优势和存在的问题，促进成长。

学生展示并介绍自己的陶艺作品，分享学习心得、制作过程、遇到的问题和解决的方法等，并进行自评、互评、师评。

五、活动总结

设计理念：主题升华，初步感受陶艺制作，引导学生欣赏陶艺之美，培养对陶艺的兴趣。

六、活动评价

设计理念：注重自我反思等质性评价，肯定学生在活动中的发展价值，关注学生的长远发展。

学生活动评价表

评价表		
1	通过学习陶艺，你有什么样的感受？	
2	你对自己的作品最满意的地方是哪里？	
3	你对陶艺哪方面的内容最感兴趣？	
4	我们应如何弘扬陶艺传统文化？	

（设计者：郑州丽水外国语学校　李兵　王晨晨）

项目二　陶艺与现代艺术

活动目标

1. 通过教师讲解、作品欣赏、播放视频等方式，让学生了解陶瓷娃娃胸针的作用和外形特点。

2. 通过教师示范或邀请专家示范等，指导学生学习制作陶瓷娃娃胸针，掌握基本的陶艺制作方法，提高动手实践能力和创造能力。

3. 通过交流、展示、评价等学习活动，让学生了解陶艺作品在现代生活中的运用，提高对陶艺非物质文化的兴趣，培养对中华民族传统文化的热爱。

活动重难点

掌握陶瓷娃娃胸针的制作方法，能够熟练运用陶艺技法和工具对陶瓷娃娃的造型进行刻画。

活动准备

教师准备：课件、陶艺工具材料、陶瓷娃娃胸针成品、别针、热熔胶等；学生准备：陶艺工具材料、绘画工具。

活动流程

本活动一共分为六个环节：欣赏感知—初步探究—实践创作—展示评价—活动总结—活动评价，一共需要两个课时。

一、欣赏感知

设计理念：学生通过近距离接触陶瓷娃娃胸针实物、思考交流，初步了解陶瓷娃娃的造型特点，感知陶艺与生活的结合。

1. 教师让学生观察陶瓷娃娃胸针，感受其造型特点及美学价值。

2. 学生思考交流，陶瓷娃娃造型可以有哪些种类与主题。

3. 引导学生通过了解陶瓷娃娃胸针的用途，感受陶艺与现代生活结合的妙处。

二、初步探究

设计理念：通过小组合作与探究，初步了解陶瓷娃娃胸针的主要特征和造型特点。

1. 教师为每个小组发一个陶瓷娃娃胸针成品。让学生看一看、摸一摸、戴一戴，近距离感知陶瓷娃娃的造型特点。

2. 小组合作，初步探究陶瓷娃娃胸针的制作方法。

3. 师生总结陶瓷娃娃胸针的主题、造型、色彩等特点。

三、实践创作

设计理念：运用实践探究与教师示范等教学方法，激发学生兴趣，及时解决学生遇到的问题，指导和帮助学生完成一件作品。

1. 学生根据兴趣爱好，选择自己喜欢的陶瓷娃娃造型及主题，并将陶瓷娃娃造型用绘画的形式初步表现。

2. 教师讲解和示范陶瓷娃娃胸针的制作方法与步骤。

第一步，根据设计的陶瓷娃娃手绘稿，确定陶瓷娃娃头部造型。将陶泥在掌心揉出椭圆形状，作为陶瓷娃娃的头部。

第二步，选取少量陶泥，捏出陶瓷娃娃的头发并选择合适的工具进行发丝的刻画。

第三步，利用工具制作出陶瓷娃娃的五官，表情。

第四步，选择合适的方法制作陶瓷娃娃的装饰，如帽子、发卡等部分。

第五步，利用工具进行细节的刻画与调整，如眼珠、鼻孔、衣物上的花纹等。

第六步，检查调整陶泥连接处是否粘接牢固，扫去浮泥。

第七步，自然风干。

第八步，选择合适的釉料进行上色，注意色彩搭配。

第九步，等待釉料干后进行烧制。

第十步，将陶瓷娃娃背面粘上别针，作品完成。

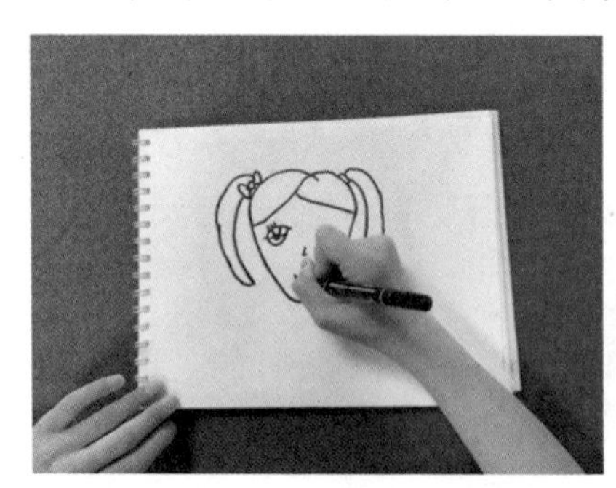

设计人物

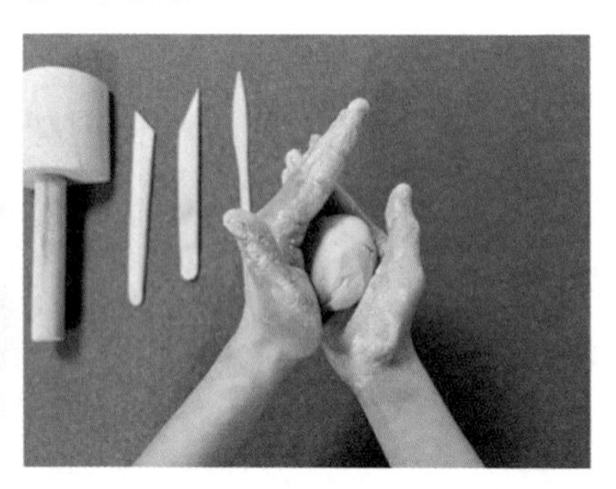

揉搓泥团

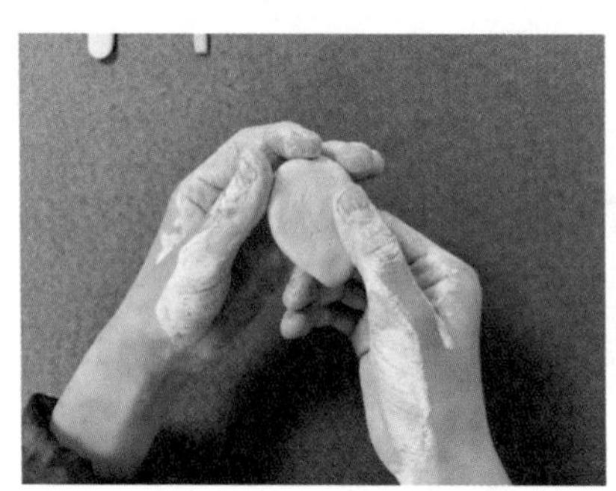

塑造脸型

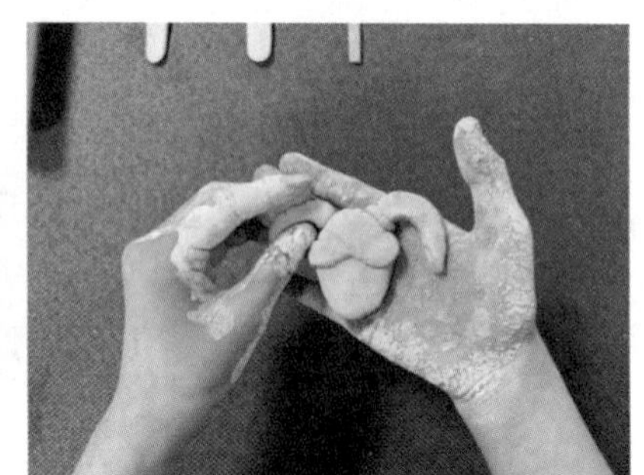

设计发型

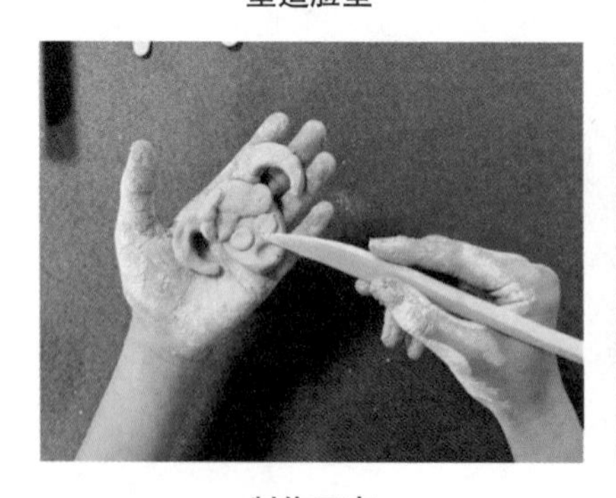

制作五官

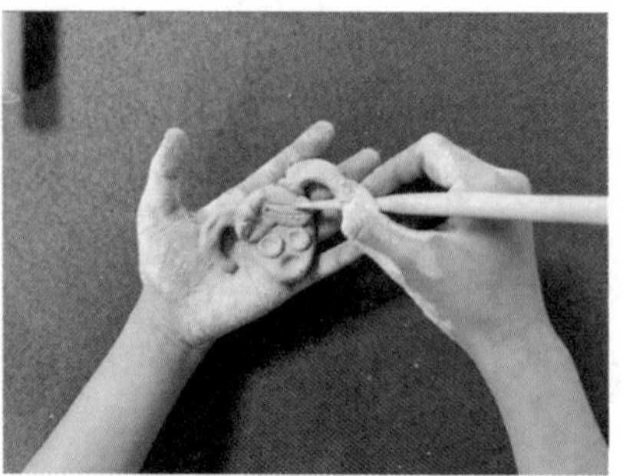

刻画细节

3. 学生提问，教师答疑解惑。

4. 学生交流设计理念和想法，尝试制作一个陶瓷娃娃胸针。

教师边巡视边指导学生，提醒学生创作的陶瓷娃娃要五官精致、表情生动、细节丰富。制作时注意手法及工具的使用，各部分连接处要粘牢，确保作品完整无缺损。上釉料时要注意用笔方法，颜色涂抹均匀，色彩搭配和谐。粘别针时注意粘接位置，使用热熔胶时注意安全。

四、展示评价

设计理念：激发学生学会欣赏他人长处，学会分享与交流的品质。

学生展示自己的陶瓷娃娃胸针作品，分享学习心得、设计构思、灵感来源、制作过程、遇到的问题和解决的方法等，并进行自评、互评、师评。

五、活动总结

设计理念：主题升华，引导学生认识现代陶艺工艺品的艺术价值，明确积极动手创造美好生活的意义。

六、活动评价

设计理念：注重自我反思等质性评价，肯定学生在活动中的发展价值，关注学生的持续成长。

学生活动评价表

评价表		
1	介绍你制作的陶瓷娃娃胸针。	
2	你对自己作品最满意的地方是哪里？	
3	你想把亲手制作的陶瓷娃娃胸针送给谁？为什么？	
4	教一教自己的家人或朋友制作陶瓷娃娃胸针。（可以图片展示）	

（设计者：郑州丽水外国语学校　王晨晨）

项目三　小瑞兽

活动目标

1. 通过教师讲解、学生分享、播放视频等方式，让学生了解中国古代瑞兽的种类、外形特点及美好寓意。

2. 通过教师演示、专家示范等方式，指导学生学习用相关陶艺成型方法制作瑞兽造型，掌握基本的构造方法，提高动手实践能力、想象创造能力及造型表现能力。

3. 通过交流、展示、评价等学习活动，激发学生传承民间艺术的思想感情，体验创造的乐趣，感受中国瑞兽文化和古代劳动人民的智慧。

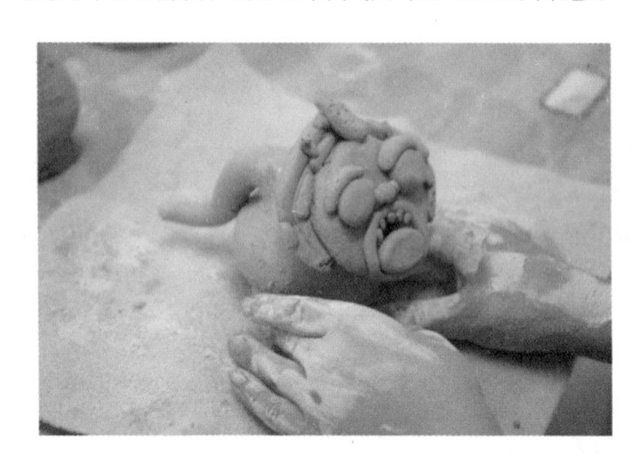

活动重难点

掌握瑞兽的制作方法，能够熟练运用陶艺技法和工具对瑞兽造型进行刻画。

活动准备

教师准备：课件、陶艺工具材料、瑞兽成品等；学生准备：陶艺工具材料、绘画工具。

活动流程

本活动一共分为六个环节：认识瑞兽—初步探究—实践学习—展示评价—活动总结—活动评价，一共两个课时。

一、认识瑞兽

设计理念：通过教师讲解、作品赏析、实物欣赏等方式让学生近距离接触以瑞兽为主题的陶艺作品，初步了解瑞兽形体的搭建方法及陶艺装饰技巧，认识瑞兽形象的独特价值。

1. 让学生欣赏瑞兽图片、观察瑞兽造型作品，感受瑞兽的特点及美学价值。

2. 学生思考交流，分析瑞兽造型可以有哪些种类与主题，交流制作方法。

3. 教师亲身示范，引导学生了解瑞兽形体的搭建方法，感受中国传统瑞兽的美好寓意及时代色彩。

二、初步探究

设计理念：通过小组合作与探究，初步了解瑞兽的主要特征和造型特点。

1. 教师为每个小组发放一件瑞兽成品。让学生通过看一看、摸一摸，近距离感知瑞兽的造型特点。

2. 小组合作，初步探究瑞兽形体的搭建方法及陶艺装饰技巧。

3. 师生总结不同种类的瑞兽造型特点及创作方法。

三、实践学习

设计理念：运用教师示范、小组合作、自主实践探究等方法，激发学生的创作兴趣，及时解决学生遇到的问题，指导和帮助学生完成一件作品。

1. 学生根据自己的兴趣爱好，选择喜欢的瑞兽主题及造型，并将瑞兽造型用绘画的形式初步表现。

2. 教师讲解和示范瑞兽的制作方法与步骤。

第一步，手工拉坯，制作瑞兽身体。把泥饼放到模具内，修整周边，然后在边上抹上泥浆，再把两块模具对接压紧，取出泥坯。

第二步，选取少量陶泥，捏出瑞兽的眼睛、耳朵、毛发、牙齿等，并选择合适的工具进行细节刻画。

第三步，利用工具进行细节调整，如眼珠、鼻孔、表情等。

第四步，检查调整陶泥连接处是否粘接紧密，扫去浮泥。

第五步，自然风干。

第六步，绘制色彩，选择合适的釉料进行上色，注意色彩搭配协调美观。

第七步，等待釉料干后进行烧制。

第八步，出窑，作品完成。

手工拉坯，制作瑞兽身体

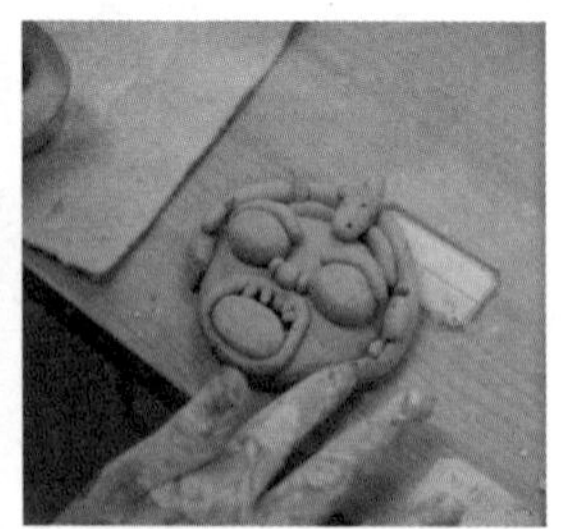
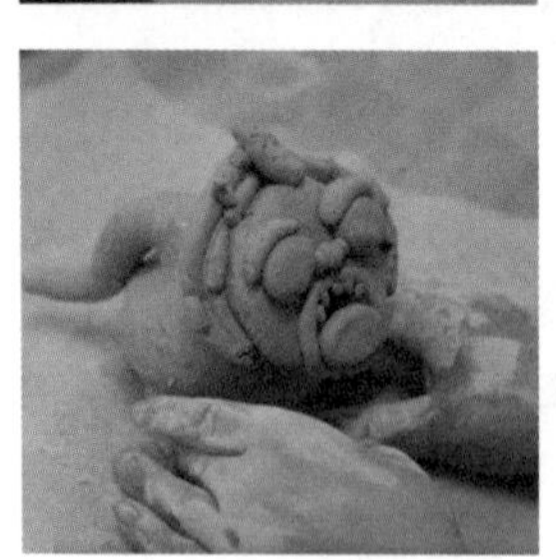

坯体创造，设计瑞兽造型

3. 学生提问，教师答疑解惑。

4. 学生交流设计理念和想法，尝试制作一件瑞兽陶艺作品。

教师边巡视边指导学生，提醒学生创作的作品要造型丰富、表情生动。制作时注意手法及工具的使用。各部分连接处要粘牢，确保作品完整无缺损。

四、展示评价

设计理念：检验是否达到“教—学—评”一致性，培养学生的分享交流能力和评价能力。

学生展示自己的瑞兽陶艺作品，分享制作心得等，并进行自评、互评、师评。

五、活动总结

设计理念：主题升华，引导学生感受中国瑞兽文化，从而体会中国文化的博大精深和劳动人民的智慧，明确积极动手创造美好生活的意义。

在现代陶艺创作中，积极继承和发扬传统瑞兽题材，把其精神元素与现代理念相结合，使现代陶艺更具人性化和社会化，兼具民族性和时代感。

六、活动评价

设计理念：注重自我反思等质性评价，将优秀传统文化融入学生学习生活，关注学生的长远发展。

学生活动评价表

评价表		
1	你学会了哪种瑞兽的制作方法？	
2	你遇到了什么困难，是怎么解决的？	
3	在制作过程中，你体验到哪些乐趣？	

（设计者：郑州市金水区外国语小学　闫彦
郑州市金水区外国语小学特聘专家　程军雅）

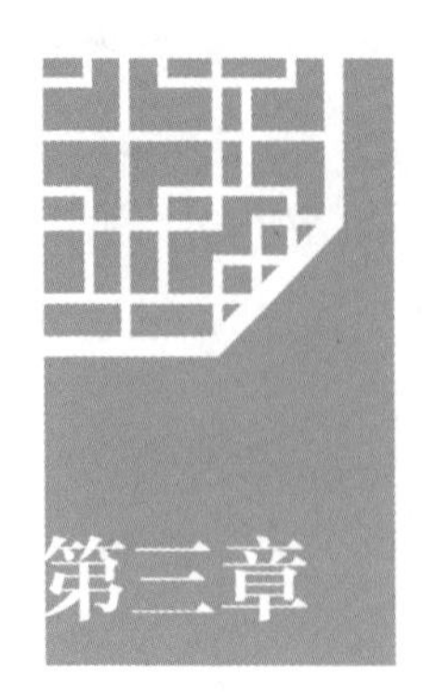

第三章 课程影响力

一、课程概述

陶艺与绘画、雕塑、设计等有着无法割舍的传承与比照关系。陶艺既是劳动，也是创造，能够很好地培养学生的实践能力、创造能力和审美能力，丰富学生的想象力，拓展创造性思维。

一团团陶泥在手中不断变换，是游戏也是创造，开心的同时启迪智慧。陶艺课程让学生在专业老师的指导下，通过体验手工制作陶艺作品的美好，享受创作的乐趣，感受非遗文化的魅力。

二、实施策略

（一）发挥陶艺教育魅力，注重知行合一

陶艺课程具有很强的实践性。学生在创作的过程中会经历丰富多样的实践环节，参观访问、考察探究、合作交流、体验感受、动手实操，从而认识陶艺表现的多样性以及对社会生活的独特价值。在设计课程内容时注重课程内容与不同年龄阶段学生的情感和认知特征相适应，设计形式多样的活动内容，帮助学生体验生活并学以致用，坚持由学生主动探究，重视个性与创新意识的培养，最大限度地开发学生创新潜能，使学生在实际生活中领悟陶艺的独特价值，从而培养学生对中华优秀传统文化的热爱，学会健康愉悦而富有创意地生活。

（二）跨学科沟通与交融，营造学习环境

陶艺课程与语文 、美术、科学、劳动、信息技术等学科领域相互交融，逐步扩展学生的认知空间，使他们受到启发，触发联想形成新的认知，获得丰富的学习过程和广阔的学习空间，进而提高学生的综合素质。比如，让学生分享文学作品中印象最深刻的故事片段以及故事中人物的特征和性格，然后用陶艺的表现手法塑造精彩纷呈的人物典型装扮，用陶艺制作中的卷、贴、压等手法设计不同的动态场景，促进学生艺术修养的养成。

（三）多重保障，以“陶”育人

学校采取“建设硬件，环境育人”的策略，为课程实施营造浓厚的文化氛围。不但为课程配备展室、活动室、投影仪、展示桌、操作桌等，还将师生平时搜集的陶瓷器皿、教具、各式陶艺作品、壁挂、版画、陶桌、陶凳等放置在校园合适位置，让陶艺元素充斥整个校园。

陶艺课程实施采用“课堂＋兴趣小组”的形式，每周安排三次陶艺课，紧密联系学生的生活，由简单到复杂。让学生在每一次的陶艺活动中有充足的时间享受陶艺创作的快乐，发展能力、张扬个性。

（四）整合资源，拓展提升

聘请省级陶瓷艺术大师、非物质文化遗产项目传承人、原创陶艺家等进行专业指导、培训和授课。科学规划课程、选编教材，搭建文化馆资源，构建社会实践活动，创造更多机会组织学生参加各类陶艺大赛，为学校常规化陶艺教育打好基础。

学校还组织各种培训学习，让学校内部对陶艺感兴趣的各学科老师跟随聘请的陶艺专业人士定期听课和交流，手把手授艺。同时开展丰富多样的实践体验活动，逐步拓展了以“陶”育人的发展空间，形成了“艺术创作、实践体验、文化传承”三位一体的特色课程体系。

三、社会影响力

随着陶艺课程的开发与实施，学生逐步了解了陶艺的历史，并乐于参与陶艺课程的学习，提升了审美素质，增强了艺术修养，在不断实践中了解了制陶的规律和要求，慢慢学会了细心和耐心，养成了细致做事的习惯，为学生良好品质的形成和综合能力的发展打下坚实基础。

郑州市金水区外国语小学自陶艺课程开设以来，每学年举办两次校级陶艺作品展，由作品创作者介绍自己的作品，既让学生体验陶艺课程带来的成就感，又锻炼了学生的语言表达能力。学校积极为学生搭建展示平台，学生烧制的优秀作品还被推荐参加各级各类陶艺大赛，获得学生、家长及社会各界的一致好评。

郑州丽水外国语学校的陶艺课程已经实施多年，积累了丰富的经验，取得了一定成果。其“善美陶趣”系列作品在2020年12月21日召开的郑州市校本教研工作推进会现场进行了展示，并得到好评。

陶艺课程为学生打开了一扇窗，自信、快乐洋溢在脸上，收获与提升内化于心中，传承历史，创造未来，让学生看到了更精彩的世界，也成就了更优秀的自己。

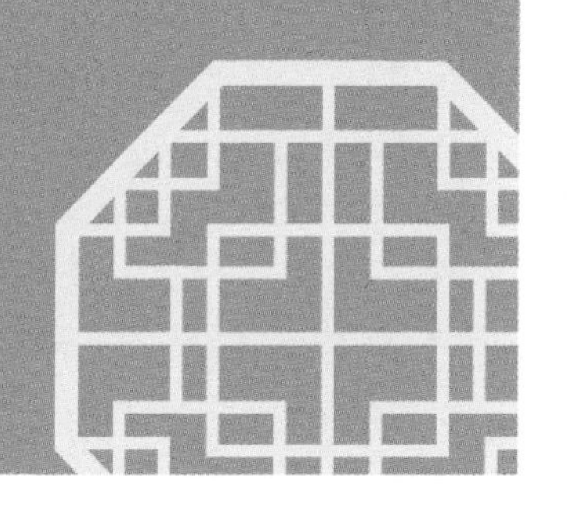

第三篇
师生作品

作品赏析（1）

作品名称：福猪献瑞

作者：王奕涵

指导教师：程军雅

学校：郑州市金水区外国语小学

设计理念

十二生肖中，猪排在最后一位；在人类驯养的牲畜里，猪是最早被驯化的家畜之一。作品除了加入了可爱呆萌的形象元素，还结合了现代审美和实用性元素进行创作，呈现出别样特色，表达了对幸福生活的追求，因此取名叫“福猪献瑞”。

教师点评

“福猪献瑞”是以十二生肖中猪的形象创作的，从传统观念到现今多元的阐释，猪经历了具象形态的一次次升华，成为幸福圆满的一种象征，更成为中华传统生肖文化的重要组成部分。作品中大胆利用加减法取舍装饰抽象的猪宝宝，群体表现场面壮观，表现出孩子强烈的思维空间感。

作品赏析（2）

作品名称：“大肚”娃娃

作者：郭泽凯

指导教师：程军雅

学校：郑州市金水区外国语小学

设计理念

造型与装饰是陶瓷艺术中重要的两个因素。本作品命名为“大肚”娃娃，将娃娃喜庆幸福的面容和憨态可掬的身形融为一体，独特的造型之美既能把小孩子的童真可爱呈现出来，也能给人带来愉悦。

教师点评

陶瓷存在于生活的方方面面，将陶瓷与人物头像融合，一件灵动、鲜活的作品便出炉了。这件作品的立体造型感很强，肉感和喜感兼具，画面的层次性也很丰富。在孩子的心中，嘴角永远都是向上的。不同的色彩和表情形成了幽默又略带可爱的效果，令人如沐春风，心旷神怡。

作品赏析（3）

作品名称：小溪风景

作者：晋刘一

指导教师：程军雅

学校：郑州市金水区外国语小学

设计理念

以故乡美景为设计灵感，陶泥也可塑造仙境。花朵、水草、深蓝色的溪流和乳白色的水面，表达对美好生活的向往和追求。

教师点评

“小溪风景”呈现出自然生态的和谐，充分表现出作者丰富的想象力和淡泊明志、宁静致远的初心。

作品赏析（4）

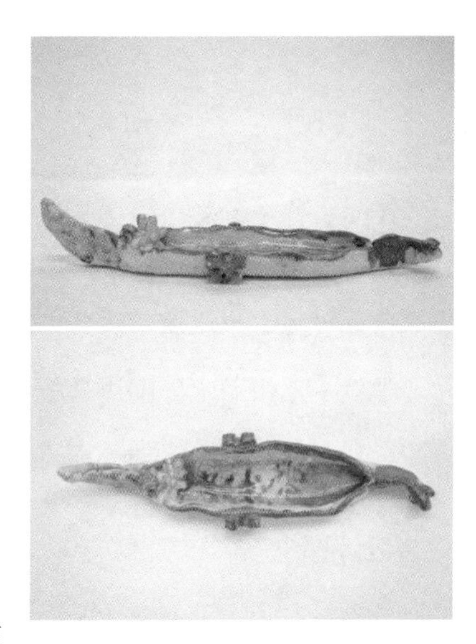

作品名称：月亮船

作者：李艾诺

指导教师：张茹

学校：郑州市金水区外国语小学

设计理念

有一天，我听着儿歌《月亮船》入睡，在睡梦中我也拥有了一只月亮船。它出现在海天相接的地方，可以变成弯弯的月牙挂在天上，也可以变成乌龟慢吞吞地游在海上。船的身体是海藻做成的，船舱里倒映着星辰大海的色彩，正后方船尾处镶嵌着一颗亮晶晶的星星，为月亮船照明，船舱两侧各有一片四叶草轮桨，祝福月亮船无论走到哪里都一帆风顺。

教师点评

“月亮船”从形体上看纤细曼妙，色彩清澈灵动，如海平线上的一叶扁舟，梦幻又可爱。海藻船体、星星点灯、四叶草装饰等都表现了小女孩纯真的渴望，突出了月亮船的奇幻浪漫，符合孩子的心理特征。造型设计和配色都具有孩童阶段特有的直白和联想，让人不禁会心一笑。

作品赏析（5）

作品名称：五彩小牛

作者：张铁帆

指导教师：王晨晨

学校：郑州丽水外国语学校小学部

设计理念

人们对于牛十分偏爱，因为在牛的身上，可以看到勤劳、刻苦、踏实、奉献等珍贵的品质。在孩子们的眼里牛是朴实、勤劳的，当然也是活泼可爱的，所以将牛的特点夸大，给小牛穿上五彩的衣服，让勤劳的小牛也变得光鲜亮丽。

教师点评

“五彩小牛”造型突出，形象生动可爱，十分有趣。眼睛、身体纹路的刻画体现出对陶艺工具使用技巧的娴熟。牛身上夸张的图案，花朵纹样等装饰，想象大胆独特。色彩丰富，鲜艳细腻，突出“五彩”的主题特点，体现了孩子的童真趣味以及对勤劳小牛的喜爱之情。

作品赏析（6）

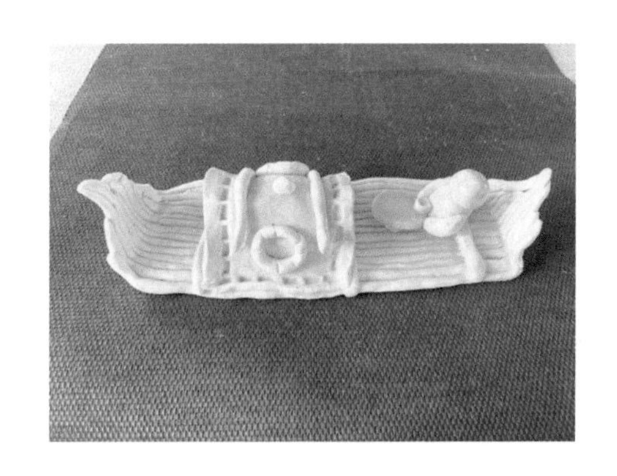

作品名称：小竹筏

作者：李诺言

指导教师：王晨晨

学校：郑州丽水外国语学校小学部

设计理念

我国航海及造船历史悠久，几千年前，已能制造竹筏、木筏和独木舟。本作品融合了泥条、泥板、手捏等多种陶艺技法，用陶泥将竹筏与陶艺两种传统技艺融合，加上丰富的装饰，既具古韵之美，又使竹筏更加独特。

教师点评

“小竹筏”结构严谨，造型生动。长短变化的泥条制作的船身，结构突出，鲜活灵动。船篷设计得十分精美，丰富的图案及雕刻装饰，融合了现代化设计。作品细节丰富，艄公饮茶时的悠然神态，更增强了作品的生动性及趣味性。

作品赏析（7）

作品名称：竹叶图花插

作者：武联才

学校：郑州市金水区外国语小学

设计理念

竹叶图花插釉面以素雅为基调，瓶口做成起伏的荷叶边，仿佛少女婀娜多姿的水袖，瓶身圆润与花朵呼应，青花竹叶清雅玉立，与素白的釉面相得益彰，瓶颈中间点缀碎网蕾丝，使整个花插既有艺术韵味又有生活气息。

作品赏析（8）

作品名称：鲨鱼香薰炉

作者：武联才

学校：郑州市金水区外国语小学

设计理念

薰香文化历史悠久，香薰炉也各式各样。本作品将鲨鱼和香薰炉相结合，别具趣味。香薰炉上部为大张的鲨鱼嘴巴，不对称伸展，线条简洁明快。棕黄色的身体搭配深色的鱼鳍，原始拙朴，圆孔的点饰又增强了空间感。底部挖出的放蜡烛的加热槽使整个香薰炉形体稳重质朴中增添了纤巧绮丽，具有很强的实用性和艺术观赏性。

作品赏析（9）

作品名称：茅檐低小

作者：王晨晨

学校：郑州丽水外国语学校小学部

设计理念

用泥板制作房屋的基本结构，将泥球按压成泥片造型并交错叠加，形似瓦片，在庭院中添加水井、石桌、石椅等摆件，更加生动地体现出中原庭院的样貌。选择棕色釉料以淋釉的上色方式，将釉料和红泥更好地融合，展现出传统民居的古朴美感。

作品赏析（10）

作品名称：神鸟变树

作者：王晨晨

学校：郑州丽水外国语学校小学部

设计理念

作品以鸟的头部为基本造型，羽毛鲜艳茂密，眼神深邃锐利，长长的喙自下而上张开，坚硬有力，一只高大的神鸟栩栩如生。作品通体大胆采用棕、蓝、黄等釉色，既体现出沉稳气质又不失绚丽多彩，与神鸟变树的古老传说相呼应，宛如传递着勇敢与美丽的不朽。

新时代的教师应该具备哪些素养

目前，我国的基础教育已全面普及，人民群众“有学上”的问题得到解决，“上好学”的需求日益强烈。全面提高教育质量，实现基础教育高质量发展已成为我国教育的战略性任务。培养有理想、有本领、有担当的社会主义时代新人，办好人民满意的教育被摆在了更加重要的位置。

基于我国国情，中华人民共和国教育部于2022年4月出台了《义务教育课程方案》(以下简称《方案》)，进一步推动了我国在课程、实施与评价等方面的深度改革。《方案》强调了三个方面：一是学科实践，规定每学科拿出不少于10%的课时开展跨学科学习活动；二是综合学习，提倡主题式、项目式、单元式等教学；三是评价改革，关注过程性评价、增值性评价，对学生在学习过程中的学习态度、学习方法、思维方式等进行跟踪，及时引导学生全面发展。这些既是对学生学习方式的改革，更是对教师在课程理念、教学方式、评价方法等方面提出的新的挑战。

那么，如何提升教师自身能力，实现高质量的教育教学活动呢？教师需要具备哪些素养，才能胜任新时代的教育担当，才能落实、实现国家课程改革的理念和方向，培养出一批批德智体美劳全面发展的学生呢？

基于这样的思考，我们整理并总结了各个学科都涉及的相同教学主题，最后决定将中华优秀传统文化中的非遗作为抓手进行跨学科、融合学科的开发，从中

探索出一套非遗文化课程深入推进的方案，提炼出一套非遗项目跨学科学习开发与实施、评价与推广的立体式实践模式。由此，我们建立了以综合实践活动、劳动教育、美术、语文教师为主的跨学科教研团队，根据教师的专业特长和课程能力，组建了十几个联盟校项目，进行了持续的实践探究，并获得了可喜的成果。我们深深感悟到新时代的教师在课程开发、实施、评价与资源利用等方面应该具备如下这样的素养。

一、跳出单一学科界限，“设计”学生课程内容

《方案》提出每一学科要开发不少于 10% 课时的跨学科活动，从师资能力看，要求教师具备跨学科设计的理念和能力；从活动内容看，指向基于学科为主题的跨学科学习，打破单一学科的壁垒，建立纵向联系，让学生在同一主题的内容中将各个学科涉及的知识、技能、学科思想、素养等进行联结与融合，让学生经历某一主题的完整的学习活动，建立新的思维方式，获得新的经验，实现“知识的价值”。非遗文化课程的研究与实践，涵盖语文学科的文化，美术学科的审美与技能，劳动教育的工匠精神，综合实践活动的综合性学习与能力培养等，它们的融合可以带给学生完整的体系和经历，不再是碎片化学习和认知。

二、尊重学生发展规律，关注学生实践体验过程

教育要遵循学生的身心发展规律，注重个性差异，因材施教，给予学生鼓励，使能力得到提升。根据非遗项目的研究活动，涉及学生对非遗项目的文化认知、设计制作、成果推广等，让学生能够通过一系列的活动“文化于心”“心化于形”，实现“知—情—意—行”相统一，成为一名非遗文化的小传人。在这个过程中，教师需要看到不同能力的孩子在活动中的投入、努力和专注，要看到学生基于自身状态获得的新的发展。我们提倡：尊重学生身心发展规律，不要吝啬教师的赞美，不要吝啬教师的“优秀”评定，要看到学生在付出过程中的那份全力以赴。

三、根据项目活动内涵，制订聚焦性评价量规

评价是导向，在项目活动中我们发现，教师在设计评价量表时经常出现两种情况。第一，能够关注学生经历的活动环节，但缺乏相应的不同等级的具体描述；第二，设计出的评价要素没有结合具体项目，而是笼统的、不聚焦的，没有契合主题。这样的评价不能给予学生具体的指向，无法让学生结合活动主题进行反思与总结，不能明晰究竟哪些方面做得好，哪些方面还需要努力。我们建议，低年级学生认字少，可以图形为主，中高年级学生的评价量规要细致具体，具有指向性，帮助学生知道如何做，怎么做，自己可以做到什么程度。这样的评价才有意义。

四、善于利用社会资源，拓宽学生活动空间

非遗文化是传承的技艺，不具有普遍性。因此，在课程开发与实施中，利用与挖掘社会资源，寻求专家资源的协助，与非遗场馆或实践基地合作是非常有必要的。这可以弥补校内教师专业能力的不足，拓宽学生与教师实践研究的平台，补充丰富的课程资源，助力项目深入实施，促进学生获得专业的、多元的体验，深刻感受非遗文化的博大精深。

新时代的教师，需要具备的素养不只这些，还需要具备信息技术素养、协同发展的能力等。

相信，只要愿意行走在课程改革的道路上，教师就会在教育教学的实践中不断获得素养提升、教育智慧，乃至形成教育思想。久久为功，也必将推动中国的教育改革，为国育人，为党育才。

让非遗会说话

非遗劳动项目实施与评价

布艺

主编 观澜

本册主编 赵毅妹 孟军 孙永亮

河南科学技术出版社

·郑州·

图书在版编目（CIP）数据

布艺 / 观澜主编 . -- 郑州 : 河南科学技术出版社，2023.5

（让非遗会说话 : 非遗劳动项目实施与评价）

ISBN 978-7-5725-1187-5

Ⅰ . ①布… Ⅱ . ①观… Ⅲ . ①布料—手工艺品—制作—介绍—中国 Ⅳ . ① TS973.5

中国国家版本馆 CIP 数据核字 (2023) 第 075434 号

出版发行：河南科学技术出版社

地址：郑州市郑东新区祥盛街 27 号　　邮政编码：450016

电话：（0371）65737028　65788613

网址：www.hnstp.cn

策划编辑：黄甜甜

责任编辑：李振方

责任校对：杨艳霞

封面设计：张　伟

责任印制：朱　飞

印　　刷：河南博雅彩印有限公司

经　　销：全国新华书店

开　　本：710 mm × 1 010 mm　1/16　印张：4　字数：65 千字

版　　次：2023 年 5 月第 1 版　2023 年 5 月第 1 次印刷

定　　价：258.00 元（全九册）

如发现印、装质量问题，影响阅读，请与出版社联系。

前言

《让非遗会说话——非遗劳动项目实施与评价》（简称《让非遗会说话》）这套书，历经两年最终得以出版，得益于金水区深厚的文化，非常感谢河南省教育厅和郑州市教育局领导的支持，还有学校的大力支持和一起同行的观澜名师工作室的伙伴们。

非遗是传统文化的重要组成部分。在新时代下如何大力继承、推广和创新，是值得深度思考与研究的命题。

河南省郑州市金水区作为课程改革实验区，遵循“灿烂如金，上善如水”的教育理念，注重课程改革、教学改革和评价改革，构建适合金水学子的教育体系，全方位实施素质教育，落实课程育人、活动育人、实践育人、合作育人、评价育人，培养德智体美劳全面发展的新时代学子。

在推进和创新非遗文化课程中，我们建立跨界联盟校，吸纳洛阳、安阳、杭州等优秀非遗团队，以“项目”为驱动，开展跨学科学习教学，将美术、综合实践活动、劳动教育、语文、历史、物理等学科相融合……让学生经历真实情景的探究，重构知识体系和思维，在解决问题过程中使能力、素养、品质得以提升，最终建构学生“知识—人—世界”的完整实践价值观，实现“知—情—意—行”合一的美好教育境界。在整体探索和推进中，我们的团队边实践边总结，一起交流，一起研讨，一起碰撞，探索出一套非遗项目化实施和评价的有效模式。有7所学校的非遗项目成果在全国第六届公益教育博览会上进行参评和推广，河南省实验中学的剪纸、郑州市金水区四月天小学的布老虎、郑州市金水区文化绿城小学的葫芦烙画、郑州市金水区艺术小学的刺绣、郑州冠军中学吹糖人、河南省实验小学扎染、郑州市金水区农科路小学北校区皮影获得优异的成绩。

《让非遗会说话》这套书一共九本，包括九个非遗项目，它们分别是中医文化、宋代点茶、陶艺、布艺、扎染、刺绣、戏曲、葫芦烙画、澄泥砚。每本书分为三篇，第一篇是理论研究，重点阐述如何让非遗会说话的实践路径和模式；第二篇是课程实践，包括课程规划、具有代表性的活动设计、课程影响力，为课程如何规范有效设计、实施与评价提供借鉴和引领，其中活动设计呈现出联盟校各自的特色，为教师实施课程提供了可借鉴的经验和方向；第三篇是师生作品，展现了课程实施效果和师生的成长。

本套书呈现了非遗文化在中小学的有效落实，在师生学习生活中的开花结果、守正创新。对新时代下学校的课程创新、教师的创新实践、学生核心素养的发展都起到引领与推广作用。

在这里非常感谢参与《布艺》编写工作的郑州市金水区四月天小学副校长常亚琳、教导处主任李亚以及郭茹娜、徐澍杨老师，也感谢郑州市金水区农科路小学国基校区副校长时雅红、德育主任李燕桦以及徐慧敏老师等的辛勤付出和无私奉献。

河南省郑州市金水区教育发展研究中心 观澜

第一篇　理论研究

第二篇　课程实践

第三篇　师生作品

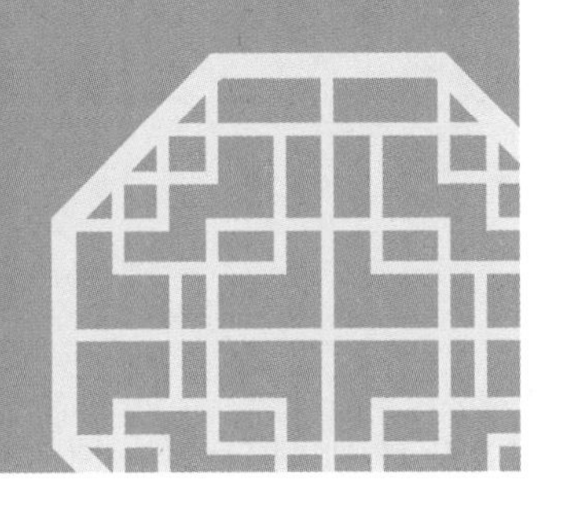

第一篇
理论研究

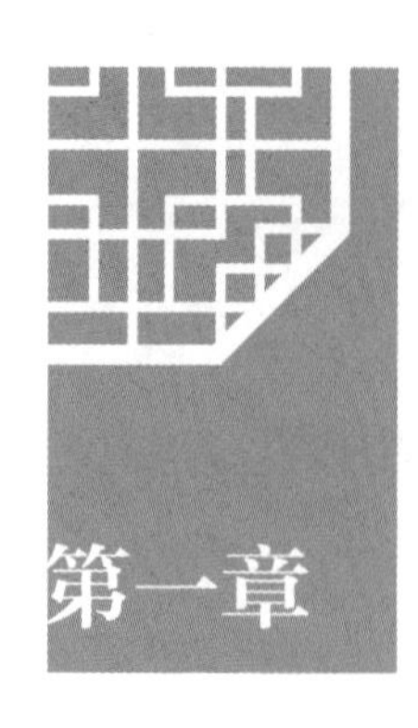

第一章 非遗文化的重要性

习近平总书记强调，中华优秀传统文化是中华民族的精神命脉，是涵养社会主义核心价值观的重要源泉，也是我们在世界文化激荡中站稳脚跟的坚实根基。非遗文化是中国传统文化的一部分，在中国传统文化中具有重要地位。

一、非遗文化的重要性

非遗文化是中国传统文化重要的组成部分，承担着独特的文化内涵和教育推广意义。

非遗文化具有悠久的历史。剪纸是具有最广泛群众基础的民间艺术之一，大概有 1500 年的历史；泥咕咕的历史渊源，可以追溯到远古时期，有记载其产生于河南浚县；钧瓷始于唐，盛于宋，作为中国陶瓷艺术史上的一个重要标志，在世界陶瓷发展史上占有重要地位；风筝由中国古代劳动人民发明于东周春秋时期，距今已 2000 多年，相传墨翟以木头制成木鸟，研制三年而成，是人类最早的风筝起源。

非遗文化是手工业精湛技艺的代表。比如钧瓷，自古以来就有“黄金有价钧无价”“家有万贯，不如钧瓷一片”“入窑一色，出窑万彩”的美誉；中国的手工刺绣工艺，已有 2000 多年历史，有“玉女飞针巧引线，乾坤绣在方寸间。百花不晓冬寒日，四季绽放在春天”的美誉；至于篆刻技艺的魅力，孙光祖《篆印发微》有言：“书虽一艺，与人品相关，资禀清而襟度旷，心术正而气骨刚，胸盈卷轴，

笔自文秀。印文之中流露，勿以为技能之末而忽之也。”

非遗文化具有欣赏价值。如戏曲融入文化、服饰、道德品质，承载着乡音乡情，帮助中国人寻找情感寄托、精神归属，成为传播中国传统文化的重要途径，也成为人们重要的精神家园。“剪纸铺平江，雁飞翚字双”等诗句表达出对剪纸的艺术欣赏。“缬，撮采以线结之，而后染色。既染则解其结，凡结处皆原色，余则入染矣，其色斑斓谓之缬。”可见扎染技艺的神奇。

非遗文化充分体现了劳动人民的工匠精神。非遗作品的创作需要潜心研究，不断创造，专注于每一个细节，凝结了创作者的大量时间和心血，也是创作者毅力和智慧的体现。

一直致力于非物质文化遗产研究与发展的北京师范大学非物质文化遗产研究与发展中心执行主任张明远教授，在首届“致敬中华优秀传统文化”项目学习活动闭幕式上认为，一个民族的文化是一个民族存在的标志，如果没有传统文化，民族就失去了存在的特征。他表示，中华优秀传统文化具有跨越时空的价值，铸就了中华民族得以传承千年的根基。随着中华优秀传统文化走进校园，各类非遗项目与学生之间建立了联系，在学生心目中便形成了一种美学传递，这将伴随他们的成长。张明远教授表示，中华优秀传统文化的影响和价值与我们当下的生活息息相关，促进青少年健康成长，要让更多的青少年沉浸到中华优秀传统文化的学习研究中。

中华优秀传统文化的传承与发展是提升国民素质的重要措施，也是建设社会主义文化强国的重大战略任务。

二、非遗文化在教育中的意义

非物质文化遗产是中华民族智慧的结晶，充分体现了劳动人民的工匠精神以及对文化的传承与弘扬。《完善中华优秀传统文化教育指导纲要》明确提出，加强中华优秀传统文化教育，是深化中国特色社会主义教育和中国梦宣传教育的重要组成部分，对于引导青少年学生全面准确地认识中华民族的历史传统、文化积淀、基本国情，实现中华民族伟大复兴中国梦的理想信念，具有重大而深远的历

史意义。

学校是落实非遗文化的重要场所，担当着非遗文化延续和传承的重任，对从小培养学生对中国文化的了解，起到重要作用。

河南历史文化底蕴厚重。老子、庄子、张仲景、商鞅、李商隐等历史文化名人皆与河南有关，剪纸、拓片、布老虎、澄泥砚、钧瓷、朱仙镇木版年画、汴绣、唐三彩等皆为河南特色非遗文化。开发相应的非遗课程，实践于课堂，让学生作为非遗文化的使者，去影响身边的人，让更多的人了解中国文化、非遗文化，是我们应当做的事。

从教育的角度看，开发与实施非遗课程对学校、教师、学生都具有深远的意义。

从学校课程特色建设看，开发与实施非遗课程能够彰显学校课程特色，构建丰富多元的课程体系。

从教师业务发展看，开发与实施非遗课程具有一定的挑战性，不但能激发教师开发与实施课程的热情，还能进一步转变为教师“教”的方式，实现课程育人、实践育人、活动育人、评价育人。

从学生成长角度看，非遗课程可以让学生学习到书本之外的知识，提高动手操作与创作的能力、探究能力、解决问题能力，帮助学生形成良好的品质和综合素养，让学生热爱家乡，热爱祖国，实现德智体美劳全面发展。

三、当代非遗文化的发展瓶颈

非遗文化具有重要的社会文化地位，但发展受到多种因素的制约。

第一，非遗作品的制作过程是一个“慢”“精”“细”的创作过程，需要付出大量的时间和精力。

第二，非遗作品因投入人力、物力和时间等成本，通常价格比较昂贵。

第三，非遗的技艺需要创新，而这并不是一件容易的事情。

第四，非遗传承人需要极大的耐心、恒心和不怕失败的意志，不怕创作的孤独，才能承担起这份传承的责任。

为此国家出台了相关政策，大力推广非遗文化。将非遗课程落地学校，让非

遗文化植入学生内心，将非遗文化进行宣传，逐步形成体系化解决方案。

鉴于以上种种，笔者提出了“让非遗会说话”的教育思想，学校通过非遗课程的开发与实践,让非遗文化“会说话”,学校容易实施,教师容易教,学生容易懂，社会更加重视，非遗文化更加普及。

第二章 推进非遗文化的方案

要在教育中落实非遗文化的传承、发扬、创新，就要先分析非遗文化在教材中呈现的样态。国家在编写教材时,非常重视将中华优秀传统文化融入各个学科。

比如“风筝”，不同学科的教师会关注与本学科相关的元素。从美术学科角度看，注重的是美学常识和绘画构图技巧；从语文学科角度看，注重的可能是与风筝有关的意象；从数学、物理学科角度看，注重的是风力、平衡力、三角形的构造等；从历史学科角度看，注重的是风筝的发展史；从德育课程或者专题活动角度看，注重结合风筝开发校本课程，寄语美好未来等。这种单一学科的学习方式和主题活动存在以下不足。

第一，这些内容有交叉、有重复。对学生来讲，占用一定的时间进行重复性的学习，学习的时效性不强。

第二，大多停留在支离破碎的知识层面。每个学科突出的是与本学科相关的知识或者技能,体现的是非遗文化在本学科的价值,是一个“点”而不是一个“面”。

第三，学习方式比较单一。美术学科的学科素养决定着学生需要根据教材内容动手创作，学生能够经历简单的动手实践的过程。其他学科大多不要求学生动手实践。

第四，学生没有兴趣。部分非遗项目很抽象，又离学生生活比较远，学生缺乏浓厚的探究兴趣。

当下，亟待通过一种学习方法或者课程方式，把各个学科涉及非遗的知识、

培养目标、学科思想融合在一起，打破单一学科的壁垒，建构纵向联系，重构学生的知识体系，让学生经历一个完整的项目探究过程，解决真实情境中的问题，促进学生的综合能力不断提高和持续发展。

笔者通过多年的实践与研究，认为“项目学习”和“综合实践活动跨学科学习”是最佳的实施方式。它们具有综合性强、实践性强、生成性强、跨学科性强等特征，是推动学科知识融会贯通的必经桥梁（如下图），可以推进非遗课程的常态持续有效实施，发展学生的核心素养。

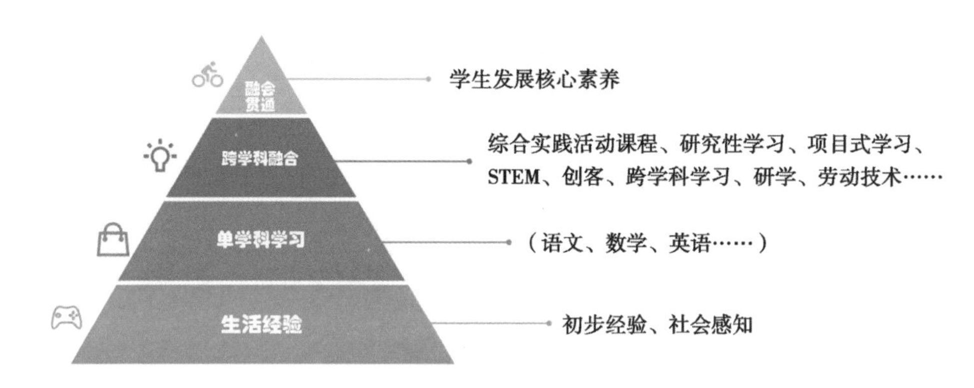

学习方式与核心素养关系图

项目学习和综合实践活动都指向跨学科学习。跨学科学习是多个学科的思想和方法的融合。以“风筝”为例，以项目学习为学习方式，融入综合实践活动课程中的研究性学习步骤，就实现了课程综合育人、实践育人、活动育人、评价育人，如下图所示。

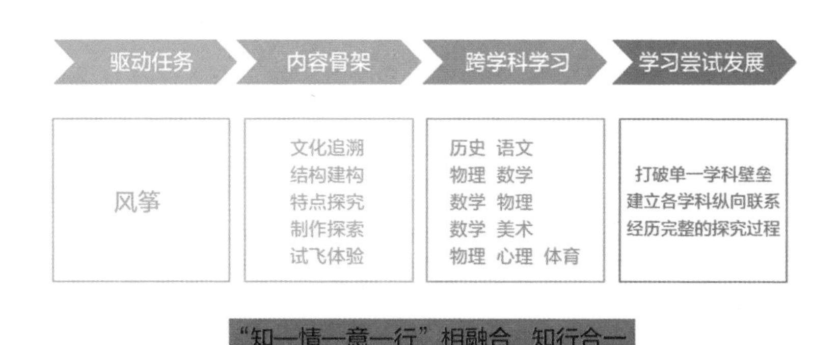

跨学科学习框架图

从图中可以看出，在“风筝”这一项目任务中，通过建立子任务，即研究内容骨架、跨学科学习涉及领域、学习深度发展等，打通各个学科之间的横向联系，融会贯通。每一项研究内容都指向学生的主体地位，注重活动中学生的亲身体验，深化活动的实践探究以及真实情境下的收获，发展学生的多元能力。这不是单一的学科活动经历，而是丰富多元的活动串形成的课程内容、完整的课程体系。突出跨学科方法、思想的融合，基于学生已有知识又进阶发展核心素养，学生解决问题的能力得到提升，建立起个体与自然、社会的统一完整链接，知—情—意—行相融合。这种学习方式，让学生深刻感悟中国传统文化的博大精深，热爱祖国悠久的历史和壮丽的河山，树立人生理想和远大志向，是实现高质量发展的课程育人样态。

第一节　设计非遗课程的整体架构

作为国家级课程改革实验区，二十多年来，河南省郑州市金水区持续优化课程顶层设计，多元开发与实施中华优秀传统文化进校园、进课堂、进课程，实现立德树人，激发学生的民族自信、文化自信。笔者提出“让非遗会说话”的教育思想，构建区域非遗课程“常态＋融合＋多元”推进模式，通过“一引领、二融合、多元开发”路径，变革学生学习方式、课程育人方式，让学生感受中华优秀传统文化的博大精深，激发爱国、爱党、爱人民的思想感情，取得了较好的效果。

课程的有效落地需要具体的实施路径和策略支撑。金水区经过多年的实践探究，“自上而下”整体设计课程，从明确实施原则、学习方式四个“转向”、构建课程实践要素三个维度推进课程有效深度实施，形成区域非遗课程样态。

（一）明确实施原则

正确的理念决定行动的成效，明确实施原则就像明灯指引课程的科学发展。因此，我们确定了“三个原则”以实现非遗课程实践的“三个价值”。

（1）知识与实践相结合，让知识更有价值。非遗文化博大精深，对小学生来讲比较抽象，为了让小学生能够丰富相关知识，进一步感受非遗文化的精湛技艺，必须让小学生通过实践来亲身体验，将知识应用到动手实践中，感受创作的过程，体验非遗传承人坚持不懈的精神和不断创造的追求，让理论知识与实践相结合，不断产生新的知识与经验。

（2）教育与生活相结合，让实践更有价值。一件非遗作品，不仅是可以进行售卖的产品，更是艺术品，具有欣赏或收藏价值。非遗课程的开发与实施，需要将教育与生活相结合，实现有价值的实践，让学生知道学习不是单一的知识性活动，而是多元的。人类获得的知识，可以更好地创造财富，创造美好的生活。

（3）学科与个体价值相融合，让人生更有价值。学科知识与学科思想，蕴含着做人做事的道理。非遗课程通过跨学科学习、体验式学习、场馆学习、实践学习等，在“做中学”“学中创”，让非遗文化在学生心中扎根，让学生深刻体悟工匠精神与劳动人民的智慧以及中国文化的博大精深，丰盈学生的道德品质。

以上三个原则的指导思想，为非遗课程的开发、实施与评价，指明了正确的方向。

（二）学习方式四个“转向”

2022年教育部颁布的《义务教育课程方案》中提到“综合学习”“学科实践”“跨学科”等，引领学习方式的变革强化了课程育人导向。非遗文化及作品并非与学生的生活紧密相连。由此，在非遗课程的开发与实施中，只有体现新的课程育人方式、学习方式，才能让学生学得有兴趣，教师教得有趣味，课程实施有成效。我们特别提出在课程实施中要体现学习方式的四个“转向”，实现课程育人。

从单一学科走向融合。非遗课程的设计与实施，可以打破单一学科的壁垒，将非遗历史、文化、特征、技艺、制作等进行整体实施，建立学生对某一项非遗的深入了解与体验，实现高阶思维的学习发展。

从书本知识走向实践。“与其坐而论道，不如起而行之”，说明“行动”的重要性。只有带着知识走向实践，才能将知识与实践融合，发挥知识的价值，创造实践的价值。只有通过实践创造出非遗文化作品，才能更好地发扬光大非遗。

从学校走向社会。社会即学校，生活即教材。利用社会资源让学生更加深刻地了解非遗文化，感悟非遗文化。禹州钧瓷、朱仙镇木版年画、澄泥砚等都是学生遨游的知识海洋。沉浸式教育方式,不需要过多的语言就能带领学生开阔视野，启发思维，感受中华优秀传统文化的伟大。

从重结果走向重过程。非遗课程的开发与实施，不在于让每一位学生都成为创作者，成为非遗传承人，而在于让学生在探究实践的过程中，感受非遗文化的博大精深，感受技艺的精湛，感受劳动人民的智慧，感受中国文化的源远流长，坚定文化自信。这个过程非常重要。

学习方式的四个“转向”，不仅体现了新时代学习方式的变革，更是课程育人方式的变革。

（三）构建课程实践要素

在课程实践探索中，构建非遗课程实践要素，为学生规划有效的学习流程，为教师提供操作模式。

兴趣是最好的教师，学习内容只有建立在学生的兴趣之上，才能激发学生持续的学习激情。基于学生的兴趣或者疑问确定研究任务,以研究任务为驱动目标，制订计划，引导学生开启研究之旅。

像科学家一样思考和实践。学生在研究一个项目时，只有认真思考和实践，才能实现学习的高阶发展，才能培养科学精神，形成严谨的探究态度。

让“附带学习”走向深度。“附带学习”指研究对象延伸出来的子课题，也是具体的研究任务，这些子课题的研究深度，决定着课程实施的深度和研究任务目标能否达成。

将一切想法变成现实。有想法就去做，尤其是在动手实践创作的过程中，要鼓励学生大胆想，大胆做，将想法变成现实，做出作品，让“非遗会说话”。

重活动感悟。课程实施中，学生遇到的问题以及解决问题的方法最能体现学生的成长。学生认识到意志力的重要性，认识到非遗作品制作的不易等，这些感悟能够影响他们做事的态度和方法。

将成果进行推广。鼓励学生成为非遗的代言人，推广和宣传非遗文化。

通过以上实践要素，持续推动学生探究非遗的知识、历史、工艺、传承等，引导学生在活动中积极参与、反思，感知非遗工艺的精湛，提升其继承和发展中国文化的责任感与担当意识。

第二节　推进模式与评价

前面阐述了宏观、中观维度的非遗课程开发与实施的整体理念和设计思路。那么，如何进行具体的实践呢？笔者将从推进模式和实践策略两方面进行阐述。

一、推进模式

通过普及课程与社团课程相结合、必修课程与选修课程相结合、校内与校外相结合等方式，整体推进课程有效实施，构建“一引领”“二融合”“多元开发”的实施模式。

（一）“一引领”：建立非遗项目联盟校

为了深度开展非遗课程，提高活动质量，提升课程品质，我们发展了16个非遗项目联盟校，以引领课程的实施，推进并打造了“一校一品”，实现课程的统整和学习方式的多元融合，如郑州市金水区纬五路第一小学的中医药课程、郑州市金水区银河路小学的纸雕、郑州市金水区农科路小学北校区的皮影课程、河南省实验小学的扎染课程、郑州市金水区南阳路第三小学的剪纸课程、郑州市金水区文化绿城小学的葫芦烙画课程、郑州市金水区艺术小学宏康校区的风筝课程、郑州市金水区黄河路第一小学的麦秸画课程等，课程已经非常成熟。部分学校建立非遗研习馆，如郑州市金水区丰庆路小学不仅建立了非遗馆，还与河南省非遗传承人共同开发了7项非遗品牌项目，郑州市金水区农科路小学国基校区建立了古笛非遗馆等，为学生提供学习的场地、文化熏陶的环境，打造学校非遗课程项目，增强非遗文化在学生中的普及度。

非遗联盟校解决了教研团队力量薄弱的问题，打通了区域间同一类非遗教师之间的交流渠道，起到了互促互进的作用。目前，剪纸、葫芦烙画、篆刻、泥塑、宋代点茶、香包、扎染、布老虎、皮影、豫剧、书法、刺绣、风筝、麦秆画、陶艺等社团课程，都已成为学校的品牌课程。

（二）“二融合”：与综合实践活动、劳动教育三者融合

非遗项目课程涉及综合实践活动考察探究、设计制作、职业体验等活动方式，同时也涉及劳动教育课程中生产劳动、职业体验、工匠精神等内容，三者相辅相成，彼此融合。我们共有综合实践活动、劳动教育专职教师 90 多名，结合非遗特征，在综合实践活动、劳动教育常态化实施中融合开发与实施非遗项目，保障非遗课程的持续开展。三者的融合，实现了课程育人、综合育人、实践育人，为培养德智体美劳全面发展的学子打下基石。

（三）“多元开发”：开展学科非遗研究性学习

丰富的非遗项目以国家出台的《关于实施中华优秀传统文化传承发展工程的意见》为指导，遵循面向全体学生，结合学生年龄特征，明确各学段学生学习中华优秀传统文化的基础要求，同时为学生提供基于兴趣爱好拓展延伸的空间的理念，基于区域教育积淀、师情特质，鼓励各学科教师通过学科主题、拓展活动等，开发学科非遗研究性学习，挖掘非遗项目，渗透非遗文化在学校课程中的落实与发展，担当起发扬中华优秀传统文化的责任和义务。如结合语文学科春节相关知识开发“灯笼”“书法”“剪纸”作品等，结合数学学科三角形相关知识开发“纸雕”，结合历史学科明清前期的文学艺术相关知识开发“戏曲”，结合音乐学科豫剧相关知识开发“制作脸谱”，结合化学学科相关知识开发“陶艺”等，这些非遗“微项目”既突出学科特色中的非遗特征，又帮助学生在各学科学习中感悟非遗文化。

二、实践策略

笔者提出“1+9+3”的实践策略，整体推进课程的具体实施，保障课程的持续推进和发展。

（一）“1”：建立一所实践基地、合作一位非遗专家 、打造一校一品

为构建互为补充、相互协作的中华优秀传统文化教育格局，郑州市金水区注

重开发与拓宽中华优秀传统文化丰富、生动的教育资源，鼓励学校建立一所实践基地。其一，通过校内建立的非遗研习馆，学生可以身临其境地感受非遗文化的魅力。例如，郑州市金水区丰庆路小学建立研习馆，与河南省非遗传承人合作开发 7 项非遗课程；郑州市金水区农科路小学国基校区建立骨笛非遗馆；郑州丽水外国语学校成立茶艺研习馆；郑州市金水区外国语小学建立陶艺馆；郑州市金水区纬五路第一小学与河南省中医药大学第二附属医院合作建立中医文化课程开发与实践基地；郑州市金水区工人新村第一小学与河南省中医药大学第一附属医院建立中医文化课程开发与实践基地等。其二，在郑州市教育局的支持下，金水区和部分大中专院校建立非遗课程合作项目，拓宽学生实践平台。郑州市金水区南阳路第三小学和郑州市科技工业学校合作建立了课程资源开发与实践基地，开发职业体验课程；郑州市金水区经三路小学与河南省经济技术中等职业学校携手开展非遗香包课程。

非遗专业人士才能带给学生专业的知识和技能，形成正确的文化认知。在课程实施中，邀请国家级、省级非遗传承人，作为指导教师走进学校。郑州市金水区中方园双语小学、郑州市金水区文化绿城小学邀请非遗专家指导葫芦烙画非遗项目；郑州市金水区文化路第三小学邀请省书法协会对相关项目进行指导等，这些都为学生深刻地学习与体验非遗项目提供了专业的环境。

经过多年实践，相关学校打造了课程品牌，形成了区域百花齐放的“一校一品”乃至“一校多品”的课程特色。郑州市金水区农科路小学皮影课程，郑州市金水区农科路小学国基校区布艺课程，郑州市金水区银河路小学纸雕课程，郑州市金水区文化路第二小学篆刻、书法等课程，郑州市金水区艺术小学豫剧、风筝等课程，郑州市金水区黄河路第一小学麦秆画课程，郑州市丽水外国语学校陶艺课程，郑州市金水区凤凰双语小学扎染课程，郑州市金水区纬三路小学泥咕咕课程，郑州市第 47 中学初中部、郑州市第 75 中学刺绣课程，郑州市第 34 中学珐琅彩课程，郑州市金水区新柳路小学汉服课程，郑州市金水区四月天小学布老虎课程等，均已形成影响力。

（二）“9”：9 个活动环节

从以上 9 个活动环节中，可以看到非遗课程的整体活动设计，目标涉及知识、认知、方法、技能、情感、核心素养，学生活动涉及研究、实践、实地考察、设计制作、成果推广、社区服务等，学习方式是多样的，实践领域是广阔的，形成了一体化的项目式学习，达成“知—情—意—行”相融合，建立“知识—人—世界”整体观，实现综合育人、实践育人、活动育人。

项目式学习能够打破传统教学上的壁垒和瓶颈，让学生在学习态度、学习方式、学习表达等方面发生积极变化。

（三）“3”：三种评价方式

评价是诊断课程实施效果的依据，是促进学生发展的手段。金水区更新教育评价观念，关注师生共同发展；创新评价方式方法，注重学生“学”的过程，关注典型行为表现，强化学生核心素养导向；增强评价的适宜性、有效性。

金水区确立了过程性评价、可视化成果评价、终结性评价三种评价方式，指导教师根据非遗项目量身定制评价量规，避免评价的“空乏”“无效”，聚焦学生的学习活动，注重增值性评价，从“活动态度”“设计创作”“活动总结”“文化推广”四个方面制订评价要素，设置“优”“良好”“继续努力”三个维度的详细指标，关注学生“学”的过程，肯定优点，引导学生有针对性地反思，发现努力方向，体现非遗项目本身的教育价值，落实核心素养。如郑州市金水区纬五路第一小学开展的“我和中药有个约会”这一非遗项目，学生通过这个项目，对中医药文化进行了了解与调查；自制中药产品，如香包、夏凉茶等；走上街头将茶水送给清洁工等。教师应抓住活动核心，制订评价量规，实现知识、技能、情感态度和价值观的融合发展。

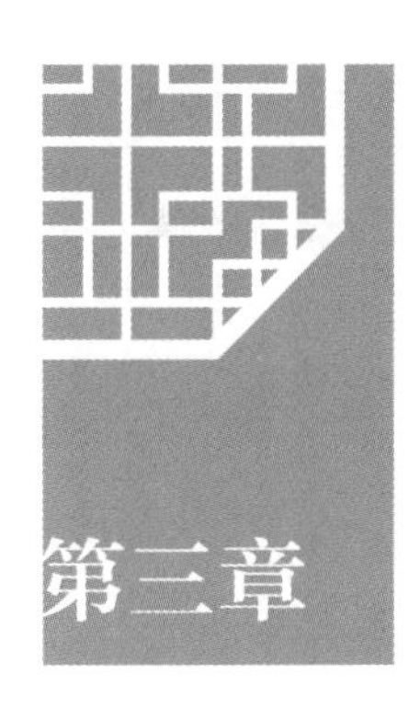

第三章　课程保障及成效

非遗课程的开展只有通过教研部门、行政部门建立有力的保障机制，才能持续良性发展。通过以下保障，我们实现了课程开发与实施的有序、有效。

第一，创新教研体系。2019 年 11 月教育部印发的《关于加强新时代教育科学研究工作的意见》中提到：鼓励共建跨学科、跨领域的科研创新团队。可见，创新教研体系是提升教师业务水平、推动课程改革理念非常重要且可行的方式。金水区从 2016 年起，通过建立 π 学科教研员发展共同体（跨学科教研团队），打破单一学科教研活动，打造多学科不同视角的教研体系，实现跨领域的教研推进模式，助力教师多视野、跨学科地开展教育教学；建立跨界跨学科教研团队，开展每月至少一次的“行之实”活动，吸纳河南省实验中学、黄河科技学院附属中学、哈密红星中学等学校协同发展；开展中层课程领导力项目，提升业务领导的课程理念与指导能力；积极推行省市区一体化的下校调研制度，通过指导学校工作、观摩教师课堂、开展课后教研交流等活动，评价学校课程实施的整体质量。有效、多样的教研体系，对构建德智体美劳全面培养的教育体系，发展素质教育，培养可担当民族复兴大任的时代新人提供了强有力的支撑。

第二，创新教师职称评定机制。自 2001 年课程改革以来，金水区一直在引领教师进行课程开发与实践、课程整合与融合，培养了一批批优秀的教师，形成了一份份优秀的非遗成果报告。金水区还将以学生为主题的研究性学习成果纳入评职称的项目，等同于研究课题。

非遗课程的实施整合了综合实践活动、劳动教育，教师可以根据情况申报综合实践活动、劳动教育科目的职称。

自2009年起，开展两年一届的“希望杯”课堂教学展评活动，为开发非遗课程的教师提供了展示的机会，这个活动的成绩有助于职称评定等。这些保障，进一步激发教师落实国家课程改革新理念、制订个体业务发展规划的动力。

第三，建立师生交流平台。金水区注重以评促发展，更新教育评价观念，整体提升师生的综合能力。其一，建平台，开展“希望杯”“金硕杯”课堂教学展评活动，提升教师的教育教学能力，为教师提供成长与交流的平台；其二，改革评价方式，将过程性评价与终结性评价相结合，“赋权下放”，指导学校注重学生“学”的过程，给予多元的综合性评价，促进学生整体发展，实现教学相长；其三，给予学校邀请专家团队指导非遗课程开发与实施的自主权，对师生成果进行发布与展示，激发学校办学活力，发展学校特色，助力师生在活动中得到成长。

以上保障措施，助力了课程的持续有效开发与实施。同时，金水区通过“五结合”助力非遗课程成果的分享和价值推广，即静态与动态相结合、常态与自主相结合、区域内与区域外相结合、一校与多校相结合、网络与社会相结合，让学生的学习过程和成果得以推广，同时让全社会了解当前教育的改革方向，学生学习方式的转变等，让全社会关注教育、支持教育的发展。由此，形成了一定的影响力。主要表现在：

第一，区域非遗课程成果丰硕。在国家课程改革的推动下，在河南省教育厅、郑州市教育局领导以及专家的支持和指导下，经过不断地探索和实践、普及与推广，非遗课程逐渐成为金水区的品牌课程和相关学校的亮点课程。目前，金水区共有省级和市级非遗基地校、实验校12所，非遗社团286个，开设非遗研习基地的学校有9所。非遗课程的整体推进，对提升区域教育质量、变革学校育人方式、改变教师教学方式、培养德智体美劳全面发展的学子，具有深远的影响。

第二，学校非遗课程成果出色。非遗课程持续推进，中国传统文化在区域大力弘扬，学校积极推广成果，形成了一定的社会影响力。郑州市金水区纬五路第一小学已经出版中医文化丛书，郑州市金水区纬三路小学将泥咕咕课程进行校本

化成果整理，郑州市金水区艺术小学获得“全国文明校园”荣誉称号。非遗课程成就学校，也培养了一批批热爱中国文化的非遗传承人。

第三，学生得到全面发展。学生在非遗课程中，综合能力和素养得到发展。在了解历史发展和相关文化中，收集资料的能力得到提高；通过亲自体验制作过程，动手实践与创新能力得到提高；到非遗基地进行考察，发现问题和解决问题的能力得到提高；对非遗传承人进行采访，沟通能力得到提高；走进社区进行宣讲，语言表达和展示交流的能力得到提高；制作海报，设计和审美能力得到提高。

第四，教师能力得到发展。教师是课程的开发者、实践者、评价者，也是管理者。教师承担着多种角色，指导者、帮助者、协调者、组织者、策划者、评价者、激励者等，促进了课程的有序顺利开展。在课程整体的实施与评价中，教师不仅需要储备学生感兴趣的知识，丰富和提高自身的业务素养，还要和学生一起前行和探索，共同完成课程，实现教学相长。师生共同认识非遗文化，了解技艺的精湛，感受工匠精神，感受劳动人民的智慧，感悟中国文化的源远流长与博大精深，增强文化自信和民族自信。

第五，建立了家校协同一体化。金水区凝聚了一批高素质的家长，他们重视教育，关注孩子成长，愿意支持和参与到学校的课程建设中来，一起为孩子的成长提供更为专业和丰富的资源。家长的协助，为课程的开展、学生的课外调查活动提供了有效的保障，实现了家校共同育人的目标。

（作者：观澜，河南省郑州市金水区教育发展研究中心综合实践活动、劳动教育专职教研员，中小学高级教师）

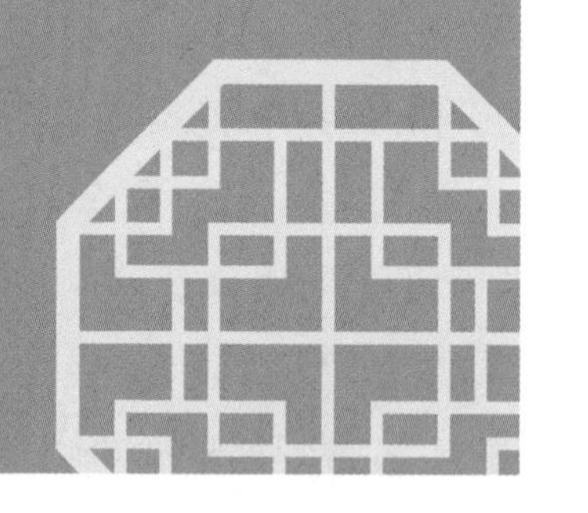

第二篇
课程实践

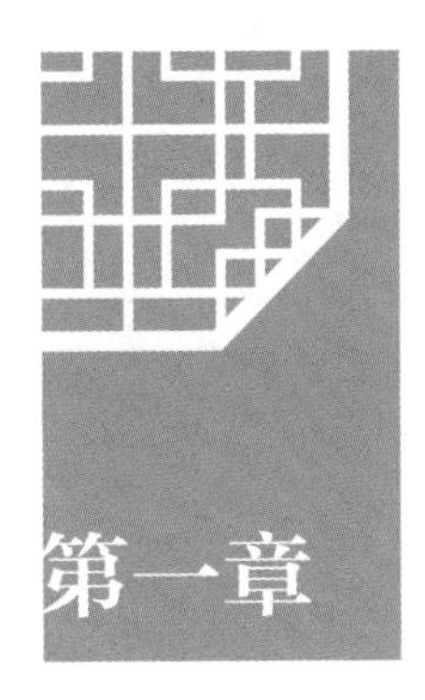

第一章 课程规划

一、课程背景

近年来，我国在各个领域大力弘扬中华传统文化，建设社会主义文化强国，增强国家文化软实力，实现中华民族伟大复兴的中国梦，全面实施中华优秀传统文化传承发展工程，使中国传统艺术在当代社会得以延续和创新，展现了新的魅力与光彩。为了提升非遗教师的专业能力，学校制定了系列培养方案，“走出去”“请进来”，定期聘请非遗项目传承人做专业培训、为学生做指导，开展非遗进校园等多项活动，全面促进非遗教师的专业成长，保证非遗课程的稳步推进。经过多年的实施和推进，民间布艺、腰鼓、陶笛、国画、书法、扎染等课程已经成为学校品牌非遗课程。

作为我国非物质文化遗产的民间布艺，历史源远流长。它是以布为原料、以百姓对美好生活向往的内容为题材，通过剪、缝、绣、贴、扎、缠等技法来制作的一种布质手工艺品，被誉为“母亲的艺术”。而河南民间布艺作为大众审美意识、审美趣味、审美理想的物化形式和形象载体，不仅拥有独特的审美特点，更承载着深层次的文化意蕴。郑州市金水区农科路小学国基校区的布艺课程开设于2016年9月，以河南民间布艺为学习重点。六年多来，通过开发、实施、逐步改进，形成了一系列较为成熟的实施方法，取得了一定成效，具有一定的实效性和典型性，同时具有一定的推广价值。

二、课程目标

（一）了解民间布艺的历史、价值和艺术特点，感受民间布艺独特的审美意蕴，激发学生勤奋学习、传承祖国民间艺术的兴趣与热情。

（二）学习和掌握民间布艺中剪、缝、绣、贴、扎、缠等技法，传承民间艺术经典作品的制作方法，能够独立创作简单的民间布艺作品，以培养学生的动手能力、实践能力、创新精神。

（三）通过开展“非遗进校园”等系列学习与活动，增强学生弘扬和传承优秀民族艺术的意识，引导学生知家乡、爱故土、懂非遗、传文化、会生活、乐创造。

三、课程实施

课程以民间布艺为学习重点，同时在传承传统艺术的基础上进行创新。在课程内容选择方面，依据学情，精心设计课程内容，如把中国传统节日、风俗与民间布艺内容相结合，春——吉祥生肖，夏——端午香包，秋——“柿柿”平安，冬——年年有“鱼”。四季有轮回，学习增趣味。

本课程项目适用年级为五年级学生。依据项目主题，基于驱动性问题开展实践学习活动，共分为“走近非遗”“智创非遗”“乐享非遗”“推广非遗”四个阶段。

年级	活动步骤	活动目标	活动内容	实施策略
五年级	第一阶段 走近非遗 （活动准备）	1. 学生能够了解民间布艺作品的历史和意义 2. 学生能够自主搜集民间布艺作品资料，并进行交流和汇报 3. 通过学习，培养学生热爱非遗文化的情感	学生搜集、交流、汇报民间布艺作品资料	通过问卷调查、参观访问、资料收集与整理、视频或PPT汇报交流，提升学生的自主学习能力

（续表）

年级	活动步骤	活动目标	活动内容	实施策略
五年级	第二阶段 智创非遗 （实践与创作）	1. 学生了解民间布艺作品的特征 2. 学生能够掌握布艺制作方法，并尝试创新设计 3. 通过学习活动，培养学生的动手能力和创新意识，守护非遗	“柿柿”平安、玲珑饰品、年年有“鱼”、吉祥生肖、浓情端午、布语童心	1. 在实践学习活动中，培养学生的自主探究意识 2. 教师引导学生熟练掌握基本的布艺制作方法，并注重学生个性发展，鼓励学生自由大胆地表现
	第三阶段 乐享非遗 （展示与评价）	1. 通过自评、互评、师评等多种评价方法，从设计、造型、做工、色彩等方面评价布艺作品 2. 为学生提供相互学习与展示自我的平台，享受成功的乐趣，激发学习兴趣	1. 学生展示作品 2. 多元评价 3. 学生填写个人或小组活动评价表 4. 师生交流学习感悟	1. 重视学生自我评价，加强自评与互评，明确学生评价的主体地位 2. 通过展示与评价，鼓励学生大胆表现自我，树立自信
	第四阶段 推广非遗 （推广与宣传）	1. 学生了解宣传活动的方法与流程 2. 学生积极参与策划和实施展示活动 3. 通过推广和宣传活动，学生能够进一步认识到非遗的价值，传承非遗文化，弘扬民族精神	1. 策划展示活动方案 2. 进行现场展示	教师引导学生策划和制定展示活动方案，并参与整个展示活动流程，把活动自主权交给学生，有效提升学生的综合素养

四、课程评价

（一）评价原则

结合课程和学生特点，将全面、多元、综合性的评价原则贯穿活动始终，全面监测活动效果，促进目标的有效达成，起到导向、诊断、交流和激励作用。

（二）评价策略

评价是课程的重要环节，涵盖学情、目标、方案、实施、效果等过程，通过表现性、成长性、展示性、终结性评价，以鼓励为主、引导创新，立足课程，充分发挥评价的激励和反馈功能。

1. 学生评价

依据课程特点，制定有效、高效的评价方案并严格实施，检验和改革教师的教学活动，更加关注学生培养目标的达成，从而更有效地促进学生的发展。评价体系包含表现性评价、成长性评价、展示性评价等评价方法，不同的课程项目依据特征还制定有个性化的个人或小组活动记录（评价）表，充分体现评价的多元化和个性化特征。

（1）表现性评价。在活动中关注每位学生，并对其好的学习表现给予及时鼓励与肯定，激发学生学习的积极性。

（2）活动性评价。根据不同的活动内容制订评价表，包括自评、互评、师评等项目，进行指向性评价。

（3）作品评价。每次活动结束前都对作品进行评价，引导学生善于学习他人优点，认识自己不足，进一步优化自己的作品，借助团队的力量提升自己。

（4）综合性评价。根据整个活动开展情况，实施综合性评价。结合学校“农科好少年”评价和课程特点，开展“争星（尚美星）夺章（学校吉祥物徽章）”活动，激发学生学习的兴趣和动力。

2. 教师评价

为了落实常规、健全制度，科学管理、追求实效，学校层面制定了管理工作方案，全面监督和落实课程的实施。方案包括详细的教师管理方法和细则及评价记录表，除采取常规检查的办法外，更注重活动过程常规管理评估和活动成果展示考核，同时更关注民主评价，把课程开展情况作为教师业绩考核的参照依据之一，激励教师进一步做好本项工作，挖掘学生的潜能，拓展学生素养，进一步提高教育教学效率和学校办学品位，全面推进素质教育。

3. 课程评价

学校以课程活动类型是否丰富，是否体现实践性和综合性，是否有利于培养和锻炼学生多方面素质为评价标准，从内部管理、活动情况、档案建设、获奖情况四个方面进行评价。内部管理要求组织机构健全，管理体制完善，有规范的规章制度，指导老师认真负责，活动能体现学生的主体性；活动应按计划开展，形式多样，内容丰富，成果显著；活动档案整理齐全、规范；能结合组织的活动、项目在各比赛评比中获奖的情况进行综合评价。

（三）评价量规

评价项目	评价标准		
	★★★	★★	★
学习态度	学习态度认真，具有较强的学习能力，主动交流，能够独立、出色地完成学习任务	认真学习，积极参与交流，努力完成学习任务	认真学习，在同学的帮助下能够完成学习任务
小组合作	团结协作，在小组中起领导作用，合理分工，积极建言献策，主动帮助小组其他成员	帮助协调、推动小组工作，能够出色完成自己的任务	参与小组工作，不能够独立完成自己的任务

（续表）

评价项目	评价标准		
	★★★	★★	★
学习成果	熟练掌握布艺制作方法，基本针法纯熟，布缝缝合严密，作品精美	基本掌握布艺制作方法，针法一般，作品基本符合要求	基本掌握布艺制作方法，针法不够熟练，布缝缝合不够平整
创新表现	具有较强的创新意识，能够独立设计和制作布艺作品，作品精美、独特	有一定的创新意识，能够独立设计和制作布艺作品，但作品特征一般	有创新意识，需要在同学的帮助下进行设计和制作布艺作品，作品不够精美

五、实施建议

（一）感受非遗魅力，激发学生学习兴趣

非物质文化遗产是与人们生活密切相关的传统文化形式和文化空间，经过世代相传而留存至今，是一笔宝贵的文化财富。本课程使学生较为系统地了解民间布艺的发展历史和特点，并能够亲自参与、动手体验，直观深刻地感受其艺术魅力。以此激发学生探究与学习的兴趣，以一带多，辐射到其他特色非遗项目，提升学生对中国传统文化的广泛认知，弘扬民族艺术，传承非遗文化，提升民族和文化自信。

（二）深度开发课程，扩大课程影响力

建议学校非遗课程的设计遵循三个原则：坚持科学性、注重时代性、强化民族性。从时代衔接、学科融合、情感共鸣三个方面贯彻落实，丰富课程内容，完善课程结构，形成课程体系。以社团为基石，打造精品课程；以节日为契机，激发创新意识；以评价为基点，记录成长足迹。实施项目式学习，培养学生自主研究、解决问题的能力；加强课题研究力度，挖掘课程深度。

（三）开展项目式学习，培养综合素养

项目式学习是培养创新型、复合型、解决未来问题人才的重要学习方式。传统工艺类非遗课程的背景知识和制作工序较为繁杂，通过项目式学习，学生以小组的形式探究问题、解决问题，主动获得知识与技能。学习的过程由被动地接受转化成积极主动地探索，充分发挥学生的创设能力，进而引导学生积极投身于保护非物质文化遗产的行列中来，继承并弘扬非物质文化遗产的匠人精神。

（四）以核心素养为中心，实现课程立体化发展

开发非遗课程，要以培养学生核心素养为中心，实现课程的立体化发展。学生通过探究与交流、设计与制作活动、参观与访问、实践与体验等多种方式来提高课程参与的积极性。一起在做中玩、玩中学、学中思、思中创，培养创新思维、态度、技能和品质，培养动手能力、团队协作意识、创意思维、工匠精神和分享精神，充分体现课程的内在价值。

六、课程保障

课程质量是课程发展的生命线，完善的课程保障制度是非遗课程有序开展的基础。

（一）师资保障

精选骨干教师建立非遗课程教师团队，立足课程，定期邀请专家对教师进行理论知识、专业知识培训，提升业务水平。学校专门成立布艺工作坊，定期开展学习培训和交流活动，以点带面，促进布艺课程的发展。

（二）物资保障

为了确保课程的开设与实施，学校专门建立了布艺活动室，为课程的开设提供了优美的环境。同时，每学期学校也会提供固定经费支持非遗项目的开展。

（三）交流平台保障或社会资源保障

为了教师的专业发展，学校为授课教师提供外出学习的机会，鼓励博采众长；为了非遗成果的展示与推广，学校支持课程项目参加各项外出展示活动。同时，每年 5 月，学校邀请非遗专家进校园，组织进行非遗作品展示交流会。

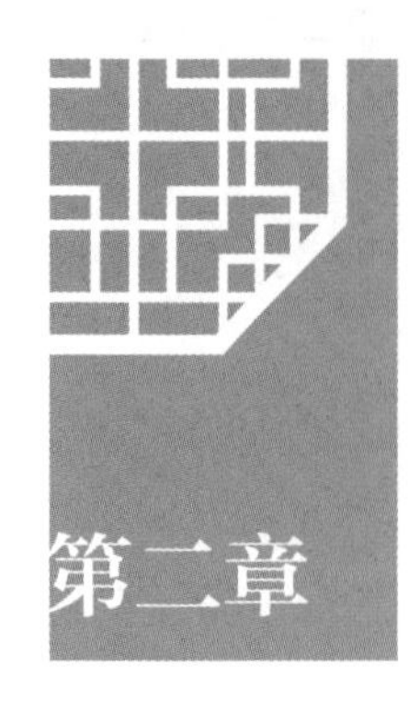

第二章 活动设计

项目一　走进非遗——《虎虎生威》

活动目标

1. 在探究活动中引导学生了解生活中隐含的课外知识。

2. 通过活动，激发学生参与课题研究的兴趣，培养他们探索、发现、归纳问题的能力，形成初步的研究思路。

3. 根据小组成员的学习兴趣、生活环境、自身爱好，确定小课题。

活动重难点

通过搜集、采访、观察、记录、交流、体验等实践活动，对布老虎有一个全面的认识和了解，对本次研究活动进行整体规划设计。

活动准备

教师准备 :课件、布老虎、图片资料和文字等资料 ;学生准备 :搜集相关知识。

活动流程

本活动一共分为五个环节 :欣赏布老虎—了解有关布老虎的民俗—生成主题—以思维导图的方式设计活动方案—活动总结，需要两个课时。

一、欣赏布老虎

设计理念：通过欣赏布老虎，使学生对布老虎有初步的认知，并提高学生探究布老虎的兴趣。

教师出示布老虎的图片或实物，导入欣赏教学。

二、了解有关布老虎的民俗

设计理念：本环节通过初识布老虎，为生成主题做铺垫，学生可以提出有价值的子课题。

师生共同总结：布老虎是儿童的玩具，它以头大、眼大、嘴大、尾巴大的造型来突出勇猛的神态，虎头及五官的天真和稚气，透出儿童一样可爱的憨态。在我国农村，人们都喜欢用老虎的造型来打扮小孩，头戴老虎帽，脚穿老虎鞋，手中拿着布老虎，睡觉时还有老虎枕……在中国人心里，老虎是驱邪避灾、平安吉祥的象征。每年农历五月初五端午节期间，民间盛行给儿童做布老虎，或者用雄黄酒在儿童的额头上画虎脸，寓意健康、强壮和勇敢。人们还常用“虎头虎脑”来形容孩子，寄托着父母希望宝宝健康成长的美好心愿。

三、生成主题

设计理念：本环节通过让学生提出有关布老虎的问题，从而更好地确立探究方向，为活动的深入开展做准备。

1. 教师提出问题

关于布老虎学生想了解哪些信息，想探究哪些问题。

教师可提前预设问题：

1）布老虎的种类有哪些？

2）做布老虎需要用到哪些材料？

3）布老虎是怎么制作出来的？

4）不同地区的布老虎一样吗？

5）布老虎分布在什么地区？

6）布老虎有哪些历史文化？

7）关于布老虎有哪些传说故事？

……

2. 分类

教师适时加以引导：提出这么多问题该如何选择有价值的作为研究主题呢？学生进行交流，教师小结。如下：

归纳合并——把相同问题和有交叉的问题合并。

删除——删除没有探究价值的问题。

改名称——改变没有突出特点的主题名称。

筛选——筛选真实、学生感兴趣、有意义、可操作的问题。

四、以思维导图的方式设计活动方案

设计理念：本环节通过思维导图，让学生了解本次活动的流程，知道自己该做什么，并能通过设计活动方案将计划呈现出来。

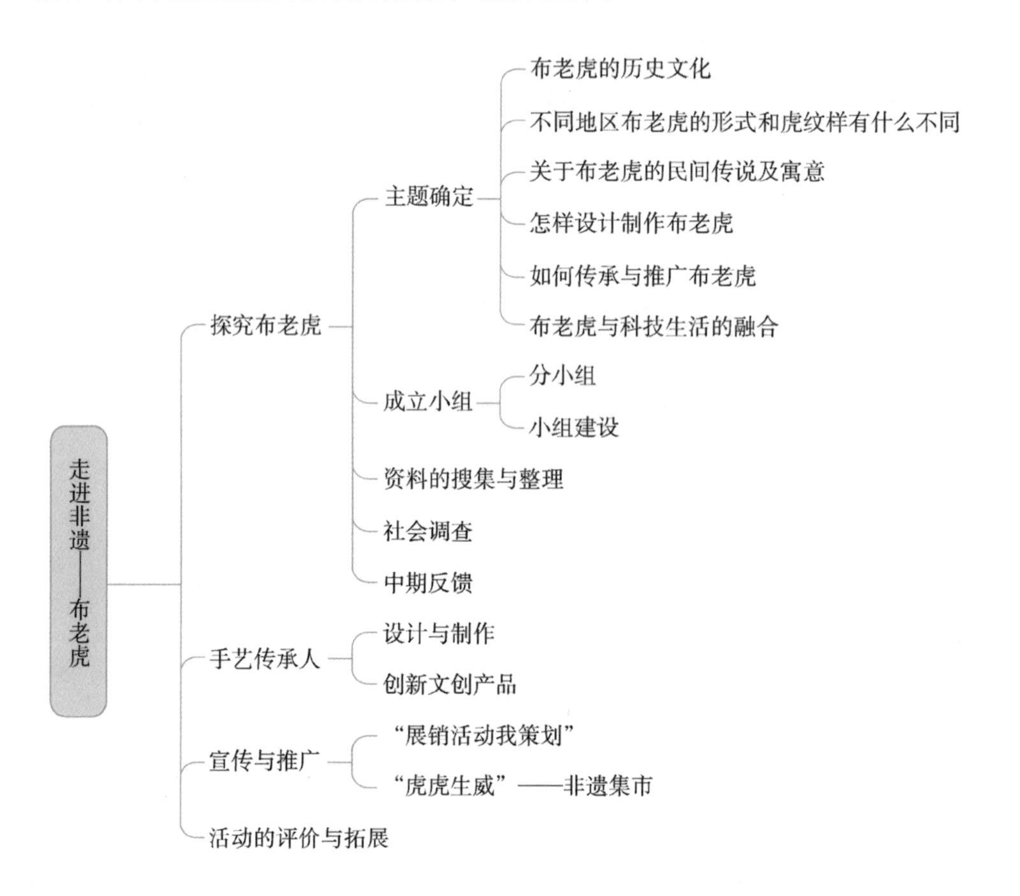

教师引导学生，根据已有经验交流并做一项主题研究，需要经历的步骤。设计活动方案，教师随机板书。

五、活动总结

设计理念：总结本节活动重点内容，教师提出期望。对本节课中学生的表现做常规评价，达到鼓励学生的目的，促进小组积极开展活动。

教师小结："授人以鱼不如授人以渔。"把教室从学校搬到社会中去，不是老师给学生，而是让学生讲给老师听。用自己的实践，去了解中国非遗文化、走进非遗文化。方法比知识更重要，学生在制定活动方案中，掌握各种研究方法，提高制订计划的能力；在采访别人时，锻炼了口才、了解到一些网络上了解不到的知识。不拘泥于书本，这也是"实践"的意义。

通过活动，学生全面地了解了布老虎的价值与意义，它是我们中华民族几千年文化的传承，是我们与古人对话的一座桥梁。我们要让这一中华瑰宝在学生手中有新时代的气息，在学生手中得到发展与继承。保护非遗从你我做起，从布老虎开始。

（设计者：郑州市金水区四月天小学　李亚　郭茹娜）

项目二　猫头鹰香包

活动目标

1. 通过欣赏、思考、观察和对比等方式，引导学生了解猫头鹰香包的外形特点。

2. 通过教师梳理和示范等方式，指导学生探究并动手实践，掌握制作猫头鹰香包的方法和要点。

3. 通过展示、交流、评价等学习活动，引导学生感受布艺的艺术魅力，并积累学习经验，进一步提高动手能力。

活动重难点

学习猫头鹰香包的制作方法，熟练掌握猫头鹰嘴巴和眼睛的缝制方法。

活动准备

教师准备：课件、香包材料和香包作品；学生准备：布艺制作工具。

活动流程

本活动一共分为五个环节：认识猫头鹰—了解外形特点—探究实践—展示与评价—知识拓展，需要两个课时。

一、认识猫头鹰

设计理念：利用国画中可爱的猫头鹰导入，引导学生客观认识和对待猫头鹰。

1. 欣赏国画大师黄永玉先生的绘画作品《猫头鹰》。

黄永玉先生笔下的猫头鹰特点突出，个性十足，俏皮可爱。

2. 教师提出：为什么以前人们称猫头鹰为“不祥之鸟”？学生根据收集的资

料进行交流，教师进行小结。

其实很多有关猫头鹰不祥的传说，都是由于过去人们不了解而强加给它的。实际上，它不是报丧鸟，而是粮食的保护神。猫头鹰是捕鼠能手，平均一只猫头鹰每年可以吃掉1000多只老鼠，相当于为人类保护了数吨粮食，的确是劳苦功高。猫头鹰在我国是国家二级保护动物，我们一定要保护它。

二、了解外形特点

设计理念：引导学生感受艺术品是从观念到实体的再认识。

猫头鹰别名“鸮”，因其面貌似猫，人们通常称它们为“猫头鹰”。猫头鹰头宽大，嘴前端成钩状，眼的四周羽毛呈放射状，形成“面盘”。

小组内交流：猫头鹰香包和真实的猫头鹰对比，外形上有什么区别？

教师总结：艺术取材于现实，是对现实生活的再创作。香包在外形设计上保留了猫头鹰椭圆形的身体特征，利用夸张手法突出了嘴巴和眼睛，其他部分简化处理，抽象可爱，非常简洁生动，独具特色，同时也降低了制作难度。

三、探究实践

设计理念：重视重难点的突破，充分落实活动的实践性和操作性。

1. 小组探究猫头鹰香包的制作方法

比如，香包由几块布料组成？在配色上有什么特点？运用了哪些材料？学生根据观察和分析，尝试总结一下制作步骤。

2. 教师梳理制作步骤

第一步，按照纸质模板裁剪布料，共需两块布料，腹部用小块浅色布料，背部用大块深色布料。

第二步，把两块布料反面朝外，先对齐缝合一侧，再对齐缝合另一侧，从会合处继续缝合到顶。

第三步，从底部翻过来，正面朝外呈圆锥体。

第四步，调整中线，把上面的尖角（猫头鹰的嘴巴）折下来用针线缝合，固定头部中间，扎小洞穿挂绳。

第五步，填充珍珠棉和香料，在底部返口处疏缝一圈收口。

第六步，缝制眼睛（扣子），底部缝上流苏。

第七步，检查与整理。

3. 学生针对难点提出问题，教师答疑

缝制猫头鹰香包身体部分时左右一定要细心对齐，否则做好后身体是歪的，前功尽弃；缝眼睛时一定要找准位置，左右对称。

4. 学生交流制作方法和要点，尝试制作

教师强调要点：嘴巴容易缝斜，要找准中心位置后再缝，在嘴巴尖端处缝几针即可，在背面打结；下面收口处毛边要全部塞进内部，保证底部的平整与美观。

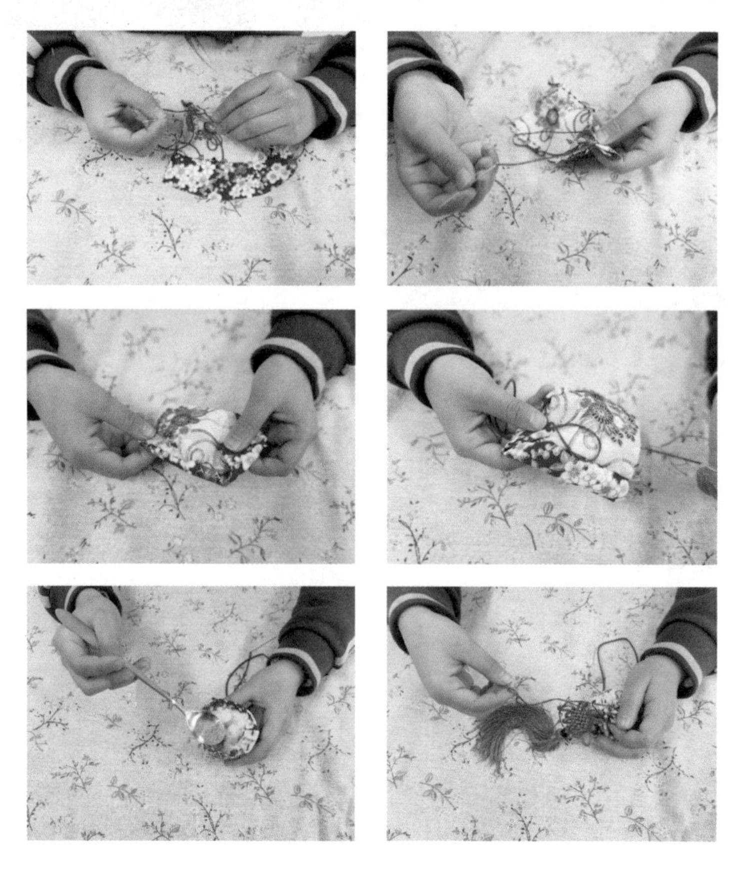

四、展示与评价

设计理念：着眼于学生的提高与发展，着力落实诊断、导向、激励性评价。

学生进行作品展示，相互交流和学习。在进行自评、组评和师评时要重点关注作品细节，如猫头鹰嘴巴定位非常关键，稍有偏差就直接导致其高矮胖瘦的变化；猫头鹰正面是左右对称的，所以在缝嘴巴和眼睛的时候尤其要细心。细节决定成败，强化细节，可以有效促进学生技艺和方法的提升。

五、知识拓展

设计理念：寻找艺术品中的猫头鹰，拉近艺术与生活的距离。

找一找艺术品中的“猫头鹰”：绘画、陶瓷、木雕、玻璃制品、树皮制品、草编、铜铸、铁艺等。

（设计者：郑州市金水区农科路小学国基校区 徐慧敏）

项目三　设计文创作品

活动目标

1. 初步掌握布老虎的设计步骤，将传统与现代艺术相结合，独立缝制一个布老虎。

2. 确定布老虎的设计要求和构思方案，思考并与同学交流，根据自己的构思设计出文创图样，制定科学合理的工艺流程。

3. 培养积极、主动思考的态度，以及团队合作意识，提高学生的审美素养，培养继承和发扬中华民族传统艺术的能力。

活动重难点

熟练掌握布老虎的制作方法并与其他文创产品相结合进行创新。

活动准备

教师准备：课件、文创视频、文创材料和布老虎作品；学生准备：文创制作工具。

活动流程

本活动一共分为五个环节：视频导入新课，认识文创产品—分享创意—实践学习—展示评价—活动总结与评价，需要两个课时。

一、视频导入新课，认识文创产品

设计理念：发挥自主学习性，学生能够从视频中获取文创产品相关知识并加以总结。

1. 学生观看文创视频，了解文创产品，进行交流，教师补充。

2. 教师根据学生回答，板书出文创产品的特点。

3. 让学生结合以前学过的绘画布老虎、黏土布老虎、缝制布老虎等，大胆想象，发散思维，构思一些天马行空的布老虎文创作品。

二、分享创意

设计理念：学生通过积累的布老虎知识与缝制经验，交流讨论想法，预测并完成超前性创意。

1. 联系生活，分享有关布老虎的创意，比如，布老虎相关的手机壳、眼镜框、鞋子、帽子、手链、文化衫、吊坠等。

2. 教师巡视，将有创意性的作品进行展示。组与组之间进行交流。

3. 小组讨论，如何做出布老虎文创作品。

（1）构思想法。

（2）绘制草稿图。

（3）缝制布老虎或绘制布老虎形象。

（4）对布老虎和其他文创作品进行组合、整理。

三、实践学习

设计理念：让学生通过动手实践实现天马行空的想法，在活动中提高解决问题的能力。

1. 小组合作，通过绘画、粘贴、组合、串联等方式完成布老虎文创作品。

2. 教师巡视，对优秀的创意进行鼓励，对有困难和有疑问的学生进行指导。

四、展示评价

设计理念：小组合作展示环节要充分体现团队合作的意识，并落实自评、他评、师评的评价方式。

1. 小组依次展示，汇报制作方案，其他小组进行评价。

2. 各小组创意样例如下。

（1）布老虎 LOGO、邮票集（由网店打印，也可以自己手绘）。

（2）海报。

（3）手机背景图片（用 KT 板制作手机模型，把学生图片打印粘贴为手机背景图片）。

（4）提取布老虎的色彩，手绘制作文化衫（服装色彩运用布老虎色彩，学生可穿着文化衫走秀并录像，结合课程一）。

（5）可出售布老虎相关的文创作品，如手链、包装盒、贴纸、餐具（碗筷）、手机支架、布艺灯、钱包、帽子、鞋等。

3. 各小组针对制作方法及作品设计提出整改意见，教师给予点拨和肯定。

五、活动总结与评价

设计理念：通过学生创作的文创作品，总结活动中出现的问题，评选优秀小组及优秀文创作品。

从作品创意、作品造型、色彩、制作方法，评选出“最佳文创产品”及“最具有创造力小组”。

（设计者：郑州市金水区四月天小学　郭茹娜）

第三章　课程影响力

一、课程概述

在孩子心里种下文化传承的种子，让孩子体会传统文化的美，非遗进校园是弘扬和传承优秀传统文化的重要途径。学校在各项非遗项目实施过程中遵循素质教育和个性化理念，立足学校课程理念和追求，基于学校历史文化传承和学生发展需求，结合学校师资队伍及专家资源、场地资源等，以学科核心素养为导向，整理出了有逻辑、立体、独特的非遗课程体系。非遗课程的落地生根，蓬勃生长，让学生开阔了非遗文化视野，掌握非遗技艺，感受非遗特有的文化，体悟工匠精神，感受劳动人民的智慧，激发热爱祖国的深厚情怀，树立弘扬和传承优秀民族艺术的意识。

二、实施策略

（一）转变学生的学习方式，从“文本”走向“实践”

坚持实践育人，提升综合能力。以“学习者为中心”，以“实践活动”为抓手，进一步丰富非遗教育形式。强调“主动参与、乐于探索、勤于动手”，倡导自主、探究、合作的学习模式，引导学生动手、动口、动脑，在“做中学”“用中学”。学生组建合作小组，选择自己感兴趣的问题进行探究，突出创新精神与实践能力的培养，重视培养学生收集信息的能力、获取新知识的能力、分析和解决问题的能力、语言文字表达能力及团结协作和社会活动能力。注重通过在动手创作中感悟非遗魅力，感悟非遗传承的紧迫感和必要性，并在传统的基础上融入现代生活元素，与科技创新相融合，制作出新时代创新作品，成为手艺的合格传承人。

（二）通过学科融合，提升学生核心素养

在实施非遗课程过程中，学校成立了综合实践、美术、语文、信息技术等多学科合作的课程开发团队，充分利用各种资源，进行课程开发，以确保学科融合，提升学生核心素养。学生根据自己所学知识和能力对非遗文化进行宣传，运用所学知识为非遗的保护传承想办法，例如，用艺术素养设计制作布老虎，利用文字功底制订计划并宣传，利用信息技术推广非遗文化，从多角度宣传，让大家关注并认识到传承非遗传统文化的重要性。在活动中，不同的学科思想加深了学生对非遗文化的了解与体验。通过该课程，学生的实践创新精神、动手能力和审美情趣以及对传统文化的认同感都在潜移默化中得到了提升。

（三）构建骨干教师队伍，助力课程常态有效

为了确保学校非遗项目的深入发展，校内各非遗项目分别建立特色课程工作室，组建教师核心团队，由分包领导和骨干教师专门负责做专业技术、培训授课、学科融合、活动策划、宣传制作，以及课程编写与开发等，并不断扩大联盟阵营，与有关专业人士建立联系，加强学习交流，共享共建。

（四）建立家校育人机制，拓宽协同发展途径

学生的作品面向校园和校外展出，让更多的学生与非遗作品近距离接触，都能体验非遗文化的魅力，同时让非遗文化影响至家长和社会人群。在这个过程中，学生向同学、老师、家长介绍和推荐自己的作品，是一种自我认知素养的培育；在评价其他同学的过程中，则需要运用批判性思维；通过义卖学生作品，帮助需要帮扶的学生，这是培养学生关爱他人、关注民生的精神素养。孩子们拥有更健全的心智，才能更好地在这个世界诗意栖息，适应未来生活。

三、课程影响力

学校非遗课程的开发与实施，让学生近距离感受祖国非物质文化遗产独特的

文化魅力，并对学校开设的非遗项目的有关课程内容进行创新，增强学生对非遗文化的保护意识，力争成为非遗文化的传承人。学校非遗项目课程促进了祖国非遗文化发扬光大，使传统的文化之光更加熠熠生辉，增强文化认同，坚定文化自信。

郑州市金水区农科路小学国基校区自开设“布言布语”课程以来，多次参加现场展示活动，积累了许多宝贵经验，并得到了广泛认可和好评。2017 年 11 月在第六届中小学教育国际会议和郑州市学校美育课程建设成果展示会现场展示；2017 年 12 月参加了郑州市智慧教育暨创客教育文化艺术节成果展；2018 年 6 月参加了第五届中国国际手工文化创意产业博览会之郑州市创意非遗创客成果展；2019 年 11 月参加了第四届全国中小学（幼儿园）品质课程研讨会现场展示活动；2021 年 5 月参加了金水区六一嘉年华现场展示活动。

郑州市金水区四月天小学布艺课程“虎虎生威”具有一定的影响力。在郑州市“虎虎生威”艺术实践工作坊中获得市级三等奖、金水区一等奖；2021 年 5 月参加金水区六一嘉年华现场展示活动，获得好评；2021 年 12 月，获得金水区综合实践课程和校本课程两项“希望杯”一等奖；2022 年 5 月，荣获第六届中国教育创新成果公益博览会之“致敬中华优秀传统文化”项目全国一等奖。

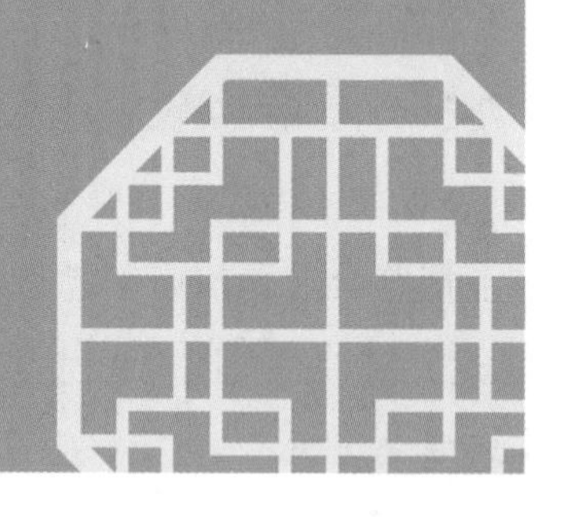

第三篇
师生作品

作品赏析（1）

作品名称：呆萌虎

作者：张静涵

指导教师：徐慧敏

学校：郑州市金水区农科路小学国基校区

设计理念

布老虎是中国传统的民间艺术，在它的身上饱含老一辈对新一代的期望与祝福。“呆萌虎”在外观设计上保留了传统布老虎头大身小、四肢简化的特征，同时突出表现了其面部特征，以头大、眼大、嘴大、身小来突出小老虎憨态可掬的模样。

教师点评

“呆萌虎”做工精细，说明学生对基本布艺技法掌握得非常熟练。在保留传统布老虎特征的基础上，对其五官部分进行创新设计，大胆造型，充分凸显了“呆萌虎”的灵动和可爱，让人爱不释手。

作品赏析（2）

作品名称：丑萌牛

作者：李嘉萱　袁雨欣

指导教师：徐慧敏

学校：郑州市金水区农科路小学国基校区

设计理念

在传统民俗中，牛是一种神圣的动物，是“六畜之首”。古今赞美牛的文字有很多，都表达了牛不求回报、默默无闻辛勤劳作的高尚品质，也表现出人们对牛的喜爱和赞美之情。在设计上，除了夸张了牛的面部特征，同时还把牛的身体放大而四肢变细，看起来非常有趣又可爱，因此取名叫“丑萌牛”。

教师点评

“丑萌牛”外观设计简约大气，特别是面部特征，突出了其又“丑”又“萌”的特点，符合孩子们的心理认知，非常特别，引人注目。两名学生选用不同花型的布料制作，凸显出了自己的设计理念，使作品呈现不同的艺术韵味。

作品赏析（3）

作品名称：是福

作者：徐李想

指导教师：徐慧敏

学校：郑州市金水区农科路小学国基校区

设计理念

“柿”与“事”谐音，寓意为事事如意和万事大吉；“葫芦”与“福禄”谐音。利用它们的寓意，把二者结合在一起，取名“是福”，很有意义。

教师点评

本作品做工精细，充分体现了学生对布艺技法的熟稔程度。作者把柿子和葫芦组合在一起，加上金属挂扣，成为多用小挂饰，小巧玲珑。利用其谐音取名为“是福”，独具新意。

作品赏析（4）

作品名称：绽放

作者：朱凌菲　李贞娴

指导教师：徐慧敏

学校：郑州市金水区农科路小学国基校区

设计理念

这款花朵布艺包利用不同色彩的棉麻布料缝制而成，色彩绚丽而不张扬，添上几片叶子固定在黑色布包上，装饰效果极好，给布包增添了浓浓的文艺气息。

教师点评

看似随意的组合，其实是费了不少心思的。一组温馨的布艺花静静绽放在布包一隅，夺目而不耀眼。

作品赏析（5）

作品名称：红荷

作者：李梓熠

指导教师：徐慧敏

学校：郑州市金水区农科路小学国基校区

设计理念

荷花是中国传统名花，也是我国民俗中最常见的图腾和吉祥物之一。荷花花瓣比较多，为了降低制作难度，简化为两层不同大小的花瓣。每片花瓣由金属丝支撑，可以随意弯曲，增强其立体感。

教师点评

红花瓣、绿莲蓬、黄花蕊，色彩大胆、明快。最后把荷花固定在竹编筐里，加上流苏，即构成一件别具特色的布艺挂饰作品。

作品赏析（6）

作品名称：乖巧猫

作者：李美子　刘雅雯

肖沐晨　孙思涵

李赵晨

指导教师：徐慧敏

学校：郑州市金水区农科路小学国基校区

设计理念

猫性情温顺、乖巧可爱，是深受人们喜爱的宠物。乖巧猫的身体采用了布老虎身体的制作方法，但在耳朵部位有所不同，采取了一体成型法。脸部只缝制了眼睛和胡须，简化了细节，强化了猫独有的五官特征。

教师点评

既是乖巧猫，又是大脸猫，在外形设计上同样采用了夸张和简化的方法，面部的三条布缝，更是巧妙地契合了猫的面部特征，乖巧、可爱又呆萌。

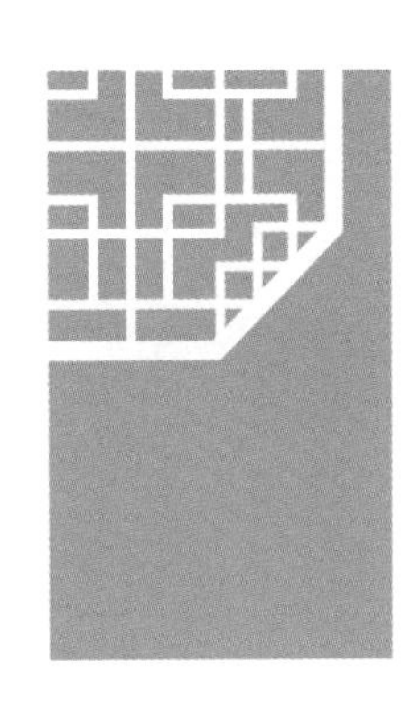

作品赏析（7）

作品名称：虎气生风

作者：李冰雯

指导教师：米雪珂

学校：郑州市金水区四月天小学

设计思路

非物质文化遗产——布老虎，反映了我国厚重的传统文化，人们以虎为型缝成虎头鞋，让孩子一出生就穿上有虎眼的鞋，一生走正道、顺道。随着时代的不断进步，我们的传统文化和工艺却在不断地流失，现代的人很少穿布老虎鞋了。我们可以把布老虎的元素融入现代的文化产品中，将它一笔一笔地画在小白鞋上，设计成漂亮的布老虎鞋，既实用又好看！

教师点评

设计思路清晰，构图饱满，色彩搭配活泼，布老虎的眉毛、鼻子细节精致，作品实用性很高，如果能再融合一些现代元素那就更好了。

作品赏析（8）

作品名称：虎虎生威樟木记

作者：陈　锦　王博远

李艺欣　郭董琰

张煜晟

指导教师：米雪珂

学校：郑州市金水区四月天小学

设计思路

大雪落下，压断了学校的樟木树枝，我们将樟木捡回来，画上老虎的图案。樟木本身就有驱蚊的作用。而老虎是强壮、威武、勇敢、自信的象征，也是代表吉祥与平安的瑞兽，后来虎祛邪辟灾和威猛阳刚的特性被融入民俗文化中后，虎更成为民间信奉和崇敬的对象。我们以布老虎形象为原型，创作出老虎形象的樟木艺术品。

教师点评

同学们乐于探究，积极主动。在此次非遗课程中，体现了小组成员的团结协作精神。同学们通过努力、体验、思考和感悟得到了成长和升华，特别棒！

作品赏析（9）

作品名称：布老虎马克杯

作者：朱雨荨

指导教师：郭茹娜

学校：郑州市金水区四月天小学

设计思路

主题为“吉祥”，龙凤、福到等都是围绕“吉祥”这一主题而设计的，耳朵上的小布老虎挂件为小装饰。主红色调的布老虎采用中国传统文化艺术配色，识别度更高，锦鲤代替了鼻子，代表福与祥，身后的龙和凤凰代表着龙凤吉祥，龙飞凤舞，拿着的对联之所以是倒着的，寓意“福到了”。

教师点评

能从设计图中看出小设计师的艺术和文学功底，这款产品寓意深刻，设计可爱，一定会受到很多人的喜爱。

作品赏析（10）

作品名称：吉祥牛

作者：徐慧敏　刘　芳

学校：郑州市金水区农科路小学国基校区

设计理念

“吉祥牛”在外形设计上抓住健硕的身形、铜铃般的眼睛、威武的牛角等特征，并进行适当夸张，突出其特点。利用传统的花布制作，更突显民间布艺风格。尾巴由多种颜色的毛线编织而成，极具特色。牛一直都是勤奋踏实的象征，体现着植根于民族的文化精神。“吉祥牛”在传统艺术基础上进行创新，同时也是传统精神的延续。

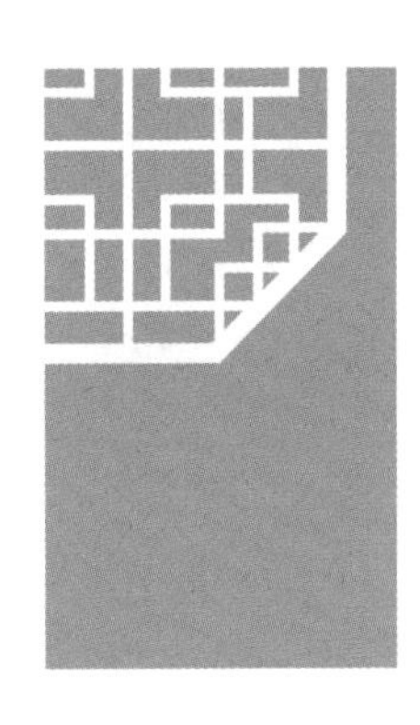

作品赏析（11）

作品名称：如意虎

作者：徐慧敏　李燕桦

学校：郑州市金水区农科路小学国基校区

设计理念

这个如意虎作品在设计上保持传统的艺术特色，因此遵循了传统的夸张、变形风格，头大、眼大、嘴大、尾巴大，五官采用缝、绣、贴等不同的方法进行制作，神态勇猛。布老虎是传统布制玩具的代表，是古代人们心灵手巧和聪明才智的体现，蕴含着驱邪、祛病、祝福的美好寓意。通过设计和制作，传承非遗，延续祝福。

作品赏析（12）

作品名称：双鱼

作者：徐慧敏

学校：郑州市金水区农科路小学国基校区

设计理念

古往今来,“鱼”在我国一直象征着吉祥,代表着人们对未来美好生活的期望。“双鱼”在造型设计上保留了鱼的外部结构特征，同时对鱼的头部进行夸张处理。鱼身体特点突出，线条流畅，张开的嘴巴、上翘的鱼尾，更凸显其生动、活泼的神态。制作时特意选用了传统花布布料，非常贴合其“吉祥”的寓意，再加上红色中国结和流苏装饰，就成为极为出色的民间布艺风格装饰作品。

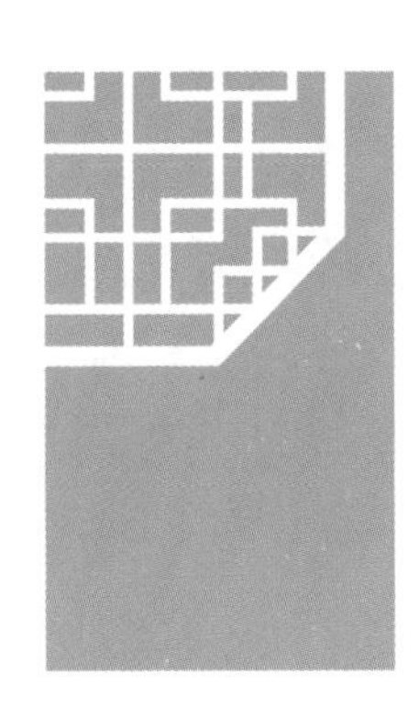

作品赏析（13）

作品名称：顽皮虎

教师姓名：米雪珂

学校：郑州市金水区四月天小学

设计思路

随着时代的不断进步，我们的传统文化和工艺却在慢慢地流失，布老虎是很多人童年记忆里抹不去的灵动色彩，其色彩夸张，有装饰作用，还具有象征意义。教师设计颜色鲜艳、造型俏皮可爱的布老虎，不仅可以使学生对传统手工艺的兴趣大大提升，还可以使学生更有兴趣了解中国的传统文化，制作出传统文化与现代艺术相结合的创新产品，更体现了教师对学生的期望与祝福。

作品赏析（14）

作品名称：虎虎生威

教师姓名：郭茹娜

学校：郑州市金水区四月天小学

设计思路

虎是健康的象征，人们用“虎头虎脑”“生龙活虎”形容身体的强健。作品整体为红色，风格活泼，老虎头颅硕大，尾巴上扬，造型雄壮。全身彩绘虎斑，头顶上饰“王”字，憨态可掬，鼻子是葫芦造型，意为“福禄”，嘴巴为蝙蝠造型，意为“福”。龙虎相合是雄伟强盛的象征，是我国最早出现的图腾，历来受到人们的推崇。

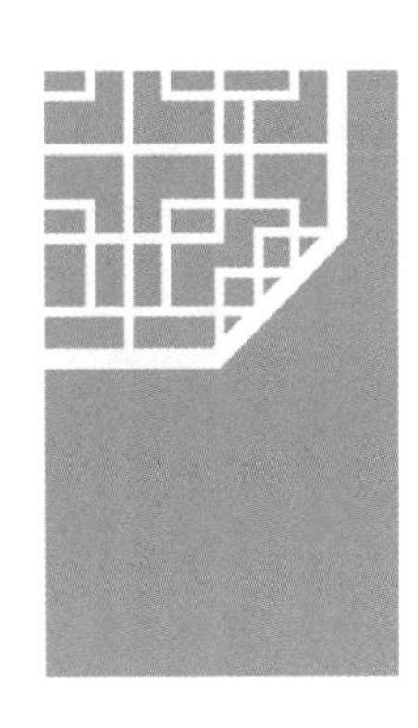

作品赏析（15）

作品名称：记忆

作者：师生

学校：郑州市金水区农科路小学国基校区

设计理念

我们在思考如何把剪下的碎布利用起来时，想到了拼布。拼布是我国历史悠久的传统民间布艺，又称“百衲”。学生将可以利用的碎布剪裁、自由拼接，最后由老师组合、缝制。这件拼布壁饰作品拼法简单、色彩朴拙，唤起人们久远的记忆，忆起用碎布头一针一线细细缝制的小书包，温暖而真实。

新时代的教师应该具备哪些素养

目前，我国的基础教育已全面普及，人民群众“有学上”的问题得到解决，“上好学”的需求日益强烈。全面提高教育质量，实现基础教育高质量发展已成为我国教育的战略性任务。培养有理想、有本领、有担当的社会主义时代新人，办好人民满意的教育被摆在了更加重要的位置。

基于我国国情，中华人民共和国教育部于2022年4月出台了《义务教育课程方案》（以下简称《方案》），进一步推动了我国在课程、实施与评价等方面的深度改革。《方案》强调了三个方面：一是学科实践，规定每学科拿出不少于10%的课时开展跨学科学习活动；二是综合学习，提倡主题式、项目式、单元式等教学；三是评价改革，关注过程性评价、增值性评价，对学生在学习过程中的学习态度、学习方法、思维方式等进行跟踪，及时引导学生全面发展。这些既是对学生学习方式的改革，更是对教师在课程理念、教学方式、评价方法等方面提出的新的挑战。

那么，如何提升教师自身能力，实现高质量的教育教学活动呢？教师需要具备哪些素养，才能胜任新时代的教育担当，才能落实、实现国家课程改革的理念和方向，培养出一批批德智体美劳全面发展的学生呢？

基于这样的思考，我们整理并总结了各个学科都涉及的相同教学主题，最后决定将中华优秀传统文化中的非遗作为抓手进行跨学科、融合学科的开发，从中

探索出一套非遗文化课程深入推进的方案，提炼出一套非遗项目跨学科学习开发与实施、评价与推广的立体式实践模式。由此，我们建立了以综合实践活动、劳动教育、美术、语文教师为主的跨学科教研团队，根据教师的专业特长和课程能力，组建了十几个联盟校项目，进行了持续的实践探究，并获得了可喜的成果。我们深深感悟到新时代的教师在课程开发、实施、评价与资源利用等方面应该具备如下这样的素养。

一、跳出单一学科界限，“设计”学生课程内容

《方案》提出每一学科要开发不少于 10% 课时的跨学科活动，从师资能力看，要求教师具备跨学科设计的理念和能力；从活动内容看，指向基于学科为主题的跨学科学习，打破单一学科的壁垒，建立纵向联系，让学生在同一主题的内容中将各个学科涉及的知识、技能、学科思想、素养等进行联结与融合，让学生经历某一主题的完整的学习活动，建立新的思维方式，获得新的经验，实现“知识的价值”。非遗文化课程的研究与实践，涵盖语文学科的文化，美术学科的审美与技能，劳动教育的工匠精神，综合实践活动的综合性学习与能力培养等，它们的融合可以带给学生完整的体系和经历，不再是碎片化学习和认知。

二、尊重学生发展规律，关注学生实践体验过程

教育要遵循学生的身心发展规律，注重个性差异，因材施教，给予学生鼓励，使能力得到提升。根据非遗项目的研究活动，涉及学生对非遗项目的文化认知、设计制作、成果推广等，让学生能够通过一系列的活动“文化于心”“心化于形”，实现“知—情—意—行”相统一，成为一名非遗文化的小传人。在这个过程中，教师需要看到不同能力的孩子在活动中的投入、努力和专注，要看到学生基于自身状态获得的新的发展。我们提倡：尊重学生身心发展规律，不要吝啬教师的赞美，不要吝啬教师的“优秀”评定，要看到学生在付出过程中的那份全力以赴。

三、根据项目活动内涵，制订聚焦性评价量规

评价是导向，在项目活动中我们发现，教师在设计评价量表时经常出现两种情况。第一，能够关注学生经历的活动环节，但缺乏相应的不同等级的具体描述；第二，设计出的评价要素没有结合具体项目，而是笼统的、不聚焦的，没有契合主题。这样的评价不能给予学生具体的指向，无法让学生结合活动主题进行反思与总结，不能明晰究竟哪些方面做得好，哪些方面还需要努力。我们建议，低年级学生认字少，可以图形为主，中高年级学生的评价量规要细致具体，具有指向性，帮助学生知道如何做，怎么做，自己可以做到什么程度。这样的评价才有意义。

四、善于利用社会资源，拓宽学生活动空间

非遗文化是传承的技艺，不具有普遍性。因此，在课程开发与实施中，利用与挖掘社会资源，寻求专家资源的协助，与非遗场馆或实践基地合作是非常有必要的。这可以弥补校内教师专业能力的不足，拓宽学生与教师实践研究的平台，补充丰富的课程资源，助力项目深入实施，促进学生获得专业的、多元的体验，深刻感受非遗文化的博大精深。

新时代的教师，需要具备的素养不只这些，还需要具备信息技术素养、协同发展的能力等。

相信，只要愿意行走在课程改革的道路上，教师就会在教育教学的实践中不断获得素养提升、教育智慧，乃至形成教育思想。久久为功，也必将推动中国的教育改革，为国育人，为党育才。

让非遗会说话

非遗劳动项目实施与评价

刺绣

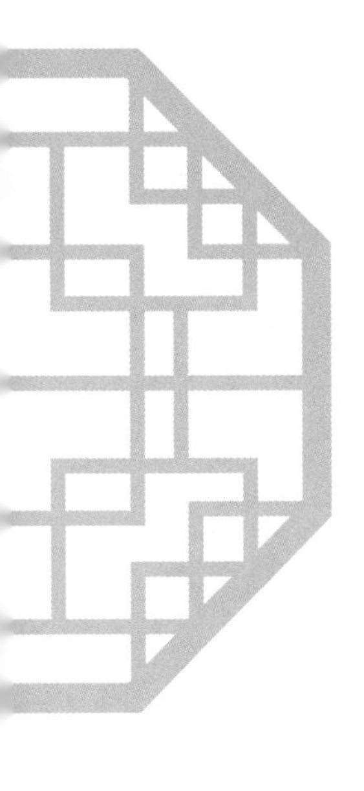

主　编　观　澜

本册主编　曹　军　李艳艳　曹丽萍

河南科学技术出版社

·郑州·

图书在版编目（CIP）数据

刺绣 / 观澜主编 . -- 郑州：河南科学技术出版社，2023.5

（让非遗会说话：非遗劳动项目实施与评价）

ISBN 978-7-5725-1187-5

Ⅰ . ①刺… Ⅱ . ①观… Ⅲ . ①刺绣—介绍—中国 Ⅳ . ① J523.6

中国国家版本馆 CIP 数据核字 (2023) 第 075432 号

出版发行：河南科学技术出版社

地址：郑州市郑东新区祥盛街 27 号　　邮政编码：450016

电话：（0371）65737028　65788613

网址：www.hnstp.cn

策划编辑：黄甜甜

责任编辑：李平平

责任校对：乔伟利

封面设计：张　伟

责任印制：朱　飞

印　　刷：河南博雅彩印有限公司

经　　销：全国新华书店

开　　本：710 mm × 1 010 mm　1/16　　印张：3.75　　字数：61 千字

版　　次：2023 年 5 月第 1 版　　2023 年 5 月第 1 次印刷

定　　价：258.00 元（全九册）

《让非遗会说话——非遗劳动项目实施与评价》(简称《让非遗会说话》)这套书，历经两年最终得以出版，得益于金水区深厚的文化，非常感谢河南省教育厅和郑州市教育局领导的支持，还有学校的大力支持和一起同行的观澜名师工作室的伙伴们。

非遗是传统文化的重要组成部分。在新时代下如何大力继承、推广和创新，是值得深度思考与研究的命题。

河南省郑州市金水区作为课程改革实验区，遵循“灿烂如金，上善如水”的教育理念，注重课程改革、教学改革和评价改革，构建适合金水学子的教育体系，全方位实施素质教育，落实课程育人、活动育人、实践育人、合作育人、评价育人，培养德智体美劳全面发展的新时代学子。

在推进和创新非遗文化课程中，我们建立跨界联盟校，吸纳洛阳、安阳、杭州等优秀非遗团队，以“项目”为驱动，开展跨学科学习教学，将美术、综合实践活动、劳动教育、语文、历史、物理等学科相融合……让学生经历真实情景的探究，重构知识体系和思维，在解决问题过程中使能力、素养、品质得以提升，最终建构学生“知识—人—世界”的完整实践价值观，实现“知—情—意—行”合一的美好教育境界。在整体探索和推进中，我们的团队边实践边总结，一起交流，一起研讨，一起碰撞，探索出一套非遗项目化实施和评价的有效模式。有7所学校的非遗项目成果在全国第六届公益教育博览会上进行参评和推广，河南省实验中学的剪纸、郑州市金水区四月天小学的布老虎、郑州市金水区文化绿城小学的葫芦烙画、郑州市金水区艺术小学的刺绣、郑州冠军中学吹糖人、河南省实验小学扎染、郑州市金水区农科路小学北校区皮影获得优异的成绩。

《让非遗会说话》这套书一共九本，包括九个非遗项目，它们分别是中医文化、宋代点茶、陶艺、布艺、扎染、刺绣、戏曲、葫芦烙画、澄泥砚。每本书分为三篇，第一篇是理论研究，重点阐述如何让非遗会说话的实践路径和模式；第二篇是课程实践，包括课程规划、具有代表性的活动设计、课程影响力，为课程如何规范有效设计、实施与评价提供借鉴和引领，其中活动设计呈现出联盟校各自的特色，为教师实施课程提供了可借鉴的经验和方向；第三篇是师生作品，展现了课程实施效果和师生的成长。

本套书呈现了非遗文化在中小学的有效落实，在师生学习生活中的开花结果、守正创新。对新时代下学校的课程创新、教师的创新实践、学生核心素养的发展都起到引领与推广作用。

在这里非常感谢参与《刺绣》编写工作的金水区艺术小学副校长赵薇娜、邓欣雨主任、李颖老师，金水区未来小学的王志文老师，郑州市第75中学的刘艳主任、郭珊珊老师等辛勤的付出和智慧的交流。

河南省郑州市金水区教育发展研究中心 观澜

第一篇　理论研究

第二篇　课程实践

第三篇　师生作品

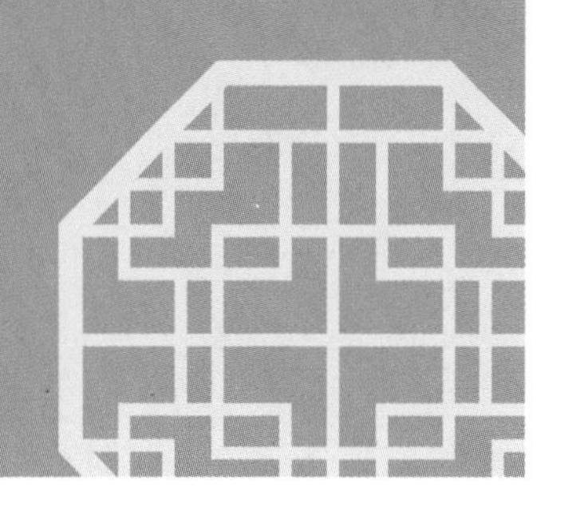

第一篇 理论研究

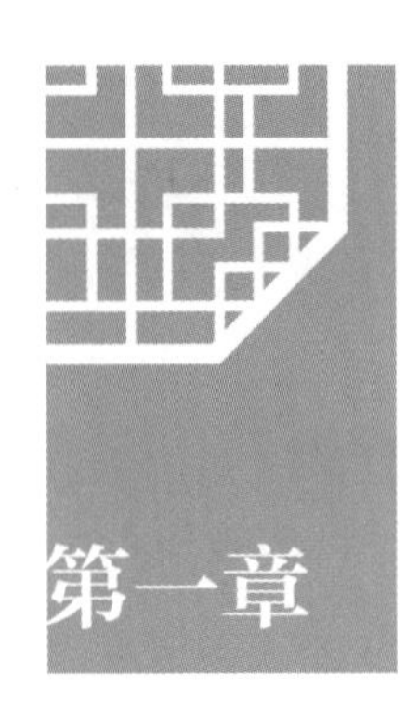

第一章 非遗文化的重要性

习近平总书记强调，中华优秀传统文化是中华民族的精神命脉，是涵养社会主义核心价值观的重要源泉，也是我们在世界文化激荡中站稳脚跟的坚实根基。非遗文化是中国传统文化的一部分，在中国传统文化中具有重要地位。

一、非遗文化的重要性

非遗文化是中国传统文化重要的组成部分，承担着独特的文化内涵和教育推广意义。

非遗文化具有悠久的历史。剪纸是具有最广泛群众基础的民间艺术之一，大概有1500年的历史；泥咕咕的历史渊源，可以追溯到远古时期，有记载其产生于河南浚县；钧瓷始于唐，盛于宋，作为中国陶瓷艺术史上的一个重要标志，在世界陶瓷发展史上占有重要地位；风筝由中国古代劳动人民发明于东周春秋时期，距今已2000多年，相传墨翟以木头制成木鸟，研制三年而成，是人类最早的风筝起源。

非遗文化是手工业精湛技艺的代表。比如钧瓷，自古以来就有“黄金有价钧无价”“家有万贯，不如钧瓷一片”“入窑一色，出窑万彩”的美誉；中国的手工刺绣工艺，已有2000多年历史，有“玉女飞针巧引线，乾坤绣在方寸间。百花不晓冬寒日，四季绽放在春天”的美誉；至于篆刻技艺的魅力，孙光祖《篆印发微》有言：“书虽一艺，与人品相关，资禀清而襟度旷，心术正而气骨刚，胸盈卷轴，

笔自文秀。印文之中流露，勿以为技能之末而忽之也。”

非遗文化具有欣赏价值。如戏曲融入文化、服饰、道德品质，承载着乡音乡情，帮助中国人寻找情感寄托、精神归属，成为传播中国传统文化的重要途径，也成为人们重要的精神家园。“剪纸铺平江，雁飞晕字双”等诗句表达出对剪纸的艺术欣赏。“缬，撮采以线结之，而后染色。既染则解其结，凡结处皆原色，余则入染矣，其色斑斓谓之缬。”可见扎染技艺的神奇。

非遗文化充分体现了劳动人民的工匠精神。非遗作品的创作需要潜心研究，不断创造，专注于每一个细节，凝结了创作者的大量时间和心血，也是创作者毅力和智慧的体现。

一直致力于非物质文化遗产研究与发展的北京师范大学非物质文化遗产研究与发展中心执行主任张明远教授，在首届“致敬中华优秀传统文化”项目学习活动闭幕式上认为，一个民族的文化是一个民族存在的标志，如果没有传统文化，民族就失去了存在的特征。他表示，中华优秀传统文化具有跨越时空的价值，铸就了中华民族得以传承千年的根基。随着中华优秀传统文化走进校园，各类非遗项目与学生之间建立了联系，在学生心目中便形成了一种美学传递，这将伴随他们的成长。张明远教授表示，中华优秀传统文化的影响和价值与我们当下的生活息息相关，促进青少年健康成长，要让更多的青少年沉浸到中华优秀传统文化的学习研究中。

中华优秀传统文化的传承与发展是提升国民素质的重要措施，也是建设社会主义文化强国的重大战略任务。

二、非遗文化在教育中的意义

非物质文化遗产是中华民族智慧的结晶，充分体现了劳动人民的工匠精神以及对文化的传承与弘扬。《完善中华优秀传统文化教育指导纲要》明确提出，加强中华优秀传统文化教育，是深化中国特色社会主义教育和中国梦宣传教育的重要组成部分，对于引导青少年学生全面准确地认识中华民族的历史传统、文化积淀、基本国情，实现中华民族伟大复兴中国梦的理想信念，具有重大而深远的历

史意义。

学校是落实非遗文化的重要场所，担当着非遗文化延续和传承的重任，对从小培养学生对中国文化的了解，起到重要作用。

河南历史文化底蕴厚重。老子、庄子、张仲景、商鞅、李商隐等历史文化名人皆与河南有关，剪纸、拓片、布老虎、澄泥砚、钧瓷、朱仙镇木版年画、汴绣、唐三彩等皆为河南特色非遗文化。开发相应的非遗课程，实践于课堂，让学生作为非遗文化的使者，去影响身边的人，让更多的人了解中国文化、非遗文化，是我们应当做的事。

从教育的角度看，开发与实施非遗课程对学校、教师、学生都具有深远的意义。

从学校课程特色建设看，开发与实施非遗课程能够彰显学校课程特色，构建丰富多元的课程体系。

从教师业务发展看，开发与实施非遗课程具有一定的挑战性，不但能激发教师开发与实施课程的热情，还能进一步转变为教师“教”的方式，实现课程育人、实践育人、活动育人、评价育人。

从学生成长角度看，非遗课程可以让学生学习到书本之外的知识，提高动手操作与创作的能力、探究能力、解决问题能力，帮助学生形成良好的品质和综合素养，让学生热爱家乡，热爱祖国，实现德智体美劳全面发展。

三、当代非遗文化的发展瓶颈

非遗文化具有重要的社会文化地位，但发展受到多种因素的制约。

第一，非遗作品的制作过程是一个“慢”“精”“细”的创作过程，需要付出大量的时间和精力。

第二，非遗作品因投入人力、物力和时间等成本，通常价格比较昂贵。

第三，非遗的技艺需要创新，而这并不是一件容易的事情。

第四，非遗传承人需要极大的耐心、恒心和不怕失败的意志，不怕创作的孤独，才能承担起这份传承的责任。

为此国家出台了相关政策，大力推广非遗文化。将非遗课程落地学校，让非

遗文化植入学生内心，将非遗文化进行宣传，逐步形成体系化解决方案。

鉴于以上种种，笔者提出了“让非遗会说话”的教育思想，学校通过非遗课程的开发与实践，让非遗文化“会说话”，学校容易实施，教师容易教，学生容易懂，社会更加重视，非遗文化更加普及。

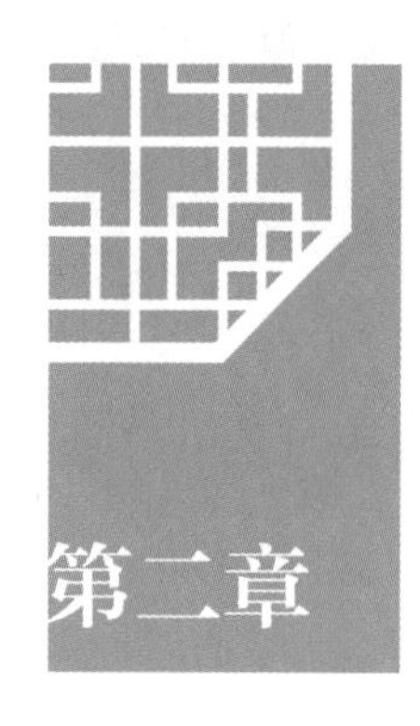

第二章 推进非遗文化的方案

要在教育中落实非遗文化的传承、发扬、创新，就要先分析非遗文化在教材中呈现的样态。国家在编写教材时，非常重视将中华优秀传统文化融入各个学科。

比如“风筝”，不同学科的教师会关注与本学科相关的元素。从美术学科角度看，注重的是美学常识和绘画构图技巧；从语文学科角度看，注重的可能是与风筝有关的意象；从数学、物理学科角度看，注重的是风力、平衡力、三角形的构造等；从历史学科角度看，注重的是风筝的发展史；从德育课程或者专题活动角度看，注重结合风筝开发校本课程，寄语美好未来等。这种单一学科的学习方式和主题活动存在以下不足。

第一，这些内容有交叉、有重复。对学生来讲，占用一定的时间进行重复性的学习，学习的时效性不强。

第二，大多停留在支离破碎的知识层面。每个学科突出的是与本学科相关的知识或者技能，体现的是非遗文化在本学科的价值，是一个“点”而不是一个“面”。

第三，学习方式比较单一。美术学科的学科素养决定着学生需要根据教材内容动手创作，学生能够经历简单的动手实践的过程。其他学科大多不要求学生动手实践。

第四，学生没有兴趣。部分非遗项目很抽象，又离学生生活比较远，学生缺乏浓厚的探究兴趣。

当下，亟待通过一种学习方法或者课程方式，把各个学科涉及非遗的知识、

培养目标、学科思想融合在一起，打破单一学科的壁垒，建构纵向联系，重构学生的知识体系，让学生经历一个完整的项目探究过程，解决真实情境中的问题，促进学生的综合能力不断提高和持续发展。

笔者通过多年的实践与研究，认为“项目学习”和“综合实践活动跨学科学习”是最佳的实施方式。它们具有综合性强、实践性强、生成性强、跨学科性强等特征，是推动学科知识融会贯通的必经桥梁（如下图），可以推进非遗课程的常态持续有效实施，发展学生的核心素养。

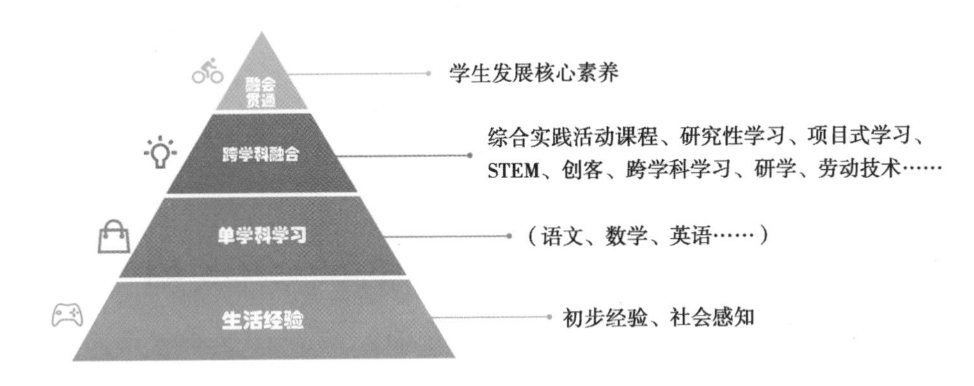

学习方式与核心素养关系图

项目学习和综合实践活动都指向跨学科学习。跨学科学习是多个学科的思想和方法的融合。以“风筝”为例，以项目学习为学习方式，融入综合实践活动课程中的研究性学习步骤，就实现了课程综合育人、实践育人、活动育人、评价育人，如下图所示。

跨学科学习框架图

从图中可以看出，在“风筝”这一项目任务中，通过建立子任务，即研究内容骨架、跨学科学习涉及领域、学习深度发展等，打通各个学科之间的横向联系，融会贯通。每一项研究内容都指向学生的主体地位，注重活动中学生的亲身体验，深化活动的实践探究以及真实情境下的收获，发展学生的多元能力。这不是单一的学科活动经历，而是丰富多元的活动串形成的课程内容、完整的课程体系。突出跨学科方法、思想的融合，基于学生已有知识又进阶发展核心素养，学生解决问题的能力得到提升，建立起个体与自然、社会的统一完整链接，知—情—意—行相融合。这种学习方式，让学生深刻感悟中国传统文化的博大精深，热爱祖国悠久的历史和壮丽的河山，树立人生理想和远大志向，是实现高质量发展的课程育人样态。

第一节　设计非遗课程的整体架构

作为国家级课程改革实验区，二十多年来，河南省郑州市金水区持续优化课程顶层设计，多元开发与实施中华优秀传统文化进校园、进课堂、进课程，实现立德树人，激发学生的民族自信、文化自信。笔者提出“让非遗会说话”的教育思想，构建区域非遗课程“常态 + 融合 + 多元”推进模式，通过“一引领、二融合、多元开发”路径，变革学生学习方式、课程育人方式，让学生感受中华优秀传统文化的博大精深，激发爱国、爱党、爱人民的思想感情，取得了较好的效果。

课程的有效落地需要具体的实施路径和策略支撑。金水区经过多年的实践探究，“自上而下”整体设计课程，从明确实施原则、学习方式四个“转向”、构建课程实践要素三个维度推进课程有效深度实施，形成区域非遗课程样态。

（一）明确实施原则

正确的理念决定行动的成效，明确实施原则就像明灯指引课程的科学发展。因此，我们确定了“三个原则”以实现非遗课程实践的“三个价值”。

（1）知识与实践相结合，让知识更有价值。非遗文化博大精深，对小学生来讲比较抽象，为了让小学生能够丰富相关知识，进一步感受非遗文化的精湛技艺，必须让小学生通过实践来亲身体验，将知识应用到动手实践中，感受创作的过程，体验非遗传承人坚持不懈的精神和不断创造的追求，让理论知识与实践相结合，不断产生新的知识与经验。

（2）教育与生活相结合，让实践更有价值。一件非遗作品，不仅是可以进行售卖的产品，更是艺术品，具有欣赏或收藏价值。非遗课程的开发与实施，需要将教育与生活相结合，实现有价值的实践，让学生知道学习不是单一的知识性活动，而是多元的。人类获得的知识，可以更好地创造财富，创造美好的生活。

（3）学科与个体价值相融合，让人生更有价值。学科知识与学科思想，蕴含着做人做事的道理。非遗课程通过跨学科学习、体验式学习、场馆学习、实践学习等，在“做中学”“学中创”，让非遗文化在学生心中扎根，让学生深刻体悟工匠精神与劳动人民的智慧以及中国文化的博大精深，丰盈学生的道德品质。

以上三个原则的指导思想，为非遗课程的开发、实施与评价，指明了正确的方向。

（二）学习方式四个“转向”

2022 年教育部颁布的《义务教育课程方案》中提到“综合学习”“学科实践”“跨学科”等，引领学习方式的变革强化了课程育人导向。非遗文化及作品并非与学生的生活紧密相连。由此，在非遗课程的开发与实施中，只有体现新的课程育人方式、学习方式，才能让学生学得有兴趣，教师教得有趣味，课程实施有成效。我们特别提出在课程实施中要体现学习方式的四个“转向”，实现课程育人。

从单一学科走向融合。非遗课程的设计与实施，可以打破单一学科的壁垒，将非遗历史、文化、特征、技艺、制作等进行整体实施，建立学生对某一项非遗的深入了解与体验，实现高阶思维的学习发展。

从书本知识走向实践。“与其坐而论道，不如起而行之”，说明“行动”的重要性。只有带着知识走向实践，才能将知识与实践融合，发挥知识的价值，创造实践的价值。只有通过实践创造出非遗文化作品，才能更好地发扬光大非遗。

从学校走向社会。社会即学校，生活即教材。利用社会资源让学生更加深刻地了解非遗文化，感悟非遗文化。禹州钧瓷、朱仙镇木版年画、澄泥砚等都是学生遨游的知识海洋。沉浸式教育方式，不需要过多的语言就能带领学生开阔视野，启发思维，感受中华优秀传统文化的伟大。

从重结果走向重过程。非遗课程的开发与实施，不在于让每一位学生都成为创作者，成为非遗传承人，而在于让学生在探究实践的过程中，感受非遗文化的博大精深，感受技艺的精湛，感受劳动人民的智慧，感受中国文化的源远流长，坚定文化自信。这个过程非常重要。

学习方式的四个“转向”，不仅体现了新时代学习方式的变革，更是课程育人方式的变革。

（三）构建课程实践要素

在课程实践探索中，构建非遗课程实践要素，为学生规划有效的学习流程，为教师提供操作模式。

兴趣是最好的教师，学习内容只有建立在学生的兴趣之上，才能激发学生持续的学习激情。基于学生的兴趣或者疑问确定研究任务，以研究任务为驱动目标，制订计划，引导学生开启研究之旅。

像科学家一样思考和实践。学生在研究一个项目时，只有认真思考和实践，才能实现学习的高阶发展，才能培养科学精神，形成严谨的探究态度。

让“附带学习”走向深度。“附带学习”指研究对象延伸出来的子课题，也是具体的研究任务，这些子课题的研究深度，决定着课程实施的深度和研究任务目标能否达成。

将一切想法变成现实。有想法就去做，尤其是在动手实践创作的过程中，要鼓励学生大胆想，大胆做，将想法变成现实，做出作品，让“非遗会说话”。

重活动感悟。课程实施中，学生遇到的问题以及解决问题的方法最能体现学生的成长。学生认识到意志力的重要性，认识到非遗作品制作的不易等，这些感悟能够影响他们做事的态度和方法。

将成果进行推广。鼓励学生成为非遗的代言人，推广和宣传非遗文化。

通过以上实践要素，持续推动学生探究非遗的知识、历史、工艺、传承等，引导学生在活动中积极参与、反思，感知非遗工艺的精湛，提升其继承和发展中国文化的责任感与担当意识。

第二节　推进模式与评价

前面阐述了宏观、中观维度的非遗课程开发与实施的整体理念和设计思路。那么，如何进行具体的实践呢？笔者将从推进模式和实践策略两方面进行阐述。

一、推进模式

通过普及课程与社团课程相结合、必修课程与选修课程相结合、校内与校外相结合等方式，整体推进课程有效实施，构建“一引领”“二融合”“多元开发”的实施模式。

（一）“一引领”：建立非遗项目联盟校

为了深度开展非遗课程，提高活动质量，提升课程品质，我们发展了16个非遗项目联盟校，以引领课程的实施，推进并打造了“一校一品”，实现课程的统整和学习方式的多元融合，如郑州市金水区纬五路第一小学的中医药课程、郑州市金水区银河路小学的纸雕、郑州市金水区农科路小学北校区的皮影课程、河南省实验小学的扎染课程、郑州市金水区南阳路第三小学的剪纸课程、郑州市金水区文化绿城小学的葫芦烙画课程、郑州市金水区艺术小学宏康校区的风筝课程、郑州市金水区黄河路第一小学的麦秸画课程等，课程已经非常成熟。部分学校建立非遗研习馆，如郑州市金水区丰庆路小学不仅建立了非遗馆，还与河南省非遗传承人共同开发了7项非遗品牌项目，郑州市金水区农科路小学国基校区建立了古笛非遗馆等，为学生提供学习的场地、文化熏陶的环境，打造学校非遗课程项目，增强非遗文化在学生中的普及度。

非遗联盟校解决了教研团队力量薄弱的问题，打通了区域间同一类非遗教师之间的交流渠道，起到了互促互进的作用。目前，剪纸、葫芦烙画、篆刻、泥塑、宋代点茶、香包、扎染、布老虎、皮影、豫剧、书法、刺绣、风筝、麦秆画、陶艺等社团课程，都已成为学校的品牌课程。

（二）“二融合”：与综合实践活动、劳动教育三者融合

非遗项目课程涉及综合实践活动考察探究、设计制作、职业体验等活动方式，同时也涉及劳动教育课程中生产劳动、职业体验、工匠精神等内容，三者相辅相成，彼此融合。我们共有综合实践活动、劳动教育专职教师 90 多名，结合非遗特征，在综合实践活动、劳动教育常态化实施中融合开发与实施非遗项目，保障非遗课程的持续开展。三者的融合，实现了课程育人、综合育人、实践育人，为培养德智体美劳全面发展的学子打下基石。

（三）“多元开发”：开展学科非遗研究性学习

丰富的非遗项目以国家出台的《关于实施中华优秀传统文化传承发展工程的意见》为指导，遵循面向全体学生，结合学生年龄特征，明确各学段学生学习中华优秀传统文化的基础要求，同时为学生提供基于兴趣爱好拓展延伸的空间的理念，基于区域教育积淀、师情特质，鼓励各学科教师通过学科主题、拓展活动等，开发学科非遗研究性学习，挖掘非遗项目，渗透非遗文化在学校课程中的落实与发展，担当起发扬中华优秀传统文化的责任和义务。如结合语文学科春节相关知识开发“灯笼”“书法”“剪纸”作品等，结合数学学科三角形相关知识开发“纸雕”，结合历史学科明清前期的文学艺术相关知识开发“戏曲”，结合音乐学科豫剧相关知识开发“制作脸谱”，结合化学学科相关知识开发“陶艺”等，这些非遗“微项目”既突出学科特色中的非遗特征，又帮助学生在各学科学习中感悟非遗文化。

二、实践策略

笔者提出“1+9+3”的实践策略，整体推进课程的具体实施，保障课程的持续推进和发展。

（一）“1”：建立一所实践基地、合作一位非遗专家 、打造一校一品

为构建互为补充、相互协作的中华优秀传统文化教育格局，郑州市金水区注

重开发与拓宽中华优秀传统文化丰富、生动的教育资源，鼓励学校建立一所实践基地。其一，通过校内建立的非遗研习馆，学生可以身临其境地感受非遗文化的魅力。例如，郑州市金水区丰庆路小学建立研习馆，与河南省非遗传承人合作开发 7 项非遗课程；郑州市金水区农科路小学国基校区建立骨笛非遗馆；郑州丽水外国语学校成立茶艺研习馆；郑州市金水区外国语小学建立陶艺馆；郑州市金水区纬五路第一小学与河南省中医药大学第二附属医院合作建立中医文化课程开发与实践基地；郑州市金水区工人新村第一小学与河南省中医药大学第一附属医院建立中医文化课程开发与实践基地等。其二，在郑州市教育局的支持下，金水区和部分大中专院校建立非遗课程合作项目，拓宽学生实践平台。郑州市金水区南阳路第三小学和郑州市科技工业学校合作建立了课程资源开发与实践基地，开发职业体验课程；郑州市金水区经三路小学与河南省经济技术中等职业学校携手开展非遗香包课程。

非遗专业人士才能带给学生专业的知识和技能，形成正确的文化认知。在课程实施中，邀请国家级、省级非遗传承人，作为指导教师走进学校。郑州市金水区中方园双语小学、郑州市金水区文化绿城小学邀请非遗专家指导葫芦烙画非遗项目；郑州市金水区文化路第三小学邀请省书法协会对相关项目进行指导等，这些都为学生深刻地学习与体验非遗项目提供了专业的环境。

经过多年实践，相关学校打造了课程品牌，形成了区域百花齐放的“一校一品”乃至“一校多品”的课程特色。郑州市金水区农科路小学皮影课程，郑州市金水区农科路小学国基校区布艺课程，郑州市金水区银河路小学纸雕课程，郑州市金水区文化路第二小学篆刻、书法等课程，郑州市金水区艺术小学豫剧、风筝等课程，郑州市金水区黄河路第一小学麦秆画课程，郑州市丽水外国语学校陶艺课程，郑州市金水区凤凰双语小学扎染课程，郑州市金水区纬三路小学泥咕咕课程，郑州市第 47 中学初中部、郑州市第 75 中学刺绣课程，郑州市第 34 中学珐琅彩课程，郑州市金水区新柳路小学汉服课程，郑州市金水区四月天小学布老虎课程等，均已形成影响力。

从以上9个活动环节中，可以看到非遗课程的整体活动设计，目标涉及知识、认知、方法、技能、情感、核心素养，学生活动涉及研究、实践、实地考察、设计制作、成果推广、社区服务等，学习方式是多样的，实践领域是广阔的，形成了一体化的项目式学习，达成“知—情—意—行”相融合，建立“知识—人—世界”整体观，实现综合育人、实践育人、活动育人。

项目式学习能够打破传统教学上的壁垒和瓶颈，让学生在学习态度、学习方式、学习表达等方面发生积极变化。

（三）“3”：三种评价方式

评价是诊断课程实施效果的依据，是促进学生发展的手段。金水区更新教育评价观念，关注师生共同发展；创新评价方式方法，注重学生“学”的过程，关注典型行为表现，强化学生核心素养导向；增强评价的适宜性、有效性。

金水区确立了过程性评价、可视化成果评价、终结性评价三种评价方式，指导教师根据非遗项目量身定制评价量规，避免评价的“空乏”“无效”，聚焦学生的学习活动，注重增值性评价，从“活动态度”“设计创作”“活动总结”“文化推广”四个方面制订评价要素，设置“优”“良好”“继续努力”三个维度的详细指标，关注学生“学”的过程，肯定优点，引导学生有针对性地反思，发现努力方向，体现非遗项目本身的教育价值，落实核心素养。如郑州市金水区纬五路第一小学开展的“我和中药有个约会”这一非遗项目，学生通过这个项目，对中医药文化进行了了解与调查；自制中药产品，如香包、夏凉茶等；走上街头将茶水送给清洁工等。教师应抓住活动核心，制订评价量规，实现知识、技能、情感态度和价值观的融合发展。

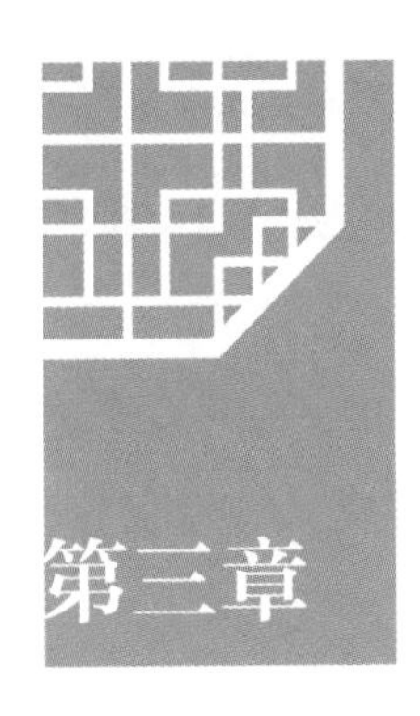

第三章　课程保障及成效

非遗课程的开展只有通过教研部门、行政部门建立有力的保障机制，才能持续良性发展。通过以下保障，我们实现了课程开发与实施的有序、有效。

第一，创新教研体系。2019 年 11 月教育部印发的《关于加强新时代教育科学研究工作的意见》中提到：鼓励共建跨学科、跨领域的科研创新团队。可见，创新教研体系是提升教师业务水平、推动课程改革理念非常重要且可行的方式。金水区从 2016 年起，通过建立 π 学科教研员发展共同体（跨学科教研团队），打破单一学科教研活动，打造多学科不同视角的教研体系，实现跨领域的教研推进模式，助力教师多视野、跨学科地开展教育教学；建立跨界跨学科教研团队，开展每月至少一次的“行之实”活动，吸纳河南省实验中学、黄河科技学院附属中学、哈密红星中学等学校协同发展；开展中层课程领导力项目，提升业务领导的课程理念与指导能力；积极推行省市区一体化的下校调研制度，通过指导学校工作、观摩教师课堂、开展课后教研交流等活动，评价学校课程实施的整体质量。有效、多样的教研体系，对构建德智体美劳全面培养的教育体系，发展素质教育，培养可担当民族复兴大任的时代新人提供了强有力的支撑。

第二，创新教师职称评定机制。自 2001 年课程改革以来，金水区一直在引领教师进行课程开发与实践、课程整合与融合，培养了一批批优秀的教师，形成了一份份优秀的非遗成果报告。金水区还将以学生为主题的研究性学习成果纳入评职称的项目，等同于研究课题。

非遗课程的实施整合了综合实践活动、劳动教育，教师可以根据情况申报综合实践活动、劳动教育科目的职称。

自2009年起，开展两年一届的“希望杯”课堂教学展评活动，为开发非遗课程的教师提供了展示的机会，这个活动的成绩有助于职称评定等。这些保障，进一步激发教师落实国家课程改革新理念、制订个体业务发展规划的动力。

第三，建立师生交流平台。金水区注重以评促发展，更新教育评价观念，整体提升师生的综合能力。其一，建平台，开展“希望杯”“金硕杯”课堂教学展评活动，提升教师的教育教学能力，为教师提供成长与交流的平台；其二，改革评价方式，将过程性评价与终结性评价相结合，“赋权下放”，指导学校注重学生“学”的过程，给予多元的综合性评价，促进学生整体发展，实现教学相长；其三，给予学校邀请专家团队指导非遗课程开发与实施的自主权，对师生成果进行发布与展示，激发学校办学活力，发展学校特色，助力师生在活动中得到成长。

以上保障措施，助力了课程的持续有效开发与实施。同时，金水区通过“五结合”助力非遗课程成果的分享和价值推广，即静态与动态相结合、常态与自主相结合、区域内与区域外相结合、一校与多校相结合、网络与社会相结合，让学生的学习过程和成果得以推广，同时让全社会了解当前教育的改革方向，学生学习方式的转变等，让全社会关注教育、支持教育的发展。由此，形成了一定的影响力。主要表现在：

第一，区域非遗课程成果丰硕。在国家课程改革的推动下，在河南省教育厅、郑州市教育局领导以及专家的支持和指导下，经过不断地探索和实践、普及与推广，非遗课程逐渐成为金水区的品牌课程和相关学校的亮点课程。目前，金水区共有省级和市级非遗基地校、实验校12所，非遗社团286个，开设非遗研习基地的学校有9所。非遗课程的整体推进，对提升区域教育质量、变革学校育人方式、改变教师教学方式、培养德智体美劳全面发展的学子，具有深远的影响。

第二，学校非遗课程成果出色。非遗课程持续推进，中国传统文化在区域大力弘扬，学校积极推广成果，形成了一定的社会影响力。郑州市金水区纬五路第一小学已经出版中医文化丛书，郑州市金水区纬三路小学将泥咕咕课程进行校本

化成果整理，郑州市金水区艺术小学获得“全国文明校园”荣誉称号。非遗课程成就学校，也培养了一批批热爱中国文化的非遗传承人。

第三，学生得到全面发展。学生在非遗课程中，综合能力和素养得到发展。在了解历史发展和相关文化中，收集资料的能力得到提高；通过亲自体验制作过程，动手实践与创新能力得到提高；到非遗基地进行考察，发现问题和解决问题的能力得到提高；对非遗传承人进行采访，沟通能力得到提高；走进社区进行宣讲，语言表达和展示交流的能力得到提高；制作海报，设计和审美能力得到提高。

第四，教师能力得到发展。教师是课程的开发者、实践者、评价者，也是管理者。教师承担着多种角色，指导者、帮助者、协调者、组织者、策划者、评价者、激励者等，促进了课程的有序顺利开展。在课程整体的实施与评价中，教师不仅需要储备学生感兴趣的知识，丰富和提高自身的业务素养，还要和学生一起前行和探索，共同完成课程，实现教学相长。师生共同认识非遗文化，了解技艺的精湛，感受工匠精神，感受劳动人民的智慧，感悟中国文化的源远流长与博大精深，增强文化自信和民族自信。

第五，建立了家校协同一体化。金水区凝聚了一批高素质的家长，他们重视教育，关注孩子成长，愿意支持和参与到学校的课程建设中来，一起为孩子的成长提供更为专业和丰富的资源。家长的协助，为课程的开展、学生的课外调查活动提供了有效的保障，实现了家校共同育人的目标。

（作者：观澜，河南省郑州市金水区教育发展研究中心综合实践活动、劳动教育专职教研员，中小学高级教师）

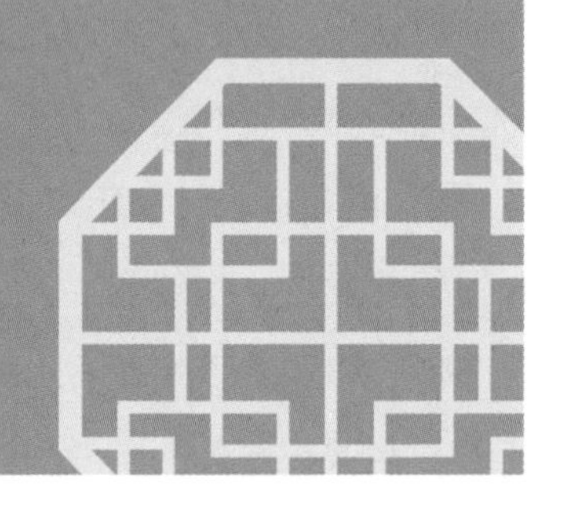

第二篇
课程实践

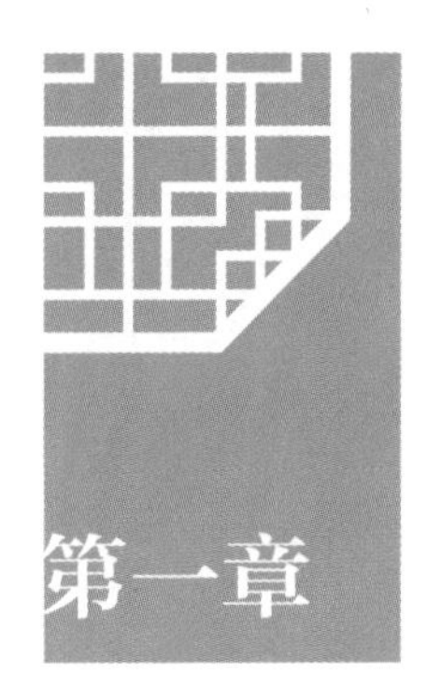

第一章　课程规划

一、课程背景

郑州市金水区艺术小学宏康校区以先进的办学理念，显著的教学成果，获得了良好的社会声誉。秉承给孩子一个爱好，还孩子一个梦想，将艺术融入课堂。学校以非遗项目课程推进学生学习方式的变革，教师教学方式的变革，进行跨学科学习。为推进非物质文化遗产刺绣工艺的进一步传承，锻炼学生的手指灵活性，培养学生的耐心、专注力，学校于 2020 年 9 月成立“灵绣”刺绣工坊。

鉴于技艺水平要求和安全考虑，工坊教师精心挑选对刺绣感兴趣且有较强动手能力的三、四、五年级有美术特长的学生，作为工坊活动人员。在保证课程科学性和规范性的前提下，工坊指导教师依次从缎面绣、轮廓绣、结粒绣、长短针、包边绣、回针绣等基本针法入手，引导学生在传承非遗的基础上进行大胆创新与设计。工坊在全国首届“致敬中华优秀传统文化”项目学习活动中荣获小学组三等奖，被郑州市教育局评为劳动教育优秀名师工作坊，并作为金水区代表参加了 2021 年度郑州市“五一劳动嘉年华”劳动教育成果展示活动。丰富规范的工坊活动，让学生逐渐沉浸在刺绣所带来的乐趣之中，完美的绣品也让学生充分体验到了成功的喜悦和骄傲。

二、课程目标

1. 学习刺绣文化的历史，认识刺绣相关工具及使用方法。

2. 掌握刺绣的基本针法，锻炼学生的手指灵活性，引导学生在欣赏各种刺绣作品的同时，对刺绣进行创新设计。

3. 对刺绣产生浓厚的兴趣，培养认真耐心的学习态度，感悟非遗文化的魅力，增强民族自豪感、责任心。

三、课程实施

此次项目使用年级为动手能力较强的三、四、五年级，采用的教学方法有演示法、讨论法、参观法、实践活动法等。

年级	活动步骤	活动目标	活动内容	实施策略
三、四、五年级	第一阶段 活动准备	学生初步了解刺绣有关知识，欣赏刺绣带来的美感，提高民族荣誉感	了解刺绣有关的非遗文化，观看中华传统民族服饰中刺绣之美	图片、视频演示等
	第二阶段 实践与创作	认识刺绣相关工具及使用方法，掌握刺绣的基本针法并进行创新设计。通过学习刺绣，来锻炼手的灵活性，同时发展学生的审美意识，体验工匠精神	熟悉刺绣的基本材料，掌握刺绣的基本针法，引导学生在欣赏各种刺绣作品的同时对刺绣进行创新设计	先教师示范，视频讲解，学生亲自动手实践试误，共同发现问题，再进行沟通交流，研讨出解决方法

续表

年级	活动步骤	活动目标	活动内容	实施策略
三、四、五年级	第三阶段 展示与评价	学生能够运用描述、分析、解释、评价等方法欣赏刺绣作品，在欣赏与展示作品的过程中，提升学生的思考能力、沟通与交流的能力、审美能力及评价能力	学生以新颖的形式介绍自己的绣品，学生观摩彼此的作品，深入探究作品的精美之处	运用舞蹈、音乐、视频等形式展示项目成果，引导学生以自我评价、小组互评、家长调查问卷及教师评价等方式进行评价，并给予相应的精神或物质奖励
	第四阶段 推广与宣传	通过有效的推广与宣传，让更多人了解并喜爱刺绣；提高学生的语言表达能力，总结与归纳的能力；增强民族自信心，激发对刺绣文化浓厚的兴趣	①开办校级画展 ②市级劳动工作坊展示 ③走进社区活动 ④亲子刺绣活动 ⑤全国首届“致敬中华优秀传统文化”项目学习活动	利用现场讲解，学生现场演示，参观者亲身参与和体验及调查问卷等方法，进行推广与宣传

四、课程评价

本项目活动中的评价主要遵循发展性原则、过程性原则、激励性原则、科学性原则以及互动性原则。评价要始终坚持学生的全面发展，提高学生综合素质，关注学生成长历程，最大限度地调动学生的积极性，使评价成为一种激励学生不断发展的动力；并通过交流互动，实现学生自评、互评和教师评价相结合，突出评价主体的多元化。

（一）过程性评价

学生可自行组成小组，组员自行商议成果展示形式，例如：录制视频、短剧编排、现场展示等，要求如下：

1. 展示主题表达明确且统一。

2. 内容新颖且具有学习与借鉴意义。

3. 突出团队合作与协调能力。

（二）终结性评价

教师根据学生在工坊活动中的表现给予表彰，可分为一、二、三等奖；学生可根据自身在非遗文化课程中的所得、所学与所悟发表自身的感想；学生在活动课程结束后，相互观赏绣品，指出他人作品的优缺点。

（三）评价量规

评价指标	优秀	良好	需努力
参与态度	能主动参与项目学习，积极献言献策，有一定的思考和启发，始终对刺绣保持浓厚的兴趣，积极合作，能与同学交流分享	能参与学习，有思考但启发性不强，认真倾听组员交流，能参与活动但兴致不高，能与同学合作	参与小组活动但不积极，缺少思考，对活动不感兴趣，不愿参与合作交流

续表

评价指标	优秀	良好	需努力
技能发展	熟练掌握刺绣的基本针法，根据作品需要，学以致用，合理分配，做到不同细节采用不同针法	掌握刺绣的基本针法，能尝试根据作品需要分配针法	针法掌握不熟练，不愿多次尝试
成果展示	刺绣作品绣面平整美观，色彩搭配协调，内容精美，内容能很好地反映主题，主题明确突出	刺绣作品绣面基本平整，色彩搭配基本协调，主题较明确,内容美观合理，能基本反映主题	刺绣作品绣面不平整，色彩搭配不协调，主题不明确，内容不美观，内容不能反映主题
活动推广	能够有条不紊地演示刺绣步骤，并按照自己的理解详细介绍刺绣文化	能够现场演示刺绣步骤，内容介绍不够吸引人	现场演示刺绣步骤简单，内容介绍简短，不能突出刺绣文化

五、实施建议

（一）注重课程开发方向和学生发展需求的有机结合

在贯彻“一切为了学生的发展”课程理念下，科学评估学生需求，利用校内外资源，推进刺绣课程的多样性开发和可行性开设。在课程开发前，学校可通过问卷调查、学生交谈、家校沟通等形式，了解学生的真实需求，进而确定课程开发方向的正确与否。在调研后，依据国家规定的培养目标，积极引导学生的个性发展需求，而不单是满足学生的猎奇心理。课程的设定不要局限于刺绣知识的掌握、刺绣技艺的提升，而要带领学生走出课堂，参观展览，举办丰富多彩的特色活动，为学生创设真实的情景体验。这样不仅有利于培养学生动手能力和创新意识，同时也提升了学生在项目活动中的获得感和民族自豪感。

（二）注重将校内资源和校外资源进行整合

充分整合利用校内外资源，注重生成课程的动态资源。“纸上得来终觉浅，绝知此事要躬行”，学生在课堂上获取的知识更多的属于间接经验，大部分的时间是与同伴交流学习，但如果想要更加深入地了解和加深对刺绣非遗文化的认知，需要在“引进来”的同时，加强“走出去”的课程设置。因此，在课程实施过程中，需要将学校中的静态资源与社区中的动态资源相结合。依据教学计划，多带学生参与校外展示活动，联合社区开展特色社群活动。在学期末，带领学生走进社区，向社区人群传递自己所了解到的刺绣文化，并亲身带领社区人员体验刺绣过程。活动后，收集问卷，为今后学生刺绣学习指引新的方向，同时提升在非遗文化活动所产生的自信。

（三）注重校本课程常态管理与可持续建设相结合

在课程开发之初，制订刺绣校本课程管理的常规制度，具体落实到课程规划、课程纲要及课程活动方案等。建立科学完善的评价机制，注重课程评价的多样化和多元化，把学生的个性发展和综合素质评价结合起来。其中包含对学习成果的评价、学习过程的评价、学习过程中形成的情感态度价值观的评价等诸多方面，实现以评促学、以评促教。

六、课程保障

先进的课程理念在实践中的贯彻，必然以先进的课程管理机制为保障。因此，要保证课程创新的质量，除了需要国家和地方赋予充分的课程决策权之外，还需要学校自身从管理制度层面给予相应的规约和激励。

（一）建立领导小组

领导小组主要职能是审议决定课程开发工程，形成课程开发方案。同时负责课程教材建立、教师培训、教学指导、监控与评价，承担课程的日常管理工作。

（二）做好课程开发与实施

教研团队负责在现有基础上，完善已有成熟课程设计，根据学校的整体安排做好课程实施的各项业务工作，并保障师生刺绣用品的需求。

（三）多种方式培训教师

通过请进来、走出去、拜师多种方式培训教师促进专业能力提升，为高质量的教育教学做好师资保障。

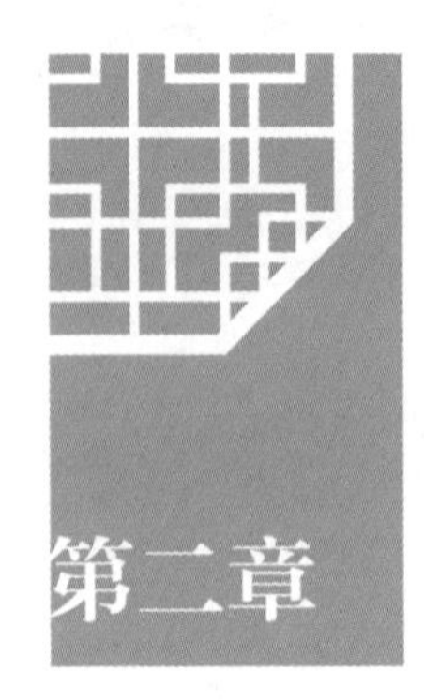

第二章 活动设计

项目一 校徽

活动目标

1. 通过教师讲解、学生分享、播放视频的方式，让学生了解校徽的外形特点以及设计理念。

2. 通过教师示范，指导学生学习回针绣和缎面绣针法，能够掌握校徽的刺绣方法并绘制图案，提高学生的动手实践和创造能力。

3. 通过交流、展示、评价等学习活动，让学生体验创造的乐趣，感受校园文化精神与传统文化的魅力。

活动重难点

掌握回针绣和缎面绣的刺绣针法。

活动准备

教师准备：课件、针线材料和校徽作品；学生准备：刺绣工具。

活动流程

本活动一共分为六个活动环节：初识校徽—自主探究—实践学习—展示评

价—活动总结—活动评价，一共需要三个课时。

一、初识校徽

设计理念：学生通过观察校徽图片、思考、交流，揣摩设计思路，了解校徽的外形特点及设计理念。

1. 教师让学生观察校徽图片，感受其造型特点。

2. 学生思考，交流了解到的其他著名的校徽及其相应的设计特点。

3. 教师引导学生揣摩校徽的设计理念，让学生谈一谈自己的想法。

基于“阳光育人，和谐发展”的办学理念，“厚德励学，笃志尚行”的校风，以旭日和书籍图案为主体构成了郑州市第 75 中学校徽。

二、自主探究

设计理念：通过感知和体验，初步了解校徽的主要特征。

1. 教师为每个小组发一个校徽刺绣作品，让学生通过摸一摸、看一看，感知校徽刺绣的特点。

2. 师生总结校徽的材质、外形特点。

三、实践学习

设计理念：不同的学习内容选择不同的教学方法，教师通过多种学习方法，激发学生兴趣，注重学生的提问和制作过程中遇到的问题，指导和帮助学生完成一件作品。

1. 小组交流校徽刺绣的方法。比如，运用了哪些基本针法？校徽图案怎么转印到布料上，制作步骤是什么？

2. 教师讲解和示范校徽刺绣的方法。

第一步，把校徽图纸、复写纸、布料按照自下而上的顺序重叠放置，用木质压痕笔在校徽图案上勾线，校徽图案被转移到布料上，绷上绣绷。

第二步，运用回针绣针法刺绣校徽内部图形。

第三步，运用缎面绣针法刺绣校徽外部轮廓。

第四步，检查与整理。

3. 学生提出自己不清楚的地方，教师给予解答；教师通过视频欣赏，再次探究校徽的刺绣方法。

4. 学生交流设计理念和想法，尝试刺绣校徽。

教师边巡视边指导学生，提醒学生回针绣时出针和收针距离要均匀，缎面绣缝制外轮廓时注意刺绣平整，保证校徽的协调与美观。

四、展示评价

设计理念：检验学习目标达成情况，并引导学生发现在课程学习中的优势和存在的问题，促进成长。

学生展示自己的校徽作品，分享学习心得、制作过程、遇到的问题和解决的方法等，并进行学生互评，教师评价小结。

五、活动总结

设计理念：主题升华，引导学生认识校徽刺绣的价值，弘扬传统文化的精神。

校徽是学校的象征与标志，传统刺绣作为有着上千年历史的产物，需要保持新的艺术创新融合，校徽与刺绣的结合，既让学生感受到独特的校园文化，又继承发扬了我国的传统技艺。

六、活动评价

设计理念：注重自我反思、过程性评价，作品设计与学生生活相结合，关注学生在活动中的知识、技能与情感态度价值观的发展。

学生活动评价表

《校徽设计》评价表		
1	你学会了哪种刺绣针法？	
2	你对自己的作品最满意的地方是哪里？	
3	你能否将活动小组的标志进行刺绣，形成一幅作品？	

（设计者：郑州市第 75 中学　王倩倩）

项目二　轮廓绣

活动目标

1. 通过观看视频、亲自刺绣作品等形式，让学生了解和认识轮廓绣的绣面特点及使用范围。

2. 通过教师现场示范、视频教学等，引导学生掌握缎面绣的针法技能，并大胆创新，设计图稿，制作一幅缎面绣的作品。

3. 通过实践、品鉴、交流、评价等形式，培养学生健康的审美情趣，促进学生养成认真、细致、精益求精的学习习惯，提高民族自豪感和自信心。

活动重难点

掌握刺绣针法中的轮廓绣，并应用到个人刺绣作品中。

活动准备

教师准备：PPT、轮廓绣的刺绣作品、教学视频；学生准备：绣绷、布面、针线盒等刺绣工具。

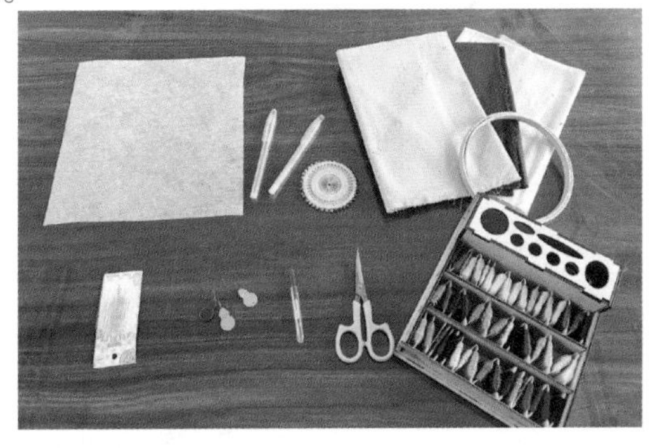

活动流程

本活动一共分为六个活动环节：作品赏析—探究新知—动手实践—展示评价—活动总结—活动评价，一共需要三个课时。

一、作品赏析

设计理念：采取讨论法教学方式，带领学生从不同艺术表现形式中欣赏荷花的美，了解荷花的外形特征。

1. 引导学生们观察荷花从花苞到盛开的过程，并倡导学生用针线记录下来。

2. 学生讨论交流，思考以线所呈现的艺术作品都有哪些不同的表现形式。

3. 分析荷花的外形特征。

二、探究新知

设计理念：让学生通过对作品的详细观察，体会轮廓绣作品的特点，分析其所适合的使用范围。

1. 教师让学生观察并对比缎面绣和轮廓绣的作品，感受轮廓绣作品的简约美。

2. 师生概括轮廓绣的作品特点。

三、动手实践

设计理念：通过小组讨论与交流，设计图稿，共同在实践过程中发现问题并及时解决问题。

1. 通过小组讨论，分析轮廓绣所需要的线的股数、针型等工具要求。

2. 教师讲解和示范轮廓绣作品的制作步骤。

第一步：设计图稿（概括提炼荷花线条）。

第二步：图稿转印（用转印纸转到布面上）。

第三步：绷紧布面。

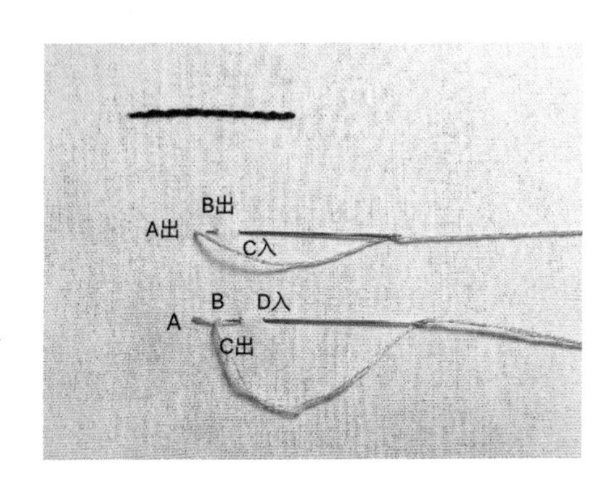

第四步：取线穿针（2 股线）。

第五步：缝制。

（1）从点 A 出针。（针尖从绣绷下方刺出布料为出针）

（2）从点 C 入针，点 B 出针。（针尖从绣绷上方在点 C 刺入布面，并同时从点 B 穿出）

（3）从点 D 入针并同时从点 C 出针。

（4）重复上述步骤，按照走一步退半步的规律穿针引线。（在绣制过程中注意放绣线的方向保持一致）

（5）收针。（从终点穿入）

3. 学生体会讲解内容，并提出疑问，教师及时答疑。

4. 学生通过观察荷花的外形特征，设计图稿，并运用轮廓绣的针法制作绣品。教师巡视指导学生，提醒学生在画面转折较大的地方可作为终点，另起起点，穿针引线的过程中放线的位置要保持方向一致，绣出的绣面更加平整。制作作品时，注意调整布面，使布面保持在紧绷的状态。

四、展示评价

设计理念：考查学生达到教学目标的程度，检验学生的学和教师的教，有效促进学生发展。

1. 学生依次展示自己绣制的作品，阐述自己在制作过程中遇到的困难及解决方法，并分析自己作品的优缺点，与同伴交流。

2. 学生互评，每位同学选出最值得自己学习的作品，并说出选择原因。

3. 教师对全体同学进行评价。

五、活动总结

设计理念：了解本次活动的得与失，并进行总结升华。

通过本次活动的开展，学生们扎针的准确度有了阶段性的进步，为今后学习缎面绣打下了基础。通过亲手绣制缎面绣作品，观察并发现生活中的美，提高自身的审美情趣。

六、活动评价

设计理念：聚焦刺绣的活动过程，关注学生参与的情感态度，为学生提供活动参与的导向，让评价前置。

学生活动评价表

项目	☆☆☆	☆☆	☆
学习态度			
实践创作			
活动交流			
成果展示			

（设计者：金水区艺术小学宏康校区　李　颖）

项目三　二十四节气

活动目标

1. 通过教师讲解、学生分享、播放视频、邀请专家指导等方式，让学生了解二十四节气知识，初步掌握绣二十四节气相关作品的技法。

2. 通过教师示范或邀请专家示范等，指导学生学习，能够掌握基本刺绣技法进行二十四节气刺绣作品的设计与制作，提高学生的动手实践和创造能力。

3. 通过交流、展示、评价等学习活动，激发学生传承民间技艺的思想感情，体验创造的乐趣，探索传统文化历史渊源，培养独特情趣，感受中国文化的博大精深和劳动人民的智慧。

活动重难点

了解二十四节气的代表事物，教师带领学生分析刺绣技法，掌握刺绣技法。

活动准备

教师准备：课件、二十四节气的资料、刺绣工具、刺绣作品；学生准备：刺绣制作工具。

活动流程

本活动一共分为六个活动环节：了解二十四节气—初步探究—实践学习—展示评价—活动总结—活动评价，一共需要六个课时。

二十四节气

季节	节气			
春	立春	雨水	惊蛰	春分
	清明	谷雨		
夏	立夏	小满	芒种	夏至
	小暑	大暑		
秋	立秋	处暑	白露	秋分
	寒露	霜降		
冬	立冬	小雪	大雪	冬至
	小寒	大寒		

一、了解二十四节气

设计理念：学生通过课前搜集二十四节气的相关知识，认识二十四节气的重要性，了解二十四节气与自然生活的关系，相互分享二十四节气的代表事物。

1. 学生课前搜集关于二十四节气的历史、作用，并在课堂上相互分享。

2. 学生思考交流二十四节气历史渊源。

3. 近距离观察欣赏生活中二十四节气的艺术和有关的刺绣作品。

4. 引导学生感受节气图案作品之美，指导学生设计纹样。

二、初步探究

设计理念：通过感知和体验，教师带领学生分析二十四节气刺绣技法，初步了解二十四节气和刺绣的主要特征。

1. 教师为每个小组发一个刺绣作品。让学生通过摸一摸、看一看，近距离感知刺绣的特点。

2. 师生总结刺绣的图案、技法、外形等特点。

春的樱花、紫藤、牡丹，夏的牵牛花、锦葵、泽泻草，秋的胡枝子草、菊、红叶，冬的山茶、水仙、梅花……都是通过对四季变换的感性体察，诞生出的装饰纹样。让学生感受二十四节气的含义，设计出代表性的图样。

三、实践学习

设计理念：通过动手尝试，让学生初步掌握用刺绣完成二十四节气作品创作，注重学生的提问和制作过程中遇到的问题，指导和帮助学生完成一件作品。

教师带领学生分析二十四节气图样，讨论适合的刺绣技法，教师选取一个示范并讲解，学生在了解以后，进行初步尝试，教师巡回指导。

四、展示评价

设计理念：检验学习目标达成情况，并引导学生发现在课程学习中的优势和存在的问题，促进学生成长。

教师出示展示要求，通过学生搜集资料，相互分享二十四节气知识，学生展示自己的刺绣作品，分享学习心得、制作过程、遇到的问题和解决的方法等，并进行学生互评，教师评价小结。

五、活动总结

设计理念：主题升华，引导学生认识二十四节气的传统文化和刺绣的价值，发扬传承传统文化的精神，明确积极动手创造美好生活的意义。

六、活动评价

设计理念：关注学生成长过程，发现优势，找到不足，制订新的目标，促进全面发展。

学生活动评价表

《二十四节气刺绣设计》评价记录表		
1	你对二十四节气有哪些了解？	
2	你学会了哪种刺绣针法？你对自己的作品最满意的地方是哪里？	
3	教一教自己家人或朋友进行某一个节气的主题刺绣。	
4	请推广作品，宣传非遗文化。	

（设计者：金水区未来小学　王志云）

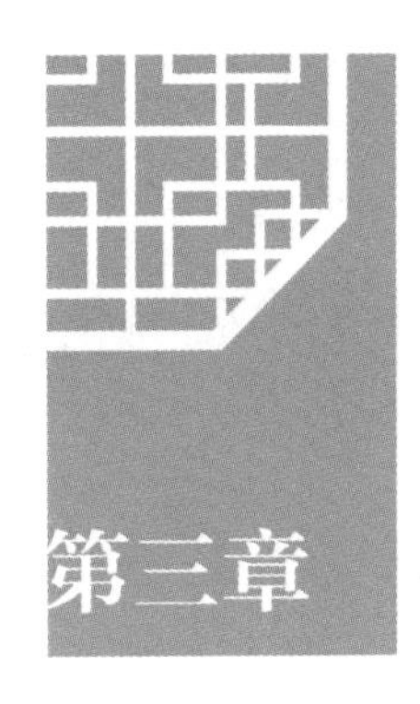

第三章　课程影响力

一、课程概述

刺绣深受学生的喜爱，他们用针线创造心中的童话世界，享受玩针线的快乐。为了让学生系统地学习刺绣，郑州市第 75 中学开设了“锦绣坊”；郑州市金水区艺术小学宏康校区开设了“灵绣”刺绣工坊；金水区未来小学开设了“绣未来”课程。学生通过了解、探索刺绣，感知一针一线创造的美好，锻炼手指灵活性从而强健大脑，同时培养耐心和专注力，增强自信，提高审美能力。

刺绣课程的设计理念是“发展简史引领，作品技巧示范，任务驱动，实践操作”。首先通过系统的刺绣发展简史理论学习，让学生了解刺绣渊源、分类、特点，提高对刺绣的兴趣。在学生有了一定的认知后，通过作品赏析与制作示范，布置适当的任务，让学生自主设计，通过实践操作练习刺绣技艺，提升审美情趣，最后用作品与同伴相互交流，将不同材质和刺绣技法进行融合，不断寻求创新，感受刺绣在美育中的应用与拓展。

二、实施策略

（一）课程育人

依据学生的认知水平和成长规律，围绕兴趣、习惯、心理、情感、品德、专注力、想象力、人际交往等，建构系列刺绣课程。在课程中，学生经历了活动准备、实践创作、展示评价、推广宣传等阶段，教师采用教师示范、动手实践、小组合作、活动展示等多种方式，引导学生成为学习的主人，鼓励学生参与阅读、思考、探究、发现、实践、总结的全过程。学习刺绣课程后，学生的动手能力、创新能力及语言表达能力等都得到了极大的提高。

（二）学科育人

经过一系列的课程学习，在色彩绚烂的刺绣作品面前，学生不再只停留在欣赏表面，而是主动进一步挖掘审美价值，在读懂刺绣作品的同时，不断提高审美水平，形成自己具有民族特性的审美意识。学生们掌握了制作刺绣的基本技法后，便逐步加入自己对刺绣的理解与认识，创作出一幅幅体现对美好生活热切追求的作品，寄托对自然、对生命的热爱。每件作品，学生都专注投入，饱含情感寄托。不知不觉中，学生也逐渐领悟了刺绣工艺人专注、耐心、精益求精的工匠精神，并通过自己的作品，将这种精神传递给更多的人。

（三）活动育人

把握教育契机，以特色传承精神。学校以推进刺绣非遗文化在小学阶段的传承为指向，举办了多次具有特色的刺绣活动，如亲子刺绣活动、刺绣文化进社区活动、校内外展示活动等。2021 年，学校刺绣工坊积极带领学生参加全国首届“致敬中华优秀传统文化”活动。这项活动不同以往，更倾向于理论研究与总结，也符合当下新课标所倡导的“自主、合作、探究”的学习方式。学生从开题、选题开始，参与展开研究、撰写研究日志与报告、提交成果、初次答辩、复试答辩等环节，有效培养了收集和处理信息的能力、获取新知识的能力、分析和解决问题的能力、语言文字表达能力及团队协调沟通的能力，真正体验了沉浸式、阶段式、总结式的项目式学习过程。一次次的问卷调查、文献检索、问题探究使学生真正感受到学习刺绣不是一时兴起，而是全身心投入后感受到的刺绣带给自身的审美转变、民族自信及家国情怀，增强学生对刺绣学习兴趣的可持续性。

（四）评价育人

评价有多方面的目的和功能。例如，通过评价让学生明确学习目标，让学生逐渐能够有自我导向，明确在刺绣学习中自己的实际水平和未来发展学习方向等。因此，评价不仅要存在于学生刺绣作品的过程中，还应该贯穿学生参与项目活动的整个过程中。在刚接触刺绣时，对学生的兴趣点进行评价，能够有效激发学生的学习热情；在学生创作时进行评价，能及时纠正其错误的学习方向，少走弯路；在学生完成作品时进行评价，能明确学生在下次创作时的目标与方向，反思在创作过程中的收获与成长。同时，也可“以展促评”，在展示活动中，学生向更多的人介绍自己的刺绣作品，提高语言表达能力的同时，也能够接收到更多来自项目活动成员以外的评价，刺绣作品所带来的自信心与成就感会油然而生。

三、社会影响力

刺绣传承了传统文化，在各个学校的课程实施中都各具特色并被不断创新，成为学校的特色课程。

郑州市金水区艺术小学宏康校区“灵绣”刺绣工坊参与各种活动，锻炼学生、弘扬文化，多次将优秀作品进行展览与推广。工坊积极举办刺绣文化进社区、校内亲子刺绣体验公开课及校内刺绣展览活动，参加市级劳动教育成果展示活动。“灵绣”刺绣工坊 2020 年被郑州市教育局评为劳动教育优秀名师工作坊。2021 年，“灵绣”刺绣工坊参加了郑州市五一劳动嘉年华展示活动及全国首届“致敬中华优秀传统文化”项目学习活动，荣获全国小学组三等奖。

郑州市第 75 中学“锦绣坊”开设以来，多次参加现场展示活动，积累了许多宝贵经验，并得到了广泛的认可和好评。2017 年 12 月参加了郑州市智慧教育暨创客教育文化艺术成果展，2019 年 11 月参加了第四届全国中小学（幼儿园）品质课程研讨会现场展示活动，2021 年 5 月参加了金水区六一嘉年华现场展示活动。

金水区未来小学的“绣未来”课程以彩色线为载体，演绎了古今与未来的梦想之旅，诠释了以“有爱有梦，有智有趣，创意手工，展现童年，未来思维”为目标的创新美育教学。五年来学校的刺绣艺术课程越来越丰富，从 2016 年开始，连续参加了郑州市教育创客、金水区艺术节、2019 年全国品质课程、第四届全国品质课程研讨会展示等，多次展示了学生的刺绣作品，获得了校内外一致好评，2021 年获得了金水区艺术节学生艺术实践工作坊荣誉，获得郑州市第八届教育艺术节美育改革创新优秀案例一等奖。

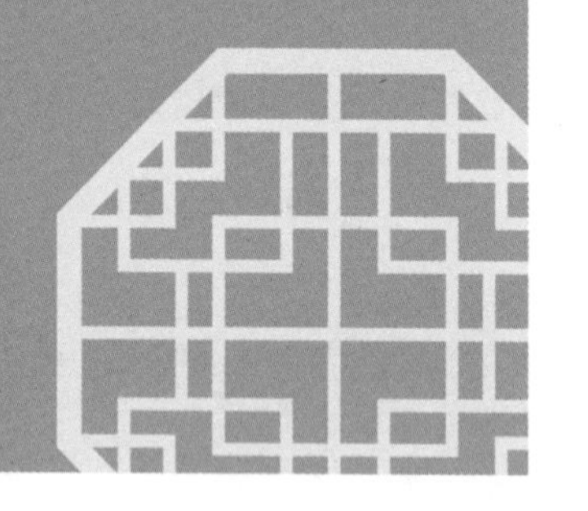

第三篇 师生作品

作品赏析（1）

作品名称：阳光育人

作者：郭凌利

指导教师：王倩倩

学校：郑州市第 75 中学小学部

设计理念

基于“阳光育人，和谐发展”的办学理念，“厚德励学，笃志尚行”的校风，以旭日和书籍图案为主体构成了郑州市第 75 中学校徽。这幅绣品在设计上，对原有的校徽图案进行了细微改变，层层叠加的书本凸显出攀登知识高峰的精神。以红色为主色，运用回针绣和缎面绣的针法凸显作品的立体感，一针一线传递艺术气息。

教师点评

校徽是学校的象征与标志，校徽与刺绣的结合，既让学生感受到独特的校园文化，又继承发扬我国的传统技艺。学生选择麻布和红色棉线等材料，运用色彩搭配与不同针法，凸显出了自己的设计理念。希望通过学习，可以把这种美好持续地传承下去。

作品赏析（2）

作品名称：荷语

作者：范思淼

指导教师：李颖

学校：郑州市金水区艺术小学宏康校区

设计理念

荷花是我国的传统名花，“出淤泥而不染，濯清涟而不妖”，“中通外直，不蔓不枝”，历来是文人墨客歌咏绘画的题材之一。作品用轮廓绣的针法记录夏荷的不同姿态，用针线捕捉多彩的世界，将眼中短暂的美好变成了永恒。

教师点评

该作品表达出对荷花不同形态的赞赏，从一针一线间也能看出制作者扎实的基本功。

作品赏析（3）

作品名称：杏花微雨

作者：宋玥瑶

指导教师：李颖

学校：郑州市金水区艺术小学宏康校区

设计理念

“杏花”代表春天，“微雨”代表小雨，所以杏花微雨就是春天下小雨，纳兰性德词《浣溪沙》中有“杏花微雨湿轻绡”。用香囊表现出心中向往的景象，随处散落的杏花好似能够看见风的身影，用蓝色的渐变色系，呈现出一片祥和的场景图。

教师点评

作品简约却富有生机，色调统一，很好地表现了杏花微雨的主题。香囊的整体使用缎面绣和包边绣，体现出了学生较强的动手能力；绣面密集且平整，说明刺绣基本功扎实。

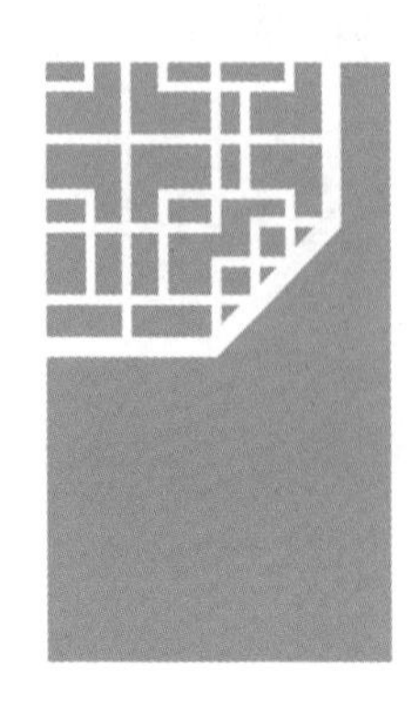

作品赏析（4）

作品名称：秋瑟

作者：谷俊泽

指导教师：李颖

学校：郑州市金水区艺术小学宏康校区

设计理念

将香囊缝制成圆形，两片绣面用包边绣缝合在一起，记录下秋日萧瑟的场景。

教师点评

传统技法融入创新理念，让绣品如风景。该作品中包含有缎面绣、回针绣及包边绣，体现了学生较强的设计能力、思考能力及想象能力。

作品赏析（5）

作品名称：春和景明

作者：范思淼

指导教师：李颖

学校：郑州市金水区艺术小学宏康校区

设计理念

传统刺绣历史悠久，其独特的风格是机械所替代不了的。作为一种极能凸显细节与精致感的工艺，刺绣的辨识度极高。精美的刺绣具有很高的审美价值和观赏价值。将“春和景明”的景象用针线永恒记录，是对美好事物的纪念。

教师点评

作品采用了布块拼接的手法，主题展现形式新颖，刻画细腻，色彩丰富。无论是设计还是选线，包括针法与作品的呈现形式，都有一种简单、大方朴素的美。

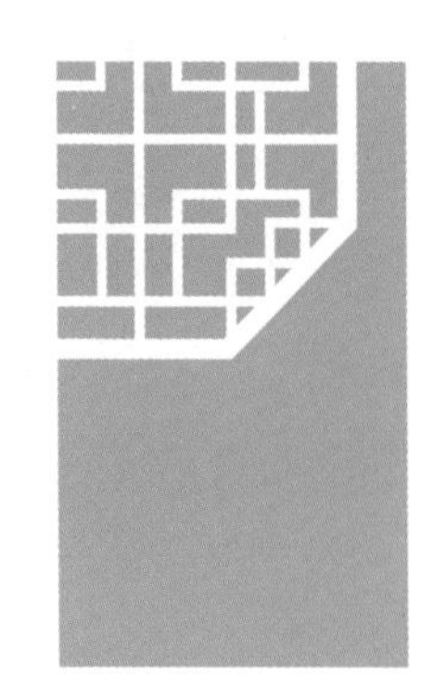

作品赏析（6）

作品名称：二十四节气之立秋、霜降

作者：李晓晞　刘竞遥

指导教师：王志云

学校：郑州市金水区未来小学

设计理念

立秋，是二十四节气的第十三个节气，也是秋季的起始。从立秋开始，阳气渐收，万物内敛。秋天是禾谷成熟、收获的季节，绣品葡萄象征着丰收的喜悦。

霜降是二十四节气的第十八个节气，霜降节气后，深秋景象明显。霜降节气习俗主要有赏菊、吃柿子、登高远眺、进补等。绣品枕腕绘画上的柿子刺绣更体现了霜降的节气之美和实用性。

教师点评

绣品“立秋”“霜降”，设计美观、简约。绣品“立秋”技法娴熟，作品中的葡萄粒粒饱满，做成装饰画别具一格。绣品“霜降”枕腕，绘画和刺绣相结合，让人眼前一亮。新的艺术手法融合体现出创新性，凸显了设计者的生活设计理念，体现出实用性，也使作品呈现出不同的艺术韵味。手工缝制，细致精美，令人赏心悦目。

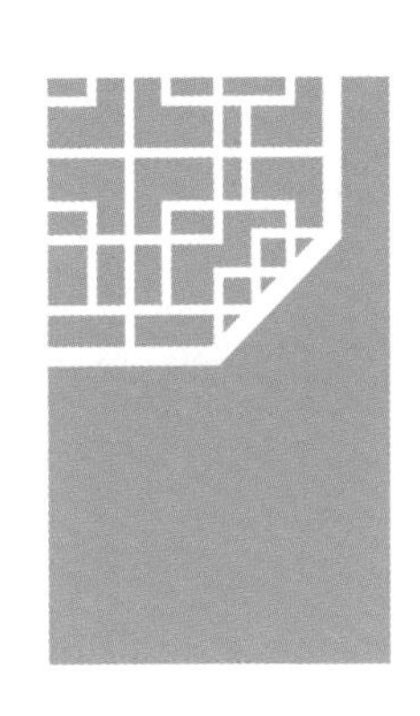

作品赏析（7）

名称：二十四节气之春分、谷雨

作者：孙嘉　谭嘉琪

指导教师：王志云

学校：郑州市金水区未来小学

设计理念

作品灵感来自二十四节气。

春分后，气候逐渐温和，雨水充沛，阳光明媚。春分时节，草木萌发，各种花朵也开始绽放。绣品“春分”，选用绿色的线，采用简单的缎面绣和锁链绣技法就使春天的气息扑面而来。

谷雨是二十四节气春季中最后一个节气，绣品“谷雨”将缎面绣和回针绣相结合，绣出了初长的谷物嫩叶，给人以春意勃发之感。

教师点评

两件绣品色彩清新自然，造型唯美，装饰形式新颖。画框和绣绷让绣品呈现出良好的视觉效果。创作者将传统的刺绣与传统节气结合在一起，兼具传承性和艺术性，是对刺绣技艺的创新。

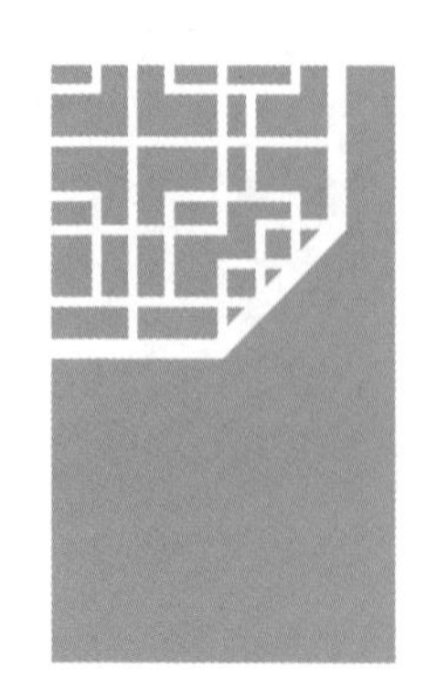

作品赏析（8）

作品名称：欣欣向荣

作者：李颖

学校：郑州市金水区艺术小学宏康校区

设计理念

传统刺绣纹样结合现代美学知识，融合时尚元素重新设计，让花卉这种刺绣中的常见图案，呈现出立体、生动的美。整幅作品的主体造型为断面绣，双层包边为轮廓绣，花蕊处为卷边绣，多种绣法设计使绣面立体灵动。

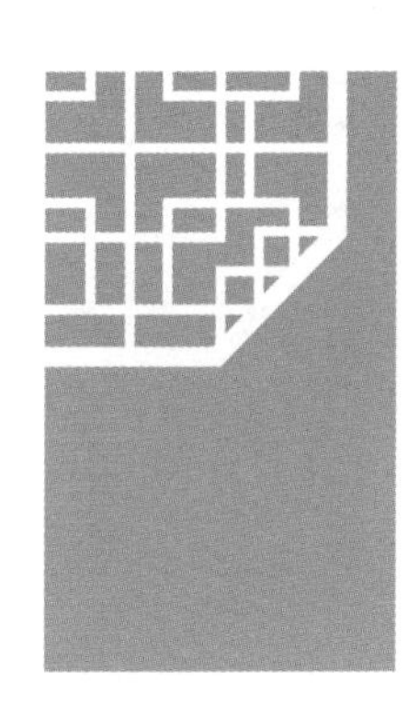

作品赏析（9）

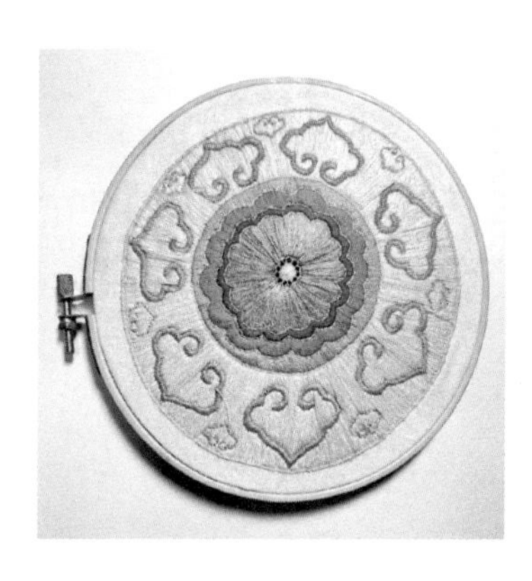

作品名称：纹饰之美

作者：张丽君

学校：郑州市金水区艺术小学宏康校区

设计理念

传统的刺绣技法搭配传统纹样，纹样的对称美感使作品既有细密繁缛之风，亦有粗率简约之气，仿佛跨越了时间，传统的美定格在了当下的绣面。

作品赏析（10）

作品名称：莲花刺绣装饰摆件

作者：张桢

学校：郑州市金水区未来小学

设计理念

莲花图案设计灵感来自二十节气的大暑节气。作品选用传统莲花图案，运用锁链绣技法，加上原木色的相框，古朴中带着清新，作为装饰特别雅致。

作品赏析（11）

作品名称：手工莲花口金包

作者：王志云

学校：郑州市金水区未来小学

设计理念

口金手提包和手拿包的莲花图案设计灵感来自二十四节气的大暑节气。绣品采用深蓝色的手工布和白色的短针绣，将莲花刺绣在手提包上，形成蓝白色对比，突出了莲花的婀娜多姿。成品漂亮雅致，清新素雅，赏心悦目。

新时代的教师应该具备哪些素养

目前，我国的基础教育已全面普及，人民群众“有学上”的问题得到解决，“上好学”的需求日益强烈。全面提高教育质量，实现基础教育高质量发展已成为我国教育的战略性任务。培养有理想、有本领、有担当的社会主义时代新人，办好人民满意的教育被摆在了更加重要的位置。

基于我国国情，中华人民共和国教育部于 2022 年 4 月出台了《义务教育课程方案》（以下简称《方案》），进一步推动了我国在课程、实施与评价等方面的深度改革。《方案》强调了三个方面：一是学科实践，规定每学科拿出不少于 10% 的课时开展跨学科学习活动；二是综合学习，提倡主题式、项目式、单元式等教学；三是评价改革，关注过程性评价、增值性评价，对学生在学习过程中的学习态度、学习方法、思维方式等进行跟踪，及时引导学生全面发展。这些既是对学生学习方式的改革，更是对教师在课程理念、教学方式、评价方法等方面提出的新的挑战。

那么，如何提升教师自身能力，实现高质量的教育教学活动呢？教师需要具备哪些素养，才能胜任新时代的教育担当，才能落实、实现国家课程改革的理念和方向，培养出一批批德智体美劳全面发展的学生呢？

基于这样的思考，我们整理并总结了各个学科都涉及的相同教学主题，最后决定将中华优秀传统文化中的非遗作为抓手进行跨学科、融合学科的开发，从中

探索出一套非遗文化课程深入推进的方案，提炼出一套非遗项目跨学科学习开发与实施、评价与推广的立体式实践模式。由此，我们建立了以综合实践活动、劳动教育、美术、语文教师为主的跨学科教研团队，根据教师的专业特长和课程能力，组建了十几个联盟校项目，进行了持续的实践探究，并获得了可喜的成果。我们深深感悟到新时代的教师在课程开发、实施、评价与资源利用等方面应该具备如下这样的素养。

一、跳出单一学科界限，“设计”学生课程内容

《方案》提出每一学科要开发不少于10%课时的跨学科活动，从师资能力看，要求教师具备跨学科设计的理念和能力；从活动内容看，指向基于学科为主题的跨学科学习，打破单一学科的壁垒，建立纵向联系，让学生在同一主题的内容中将各个学科涉及的知识、技能、学科思想、素养等进行联结与融合，让学生经历某一主题的完整的学习活动，建立新的思维方式，获得新的经验，实现“知识的价值”。非遗文化课程的研究与实践，涵盖语文学科的文化，美术学科的审美与技能，劳动教育的工匠精神，综合实践活动的综合性学习与能力培养等，它们的融合可以带给学生完整的体系和经历，不再是碎片化学习和认知。

二、尊重学生发展规律，关注学生实践体验过程

教育要遵循学生的身心发展规律，注重个性差异，因材施教，给予学生鼓励，使能力得到提升。根据非遗项目的研究活动，涉及学生对非遗项目的文化认知、设计制作、成果推广等，让学生能够通过一系列的活动“文化于心”“心化于形”，实现“知—情—意—行”相统一，成为一名非遗文化的小传人。在这个过程中，教师需要看到不同能力的孩子在活动中的投入、努力和专注，要看到学生基于自身状态获得的新的发展。我们提倡：尊重学生身心发展规律，不要吝啬教师的赞美，不要吝啬教师的“优秀”评定，要看到学生在付出过程中的那份全力以赴。

三、根据项目活动内涵，制订聚焦性评价量规

评价是导向，在项目活动中我们发现，教师在设计评价量表时经常出现两种情况。第一，能够关注学生经历的活动环节，但缺乏相应的不同等级的具体描述；第二，设计出的评价要素没有结合具体项目，而是笼统的、不聚焦的，没有契合主题。这样的评价不能给予学生具体的指向，无法让学生结合活动主题进行反思与总结，不能明晰究竟哪些方面做得好，哪些方面还需要努力。我们建议，低年级学生认字少，可以图形为主，中高年级学生的评价量规要细致具体，具有指向性，帮助学生知道如何做，怎么做，自己可以做到什么程度。这样的评价才有意义。

四、善于利用社会资源，拓宽学生活动空间

非遗文化是传承的技艺，不具有普遍性。因此，在课程开发与实施中，利用与挖掘社会资源，寻求专家资源的协助，与非遗场馆或实践基地合作是非常有必要的。这可以弥补校内教师专业能力的不足，拓宽学生与教师实践研究的平台，补充丰富的课程资源，助力项目深入实施，促进学生获得专业的、多元的体验，深刻感受非遗文化的博大精深。

新时代的教师，需要具备的素养不只这些，还需要具备信息技术素养、协同发展的能力等。

相信，只要愿意行走在课程改革的道路上，教师就会在教育教学的实践中不断获得素养提升、教育智慧，乃至形成教育思想。久久为功，也必将推动中国的教育改革，为国育人，为党育才。

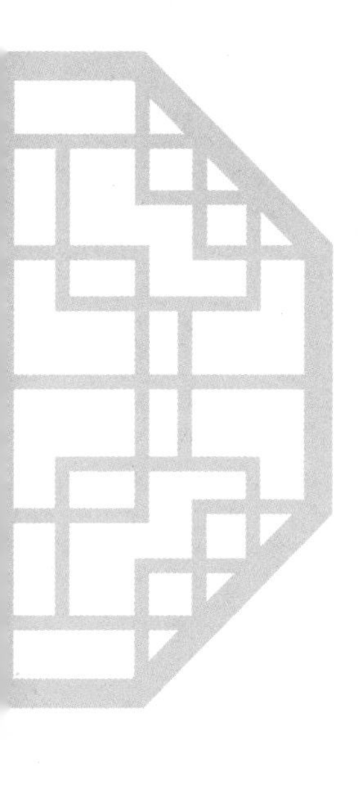

让非遗会说话

非遗劳动项目实施与评价

戏曲

主编 观澜

本册主编 赵纪军 观澜 张力伟

河南科学技术出版社

·郑州·

图书在版编目（CIP）数据

戏曲 / 观澜主编 . -- 郑州：河南科学技术出版社，2023.5

（让非遗会说话：非遗劳动项目实施与评价）

ISBN 978-7-5725-1187-5

Ⅰ . ①戏… Ⅱ . ①观… Ⅲ . ①戏曲—介绍—中国 Ⅳ . ① J82

中国国家版本馆 CIP 数据核字 (2023) 第 074864 号

出版发行：河南科学技术出版社

地址：郑州市郑东新区祥盛街 27 号　　邮政编码：450016

电话：（0371）65737028　65788613

网址：www.hnstp.cn

策划编辑：黄甜甜

责任编辑：王智欢

责任校对：杨艳霞

封面设计：张　伟

责任印制：朱　飞

印　　刷：河南博雅彩印有限公司

经　　销：全国新华书店

开　　本：710 mm × 1 010 mm　1/16　　印张：4.25　　字数：69 千字

版　　次：2023 年 5 月第 1 版　　2023 年 5 月第 1 次印刷

定　　价：258.00 元（全九册）

《让非遗会说话——非遗劳动项目实施与评价》（简称《让非遗会说话》）这套书，历经两年最终得以出版，得益于金水区深厚的文化，非常感谢河南省教育厅和郑州市教育局领导的支持，还有学校的大力支持和一起同行的观澜名师工作室的伙伴们。

非遗是传统文化的重要组成部分。在新时代下如何大力继承、推广和创新，是值得深度思考与研究的命题。

河南省郑州市金水区作为课程改革实验区，遵循“灿烂如金，上善如水”的教育理念，注重课程改革、教学改革和评价改革，构建适合金水学子的教育体系，全方位实施素质教育，落实课程育人、活动育人、实践育人、合作育人、评价育人，培养德智体美劳全面发展的新时代学子。

在推进和创新非遗文化课程中，我们建立跨界联盟校，吸纳洛阳、安阳、杭州等优秀非遗团队，以“项目”为驱动，开展跨学科学习教学，将美术、综合实践活动、劳动教育、语文、历史、物理等学科相融合……让学生经历真实情景的探究，重构知识体系和思维，在解决问题过程中使能力、素养、品质得以提升，最终建构学生“知识—人—世界”的完整实践价值观，实现“知—情—意—行”合一的美好教育境界。在整体探索和推进中，我们的团队边实践边总结，一起交流，一起研讨，一起碰撞，探索出一套非遗项目化实施和评价的有效模式。有 7 所学校的非遗项目成果在全国第六届公益教育博览会上进行参评和推广，河南省实验中学的剪纸、郑州市金水区四月天小学的布老虎、郑州市金水区文化绿城小学的葫芦烙画、郑州市金水区艺术小学的刺绣、郑州冠军中学吹糖人、河南省实验小学扎染、郑州市金水区农科路小学北校区皮影获得优异的成绩。

《让非遗会说话》这套书一共九本，包括九个非遗项目，它们分别是中医文化、宋代点茶、陶艺、布艺、扎染、刺绣、戏曲、葫芦烙画、澄泥砚。每本书分为三篇，第一篇是理论研究，重点阐述如何让非遗会说话的实践路径和模式；第二篇是课程实践，包括课程规划、具有代表性的活动设计、课程影响力，为课程如何规范有效设计、实施与评价提供借鉴和引领，其中活动设计呈现出联盟校各自的特色，为教师实施课程提供了可借鉴的经验和方向；第三篇是师生作品，展现了课程实施效果和师生的成长。

本套书呈现了非遗文化在中小学的有效落实，在师生学习生活中的开花结果、守正创新。对新时代下学校的课程创新、教师的创新实践、学生核心素养的发展都起到引领与推广作用。

在这里非常感谢参与本套书戏曲部分编写工作的郑州市金水区艺术小学德育主任杨君磊 、滕姗珊和戚莹莹老师，郑州市金水区文化路第三小学的赵星老师等人的辛勤付出。

河南省郑州市金水区教育发展研究中心 观澜

目
录

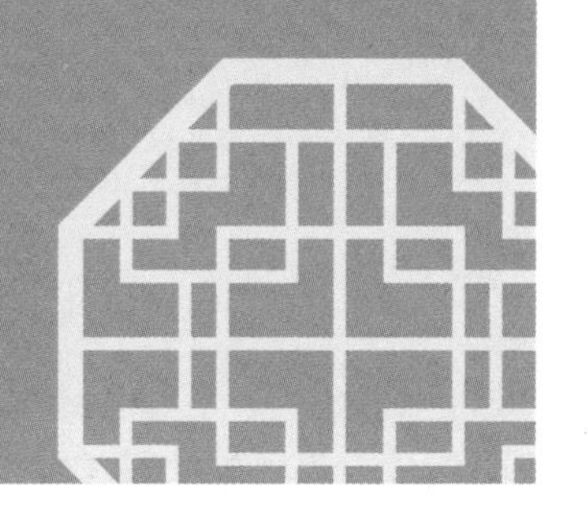

第一篇
理论研究

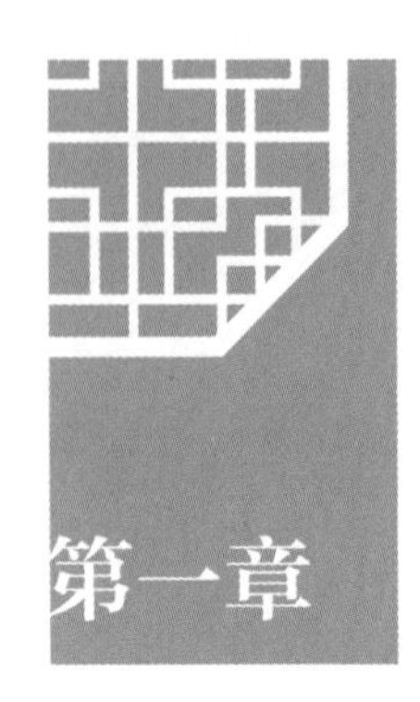

第一章 非遗文化的重要性

习近平总书记强调，中华优秀传统文化是中华民族的精神命脉，是涵养社会主义核心价值观的重要源泉，也是我们在世界文化激荡中站稳脚跟的坚实根基。非遗文化是中国传统文化的一部分，在中国传统文化中具有重要地位。

一、非遗文化的重要性

非遗文化是中国传统文化重要的组成部分，承担着独特的文化内涵和教育推广意义。

非遗文化具有悠久的历史。剪纸是具有最广泛群众基础的民间艺术之一，大概有1500年的历史；泥咕咕的历史渊源，可以追溯到远古时期，有记载其产生于河南浚县；钧瓷始于唐，盛于宋，作为中国陶瓷艺术史上的一个重要标志，在世界陶瓷发展史上占有重要地位；风筝由中国古代劳动人民发明于东周春秋时期，距今已2000多年，相传墨翟以木头制成木鸟，研制三年而成，是人类最早的风筝起源。

非遗文化是手工业精湛技艺的代表。比如钧瓷，自古以来就有“黄金有价钧无价”“家有万贯，不如钧瓷一片”“入窑一色，出窑万彩”的美誉；中国的手工刺绣工艺，已有2000多年历史，有“玉女飞针巧引线，乾坤绣在方寸间。百花不晓冬寒日，四季绽放在春天”的美誉；至于篆刻技艺的魅力，孙光祖《篆印发微》有言：“书虽一艺，与人品相关，资禀清而襟度旷，心术正而气骨刚，胸盈卷轴，

笔自文秀。印文之中流露，勿以为技能之末而忽之也。”

非遗文化具有欣赏价值。如戏曲融入文化、服饰、道德品质，承载着乡音乡情，帮助中国人寻找情感寄托、精神归属，成为传播中国传统文化的重要途径，也成为人们重要的精神家园。“剪纸铺平江，雁飞犟字双”等诗句表达出对剪纸的艺术欣赏。“缬，撮采以线结之，而后染色。既染则解其结，凡结处皆原色，余则入染矣，其色斑斓谓之缬。”可见扎染技艺的神奇。

非遗文化充分体现了劳动人民的工匠精神。非遗作品的创作需要潜心研究，不断创造，专注于每一个细节，凝结了创作者的大量时间和心血，也是创作者毅力和智慧的体现。

一直致力于非物质文化遗产研究与发展的北京师范大学非物质文化遗产研究与发展中心执行主任张明远教授，在首届“致敬中华优秀传统文化”项目学习活动闭幕式上认为，一个民族的文化是一个民族存在的标志，如果没有传统文化，民族就失去了存在的特征。他表示，中华优秀传统文化具有跨越时空的价值，铸就了中华民族得以传承千年的根基。随着中华优秀传统文化走进校园，各类非遗项目与学生之间建立了联系，在学生心目中便形成了一种美学传递，这将伴随他们的成长。张明远教授表示，中华优秀传统文化的影响和价值与我们当下的生活息息相关，促进青少年健康成长，要让更多的青少年沉浸到中华优秀传统文化的学习研究中。

中华优秀传统文化的传承与发展是提升国民素质的重要措施，也是建设社会主义文化强国的重大战略任务。

二、非遗文化在教育中的意义

非物质文化遗产是中华民族智慧的结晶，充分体现了劳动人民的工匠精神以及对文化的传承与弘扬。《完善中华优秀传统文化教育指导纲要》明确提出，加强中华优秀传统文化教育，是深化中国特色社会主义教育和中国梦宣传教育的重要组成部分，对于引导青少年学生全面准确地认识中华民族的历史传统、文化积淀、基本国情，实现中华民族伟大复兴中国梦的理想信念，具有重大而深远的历

史意义。

学校是落实非遗文化的重要场所，担当着非遗文化延续和传承的重任，对从小培养学生对中国文化的了解，起到重要作用。

河南历史文化底蕴厚重。老子、庄子、张仲景、商鞅、李商隐等历史文化名人皆与河南有关，剪纸、拓片、布老虎、澄泥砚、钧瓷、朱仙镇木版年画、汴绣、唐三彩等皆为河南特色非遗文化。开发相应的非遗课程，实践于课堂，让学生作为非遗文化的使者，去影响身边的人，让更多的人了解中国文化、非遗文化，是我们应当做的事。

从教育的角度看，开发与实施非遗课程对学校、教师、学生都具有深远的意义。

从学校课程特色建设看，开发与实施非遗课程能够彰显学校课程特色，构建丰富多元的课程体系。

从教师业务发展看，开发与实施非遗课程具有一定的挑战性，不但能激发教师开发与实施课程的热情，还能进一步转变为教师“教”的方式，实现课程育人、实践育人、活动育人、评价育人。

从学生成长角度看，非遗课程可以让学生学习到书本之外的知识，提高动手操作与创作的能力、探究能力、解决问题能力，帮助学生形成良好的品质和综合素养，让学生热爱家乡，热爱祖国，实现德智体美劳全面发展。

三、当代非遗文化的发展瓶颈

非遗文化具有重要的社会文化地位，但发展受到多种因素的制约。

第一，非遗作品的制作过程是一个“慢”“精”“细”的创作过程，需要付出大量的时间和精力。

第二，非遗作品因投入人力、物力和时间等成本，通常价格比较昂贵。

第三，非遗的技艺需要创新，而这并不是一件容易的事情。

第四，非遗传承人需要极大的耐心、恒心和不怕失败的意志，不怕创作的孤独，才能承担起这份传承的责任。

为此国家出台了相关政策，大力推广非遗文化。将非遗课程落地学校，让非

遗文化植入学生内心，将非遗文化进行宣传，逐步形成体系化解决方案。

鉴于以上种种，笔者提出了“让非遗会说话”的教育思想，学校通过非遗课程的开发与实践，让非遗文化“会说话”，学校容易实施，教师容易教，学生容易懂，社会更加重视，非遗文化更加普及。

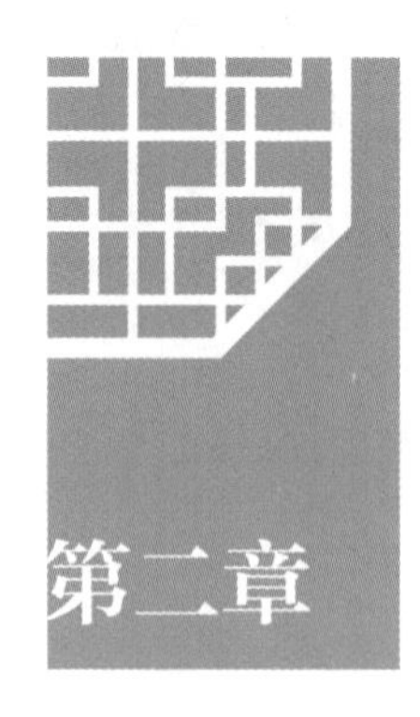

第二章 推进非遗文化的方案

要在教育中落实非遗文化的传承、发扬、创新，就要先分析非遗文化在教材中呈现的样态。国家在编写教材时，非常重视将中华优秀传统文化融入各个学科。

比如“风筝”，不同学科的教师会关注与本学科相关的元素。从美术学科角度看，注重的是美学常识和绘画构图技巧；从语文学科角度看，注重的可能是与风筝有关的意象；从数学、物理学科角度看，注重的是风力、平衡力、三角形的构造等；从历史学科角度看，注重的是风筝的发展史；从德育课程或者专题活动角度看，注重结合风筝开发校本课程，寄语美好未来等。这种单一学科的学习方式和主题活动存在以下不足。

第一，这些内容有交叉、有重复。对学生来讲，占用一定的时间进行重复性的学习，学习的时效性不强。

第二，大多停留在支离破碎的知识层面。每个学科突出的是与本学科相关的知识或者技能，体现的是非遗文化在本学科的价值，是一个“点”而不是一个“面”。

第三，学习方式比较单一。美术学科的学科素养决定着学生需要根据教材内容动手创作，学生能够经历简单的动手实践的过程。其他学科大多不要求学生动手实践。

第四，学生没有兴趣。部分非遗项目很抽象，又离学生生活比较远，学生缺乏浓厚的探究兴趣。

当下，亟待通过一种学习方法或者课程方式，把各个学科涉及非遗的知识、

培养目标、学科思想融合在一起，打破单一学科的壁垒，建构纵向联系，重构学生的知识体系，让学生经历一个完整的项目探究过程，解决真实情境中的问题，促进学生的综合能力不断提高和持续发展。

笔者通过多年的实践与研究，认为“项目学习”和“综合实践活动跨学科学习”是最佳的实施方式。它们具有综合性强、实践性强、生成性强、跨学科性强等特征，是推动学科知识融会贯通的必经桥梁（如下图），可以推进非遗课程的常态持续有效实施，发展学生的核心素养。

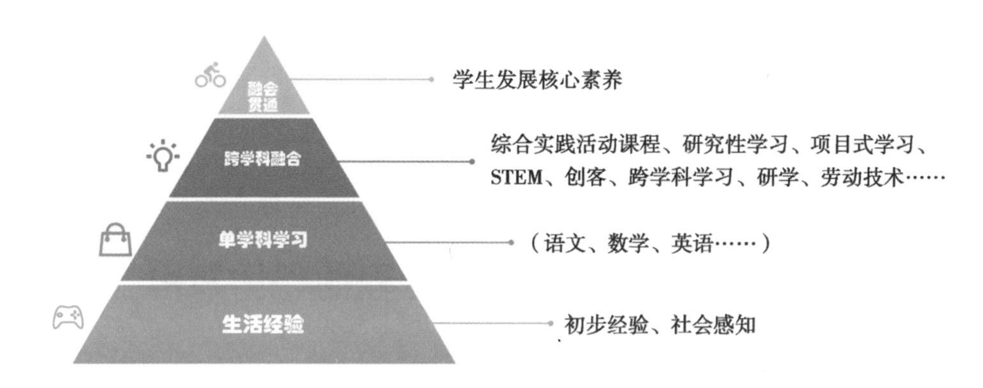

学习方式与核心素养关系图

项目学习和综合实践活动都指向跨学科学习。跨学科学习是多个学科的思想和方法的融合。以“风筝”为例，以项目学习为学习方式，融入综合实践活动课程中的研究性学习步骤，就实现了课程综合育人、实践育人、活动育人、评价育人，如下图所示。

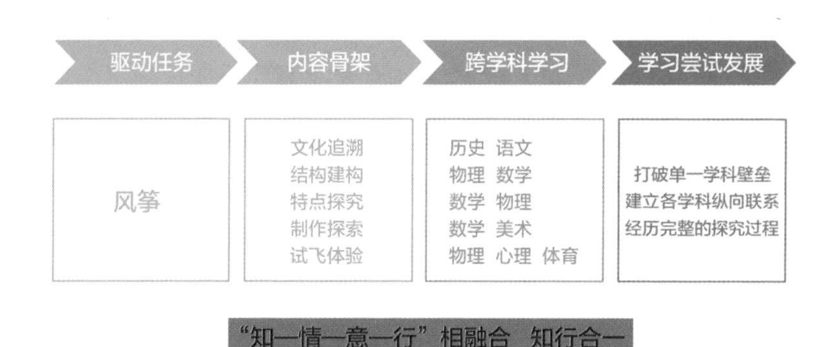

跨学科学习框架图

从图中可以看出，在“风筝”这一项目任务中，通过建立子任务，即研究内容骨架、跨学科学习涉及领域、学习深度发展等，打通各个学科之间的横向联系，融会贯通。每一项研究内容都指向学生的主体地位，注重活动中学生的亲身体验，深化活动的实践探究以及真实情境下的收获，发展学生的多元能力。这不是单一的学科活动经历，而是丰富多元的活动串形成的课程内容、完整的课程体系。突出跨学科方法、思想的融合，基于学生已有知识又进阶发展核心素养，学生解决问题的能力得到提升，建立起个体与自然、社会的统一完整链接，知—情—意—行相融合。这种学习方式，让学生深刻感悟中国传统文化的博大精深，热爱祖国悠久的历史和壮丽的河山，树立人生理想和远大志向，是实现高质量发展的课程育人样态。

第一节　设计非遗课程的整体架构

作为国家级课程改革实验区，二十多年来，河南省郑州市金水区持续优化课程顶层设计，多元开发与实施中华优秀传统文化进校园、进课堂、进课程，实现立德树人，激发学生的民族自信、文化自信。笔者提出“让非遗会说话”的教育思想，构建区域非遗课程“常态 + 融合 + 多元”推进模式，通过“一引领、二融合、多元开发”路径，变革学生学习方式、课程育人方式，让学生感受中华优秀传统文化的博大精深，激发爱国、爱党、爱人民的思想感情，取得了较好的效果。

课程的有效落地需要具体的实施路径和策略支撑。金水区经过多年的实践探究，“自上而下”整体设计课程，从明确实施原则、学习方式四个“转向”、构建课程实践要素三个维度推进课程有效深度实施，形成区域非遗课程样态。

（一）明确实施原则

正确的理念决定行动的成效，明确实施原则就像明灯指引课程的科学发展。因此，我们确定了“三个原则”以实现非遗课程实践的“三个价值”。

（1）知识与实践相结合，让知识更有价值。非遗文化博大精深，对小学生来讲比较抽象，为了让小学生能够丰富相关知识，进一步感受非遗文化的精湛技艺，必须让小学生通过实践来亲身体验，将知识应用到动手实践中，感受创作的过程，体验非遗传承人坚持不懈的精神和不断创造的追求，让理论知识与实践相结合，不断产生新的知识与经验。

（2）教育与生活相结合，让实践更有价值。一件非遗作品，不仅是可以进行售卖的产品，更是艺术品，具有欣赏或收藏价值。非遗课程的开发与实施，需要将教育与生活相结合，实现有价值的实践，让学生知道学习不是单一的知识性活动，而是多元的。人类获得的知识，可以更好地创造财富，创造美好的生活。

（3）学科与个体价值相融合，让人生更有价值。学科知识与学科思想，蕴含着做人做事的道理。非遗课程通过跨学科学习、体验式学习、场馆学习、实践学习等，在"做中学""学中创"，让非遗文化在学生心中扎根，让学生深刻体悟工匠精神与劳动人民的智慧以及中国文化的博大精深，丰盈学生的道德品质。

以上三个原则的指导思想，为非遗课程的开发、实施与评价，指明了正确的方向。

（二）学习方式四个"转向"

2022年教育部颁布的《义务教育课程方案》中提到"综合学习""学科实践""跨学科"等，引领学习方式的变革强化了课程育人导向。非遗文化及作品并非与学生的生活紧密相连。由此，在非遗课程的开发与实施中，只有体现新的课程育人方式、学习方式，才能让学生学得有兴趣，教师教得有趣味，课程实施有成效。我们特别提出在课程实施中要体现学习方式的四个"转向"，实现课程育人。

从单一学科走向融合。非遗课程的设计与实施，可以打破单一学科的壁垒，将非遗历史、文化、特征、技艺、制作等进行整体实施，建立学生对某一项非遗的深入了解与体验，实现高阶思维的学习发展。

从书本知识走向实践。"与其坐而论道，不如起而行之"，说明"行动"的重要性。只有带着知识走向实践，才能将知识与实践融合，发挥知识的价值，创造实践的价值。只有通过实践创造出非遗文化作品，才能更好地发扬光大非遗。

从学校走向社会。社会即学校，生活即教材。利用社会资源让学生更加深刻地了解非遗文化，感悟非遗文化。禹州钧瓷、朱仙镇木版年画、澄泥砚等都是学生遨游的知识海洋。沉浸式教育方式，不需要过多的语言就能带领学生开阔视野，启发思维，感受中华优秀传统文化的伟大。

从重结果走向重过程。非遗课程的开发与实施，不在于让每一位学生都成为创作者，成为非遗传承人，而在于让学生在探究实践的过程中，感受非遗文化的博大精深，感受技艺的精湛，感受劳动人民的智慧，感受中国文化的源远流长，坚定文化自信。这个过程非常重要。

学习方式的四个“转向”，不仅体现了新时代学习方式的变革，更是课程育人方式的变革。

（三）构建课程实践要素

在课程实践探索中，构建非遗课程实践要素，为学生规划有效的学习流程，为教师提供操作模式。

兴趣是最好的教师，学习内容只有建立在学生的兴趣之上，才能激发学生持续的学习激情。基于学生的兴趣或者疑问确定研究任务，以研究任务为驱动目标，制订计划，引导学生开启研究之旅。

像科学家一样思考和实践。学生在研究一个项目时，只有认真思考和实践，才能实现学习的高阶发展，才能培养科学精神，形成严谨的探究态度。

让“附带学习”走向深度。“附带学习”指研究对象延伸出来的子课题，也是具体的研究任务，这些子课题的研究深度，决定着课程实施的深度和研究任务目标能否达成。

将一切想法变成现实。有想法就去做，尤其是在动手实践创作的过程中，要鼓励学生大胆想，大胆做，将想法变成现实，做出作品，让“非遗会说话”。

重活动感悟。课程实施中，学生遇到的问题以及解决问题的方法最能体现学生的成长。学生认识到意志力的重要性，认识到非遗作品制作的不易等，这些感悟能够影响他们做事的态度和方法。

将成果进行推广。鼓励学生成为非遗的代言人，推广和宣传非遗文化。

通过以上实践要素，持续推动学生探究非遗的知识、历史、工艺、传承等，引导学生在活动中积极参与、反思，感知非遗工艺的精湛，提升其继承和发展中国文化的责任感与担当意识。

第二节　推进模式与评价

前面阐述了宏观、中观维度的非遗课程开发与实施的整体理念和设计思路。那么，如何进行具体的实践呢？笔者将从推进模式和实践策略两方面进行阐述。

一、推进模式

通过普及课程与社团课程相结合、必修课程与选修课程相结合、校内与校外相结合等方式，整体推进课程有效实施，构建“一引领”“二融合”“多元开发”的实施模式。

（一）“一引领”：建立非遗项目联盟校

为了深度开展非遗课程，提高活动质量，提升课程品质，我们发展了16个非遗项目联盟校，以引领课程的实施，推进并打造了“一校一品”，实现课程的统整和学习方式的多元融合，如郑州市金水区纬五路第一小学的中医药课程、郑州市金水区银河路小学的纸雕、郑州市金水区农科路小学北校区的皮影课程、河南省实验小学的扎染课程、郑州市金水区南阳路第三小学的剪纸课程、郑州市金水区文化绿城小学的葫芦烙画课程、郑州市金水区艺术小学宏康校区的风筝课程、郑州市金水区黄河路第一小学的麦秸画课程等，课程已经非常成熟。部分学校建立非遗研习馆，如郑州市金水区丰庆路小学不仅建立了非遗馆，还与河南省非遗传承人共同开发了7项非遗品牌项目，郑州市金水区农科路小学国基校区建立了古笛非遗馆等，为学生提供学习的场地、文化熏陶的环境，打造学校非遗课程项目，增强非遗文化在学生中的普及度。

非遗联盟校解决了教研团队力量薄弱的问题，打通了区域间同一类非遗教师之间的交流渠道，起到了互促互进的作用。目前，剪纸、葫芦烙画、篆刻、泥塑、宋代点茶、香包、扎染、布老虎、皮影、豫剧、书法、刺绣、风筝、麦秆画、陶艺等社团课程，都已成为学校的品牌课程。

（二）“二融合”：与综合实践活动、劳动教育三者融合

非遗项目课程涉及综合实践活动考察探究、设计制作、职业体验等活动方式，同时也涉及劳动教育课程中生产劳动、职业体验、工匠精神等内容，三者相辅相成，彼此融合。我们共有综合实践活动、劳动教育专职教师 90 多名，结合非遗特征，在综合实践活动、劳动教育常态化实施中融合开发与实施非遗项目，保障非遗课程的持续开展。三者的融合，实现了课程育人、综合育人、实践育人，为培养德智体美劳全面发展的学子打下基石。

（三）“多元开发”：开展学科非遗研究性学习

丰富的非遗项目以国家出台的《关于实施中华优秀传统文化传承发展工程的意见》为指导，遵循面向全体学生，结合学生年龄特征，明确各学段学生学习中华优秀传统文化的基础要求，同时为学生提供基于兴趣爱好拓展延伸的空间的理念，基于区域教育积淀、师情特质，鼓励各学科教师通过学科主题、拓展活动等，开发学科非遗研究性学习，挖掘非遗项目，渗透非遗文化在学校课程中的落实与发展，担当起发扬中华优秀传统文化的责任和义务。如结合语文学科春节相关知识开发“灯笼”“书法”“剪纸”作品等，结合数学学科三角形相关知识开发“纸雕”，结合历史学科明清前期的文学艺术相关知识开发“戏曲”，结合音乐学科豫剧相关知识开发“制作脸谱”，结合化学学科相关知识开发“陶艺”等，这些非遗“微项目”既突出学科特色中的非遗特征，又帮助学生在各学科学习中感悟非遗文化。

二、实践策略

笔者提出“1+9+3”的实践策略，整体推进课程的具体实施，保障课程的持续推进和发展。

（一）“1”：建立一所实践基地、合作一位非遗专家 、打造一校一品

为构建互为补充、相互协作的中华优秀传统文化教育格局，郑州市金水区注

重开发与拓宽中华优秀传统文化丰富、生动的教育资源，鼓励学校建立一所实践基地。其一，通过校内建立的非遗研习馆，学生可以身临其境地感受非遗文化的魅力。例如，郑州市金水区丰庆路小学建立研习馆，与河南省非遗传承人合作开发 7 项非遗课程；郑州市金水区农科路小学国基校区建立骨笛非遗馆；郑州丽水外国语学校成立茶艺研习馆；郑州市金水区外国语小学建立陶艺馆；郑州市金水区纬五路第一小学与河南省中医药大学第二附属医院合作建立中医文化课程开发与实践基地；郑州市金水区工人新村第一小学与河南省中医药大学第一附属医院建立中医文化课程开发与实践基地等。其二，在郑州市教育局的支持下，金水区和部分大中专院校建立非遗课程合作项目，拓宽学生实践平台。郑州市金水区南阳路第三小学和郑州市科技工业学校合作建立了课程资源开发与实践基地，开发职业体验课程；郑州市金水区经三路小学与河南省经济技术中等职业学校携手开展非遗香包课程。

非遗专业人士才能带给学生专业的知识和技能，形成正确的文化认知。在课程实施中，邀请国家级、省级非遗传承人，作为指导教师走进学校。郑州市金水区中方园双语小学、郑州市金水区文化绿城小学邀请非遗专家指导葫芦烙画非遗项目；郑州市金水区文化路第三小学邀请省书法协会对相关项目进行指导等，这些都为学生深刻地学习与体验非遗项目提供了专业的环境。

经过多年实践，相关学校打造了课程品牌，形成了区域百花齐放的“一校一品”乃至“一校多品”的课程特色。郑州市金水区农科路小学皮影课程，郑州市金水区农科路小学国基校区布艺课程，郑州市金水区银河路小学纸雕课程，郑州市金水区文化路第二小学篆刻、书法等课程，郑州市金水区艺术小学豫剧、风筝等课程，郑州市金水区黄河路第一小学麦秆画课程，郑州市丽水外国语学校陶艺课程，郑州市金水区凤凰双语小学扎染课程，郑州市金水区纬三路小学泥咕咕课程，郑州市第 47 中学初中部、郑州市第 75 中学刺绣课程，郑州市第 34 中学珐琅彩课程，郑州市金水区新柳路小学汉服课程，郑州市金水区四月天小学布老虎课程等，均已形成影响力。

（二）"9"：9个活动环节

从以上 9 个活动环节中，可以看到非遗课程的整体活动设计，目标涉及知识、认知、方法、技能、情感、核心素养，学生活动涉及研究、实践、实地考察、设计制作、成果推广、社区服务等，学习方式是多样的，实践领域是广阔的，形成了一体化的项目式学习，达成"知—情—意—行"相融合，建立"知识—人—世界"整体观，实现综合育人、实践育人、活动育人。

项目式学习能够打破传统教学上的壁垒和瓶颈，让学生在学习态度、学习方式、学习表达等方面发生积极变化。

（三）"3"：三种评价方式

评价是诊断课程实施效果的依据，是促进学生发展的手段。金水区更新教育评价观念，关注师生共同发展；创新评价方式方法，注重学生"学"的过程，关注典型行为表现，强化学生核心素养导向；增强评价的适宜性、有效性。

金水区确立了过程性评价、可视化成果评价、终结性评价三种评价方式，指导教师根据非遗项目量身定制评价量规，避免评价的"空乏""无效"，聚焦学生的学习活动，注重增值性评价，从"活动态度""设计创作""活动总结""文化推广"四个方面制订评价要素，设置"优""良好""继续努力"三个维度的详细指标，关注学生"学"的过程，肯定优点，引导学生有针对性地反思，发现努力方向，体现非遗项目本身的教育价值，落实核心素养。如郑州市金水区纬五路第一小学开展的"我和中药有个约会"这一非遗项目，学生通过这个项目，对中医药文化进行了了解与调查；自制中药产品，如香包、夏凉茶等；走上街头将茶水送给清洁工等。教师应抓住活动核心，制订评价量规，实现知识、技能、情感态度和价值观的融合发展。

第三章　课程保障及成效

非遗课程的开展只有通过教研部门、行政部门建立有力的保障机制，才能持续良性发展。通过以下保障，我们实现了课程开发与实施的有序、有效。

第一，创新教研体系。2019 年 11 月教育部印发的《关于加强新时代教育科学研究工作的意见》中提到：鼓励共建跨学科、跨领域的科研创新团队。可见，创新教研体系是提升教师业务水平、推动课程改革理念非常重要且可行的方式。金水区从 2016 年起，通过建立 π 学科教研员发展共同体（跨学科教研团队），打破单一学科教研活动，打造多学科不同视角的教研体系，实现跨领域的教研推进模式，助力教师多视野、跨学科地开展教育教学；建立跨界跨学科教研团队，开展每月至少一次的“行之实”活动，吸纳河南省实验中学、黄河科技学院附属中学、哈密红星中学等学校协同发展；开展中层课程领导力项目，提升业务领导的课程理念与指导能力；积极推行省市区一体化的下校调研制度，通过指导学校工作、观摩教师课堂、开展课后教研交流等活动，评价学校课程实施的整体质量。有效、多样的教研体系，对构建德智体美劳全面培养的教育体系，发展素质教育，培养可担当民族复兴大任的时代新人提供了强有力的支撑。

第二，创新教师职称评定机制。自 2001 年课程改革以来，金水区一直在引领教师进行课程开发与实践、课程整合与融合，培养了一批批优秀的教师，形成了一份份优秀的非遗成果报告。金水区还将以学生为主题的研究性学习成果纳入评职称的项目，等同于研究课题。

非遗课程的实施整合了综合实践活动、劳动教育，教师可以根据情况申报综合实践活动、劳动教育科目的职称。

自 2009 年起，开展两年一届的“希望杯”课堂教学展评活动，为开发非遗课程的教师提供了展示的机会，这个活动的成绩有助于职称评定等。这些保障，进一步激发教师落实国家课程改革新理念、制订个体业务发展规划的动力。

第三，建立师生交流平台。金水区注重以评促发展，更新教育评价观念，整体提升师生的综合能力。其一，建平台，开展“希望杯”“金硕杯”课堂教学展评活动，提升教师的教育教学能力，为教师提供成长与交流的平台；其二，改革评价方式，将过程性评价与终结性评价相结合，“赋权下放”，指导学校注重学生“学”的过程，给予多元的综合性评价，促进学生整体发展，实现教学相长；其三，给予学校邀请专家团队指导非遗课程开发与实施的自主权，对师生成果进行发布与展示，激发学校办学活力，发展学校特色，助力师生在活动中得到成长。

以上保障措施，助力了课程的持续有效开发与实施。同时，金水区通过“五结合”助力非遗课程成果的分享和价值推广，即静态与动态相结合、常态与自主相结合、区域内与区域外相结合、一校与多校相结合、网络与社会相结合，让学生的学习过程和成果得以推广，同时让全社会了解当前教育的改革方向，学生学习方式的转变等，让全社会关注教育、支持教育的发展。由此，形成了一定的影响力。主要表现在：

第一，区域非遗课程成果丰硕。在国家课程改革的推动下，在河南省教育厅、郑州市教育局领导以及专家的支持和指导下，经过不断地探索和实践、普及与推广，非遗课程逐渐成为金水区的品牌课程和相关学校的亮点课程。目前，金水区共有省级和市级非遗基地校、实验校 12 所，非遗社团 286 个，开设非遗研习基地的学校有 9 所。非遗课程的整体推进，对提升区域教育质量、变革学校育人方式、改变教师教学方式、培养德智体美劳全面发展的学子，具有深远的影响。

第二，学校非遗课程成果出色。非遗课程持续推进，中国传统文化在区域大力弘扬，学校积极推广成果，形成了一定的社会影响力。郑州市金水区纬五路第一小学已经出版中医文化丛书，郑州市金水区纬三路小学将泥咕咕课程进行校本

化成果整理，郑州市金水区艺术小学获得“全国文明校园”荣誉称号。非遗课程成就学校，也培养了一批批热爱中国文化的非遗传承人。

第三，学生得到全面发展。学生在非遗课程中，综合能力和素养得到发展。在了解历史发展和相关文化中，收集资料的能力得到提高；通过亲自体验制作过程，动手实践与创新能力得到提高；到非遗基地进行考察，发现问题和解决问题的能力得到提高；对非遗传承人进行采访，沟通能力得到提高；走进社区进行宣讲，语言表达和展示交流的能力得到提高；制作海报，设计和审美能力得到提高。

第四，教师能力得到发展。教师是课程的开发者、实践者、评价者，也是管理者。教师承担着多种角色，指导者、帮助者、协调者、组织者、策划者、评价者、激励者等，促进了课程的有序顺利开展。在课程整体的实施与评价中，教师不仅需要储备学生感兴趣的知识，丰富和提高自身的业务素养，还要和学生一起前行和探索，共同完成课程，实现教学相长。师生共同认识非遗文化，了解技艺的精湛，感受工匠精神，感受劳动人民的智慧，感悟中国文化的源远流长与博大精深，增强文化自信和民族自信。

第五，建立了家校协同一体化。金水区凝聚了一批高素质的家长，他们重视教育，关注孩子成长，愿意支持和参与到学校的课程建设中来，一起为孩子的成长提供更为专业和丰富的资源。家长的协助，为课程的开展、学生的课外调查活动提供了有效的保障，实现了家校共同育人的目标。

（作者：观澜，河南省郑州市金水区教育发展研究中心综合实践活动、劳动教育专职教研员，中小学高级教师）

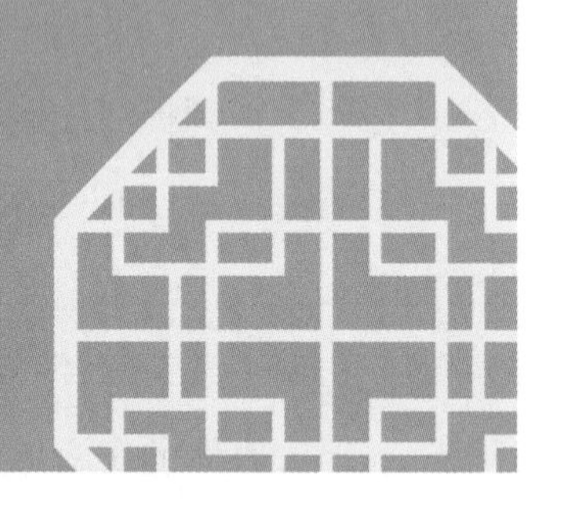

第二篇
课程实践

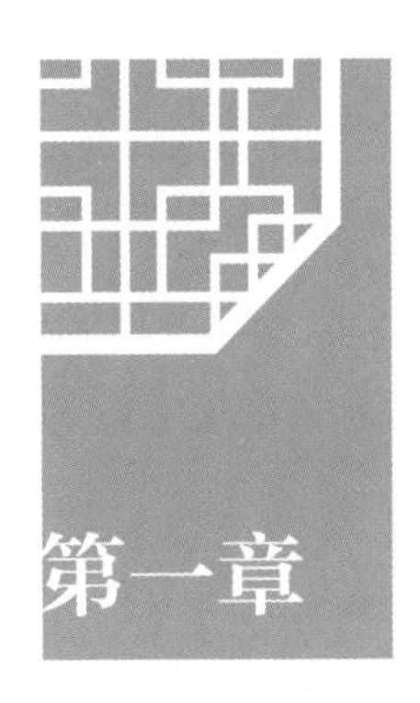

第一章　课程规划

一、课程背景

戏曲艺术作为中华民族的文化瑰宝，是一种综合艺术，包括唱、念、做、打四种艺术手段，综合了对白、音乐、歌唱、舞蹈、武术和杂技等多种表演方式，是优秀传统文化的精华。河南豫剧是中国五大戏曲剧种之一。2006 年，河南豫剧被国务院列入第一批国家级非物质文化遗产名录。豫剧以唱腔铿锵大气、抑扬有度、行腔酣畅、吐字清晰、韵味醇美、生动活泼、善于表达人物内心情感著称，凭借其高度的艺术性而广受各界人士欢迎。除河南省，全国各地也有不少专业豫剧团的分布。

郑州市金水区艺术小学有着很深的戏曲文化积淀，校内设有音乐专业班，曾培养了很多届《梨园春》栏目中的小擂主，如：刘道阳，黄聪，牛欣欣，焦怡格等，有不少学生曾获国家级或省级小梅花奖。学校现有专业戏曲教师杨君磊，精通京剧、豫剧，曾多次参加省、市级授课展示交流，均获得优异成绩。2007 年，戏曲进入郑州市金水区艺术小学校园，经典豫剧《花木兰》《穆桂英挂帅》《抬花轿》《朝阳沟》等，郑州市金水区艺术小学大部分学生都熟知并会唱几段，学校戏曲社团的孩子多次参加展演活动，曾在中国中央电视台、河南广播电视台表演过，并多次在郑州市及金水区的大型活动汇演中亮相。传承、宣传和推广豫剧非遗文化是郑州市金水区艺术小学老师们的育人使命，在学校美术组和音乐组的专业教师联合开发豫剧非遗课程过程中，音乐组主要让学生从豫剧的“唱、念、做、打”等表演技法方面学习，美术组主要让学生学习豫剧的化妆、服饰、表演动作，通过版画的形式展现豫剧人物不同角色的精神面貌。让戏曲进校园、融入到中小学生学习生活中去，使戏曲文化在学生中进一步普及、发展、繁荣，也是学校的一份责任与理想。

二、课程目标

1. 通过观看视频、欣赏图片，让学生从美术角度认识、了解豫剧，了解豫剧经典曲目的不同角色和知名艺术家，以及唱腔、化妆、服饰特点和动态特征等。

2. 通过表演、观看视频感受戏曲。了解戏曲人物的神情和动态之美，认识不同的戏曲服饰和道具，引导学生用概括、夸张的手法表现戏曲中人物的动态；在实践中，使学生掌握戏曲人物版画创作的基本步骤，形成技能，培养学生的创作能力。

3. 通过体验“唱、念、做、打”技法表演，使学生感受我国传统戏曲文化的魅力；用版画艺术形式宣传戏曲中的非遗课程——豫剧，发展综合能力；培养学生热爱传统艺术的思想感情和社会责任感。

三、课程实施

小学二至六年级学生已不同程度地了解了戏曲各行当的造型特点，对豫剧的经典剧目也略知一二，但对戏曲化妆、服装、亮相造型、唱腔韵律了解较少，学校通过让学生演出豫剧、宣传豫剧文化、创作戏曲人物版画等，用实际行动来传承中国的传统戏曲文化。

本课程首先要了解戏曲角色中各行当的造型特点和绘制脸谱的基本方法，通过知戏、赏戏，进一步感受戏曲的服饰、道具、化妆、动态和神情等，教师指导学生将戏曲文化融入版画创作中去，让学生积极宣传戏曲文化。

年级	活动步骤	活动目标	活动内容	实施策略
二至六年级	第一阶段 了解戏曲非遗文化	1. 通过填写问卷调查和搜集资料，加强学生对非遗文化的认知。 2. 通过视频赏析和教师讲解，让学生了解戏曲的艺术特点。 3. 通过“引进来、走出去”活动，近距离接触艺术大师，增强学生对戏曲艺术的热爱。	初识豫剧。	1. 通过问卷调查，了解学生对豫剧的认知情况。 2. 教师用图片、视频等方式展示和讲解河南地方戏，再通过交流，让学生知道戏曲是融合了音乐、美术、舞蹈、化妆等不同艺术形式的一门综合艺术。 3. 学生分享对豫剧的了解，教师补充讲解豫剧的起源、改革和创新发展。
			赏析经典豫剧片段。	1. 邀请专家进课堂讲解、分享案例，知道河南知名的豫剧大师，初步了解戏曲具有虚拟化、程式化的艺术特点。 2. 学生走出教室，通过看豫剧表演，了解豫剧“唱、念、做、打”的表演形式。 3. 学生采访戏曲名家或戏曲专业教师，搜集戏曲有关知识。

（续表）

年级	活动步骤	活动目标	活动内容	实施策略
二至六年级	第二阶段实践与创作	1. 从音乐和美术的角度欣赏、认识、了解豫剧的基本知识。 2. 通过视频欣赏体验豫剧妆容、亮相、服饰和道具之美，引导学生用概括、夸张的手法表现戏曲人物。在学生实践中，掌握戏曲人物版画创作的基本方法和步骤。 3. 体验表演“唱、念、做、打”，感受我国传统文化的魅力，用版画艺术形式宣传豫剧非遗文化。	体验化妆、亮相、服饰、道具之美，表演豫剧。	1. 根据学生的兴趣进行分组，各小组通过欣赏视频了解分析要扮演的角色（生、旦、净、丑），模仿体验豫剧的化妆、亮相。 2. 学生尝试使用戏曲道具，体验道具在戏曲表演中的作用。 3. 通过图片欣赏豫剧服饰款式、纹样、色彩，感受豫剧服饰之美。
			运用版画形式绘制豫剧人物形象，并做成版画衍生品。（胸章、扑克牌、明信片等）	1. 学生搜集豫剧中的典型人物图片，结合豫剧视频，分析戏曲人物特征，用突出特色、夸张的方法绘制戏曲人物形象。 2. 通过小组讨论交流、教师示范讲解版画制作方法和步骤等，使学生初步掌握版画的制作过程。 3. 学生通过体验刀法，感受版画制作的快乐。 4. 学生通过探究版画印制方法和媒材的使用（印制在手提袋、手绢、书签、书本封面等物品上），拓宽思路，用版画美化生活用品和学习用品，树立学以致用的意识。（在印制环节中，主要体验探究性学习和趣味学习，突出实用性，体验多种媒材的拓印乐趣）

（续表）

<table>
<tr><th>年级</th><th>活动步骤</th><th>活动目标</th><th>活动内容</th><th>实施策略</th></tr>
<tr><td rowspan="3">二至六年级</td><td rowspan="3">第三阶段
展示与评价</td><td rowspan="3">1. 锻炼学生策划展演能力，提升学生的表演能力和美术鉴赏能力。
2. 引导学生明白评价涉及学习态度、过程表现、学生策划展演最终效果等多个环节，能够进行客观地评价。
3. 坚持多主体评价，坚持以评促学，重视表现性评价。邀请家长及专业人士进课堂，增强家校共育效果。</td><td>邀请专业人士，讲解如何进行一项活动的策划。</td><td rowspan="2">1. 通过与专业人士交流，锻炼学生的沟通能力；创设情境，通过舞台表演助力作品展，动静结合，凸显戏曲文化的形色、音色之美。
2. 通过交流、展示，树立学生做豫剧小达人的意识，弘扬中华传统文化。</td></tr>
<tr><td>策划“戏曲大舞台——版画群英荟萃”作品展。</td></tr>
<tr><td>家长、学生、教师进行摘星投票活动。</td><td>学生自评：说出或写出自己的创意说明。
互评：从作品的造型、创意、刻印效果、观者满意度方面评价，提升学生从多方面进行评价的能力。</td></tr>
</table>

（续表）

年级	活动步骤	活动目标	活动内容	实施策略
二至六年级	第四阶段推广与宣传	增强传承非遗文化的责任感和行动力，使学生为宣传豫剧文化而感到骄傲自豪。	中外文化艺术交流。	通过豫剧展演交流活动，让更多的人了解并喜爱豫剧艺术，提升学生对民族文化的自信和自豪感。
			到其他学校或社区进行戏曲文化艺术交流，赠送礼品。	通过“摆地摊”方式展示豫剧版画作品，通过校际间的豫剧艺术交流和宣传，提升学生交际能力，增进校际友谊，并能更好地推广和宣传戏曲文化。

四、课程评价

（一）评价原则

采取教师点评、学生自评等方式进行多元评价，以鼓励性评价为主，注重“教—学—评”相统一，重视学生学习过程中的评价和形成性评价，针对学生学习豫剧的态度、学习戏曲版画的效果进行随堂评价，运用美术学习档案袋、展示和课堂讨论等质性评价方法，对课程的实施效果和学生的学习效果进行客观评价。

（二）评价策略

1. 学生评价。

学生自评可以促进学生的自我检测和自我反思。学生把自己一学期的版画作品装订成册或按前后顺序装在档案袋里，并汇集戏曲版画学习的全过程资料，包括构想草图、设计方案、创作过程的说明、自我反思的评价等，对自己一个学期的版画作品质量给予一个客观的评价。

2. 教师评价。

新课程强调对教师的综合评价，综合评价是用动态的、发展的眼光，对教师工作的各个环节进行系统的评价，如学校通过听课、查阅资料、调查访问、统计参与比赛成绩等形式，每学期对教师进行考核，并有针对性地对教师提出改进建议、专业发展目标，提供进修机会等，充分挖掘教师的潜能，发挥教师的特长，更好地促进教师的专业发展和主动创新。

（三）评价量规

评价标准	★	★★	★★★
了解知识	搜集相关资料，初步了解河南非遗文化都有哪些，能够收集河南豫剧相关经典唱段。	有计划、有目标地整理河南豫剧的相关信息，从信息中提取自己所需要知识点和创作主题要素。	对搜集的信息进行有针对性的提炼，能简单阐述相关知识点，能唱出河南豫剧的经典唱段、说出豫剧著名角色和知名艺术家。
学习激情	不缺课、缺勤，能按时参加教学活动，按要求完成学习任务。	积极参与每一次活动，主动搜集相关资料，认真完成创作任务，积极展示成果。	在每次活动中感受到收获的快乐，对今后进一步的学习充满兴趣和期待，为下一步学习设立目标。

（续表）

评价标准	★	★★	★★★
主题创作	认识不同的服饰和道具，用概括、夸张的手法表现戏曲人物动态，实现初稿的创作。	掌握戏曲人物版画创作的基本方法和步骤。能熟练运用多种刀法，用版画基础语言中点、线、面的组合进行版画创作。	能突出河南豫剧人物结构的黑白处理和自我表现的方法，根据这些结构来组织线条的粗细、长短、疏密，从而衔接组成画面的黑白关系。运用秩序美感和多种刀法结合体现版画之美。
展示评价	能将作品整理成册或装入档案袋，能用清晰的语言进行介绍和交流。	师生协力收集版画作品，装订成册或制作成视频，通过开展作品展等形式，对作品进行展示和推广，传播戏曲文化。	能独立制作作品册进行展示和评价，或制作成视频进行分享和传播，让更多的人了解戏曲文化。

五、实施建议

（一）加强学科间的融合

充分利用参与课程实施的音美教师自身的优势和特长，使学科之间能够达成融合，优化课程结构，提升课程科学性和系统性，通过综合性、创造性的实践活动，促进学生深度理解知识、技能，提升综合能力，感受戏曲文化的博大精深。构建以研究性学习为核心，以合作学习、跨学科学习、探究性学习和实践体验为主要活动形式的活动模式。

（二）开发校外资源

戏曲具有程式性和虚拟性的特点，专业性很强，只有专业的教师引领，才能够保证课程的科学性和持续性发展，同时可以请豫剧专家亲临学校指导戏剧表演，通过专家的指导让学生对豫剧学习更加专业；定期请家长进校园参观校园文化艺术节展演和版画活动成果展示，加强家校之间的沟通与交流；组织学生走出校园进行采访、调查、参观、看演出等，拓展学生对戏曲文化的了解。

（三）物资保障

由于戏曲课程的独特性，教学则要创造性地运用传统器具、材料和现代媒介，如戏剧的服装和布景、影视的光效和影调等，发挥多种媒材的特性，展现多样的表现形式、形象与意境，充分调动学生的听觉、视觉、动觉，增强学生对戏曲的深层体验。因此，学校要在相关物资、物品等方面做好专业、充足的准备。

六、课程保障

1. 聘请戏曲专业人士。

由于戏曲的专业性，学校需要聘请戏曲专业人士进入课堂教学实践的主阵地，让课程真正有效落地。

2. 建立常态教研团队。

教研是提升教师业务专业能力的平台。基于戏曲的难度，只有借助有效的教研活动，聚集团队智慧，才能推进课程发展。

3. 提供课程物质保障。

戏曲领域涉及专业的妆容、服饰等，学校要提供物质保障，促进课程更加专业化和有深度，并持续发展课程。

第二章　活动设计

项目一　看戏、赏戏、演戏

活动目标

1. 学生在课前收集戏曲资料，通过教师讲解、学生分享、豫剧视频欣赏、专家表演等方式，让学生了解豫剧的历史、发展、表现形式、代表作和知名艺术家等戏曲方面的基本知识。

2. 通过教师示范或邀请专家示范豫剧经典片段等，指导学生表演豫剧经典片段，感受豫剧人物的不同角色，初步学习戏曲典型人物的唱腔、亮相、化妆。

3. 通过看戏、赏戏、演戏等学习活动，体验表演戏曲的乐趣，感受中国戏曲文化的博大精深，激发学生传承戏曲文化的思想感情。

活动重难点

了解豫剧的历史渊源，学会一两段简单的豫剧唱腔和亮相。

活动准备

教师准备：课件、豫剧经典视频片段、戏曲化妆工具、服装、道具；学生准备：与戏曲有关资料。

活动流程

本活动一共分为七个环节：了解河南豫剧历史渊源—初步探究戏曲艺术美学特征—实践学习经典剧目中的典型人物唱腔和程式表演—探究美术化妆—展示交流—豫剧再生价值的思考—活动总结及评价，共需两课时。

一、了解河南戏曲历史渊源

设计理念：学生通过赏戏、思考交流、揣摩唱腔，掌握豫剧的基本知识，初步感受豫剧。

1. 教师讲解豫剧起源，让学生结合视频欣赏豫剧，感受豫剧的不同地域特点和不同腔调。

①豫剧起源于明朝中后期，是在中原地区盛行的时尚小令（民歌、小调）的基础上，吸收北曲弦索、秦腔、蒲州梆子等演唱艺术后发展而成的。

②豫剧形成以后，在河南各地流传过程中形成了各具特色的多路流派：以开封为中心流传的唱法称“祥符调”；以商丘为中心流传的唱法称“豫东调”，又称东路调；以洛阳为中心流传的唱法称为“豫西调”，又称西府调、靠山簧；豫东南沙河流域流传的唱法称“沙河调”，又称本地梆。

2. 学生思考交流，主动寻找与戏曲有关的知识。

3. 教授引导学生揣摩豫剧的唱腔，并让学生试唱。

二、初步探究戏曲艺术美学特征

设计理念：通过赏戏、感知，初步了解豫剧的艺术特点。

1. 欣赏豫剧的代表作片段《红娘》《花木兰》等。

①豫剧《红娘》，取材于王实甫的《西厢记》，故事说的是唐贞元年间，西洛书生张珙进京应试，在河中府普救寺邂逅崔相国的女儿崔莺莺，二人一见倾心，红娘从中撮合，最终结成眷属。

②豫剧《花木兰》是人民艺术家、豫剧表演艺术家常香玉的代表剧目，自1951年上演至今，已有多名艺术家领衔主演，继承传扬，久演不衰。

2. 教师让学生欣赏后试唱几句，通过扮演戏曲里的旦行，感受豫剧表演的乐趣。

三、实践学习经典剧目中的典型人物唱腔和程式表演

设计理念：通过欣赏戏曲艺术大师的表演示范视频和戏曲教师示范表演唱腔和亮相，进一步了解豫剧的唱、念、做、打。

1. 欣赏张素玉老师教豫剧唱、念、做、打的视频，学生体验旦角道白、亮相，感受豫剧的唱腔韵律、亮相动态之美。

教师示范亮相

学生体验

2. 欣赏豫剧现代戏片段，如《朝阳沟》《刘胡兰》《小二黑结婚》等，感受豫剧的时代发展和社会价值。

四、探究美术化妆

设计理念：通过学生动手实践，增强学生的美术动手表现能力和对戏曲艺术的热爱。

1. 了解戏曲脸谱化妆的有关知识。

通过学生搜集资料和视频、图片欣赏，了解戏曲脸谱化妆的有关知识，知道戏曲脸谱是中国传统戏曲演员脸上的绘画，用于舞台演出时的化妆造型艺术。

2. 学生欣赏交流不同行当的脸谱特点。

学生通过对比欣赏不同行当的脸谱图片，知道脸谱对于不同的行当，情况不一。“生”“旦”面部妆容简单，略施脂粉，叫“俊扮”“素面”“洁面”。而“净行”与“丑行”面部绘画比较复杂，特别是净，都是重施油彩，图案复杂，因此称“花脸”。戏曲中的脸谱，主要指净的面部绘画。而“丑”，因其扮演戏剧角色的特点，在鼻梁上抹一小块白粉，俗称“小花脸”。

3. 学生体验化妆。

学生体验化妆（一）　　学生体验化妆（二）

4. 学生欣赏不同的行当头饰和帽饰图片后，讨论用什么形式表现不同行当的脸谱化妆和头饰，如：绘画脸谱、纸板漏印、海绵纸粘贴、衍纸、折纸等。欣赏不同行当的脸谱化妆、头饰，针对不同角色面部化妆的特点进行探究，挖掘可利用的各种媒材，进行自主实践体验，以绘画和手工制作的形式展示学习成果。

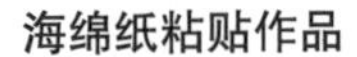

海绵纸粘贴作品　　衍纸、折纸作品

五、展示交流

设计理念：根据学生对音乐、美术的不同爱好，划分戏曲表演小组和化妆小组，展示学生的学习成果，激发学生的自信心和成就感。

1. 表演小组分角色展示评价。

小组成员接龙表演展示《花木兰》《穆桂英挂帅》选段。

2. 化妆小组集中展示化妆，拍照并存储图片。

3. 手工制作小组展示戏剧人物头部手工作品。

六、豫剧再生价值的思考

设计理念：通过思考交流，树立学生传承传统文化的责任与担当意识。

教师提出思考问题：豫剧是河南地域文化的一张名片，是河南的非物质文化遗产。当下可以采取哪些措施使豫剧发展有更广阔的空间?

七、活动总结及评价

设计理念：注重自我反思等质性评价，着眼长远发展，树立学生主人翁意识。

1. 戏曲是一门综合艺术，说一说你对戏曲感兴趣的地方。

2. 通过学习，讲一讲你对河南戏曲（豫剧）的了解和收获。

学生活动评价表

姓名	收集资料及交流	课前准备	自我管理	豫剧学习能力			综合评价
				唱	演	化妆	

（设计者：郑州市金水区艺术小学　杨君磊　滕姗姗）

项目二　演戏印记——刻画戏曲人物

活动目标

1. 通过多媒体、剧照图片、录像等，从美术的角度让学生欣赏戏曲表演、服饰、道具和场景等，并进行全面的了解，知道戏曲表演程式性、虚拟性、夸张性的特征。

2. 学生通过观察、表演体验戏曲亮相的动态和神情之美，认识不同的服饰和道具，通过教师引导和示范，使学生在实践中掌握戏曲人物版画创作的基本步骤和技能。

3. 通过交流、展示、评价等活动，使学生感受戏曲文化的魅力，激发学生传承传统文化艺术的思想感情。

活动重难点

戏曲人物版画创作的基本方法和步骤。

活动准备

教师准备：课件、豫剧经典视频片段、戏曲化妆工具、服装、道具等；学生准备：与戏曲有关的资料。

活动流程

本活动一共分为八个环节：唱戏导入—了解戏曲的服饰、道具—欣赏、体验角色表演动态和亮相—学生学习戏曲人物版画制作方法和步骤—学生实践—展示与评价—活动总结—活动评价，共需两课时。

一、唱戏导入

设计理念：分辨京剧、黄梅戏和豫剧的不同，区分不同行当的特点，初步感知不同剧种表现的魅力。

教师清唱戏曲《花木兰》选段，导入豫剧。

对比欣赏学生舞台戏曲演出串烧，分辨剧种和不同角色。

二、了解戏曲的服饰、道具

设计理念：通过分组了解戏曲的服装款式、纹样和道具，感受独特的戏曲之美，知道戏曲的程式化规范和虚拟化特点。

学生分组汇报、交流课前学习任务卡，具体分组如下：

第一组汇报服装款式：蟒、帔、靠、褶、衣，不同的行当和角色穿戴不同的服饰，款式、色彩、花纹有所不同。让学生探究不同行当之间服饰的不同。如：帝王将相穿的蟒，元帅、武将穿靠（铠甲），书生、平民穿褶等。

第二组汇报服装纹样：龙、蟒、凤、水、花草等，不同身份也有考究。考查学生是否知道不同行当的服装花纹特点。

第三组汇报道具：马、枪、扇、旗、桌椅等道具可以烘托人物形象并创设美的情境。

教师出示生、旦、净、丑等角色图片，让学生给这些角色选择合适的道具。

三、欣赏、体验角色表演动态和亮相

设计理念：通过教师示范、学生体验，感受豫剧表演的动态之美，为版画造型做铺垫。

教师辅导亮相

学生体验

1. 教师播放小记者采访视频，戏曲社团学生穿便服亮相，其他学生模仿动作、神情，体会戏曲人物的动态、神情的传神之妙。

2. 学生和老师各画出人物骨架，对比动作及手势，教师提醒夸张动态。对比穿上戏服的同一角色的亮相，教师增添相应的指导。

四、学生学习戏曲人物版画制作方法和步骤

设计理念：通过赏析成品《回荆州》年画细节，知道套色版画制作方法，并能区分版画的不同表现形式，初步感知版画制作的方法和步骤。

1. 了解套色版画。

学生欣赏成品《回荆州》年画，对比单色版画，教师提问套色版画与单色版画的不同。

2. 教师讲解演示单色版画表现戏曲人物的步骤。

第一步，构思，学生选取自己搜集的戏曲人物图片，分析戏曲人物的动作、表情、服装等特征；

第二步，勾画人物的大致动态和轮廓，注意各部分比例；

第三步，画出人物的五官表情、头饰、服装，以及道具、场景等；

第四步，用记号笔勾画出画面的黑、白、灰关系；

第五步，刻板，保留底板上的黑色部分，刻去白色部分；

第六步，滚油墨；

第七步，印制，把纸张放在刻制完成、滚好油墨的底板上，固定纸张，用木蘑菇按压均匀，掀开一个角看对印是否清晰，如无误可慢慢揭开纸张，完成制作。

五、学生实践

设计理念：学生通过小组探究实践，克服困难，完成一件戏曲人物版画作品。

1. 学生参照戏曲摄影图片，选一个熟悉的戏曲人物，抓住人物亮相、身段、眼神和服装道具的特点，用版画的艺术形式创作一个生动的戏曲人物。

2. 教师巡视指导，提醒学生概括戏曲人物动作及手势，抓住整体动态表现。

六、展示与评价

设计理念：小组间通过作品的展示及评价，交流意见，学生客观评价自己和他人的作品，提升学生的鉴赏能力和评价能力。

自评：说说自己在豫剧中表现的角色及人物形象，再说说表演作品的优点及存在的问题。

戏曲人物贺卡

戏曲人物书签

互评：说说不同作品中人物的动态优美传神之处。

戏曲人物大集合

互议：画面黑白处理和服饰值得学习的地方。

小组间互评学生的作品：评出传神奖、动态优美奖，说出评选的理由，获奖的优秀作品被收入教师收集的长卷集，参加本学年的“校园嘉年华”美术作品展，并颁发学校收藏奖证书。

七、活动总结

设计理念：主题升华，引导学生思考传承戏曲文化的价值，增强文化自信、树立民族文化的传承与担当意识，用实际行动传承中国经典传统艺术。

教师总结：中国戏曲文化的深厚底蕴感染着参与活动的每一个人，郑州市金水区艺术小学的学生通过国内、国际豫剧表演交流，赠送自己制作的豫剧名片来继承和宣传戏曲文化，他们用实际行动传承深厚的戏曲文化，希望有更多的人像他们一样，传承中国经典艺术，把中国传统艺术发扬光大。

八、活动评价

通过活动评价，形成学习小组内传承中国传统艺术的总结，以自己组内喜欢的方式去丰厚校园文化。

学生活动评价表

演戏印记——刻画戏曲人物		
1	通过学习，你对戏曲的表演、服装、道具有哪些了解？	
2	是否掌握了版画制作的基本方法？	
3	对自己用版画制作的戏曲人物作品，有哪些地方比较满意？	
4	你打算用什么方式宣传豫剧文化，为什么？	

（设计者：郑州市金水区艺术小学　杨丽丽　滕姗珊）

项目三　戏曲版画文创产品设计

活动目标

1. 运用版画一版多印的特性，学生选择多种可印制的材料，体验一版多印的不同效果。

2. 师生借助计算机技术，把自己创作的版画作品扫描成图片，再次排版、设计、美化，形成文创产品，感受“学以致用”的设计理念。

3. 推广、宣传文创产品，或赠送给亲朋好友，交流情感，体验成功的愉悦感。

活动重难点

美术与计算机技术巧妙融合，设计文创产品的版式。

活动准备

教师准备：美术教师与计算机教师结合，提前扫描好版画作品图片，下载并安装图片处理软件。学生准备：有关设计的参考资料。

活动流程

本活动一共分为六个环节：思考版画衍生品—初步探究设计版式—实践学习—展示与评价—活动总结—活动评价，共需两课时。

一、思考版画衍生品

设计理念：学生通过分组讨论交流版画衍生品的种类和设计想法，树立美术作品服务于生活的理念。

1. 教师让学生欣赏艺术应用于生活的范例，启发学生思考自己的戏曲版画作品怎样再设计服务于生活。

2. 学生思考、交流实施方法。

二、初步探究设计版式

设计理念：通过对设计版式的了解，初步体验电子排版的基本方法。

1. 美术教师与计算机教师结合，指导学生相关的操作方法。

2. 师生总结版式中横版、竖版、圆形等类型及相应的特点。

三、实践学习

设计理念：不同的衍生品选择不同的材料和版式，教师通过多种方法，激发各小组的设计兴趣，解答学生的疑问和设计过程中遇到的问题，指导和帮助学生每人完成一件版画衍生品的版式设计。

1. 小组交流设计思路和实施方法。比如，衍生品应选用什么材料，怎样设计排版。

2. 教师讲解和示范制图软件的操作流程及步骤。

第一步，下载相关图像处理软件和平面设计软件，让学生首先简单了解常用的相关软件的功能和用途；

第二步，把印好的作品拍成照片保存成 jpg 格式，并将图片上传到电脑上，然后把 jpg 格式图片转换成矢量图格式，方便下一步处理；

第三步，用图像处理软件的剪切功能根据设计需要对作品进行剪切，学会方形选取和圆形选取操作方法；

第四步，用图像处理软件的图像处理模式调整对比度或色阶，根据设计需要可改变图片的色彩浓度，强化图片的版画效果；

第五步，把所需要作品保存并在平面设计软件里重新打开并进行排版处理，扑克牌和圆形的徽章需要用不同的排版方式进行排版；

第六步，用平面设计软件的文字处理功能添加中英文并进一步排版，根据设计需要添加如扑克牌和笔记本等文创产品的相关文字内容，并进行排版；

第七步，统一批量调整相关文创产品的色系和版式，做到风格统一。

第八步，对相关文创产品进行打印。

3. 学生交流设计理念和想法，尝试设计一件版画衍生品。

教师边巡视边指导学生，提醒学生设计的整体美感和活动小组内作品的协调一致性。

4. 请教计算机老师、文印室老师，将自己的设计排版作品保存，并自行打印或请老师进行集体打印。

四、展示与评价

设计理念：通过展示评价活动检验学习目标完成的情况，并引导学生发现在课程学习中的优势和存在的问题，促进成长。

学生展示自己戏曲人物版画衍生品，分享学习心得、制作过程、遇到的问题和解决的方法等，并进行生生评价、教师评价。

1. 版画徽标胸牌。

胸牌

2. 扑克牌、明信片。

明信片

扑克牌

3. 书签、贺卡。

用卡纸剪成书签、贺卡造型，用浮水印台和金银粉，把学生戏曲版画作品印制在书签、贺卡上。

书签

4. 学生介绍自己的产品，教师鼓励学生到社区推销、出售自己设计的文创产品，宣传戏曲文化。

五、活动总结

设计理念：与时俱进，学生把设计应用于生活，形成文创产品，展现学生的创新意识，凸显课程学以致用的理念与多元的应用价值。

六、活动评价

设计理念：注重自我反思等质性评价，结合学习内容，鼓励学生根据学习效果对自己进行诊断性评价。

学生活动评价表

戏曲版画文创产品设计		
1	你对学习过程中用到的图像处理软件和平面设计软件有哪些了解?	
2	是否掌握了图像处理软件和平面设计软件使用的基本方法?	
3	对自己设计的作品哪些地方比较满意?	
4	在排版上遇到了哪些困难?是否已得到解决?	

(设计者:郑州市金水区艺术小学　滕姗姗)

第三章　课程影响力

一、课程概述

课程以小学二至六年级学生为主体。通过学习，使学生较为全面地了解戏曲文化的内涵特质，将文化与文创产品相结合，进一步推广戏曲文化，让“非遗会说话”。课程旨在丰富学生对戏曲文化的了解，培养学生的动手能力、创新能力和审美情趣，开阔学生的视野，使学生了解中国传统文化，感受中华优秀传统文化的魅力，激发学生的热爱之情，增强民族自豪感，彰显师生致力将传统文化发扬光大的志向。

二、实施策略

（一）培养学生核心素养

通过此课程的开展，增强了学生的艺术素养，落实了学生核心素养发展。学生通过亲身体验和实践，利用多种材料、方式进行融合创作，激发了学生的创造能力、审美能力，增强了学生的意志力。学生通过学校搭建的各种展示平台，参加学校文化节展示、市区级每年一届的美育课程交流活动等，通过现场讲演、制作、与参观者进行对话，感受艺术的魅力，提升学生的表达能力、社交能力和对戏曲非遗文化的理解和认知，增强了学生的自信心和自豪感。

（二）创新成果内容

郑州市金水区艺术小学倡导不仅要懂戏曲知识，还要培养学生将知识与文创相结合进行创作的能力，体验戏曲的魅力，感受非遗文化的博大精深。由此，在作品内容呈现方式上进行了创新，比如：以金属丝为线条，天然彩砂为颜料，镶嵌成各种精美的图案，力求多元化的艺术呈现效果；在木板上绘制戏曲人物；利用版画一版多印的优势与信息技术相结合，把学生的戏剧版画作品印制成明信片、贺卡、扑克牌、笔记本等文创产品，让戏曲相关的文化和知识吸引更多的人。

（三）多渠道展现“让非遗会说话”

郑州市金水区文化路第三小学大力支持非遗工作坊建设，设置不同非遗项目的展示区，有戏曲服饰展示区、国潮文创产品展示区等。每学年迎新生报到的当天，以及“六一嘉年华”活动时，学校都会为非遗课程工作坊提供展位，把这一年当中所有的非遗文化作品向全校师生、家长展示。为大家搭建相互交流的学习平台，让师生在互相学习、交流过程中，进行思维碰撞，继而点燃新的创意火花。

三、社会影响力

课程树立了学校特色品牌文化，实现了教学相长，传扬了中国的戏曲文化。

郑州市金水区艺术小学以“艺美人生”为理念，注重课程与学生生活经验紧密关联，使学生在积极的情感体验中增强对传统文化的热爱及责任感。自 2007 年戏曲进校园以来，学校每学年都举行大型的校园文化艺术节展演活动，豫剧表演则是必展的项目。豫剧表演项目每年都参与郑州市金水区“艺趣嘉年华”活动，通过动态展示和静态展示相结合，使戏曲文化在学生中进一步普及和发展。学校的“意象生肖”艺术实践工作坊，曾荣膺教育部第七届中小学生艺术节展演活动全国一等奖、全国“真爱梦想杯”第五届校本课程设计大赛优秀奖；学校的“艺趣美术：给童年生活增趣添彩”美术课程建设定稿入编由华东师范大学出版社出版的《体艺学科课程群》，并在全国精品课程大会上向来自全国中小学与会单位、参会人员分享，同时在郑州市中小学美术学科校本课程研究成果展示观摩活动中被评为一等奖。课程的实施也成就了教师的成长，戚莹莹老师及其他美术组成员带领的戏曲社团成果多次在市区级活动中进行展示。

郑州市金水区文化路第三小学在一次次的传统文化成果展示交流活动中，得到了全体师生以及家长的一致好评，很多家长为孩子对传统文化认知的提高而感到欣喜，教师的职业成就感越来越强，幸福感也越来越高。教师在平时的教学过程中总结经验，将教学成果积累并形成教学体系。美术组教师编写的非遗校本课程也在郑州市校本课程评选中获得一等奖。学校在第二十四届金水区青少年科幻画比赛中有六幅作品获得奖项，在郑州市环保画比赛中有多幅作品获得一等奖，在郑州市中小学生系列美育活动中有多项作品获得市级一等奖。

研究戏曲文化，将其衍生出文创产品，在进一步推广非遗课程成果的同时，也激发了学生的创造能力，使学生感悟工匠精神，增强民族自信心和自豪感。

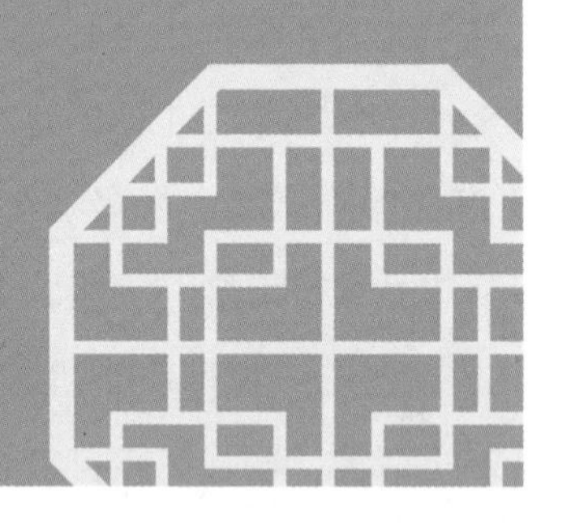

第三篇
师生作品

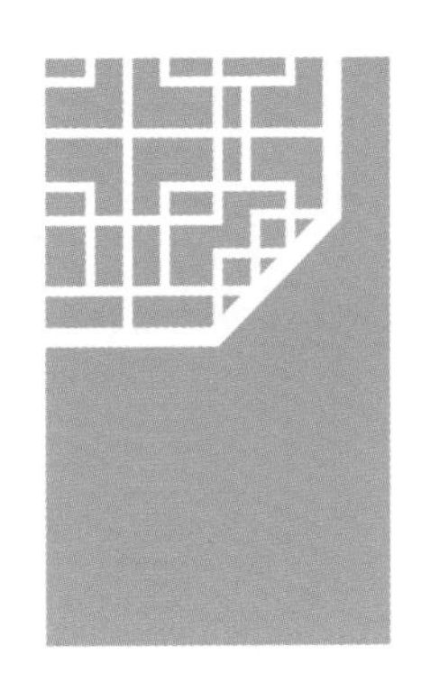

作品赏析（1）

作品名称：戏曲人物书签

作者：曹舒茵

指导教师：滕姗珊

学校：郑州市金水区艺术小学

设计理念

版画书签以戏曲人物为创作主题，人物动态、表情夸张，而且实用美观，简单好操作。通过画、刻、印，一版多印，作为小礼物赠送亲朋好友，既文雅又有艺术品位。

教师点评

版画是一门集绘画、刻板、印刷于一体的综合性艺术。版画作品构图饱满、衣纹秀劲、角色造型姿态或静或动、稚拙可爱、婀娜多姿、栩栩如生。小作者抓住戏曲人物的动态、外貌特点，夸张灵动地表现角色形象，并运用黑白处理方法对戏曲人物进行了艺术再创造。

作品赏析（2）

作品名称：金枝玉叶

作者： 袁艺

指导教师：滕姗珊

学校：郑州市金水区艺术小学

设计理念

以豫剧《打金枝》中金枝玉叶的公主形象为创作主角，用小菱形刀刻画人物的服饰，用小圆刀刻画繁琐的头冠，黑白对比强烈，面部表情自然，栩栩如生。

教师点评

小作者用细腻的刀法和有秩序的线条表现出了青衣华贵的气韵、典雅的姿态。人物面部秀丽、眉目传神，作品精致并富有神韵！

作品赏析（3）

作品名称：豫剧角色之武生

作者：张俊鹏

指导教师：代莉

学校：郑州市金水区艺术小学

设计理念

生行是舞台上演绎男性角色的一种行当，这幅作品设计的是箭衣武生，彩色的背景衬托主体人物，突出的结构线表现人物衣纹，阴阳刻相结合加强黑白对比，使人物更加醒目。

教师点评

张俊鹏同学对生角形象把握到位，虽然动态有些生硬，但衣帽的装饰富有秩序的美感，衣服上的曲线花草拐子纹、放射性太阳纹和背景的折线回字纹形成刚柔对比。如此精细刻画充分体现了小作者对戏曲服饰图案的细心观察与深入思考。

作品赏析（4）

作品名称：豫剧角色之净角（张飞）

作者：李依诺

指导教师：滕姗珊

学校：郑州市金水区艺术小学

设计理念

净角张飞的形象很酷，一手拿兵器，一手捋胡子，圆瞪大眼，非常威风，老师说：“挺胸抬头、手势要通过胳膊画圆，去表现出净角的架势和精气神！”绘画时也特别注意了人物的动态、面部特征和背景装饰。

教师点评

李依诺同学对净角形象、动态把握到位，造型虽有些生硬，但富有童趣。在黑白处理和刀法运用上，小作者也是别出心裁，用斑驳的黑白色块、髯口细密的秩序线条、纵横交织的背景形成的黑、白、灰对比，使整个画面富有节奏感和韵律美。

作品赏析（5）

作品名称：豫剧角色之丑角

作者：潘奕君

指导教师：滕姗珊

学校：郑州市金水区艺术小学

设计理念

本作品以版画形式表现戏曲人物的官丑形象，将官丑的表情进行了夸张变形，通过一字相连的眉毛、三角眼，鼻梁上抹的白色“豆腐块”，微笑的表情，突出其滑稽幽默的风格。版画的线条夸张，色彩艳丽、和谐。

教师点评

作品尽展丑角滑稽幽默、机智果断的形象，凸显艺术气息！体现了创作者细心观察豫剧丑角人物形象，抓住典型特征进行刻画的学习能力。

作品赏析（6）

作品名称：脸谱

作者：张楚瑜　左鑫雨　陈博文

指导教师：赵星

学校：郑州市金水区文化路第三小学

设计理念

木版画历史悠久，风格多样。戏曲人物木版画以在木材上刻印的形式，用彩绘油墨绘就灵动的戏曲人物形象，展现出中国戏曲艺术的经典之美。

教师点评

张楚瑜、左鑫雨、陈博文三位同学在参与活动前搜集和了解了戏曲人物的故事以及其妆容和服饰特点。将浓郁的色彩、夸张的表情融入到木版画的创作中，使成品在视觉上具有色彩艳丽的冲击感。作品在用色上大胆创新，充分利用了木板本身的材质美，体现了古色古香的韵味。

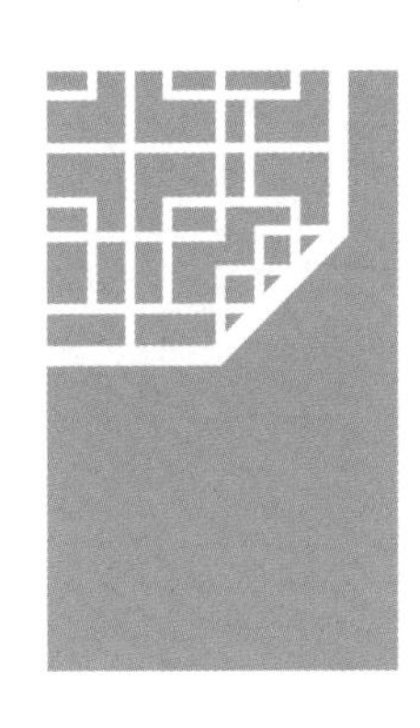

作品赏析（7）

作品名称：十二生肖畅游黄河

作者：黄子轩

指导教师：戚莹莹

学校：郑州市金水区艺术小学

设计理念

作品用波涛起伏的黄河水为背景，用家喻户晓的十二生肖代表中华儿女，每个生肖皆身着戏服，并突出牛虎形象，寓意辞旧迎新，携手互助，破浪前行。

教师点评

作品体现了黄子轩同学天马行空的想象和别开生面的创意，展示了梦幻般的神话场景。这幅长卷作品通过身穿戏服的动物形象，配上黄土的色调，展现了戏曲文化、中原文化的魅力，也彰显出创作者的童心飞扬，以及对日常生活的感悟、积累。

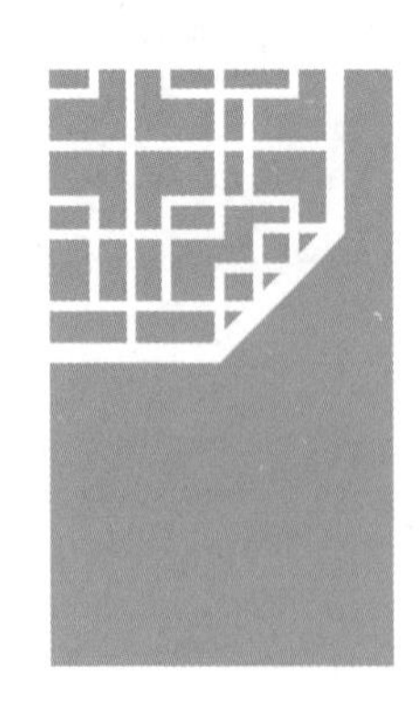

作品赏析（8）

作品名称：花旦吟

作者：赵星、张睿、王亚文

学校：郑州市金水区文化路第三小学

设计理念

作品以戏曲中天真烂漫、性格开朗的花旦为主题，从服饰、妆容特色入手，表现了戏曲艺术之美。

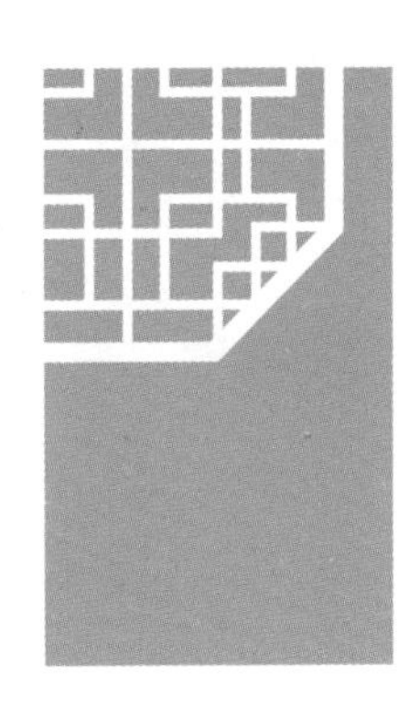

作品赏析（9）

作品名称：豫剧角色之净角（廉颇）

作者：戚莹莹

学校：郑州市金水区艺术小学

设计理念

作品以各种图案勾勒净角人物生动的形象，特别注意人物动态的把握、面部特征的表现，呈现了人物性格气质上的英勇、豪迈。在动作造型方面，线条粗犷而错落有致，色块大开大合，气度恢宏。

作品赏析（10）

作品名称：戏曲人物明信片

作者：代莉

学校：郑州市金水区艺术小学

设计理念

明信片是用来通信、宣传、收藏的，把戏曲人物版画设计成明信片，展现地方特色和人文情感，用这种方式传播地方传统文化，具有鲜明的时代感和创新理念。

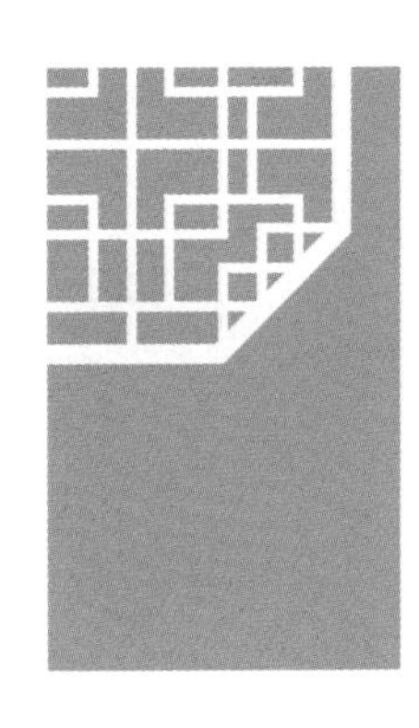

作品赏析（11）

作品名称：戏曲人物贺卡

作者：戚莹莹

学校：郑州市金水区艺术小学

设计理念

封面烫金的戏曲人物贺卡是运用新型材料——浮水印台印制的，撒上金粉、银粉，再利用热风机加热形成浮雕质感，精致而又美观。

新时代的教师应该具备哪些素养

目前，我国的基础教育已全面普及，人民群众“有学上”的问题得到解决，“上好学”的需求日益强烈。全面提高教育质量，实现基础教育高质量发展已成为我国教育的战略性任务。培养有理想、有本领、有担当的社会主义时代新人，办好人民满意的教育被摆在了更加重要的位置。

基于我国国情，中华人民共和国教育部于 2022 年 4 月出台了《义务教育课程方案》(以下简称《方案》)，进一步推动了我国在课程、实施与评价等方面的深度改革。《方案》强调了三个方面：一是学科实践，规定每学科拿出不少于 10% 的课时开展跨学科学习活动；二是综合学习，提倡主题式、项目式、单元式等教学；三是评价改革，关注过程性评价、增值性评价，对学生在学习过程中的学习态度、学习方法、思维方式等进行跟踪，及时引导学生全面发展。这些既是对学生学习方式的改革，更是对教师在课程理念、教学方式、评价方法等方面提出的新的挑战。

那么，如何提升教师自身能力，实现高质量的教育教学活动呢？教师需要具备哪些素养，才能胜任新时代的教育担当，才能落实、实现国家课程改革的理念和方向，培养出一批批德智体美劳全面发展的学生呢？

基于这样的思考，我们整理并总结了各个学科都涉及的相同教学主题，最后决定将中华优秀传统文化中的非遗作为抓手进行跨学科、融合学科的开发，从中

探索出一套非遗文化课程深入推进的方案，提炼出一套非遗项目跨学科学习开发与实施、评价与推广的立体式实践模式。由此，我们建立了以综合实践活动、劳动教育、美术、语文教师为主的跨学科教研团队，根据教师的专业特长和课程能力，组建了十几个联盟校项目，进行了持续的实践探究，并获得了可喜的成果。我们深深感悟到新时代的教师在课程开发、实施、评价与资源利用等方面应该具备如下这样的素养。

一、跳出单一学科界限，“设计”学生课程内容

《方案》提出每一学科要开发不少于 10% 课时的跨学科活动，从师资能力看，要求教师具备跨学科设计的理念和能力；从活动内容看，指向基于学科为主题的跨学科学习，打破单一学科的壁垒，建立纵向联系，让学生在同一主题的内容中将各个学科涉及的知识、技能、学科思想、素养等进行联结与融合，让学生经历某一主题的完整的学习活动，建立新的思维方式，获得新的经验，实现“知识的价值”。非遗文化课程的研究与实践，涵盖语文学科的文化，美术学科的审美与技能，劳动教育的工匠精神，综合实践活动的综合性学习与能力培养等，它们的融合可以带给学生完整的体系和经历，不再是碎片化学习和认知。

二、尊重学生发展规律，关注学生实践体验过程

教育要遵循学生的身心发展规律，注重个性差异，因材施教，给予学生鼓励，使能力得到提升。根据非遗项目的研究活动，涉及学生对非遗项目的文化认知、设计制作、成果推广等，让学生能够通过一系列的活动“文化于心”“心化于形”，实现“知—情—意—行”相统一，成为一名非遗文化的小传人。在这个过程中，教师需要看到不同能力的孩子在活动中的投入、努力和专注，要看到学生基于自身状态获得的新的发展。我们提倡：尊重学生身心发展规律，不要吝啬教师的赞美，不要吝啬教师的“优秀”评定，要看到学生在付出过程中的那份全力以赴。

三、根据项目活动内涵，制订聚焦性评价量规

评价是导向，在项目活动中我们发现，教师在设计评价量表时经常出现两种情况。第一，能够关注学生经历的活动环节，但缺乏相应的不同等级的具体描述；第二，设计出的评价要素没有结合具体项目，而是笼统的、不聚焦的，没有契合主题。这样的评价不能给予学生具体的指向，无法让学生结合活动主题进行反思与总结，不能明晰究竟哪些方面做得好，哪些方面还需要努力。我们建议，低年级学生认字少，可以图形为主，中高年级学生的评价量规要细致具体，具有指向性，帮助学生知道如何做，怎么做，自己可以做到什么程度。这样的评价才有意义。

四、善于利用社会资源，拓宽学生活动空间

非遗文化是传承的技艺，不具有普遍性。因此，在课程开发与实施中，利用与挖掘社会资源，寻求专家资源的协助，与非遗场馆或实践基地合作是非常有必要的。这可以弥补校内教师专业能力的不足，拓宽学生与教师实践研究的平台，补充丰富的课程资源，助力项目深入实施，促进学生获得专业的、多元的体验，深刻感受非遗文化的博大精深。

新时代的教师，需要具备的素养不只这些，还需要具备信息技术素养、协同发展的能力等。

相信，只要愿意行走在课程改革的道路上，教师就会在教育教学的实践中不断获得素养提升、教育智慧，乃至形成教育思想。久久为功，也必将推动中国的教育改革，为国育人，为党育才。

让非遗会说话

非遗劳动项目实施与评价

扎染

主编 观澜
本册主编 王献甫 李靖 雷振中

河南科学技术出版社
·郑州·

图书在版编目（CIP）数据

扎染 / 观澜主编 . -- 郑州 : 河南科学技术出版社，2023.5

（让非遗会说话 : 非遗劳动项目实施与评价）

ISBN 978-7-5725-1187-5

Ⅰ. ①扎… Ⅱ. ①观… Ⅲ. ①结扎染色—印染艺术—介绍—中国 Ⅳ. ① J523.2

中国国家版本馆 CIP 数据核字 (2023) 第 074865 号

出版发行：河南科学技术出版社

地址：郑州市郑东新区祥盛街 27 号　　邮政编码：450016

电话：（0371）65737028　65788613

网址：www.hnstp.cn

策划编辑：黄甜甜

责任编辑：杨艳霞

责任校对：束华杰

封面设计：张　伟

责任印制：朱　飞

印　　刷：河南博雅彩印有限公司

经　　销：全国新华书店

开　　本：710 mm × 1 010 mm　1/16　　印张：4.25　　字数：69 千字

版　　次：2023 年 5 月第 1 版　　2023 年 5 月第 1 次印刷

定　　价：258.00 元（全九册）

前言

《让非遗会说话——非遗劳动项目实施与评价》（简称《让非遗会说话》）这套书，历经两年最终得以出版，得益于金水区深厚的文化，非常感谢河南省教育厅和郑州市教育局领导的支持，还有学校的大力支持和一起同行的观澜名师工作室的伙伴们。

非遗是传统文化的重要组成部分。在新时代下如何大力继承、推广和创新，是值得深度思考与研究的命题。

河南省郑州市金水区作为课程改革实验区，遵循“灿烂如金，上善如水”的教育理念，注重课程改革、教学改革和评价改革，构建适合金水学子的教育体系，全方位实施素质教育，落实课程育人、活动育人、实践育人、合作育人、评价育人，培养德智体美劳全面发展的新时代学子。

在推进和创新非遗文化课程中，我们建立跨界联盟校，吸纳洛阳、安阳、杭州等优秀非遗团队，以“项目”为驱动，开展跨学科学习教学，将美术、综合实践活动、劳动教育、语文、历史、物理等学科相融合……让学生经历真实情景的探究，重构知识体系和思维，在解决问题过程中使能力、素养、品质得以提升，最终建构学生“知识—人—世界”的完整实践价值观，实现“知—情—意—行”合一的美好教育境界。在整体探索和推进中，我们的团队边实践边总结，一起交流，一起研讨，一起碰撞，探索出一套非遗项目化实施和评价的有效模式。有 7 所学校的非遗项目成果在全国第六届公益教育博览会上进行参评和推广，河南省实验中学的剪纸、郑州市金水区四月天小学的布老虎、郑州市金水区文化绿城小学的葫芦烙画、郑州市金水区艺术小学的刺绣、郑州冠军中学的吹糖人、河南省实验小学的扎染、郑州市金水区农科路小学北校区的皮影获得优异的成绩。

《让非遗会说话》这套书一共九本，包括九个非遗项目，它们分别是中医文化、宋代点茶、陶艺、布艺、扎染、刺绣、戏曲、葫芦烙画、澄泥砚。每本书分为三篇，第一篇是理论研究，重点阐述如何让非遗会说话的实践路径和模式；第二篇是课程实践，包括课程规划、具有代表性的活动设计、课程影响力，为课程如何规范有效设计、实施与评价提供借鉴和引领，其中活动设计呈现出联盟校各自的特色，为教师实施课程提供了可借鉴的经验和方向；第三篇是师生作品，展现了课程实施效果和师生的成长。

本套书呈现了非遗文化在中小学的有效落实，在师生学习生活中的开花结果、守正创新。对新时代下学校的课程创新、教师的创新实践、学生核心素养的发展都起到引领与推广作用。

在这里非常感谢参与《扎染》编写工作的郑州市金水区凤凰双语小学副校长邢桂琴、杨金丽老师，河南省实验小学葛子涵老师，安阳市人民大道小学李艳霞老师等辛勤的付出和智慧的交流。

河南省郑州市金水区教育发展研究中心 观澜

目录

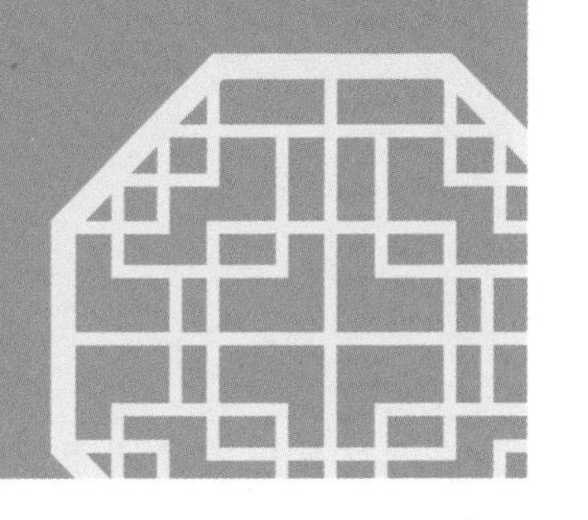

第一篇
理论研究

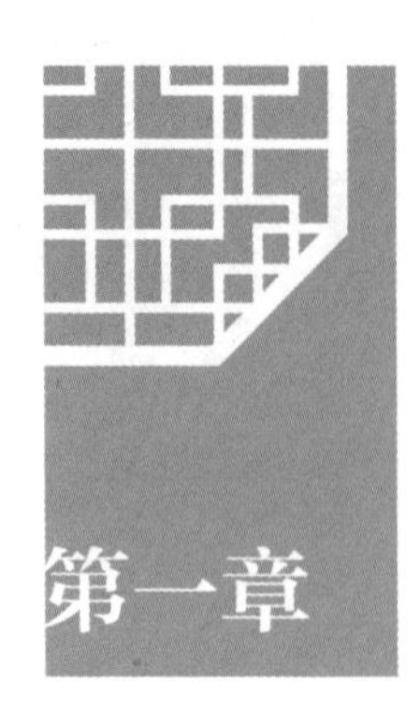

第一章 非遗文化的重要性

习近平总书记强调，中华优秀传统文化是中华民族的精神命脉，是涵养社会主义核心价值观的重要源泉，也是我们在世界文化激荡中站稳脚跟的坚实根基。非遗文化是中国传统文化的一部分，在中国传统文化中具有重要地位。

一、非遗文化的重要性

非遗文化是中国传统文化重要的组成部分，承担着独特的文化内涵和教育推广意义。

非遗文化具有悠久的历史。剪纸是具有最广泛群众基础的民间艺术之一，大概有 1500 年的历史；泥咕咕的历史渊源，可以追溯到远古时期，有记载其产生于河南浚县；钧瓷始于唐，盛于宋，作为中国陶瓷艺术史上的一个重要标志，在世界陶瓷发展史上占有重要地位；风筝由中国古代劳动人民发明于东周春秋时期，距今已 2000 多年，相传墨翟以木头制成木鸟，研制三年而成，是人类最早的风筝起源。

非遗文化是手工业精湛技艺的代表。比如钧瓷，自古以来就有“黄金有价钧无价”“家有万贯，不如钧瓷一片”“入窑一色，出窑万彩”的美誉；中国的手工刺绣工艺，已有 2000 多年历史，有“玉女飞针巧引线，乾坤绣在方寸间。百花不晓冬寒日，四季绽放在春天”的美誉；至于篆刻技艺的魅力，孙光祖《篆印发微》有言：“书虽一艺，与人品相关，资禀清而襟度旷，心术正而气骨刚，胸盈卷轴，

笔自文秀。印文之中流露，勿以为技能之末而忽之也。”

非遗文化具有欣赏价值。如戏曲融入文化、服饰、道德品质，承载着乡音乡情，帮助中国人寻找情感寄托、精神归属，成为传播中国传统文化的重要途径，也成为人们重要的精神家园。“剪纸铺平江，雁飞晕字双”等诗句表达出对剪纸的艺术欣赏。“缬，撮采以线结之，而后染色。既染则解其结，凡结处皆原色，余则入染矣，其色斑斓谓之缬。”可见扎染技艺的神奇。

非遗文化充分体现了劳动人民的工匠精神。非遗作品的创作需要潜心研究，不断创造，专注于每一个细节，凝结了创作者的大量时间和心血，也是创作者毅力和智慧的体现。

一直致力于非物质文化遗产研究与发展的北京师范大学非物质文化遗产研究与发展中心执行主任张明远教授，在首届“致敬中华优秀传统文化”项目学习活动闭幕式上认为，一个民族的文化是一个民族存在的标志，如果没有传统文化，民族就失去了存在的特征。他表示，中华优秀传统文化具有跨越时空的价值，铸就了中华民族得以传承千年的根基。随着中华优秀传统文化走进校园，各类非遗项目与学生之间建立了联系，在学生心目中便形成了一种美学传递，这将伴随他们的成长。张明远教授表示，中华优秀传统文化的影响和价值与我们当下的生活息息相关，促进青少年健康成长，要让更多的青少年沉浸到中华优秀传统文化的学习研究中。

中华优秀传统文化的传承与发展是提升国民素质的重要措施，也是建设社会主义文化强国的重大战略任务。

二、非遗文化在教育中的意义

非物质文化遗产是中华民族智慧的结晶，充分体现了劳动人民的工匠精神以及对文化的传承与弘扬。《完善中华优秀传统文化教育指导纲要》明确提出，加强中华优秀传统文化教育，是深化中国特色社会主义教育和中国梦宣传教育的重要组成部分，对于引导青少年学生全面准确地认识中华民族的历史传统、文化积淀、基本国情，实现中华民族伟大复兴中国梦的理想信念，具有重大而深远的历

史意义。

学校是落实非遗文化的重要场所，担当着非遗文化延续和传承的重任，对从小培养学生对中国文化的了解，起到重要作用。

河南历史文化底蕴厚重。老子、庄子、张仲景、商鞅、李商隐等历史文化名人皆与河南有关，剪纸、拓片、布老虎、澄泥砚、钧瓷、朱仙镇木版年画、汴绣、唐三彩等皆为河南特色非遗文化。开发相应的非遗课程，实践于课堂，让学生作为非遗文化的使者，去影响身边的人，让更多的人了解中国文化、非遗文化，是我们应当做的事。

从教育的角度看，开发与实施非遗课程对学校、教师、学生都具有深远的意义。

从学校课程特色建设看，开发与实施非遗课程能够彰显学校课程特色，构建丰富多元的课程体系。

从教师业务发展看，开发与实施非遗课程具有一定的挑战性，不但能激发教师开发与实施课程的热情，还能进一步转变为教师“教”的方式，实现课程育人、实践育人、活动育人、评价育人。

从学生成长角度看，非遗课程可以让学生学习到书本之外的知识，提高动手操作与创作的能力、探究能力、解决问题能力，帮助学生形成良好的品质和综合素养，让学生热爱家乡，热爱祖国，实现德智体美劳全面发展。

三、当代非遗文化的发展瓶颈

非遗文化具有重要的社会文化地位，但发展受到多种因素的制约。

第一，非遗作品的制作过程是一个“慢”“精”“细”的创作过程，需要付出大量的时间和精力。

第二，非遗作品因投入人力、物力和时间等成本，通常价格比较昂贵。

第三，非遗的技艺需要创新，而这并不是一件容易的事情。

第四，非遗传承人需要极大的耐心、恒心和不怕失败的意志，不怕创作的孤独，才能承担起这份传承的责任。

为此国家出台了相关政策，大力推广非遗文化。将非遗课程落地学校，让非

遗文化植入学生内心，将非遗文化进行宣传，逐步形成体系化解决方案。

鉴于以上种种，笔者提出了“让非遗会说话”的教育思想，学校通过非遗课程的开发与实践,让非遗文化“会说话”,学校容易实施,教师容易教,学生容易懂,社会更加重视，非遗文化更加普及。

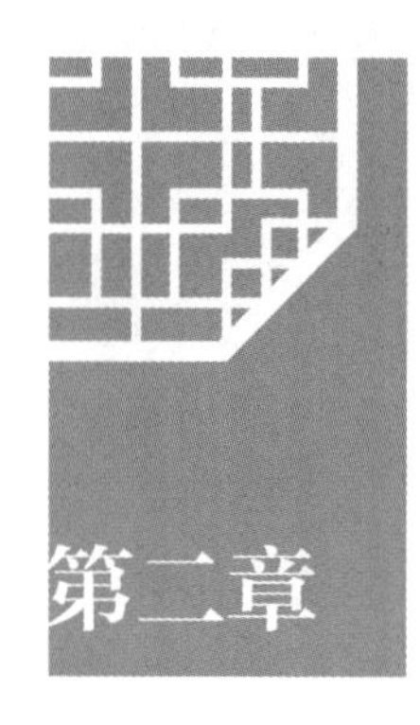

第二章 推进非遗文化的方案

要在教育中落实非遗文化的传承、发扬、创新，就要先分析非遗文化在教材中呈现的样态。国家在编写教材时，非常重视将中华优秀传统文化融入各个学科。

比如“风筝”，不同学科的教师会关注与本学科相关的元素。从美术学科角度看，注重的是美学常识和绘画构图技巧；从语文学科角度看，注重的可能是与风筝有关的意象；从数学、物理学科角度看，注重的是风力、平衡力、三角形的构造等；从历史学科角度看，注重的是风筝的发展史；从德育课程或者专题活动角度看，注重结合风筝开发校本课程，寄语美好未来等。这种单一学科的学习方式和主题活动存在以下不足。

第一，这些内容有交叉、有重复。对学生来讲，占用一定的时间进行重复性的学习，学习的时效性不强。

第二，大多停留在支离破碎的知识层面。每个学科突出的是与本学科相关的知识或者技能，体现的是非遗文化在本学科的价值，是一个“点”而不是一个“面”。

第三，学习方式比较单一。美术学科的学科素养决定着学生需要根据教材内容动手创作，学生能够经历简单的动手实践的过程。其他学科大多不要求学生动手实践。

第四，学生没有兴趣。部分非遗项目很抽象，又离学生生活比较远，学生缺乏浓厚的探究兴趣。

当下，亟待通过一种学习方法或者课程方式，把各个学科涉及非遗的知识、

培养目标、学科思想融合在一起，打破单一学科的壁垒，建构纵向联系，重构学生的知识体系，让学生经历一个完整的项目探究过程，解决真实情境中的问题，促进学生的综合能力不断提高和持续发展。

笔者通过多年的实践与研究，认为“项目学习”和“综合实践活动跨学科学习”是最佳的实施方式。它们具有综合性强、实践性强、生成性强、跨学科性强等特征，是推动学科知识融会贯通的必经桥梁（如下图），可以推进非遗课程的常态持续有效实施，发展学生的核心素养。

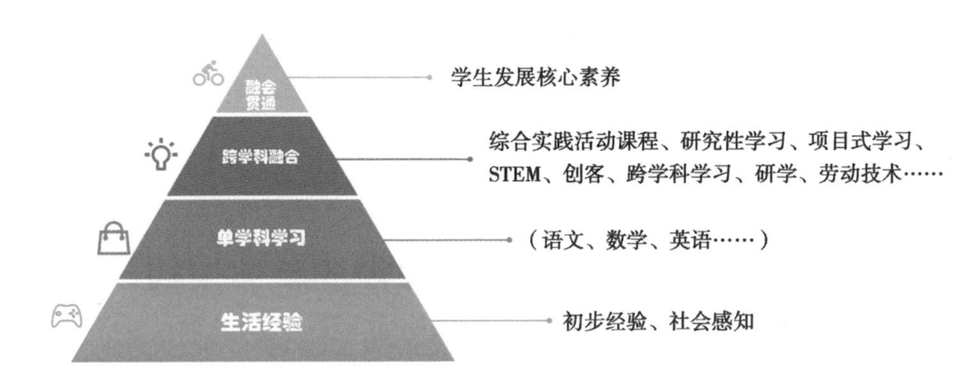

学习方式与核心素养关系图

项目学习和综合实践活动都指向跨学科学习。跨学科学习是多个学科的思想和方法的融合。以“风筝”为例，以项目学习为学习方式，融入综合实践活动课程中的研究性学习步骤，就实现了课程综合育人、实践育人、活动育人、评价育人，如下图所示。

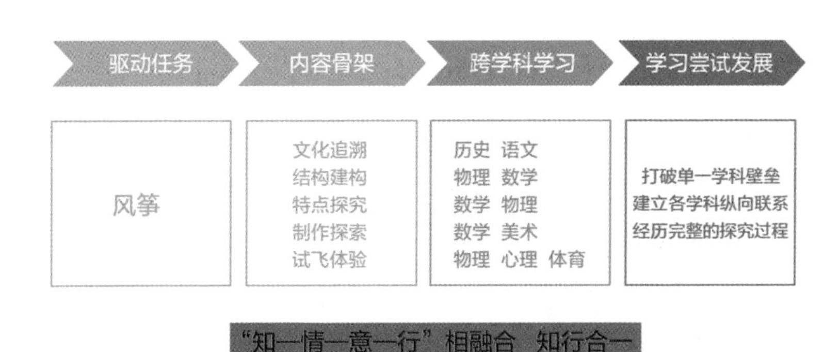

跨学科学习框架图

从图中可以看出，在“风筝”这一项目任务中，通过建立子任务，即研究内容骨架、跨学科学习涉及领域、学习深度发展等，打通各个学科之间的横向联系，融会贯通。每一项研究内容都指向学生的主体地位，注重活动中学生的亲身体验，深化活动的实践探究以及真实情境下的收获，发展学生的多元能力。这不是单一的学科活动经历，而是丰富多元的活动串形成的课程内容、完整的课程体系。突出跨学科方法、思想的融合，基于学生已有知识又进阶发展核心素养，学生解决问题的能力得到提升，建立起个体与自然、社会的统一完整链接，知—情—意—行相融合。这种学习方式，让学生深刻感悟中国传统文化的博大精深，热爱祖国悠久的历史和壮丽的河山，树立人生理想和远大志向，是实现高质量发展的课程育人样态。

第一节　设计非遗课程的整体架构

作为国家级课程改革实验区，二十多年来，河南省郑州市金水区持续优化课程顶层设计，多元开发与实施中华优秀传统文化进校园、进课堂、进课程，实现立德树人，激发学生的民族自信、文化自信。笔者提出“让非遗会说话”的教育思想，构建区域非遗课程“常态＋融合＋多元”推进模式，通过“一引领、二融合、多元开发”路径，变革学生学习方式、课程育人方式，让学生感受中华优秀传统文化的博大精深，激发爱国、爱党、爱人民的思想感情，取得了较好的效果。

课程的有效落地需要具体的实施路径和策略支撑。金水区经过多年的实践探究，“自上而下”整体设计课程，从明确实施原则、学习方式四个“转向”、构建课程实践要素三个维度推进课程有效深度实施，形成区域非遗课程样态。

（一）明确实施原则

正确的理念决定行动的成效，明确实施原则就像明灯指引课程的科学发展。因此，我们确定了“三个原则”以实现非遗课程实践的“三个价值”。

（1）知识与实践相结合，让知识更有价值。非遗文化博大精深，对小学生来讲比较抽象，为了让小学生能够丰富相关知识，进一步感受非遗文化的精湛技艺，必须让小学生通过实践来亲身体验，将知识应用到动手实践中，感受创作的过程，体验非遗传承人坚持不懈的精神和不断创造的追求，让理论知识与实践相结合，不断产生新的知识与经验。

（2）教育与生活相结合，让实践更有价值。一件非遗作品，不仅是可以进行售卖的产品，更是艺术品，具有欣赏或收藏价值。非遗课程的开发与实施，需要将教育与生活相结合，实现有价值的实践，让学生知道学习不是单一的知识性活动，而是多元的。人类获得的知识，可以更好地创造财富，创造美好的生活。

（3）学科与个体价值相融合，让人生更有价值。学科知识与学科思想，蕴含着做人做事的道理。非遗课程通过跨学科学习、体验式学习、场馆学习、实践学习等，在“做中学”“学中创”，让非遗文化在学生心中扎根，让学生深刻体悟工匠精神与劳动人民的智慧以及中国文化的博大精深，丰盈学生的道德品质。

以上三个原则的指导思想，为非遗课程的开发、实施与评价，指明了正确的方向。

（二）学习方式四个“转向”

2022年教育部颁布的《义务教育课程方案》中提到“综合学习”“学科实践”“跨学科”等，引领学习方式的变革强化了课程育人导向。非遗文化及作品并非与学生的生活紧密相连。由此，在非遗课程的开发与实施中，只有体现新的课程育人方式、学习方式，才能让学生学得有兴趣，教师教得有趣味，课程实施有成效。我们特别提出在课程实施中要体现学习方式的四个“转向”，实现课程育人。

从单一学科走向融合。非遗课程的设计与实施，可以打破单一学科的壁垒，将非遗历史、文化、特征、技艺、制作等进行整体实施，建立学生对某一项非遗的深入了解与体验，实现高阶思维的学习发展。

从书本知识走向实践。“与其坐而论道，不如起而行之”，说明“行动”的重要性。只有带着知识走向实践，才能将知识与实践融合，发挥知识的价值，创造实践的价值。只有通过实践创造出非遗文化作品，才能更好地发扬光大非遗。

从学校走向社会。社会即学校，生活即教材。利用社会资源让学生更加深刻地了解非遗文化，感悟非遗文化。禹州钧瓷、朱仙镇木版年画、澄泥砚等都是学生遨游的知识海洋。沉浸式教育方式，不需要过多的语言就能带领学生开阔视野，启发思维，感受中华优秀传统文化的伟大。

从重结果走向重过程。非遗课程的开发与实施，不在于让每一位学生都成为创作者，成为非遗传承人，而在于让学生在探究实践的过程中，感受非遗文化的博大精深，感受技艺的精湛，感受劳动人民的智慧，感受中国文化的源远流长，坚定文化自信。这个过程非常重要。

学习方式的四个“转向”，不仅体现了新时代学习方式的变革，更是课程育人方式的变革。

（三）构建课程实践要素

在课程实践探索中，构建非遗课程实践要素，为学生规划有效的学习流程，为教师提供操作模式。

兴趣是最好的教师，学习内容只有建立在学生的兴趣之上，才能激发学生持续的学习激情。基于学生的兴趣或者疑问确定研究任务，以研究任务为驱动目标，制订计划，引导学生开启研究之旅。

像科学家一样思考和实践。学生在研究一个项目时，只有认真思考和实践，才能实现学习的高阶发展，才能培养科学精神，形成严谨的探究态度。

让“附带学习”走向深度。“附带学习”指研究对象延伸出来的子课题，也是具体的研究任务，这些子课题的研究深度，决定着课程实施的深度和研究任务目标能否达成。

将一切想法变成现实。有想法就去做，尤其是在动手实践创作的过程中，要鼓励学生大胆想，大胆做，将想法变成现实，做出作品，让“非遗会说话”。

重活动感悟。课程实施中，学生遇到的问题以及解决问题的方法最能体现学生的成长。学生认识到意志力的重要性，认识到非遗作品制作的不易等，这些感悟能够影响他们做事的态度和方法。

将成果进行推广。鼓励学生成为非遗的代言人，推广和宣传非遗文化。

通过以上实践要素，持续推动学生探究非遗的知识、历史、工艺、传承等，引导学生在活动中积极参与、反思，感知非遗工艺的精湛，提升其继承和发展中国文化的责任感与担当意识。

第二节　推进模式与评价

前面阐述了宏观、中观维度的非遗课程开发与实施的整体理念和设计思路。那么，如何进行具体的实践呢？笔者将从推进模式和实践策略两方面进行阐述。

一、推进模式

通过普及课程与社团课程相结合、必修课程与选修课程相结合、校内与校外相结合等方式，整体推进课程有效实施，构建“一引领”“二融合”“多元开发”的实施模式。

（一）“一引领”：建立非遗项目联盟校

为了深度开展非遗课程，提高活动质量，提升课程品质，我们发展了 16 个非遗项目联盟校，以引领课程的实施，推进并打造了“一校一品”，实现课程的统整和学习方式的多元融合，如郑州市金水区纬五路第一小学的中医药课程、郑州市金水区银河路小学的纸雕、郑州市金水区农科路小学北校区的皮影课程、河南省实验小学的扎染课程、郑州市金水区南阳路第三小学的剪纸课程、郑州市金水区文化绿城小学的葫芦烙画课程、郑州市金水区艺术小学宏康校区的风筝课程、郑州市金水区黄河路第一小学的麦秸画课程等，课程已经非常成熟。部分学校建立非遗研习馆，如郑州市金水区丰庆路小学不仅建立了非遗馆，还与河南省非遗传承人共同开发了 7 项非遗品牌项目，郑州市金水区农科路小学国基校区建立了古笛非遗馆等，为学生提供学习的场地、文化熏陶的环境，打造学校非遗课程项目，增强非遗文化在学生中的普及度。

非遗联盟校解决了教研团队力量薄弱的问题，打通了区域间同一类非遗教师之间的交流渠道，起到了互促互进的作用。目前，剪纸、葫芦烙画、篆刻、泥塑、宋代点茶、香包、扎染、布老虎、皮影、豫剧、书法、刺绣、风筝、麦秆画、陶艺等社团课程，都已成为学校的品牌课程。

（二）“二融合”：与综合实践活动、劳动教育三者融合

非遗项目课程涉及综合实践活动考察探究、设计制作、职业体验等活动方式，同时也涉及劳动教育课程中生产劳动、职业体验、工匠精神等内容，三者相辅相成，彼此融合。我们共有综合实践活动、劳动教育专职教师 90 多名，结合非遗特征，在综合实践活动、劳动教育常态化实施中融合开发与实施非遗项目，保障非遗课程的持续开展。三者的融合，实现了课程育人、综合育人、实践育人，为培养德智体美劳全面发展的学子打下基石。

（三）“多元开发”：开展学科非遗研究性学习

丰富的非遗项目以国家出台的《关于实施中华优秀传统文化传承发展工程的意见》为指导，遵循面向全体学生，结合学生年龄特征，明确各学段学生学习中华优秀传统文化的基础要求，同时为学生提供基于兴趣爱好拓展延伸的空间的理念，基于区域教育积淀、师情特质，鼓励各学科教师通过学科主题、拓展活动等，开发学科非遗研究性学习，挖掘非遗项目，渗透非遗文化在学校课程中的落实与发展，担当起发扬中华优秀传统文化的责任和义务。如结合语文学科春节相关知识开发“灯笼”“书法”“剪纸”作品等，结合数学学科三角形相关知识开发“纸雕”，结合历史学科明清前期的文学艺术相关知识开发“戏曲”，结合音乐学科豫剧相关知识开发“制作脸谱”，结合化学学科相关知识开发“陶艺”等，这些非遗“微项目”既突出学科特色中的非遗特征，又帮助学生在各学科学习中感悟非遗文化。

二、实践策略

笔者提出“1+9+3”的实践策略，整体推进课程的具体实施，保障课程的持续推进和发展。

（一）“1”：建立一所实践基地、合作一位非遗专家 、打造一校一品

为构建互为补充、相互协作的中华优秀传统文化教育格局，郑州市金水区注

重开发与拓宽中华优秀传统文化丰富、生动的教育资源，鼓励学校建立一所实践基地。其一，通过校内建立的非遗研习馆，学生可以身临其境地感受非遗文化的魅力。例如，郑州市金水区丰庆路小学建立研习馆，与河南省非遗传承人合作开发 7 项非遗课程；郑州市金水区农科路小学国基校区建立骨笛非遗馆；郑州丽水外国语学校成立茶艺研习馆；郑州市金水区外国语小学建立陶艺馆；郑州市金水区纬五路第一小学与河南省中医药大学第二附属医院合作建立中医文化课程开发与实践基地；郑州市金水区工人新村第一小学与河南省中医药大学第一附属医院建立中医文化课程开发与实践基地等。其二，在郑州市教育局的支持下，金水区和部分大中专院校建立非遗课程合作项目，拓宽学生实践平台。郑州市金水区南阳路第三小学和郑州市科技工业学校合作建立了课程资源开发与实践基地，开发职业体验课程；郑州市金水区经三路小学与河南省经济技术中等职业学校携手开展非遗香包课程。

非遗专业人士才能带给学生专业的知识和技能，形成正确的文化认知。在课程实施中，邀请国家级、省级非遗传承人，作为指导教师走进学校。郑州市金水区中方园双语小学、郑州市金水区文化绿城小学邀请非遗专家指导葫芦烙画非遗项目；郑州市金水区文化路第三小学邀请省书法协会对相关项目进行指导等，这些都为学生深刻地学习与体验非遗项目提供了专业的环境。

经过多年实践，相关学校打造了课程品牌，形成了区域百花齐放的“一校一品”乃至“一校多品”的课程特色。郑州市金水区农科路小学皮影课程，郑州市金水区农科路小学国基校区布艺课程，郑州市金水区银河路小学纸雕课程，郑州市金水区文化路第二小学篆刻、书法等课程，郑州市金水区艺术小学豫剧、风筝等课程，郑州市金水区黄河路第一小学麦秆画课程，郑州市丽水外国语学校陶艺课程，郑州市金水区凤凰双语小学扎染课程，郑州市金水区纬三路小学泥咕咕课程，郑州市第 47 中学初中部、郑州市第 75 中学刺绣课程，郑州市第 34 中学珐琅彩课程，郑州市金水区新柳路小学汉服课程，郑州市金水区四月天小学布老虎课程等，均已形成影响力。

（二）“9”：9个活动环节

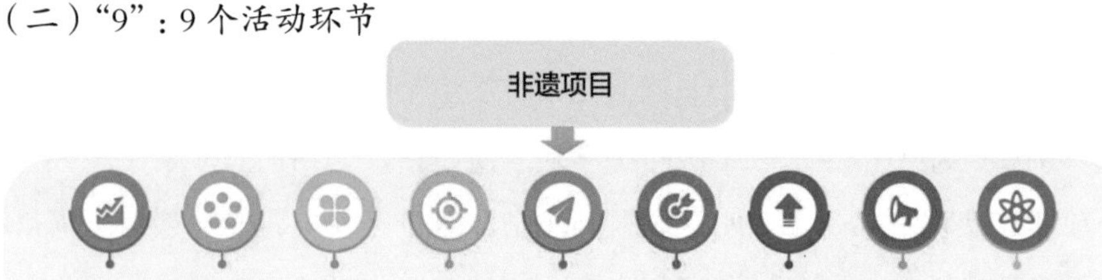

从以上9个活动环节中，可以看到非遗课程的整体活动设计，目标涉及知识、认知、方法、技能、情感、核心素养，学生活动涉及研究、实践、实地考察、设计制作、成果推广、社区服务等，学习方式是多样的，实践领域是广阔的，形成了一体化的项目式学习，达成“知—情—意—行”相融合，建立“知识—人—世界”整体观，实现综合育人、实践育人、活动育人。

项目式学习能够打破传统教学上的壁垒和瓶颈，让学生在学习态度、学习方式、学习表达等方面发生积极变化。

（三）“3”：三种评价方式

评价是诊断课程实施效果的依据，是促进学生发展的手段。金水区更新教育评价观念，关注师生共同发展；创新评价方式方法，注重学生“学”的过程，关注典型行为表现，强化学生核心素养导向；增强评价的适宜性、有效性。

金水区确立了过程性评价、可视化成果评价、终结性评价三种评价方式，指导教师根据非遗项目量身定制评价量规，避免评价的“空乏”“无效”，聚焦学生的学习活动，注重增值性评价，从“活动态度”“设计创作”“活动总结”“文化推广”四个方面制订评价要素，设置“优”“良好”“继续努力”三个维度的详细指标，关注学生“学”的过程，肯定优点，引导学生有针对性地反思，发现努力方向，体现非遗项目本身的教育价值，落实核心素养。如郑州市金水区纬五路第一小学开展的“我和中药有个约会”这一非遗项目，学生通过这个项目，对中医药文化进行了了解与调查；自制中药产品，如香包、夏凉茶等；走上街头将茶水送给清洁工等。教师应抓住活动核心，制订评价量规，实现知识、技能、情感态度和价值观的融合发展。

第三章　课程保障及成效

非遗课程的开展只有通过教研部门、行政部门建立有力的保障机制，才能持续良性发展。通过以下保障，我们实现了课程开发与实施的有序、有效。

第一，创新教研体系。2019 年 11 月教育部印发的《关于加强新时代教育科学研究工作的意见》中提到：鼓励共建跨学科、跨领域的科研创新团队。可见，创新教研体系是提升教师业务水平、推动课程改革理念非常重要且可行的方式。金水区从 2016 年起，通过建立 π 学科教研员发展共同体（跨学科教研团队），打破单一学科教研活动，打造多学科不同视角的教研体系，实现跨领域的教研推进模式，助力教师多视野、跨学科地开展教育教学；建立跨界跨学科教研团队，开展每月至少一次的“行之实”活动，吸纳河南省实验中学、黄河科技学院附属中学、哈密红星中学等学校协同发展；开展中层课程领导力项目，提升业务领导的课程理念与指导能力；积极推行省市区一体化的下校调研制度，通过指导学校工作、观摩教师课堂、开展课后教研交流等活动，评价学校课程实施的整体质量。有效、多样的教研体系，对构建德智体美劳全面培养的教育体系，发展素质教育，培养可担当民族复兴大任的时代新人提供了强有力的支撑。

第二，创新教师职称评定机制。自 2001 年课程改革以来，金水区一直在引领教师进行课程开发与实践、课程整合与融合，培养了一批批优秀的教师，形成了一份份优秀的非遗成果报告。金水区还将以学生为主题的研究性学习成果纳入评职称的项目，等同于研究课题。

非遗课程的实施整合了综合实践活动、劳动教育，教师可以根据情况申报综合实践活动、劳动教育科目的职称。

自2009年起，开展两年一届的“希望杯”课堂教学展评活动，为开发非遗课程的教师提供了展示的机会，这个活动的成绩有助于职称评定等。这些保障，进一步激发教师落实国家课程改革新理念、制订个体业务发展规划的动力。

第三，建立师生交流平台。金水区注重以评促发展，更新教育评价观念，整体提升师生的综合能力。其一，建平台，开展“希望杯”“金硕杯”课堂教学展评活动，提升教师的教育教学能力，为教师提供成长与交流的平台；其二，改革评价方式，将过程性评价与终结性评价相结合，“赋权下放”，指导学校注重学生“学”的过程，给予多元的综合性评价，促进学生整体发展，实现教学相长；其三，给予学校邀请专家团队指导非遗课程开发与实施的自主权，对师生成果进行发布与展示，激发学校办学活力，发展学校特色，助力师生在活动中得到成长。

以上保障措施，助力了课程的持续有效开发与实施。同时，金水区通过“五结合”助力非遗课程成果的分享和价值推广，即静态与动态相结合、常态与自主相结合、区域内与区域外相结合、一校与多校相结合、网络与社会相结合，让学生的学习过程和成果得以推广，同时让全社会了解当前教育的改革方向，学生学习方式的转变等，让全社会关注教育、支持教育的发展。由此，形成了一定的影响力。主要表现在：

第一，区域非遗课程成果丰硕。在国家课程改革的推动下，在河南省教育厅、郑州市教育局领导以及专家的支持和指导下，经过不断地探索和实践、普及与推广，非遗课程逐渐成为金水区的品牌课程和相关学校的亮点课程。目前，金水区共有省级和市级非遗基地校、实验校12所，非遗社团286个，开设非遗研习基地的学校有9所。非遗课程的整体推进，对提升区域教育质量、变革学校育人方式、改变教师教学方式、培养德智体美劳全面发展的学子，具有深远的影响。

第二，学校非遗课程成果出色。非遗课程持续推进，中国传统文化在区域大力弘扬，学校积极推广成果，形成了一定的社会影响力。郑州市金水区纬五路第一小学已经出版中医文化丛书，郑州市金水区纬三路小学将泥咕咕课程进行校本

化成果整理，郑州市金水区艺术小学获得“全国文明校园”荣誉称号。非遗课程成就学校，也培养了一批批热爱中国文化的非遗传承人。

第三，学生得到全面发展。学生在非遗课程中，综合能力和素养得到发展。在了解历史发展和相关文化中，收集资料的能力得到提高；通过亲自体验制作过程，动手实践与创新能力得到提高；到非遗基地进行考察，发现问题和解决问题的能力得到提高；对非遗传承人进行采访，沟通能力得到提高；走进社区进行宣讲，语言表达和展示交流的能力得到提高；制作海报，设计和审美能力得到提高。

第四，教师能力得到发展。教师是课程的开发者、实践者、评价者，也是管理者。教师承担着多种角色，指导者、帮助者、协调者、组织者、策划者、评价者、激励者等，促进了课程的有序顺利开展。在课程整体的实施与评价中，教师不仅需要储备学生感兴趣的知识，丰富和提高自身的业务素养，还要和学生一起前行和探索，共同完成课程，实现教学相长。师生共同认识非遗文化，了解技艺的精湛，感受工匠精神，感受劳动人民的智慧，感悟中国文化的源远流长与博大精深，增强文化自信和民族自信。

第五，建立了家校协同一体化。金水区凝聚了一批高素质的家长，他们重视教育，关注孩子成长，愿意支持和参与到学校的课程建设中来，一起为孩子的成长提供更为专业和丰富的资源。家长的协助，为课程的开展、学生的课外调查活动提供了有效的保障，实现了家校共同育人的目标。

（作者：观澜，河南省郑州市金水区教育发展研究中心综合实践活动、劳动教育专职教研员，中小学高级教师）

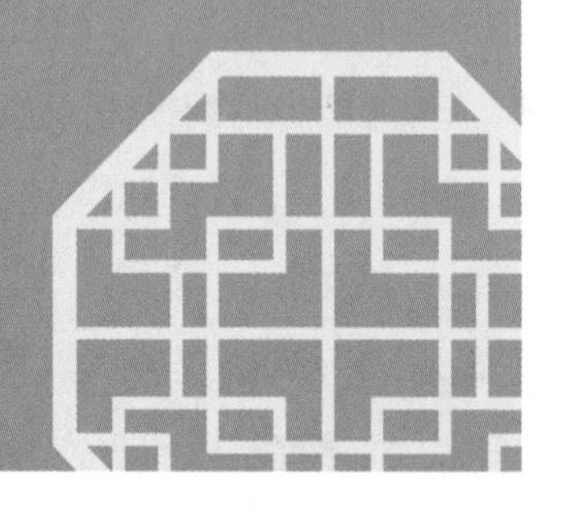

第二篇
课程实践

第一章　课程规划

一、课程背景

扎染是一门历史悠久、极富艺术生命力的中国工艺美术种类，是中国民族文化几千年来积淀的艺术结晶，具有实用性、艺术性的双重功能和独特的艺术风格。为了传承和发展这项民族文化，我们开发了“扎染”课程。“扎染”课程操作起来可繁可简，学生可遵循由易到难、循序渐进的原则进行学习，所需工具包含电磁炉、染料、白布、木棍、棉绳等生活中常见的物品，简单易得，易于学生接受和制作。同时，这门课程可以增强学生的动手实践能力、自主学习能力和创新能力，也能传承中国民族文化、增强学生的民族自信心。

二、课程目标

1. 通过欣赏图片、视频教学、邀请扎染名师进课堂等方法，学生对扎染的历史、发展、演变及方法有初步的了解和认识；熟练运用各种方法将宣纸染出各种纹路，了解折法与图案之间的联系；掌握以点、线、面为主的扎染基础练习方法，能使扎染作品呈现虚实、疏密不一的视觉效果，并能综合运用多种扎染技法制作与生活相关的艺术作品。

2. 学生以小组合作的方式参与扎染活动，尝试学习使用扎染工具、材料，体验扎染制作过程，创新优秀扎染工艺品，交流制作心得体会，丰富视觉、触觉和审美经验，锻炼提升自主创新能力，发展审美能力。

3. 通过学习获得对扎染创作的持久兴趣；在扎染作品的制作过程中，养成耐心、细心的学习态度，以及装点美化、积极向上的生活态度；通过欣赏扎染艺术之美，形成对中国传统文化艺术的热爱，树立弘扬中国传统文化的决心，增强民族自豪感，提高文化自信。

三、课程实施

课程以课堂教学和实践操作为主，组织学生参观学习、动手实践，体验扎染魅力，将扎染理论知识、技法操作贯穿整个学习过程，并根据学生的学龄将学习分为低中高三个学段，体现进阶性与层次性。

年级	活动步骤	活动目标	活动内容	实施策略
五年级	第一阶段 邂逅非遗，认识扎染	1.采用多种教学手段，如欣赏图片、视频教学、邀请扎染名师进课堂等方法，使学生对扎染的历史、发展、演变及方法有初步的了解和认识，激发学习热情，感受中国古老的染色技艺，体会扎染的独特美感。 2. 将学习过程中积累的知识应用到操作过程中，激发学生对扎染这种古老的民间艺术的热爱，培养学生继承与发扬传统文化的使命感和责任感	1. 由学生逐一解析出每组的研究方向及内容。 2. 展示图片及视频，让学生了解扎染。 3. 各非遗小分队展示搜集到的扎染的相关资料。 4. 评价及小结	学生通过观看视频、图片等方式，了解扎染基本知识，以小组合作形式，分享交流扎染相关知识

续表

年级	活动步骤	活动目标	活动内容	实施策略
五年级	第二阶段 走进非遗，实践扎染	1. 深入了解扎染艺术的相关知识、扎染的特征，以及扎染制作工艺和方法，了解扎染文化。 2. 逐步掌握扎染的工艺流程，创作别具特色的扎染作品或小工艺品，提高动手操作能力、创作能力。 3. 运用各种扎染技能创作出扎染艺术作品进行展示，创作过程中鼓励学生提出自己的想法和创意设想。 4. 通过扎染制作与创新，激发学生热爱扎染这种古老的民间艺术，培养学生继承与发扬传统文化的使命感和责任感	1. 专家进课堂，激发学生兴趣，获取专业知识。 2. 探究扎染的方法与流程、操作与创新的策略，使学生学会对扎染艺术的深度观察与分析	1. 专家进课堂，对学生进行指导。 2. 注重动手实践、主动探究等学习方式

续表

年级	活动步骤	活动目标	活动内容	实施策略
五年级	第三阶段感受非遗，对话扎染	1. 学生以不同形式分组交流各小组的非遗扎染活动成果。一方面，学生能更好地展示自己的活动成果，通过他人的视角正确评价自己的实践成果与实践过程。另一方面，学生能更全面地了解其他小组的活动过程与活动成果，学会与他人共享活动的体验与体会，科学合理地评价自由和他人的活动成果。 2. 定期进行展评活动，互相欣赏借鉴，取长补短，总结经验方法。 3. 通过合作学习、展评的方式，学生从发现—认识—思考—动手制作—展示交流—体验乐趣—反思总结中，感受传统扎染魅力	1. 开展活动评价，从图案精美程度、色彩搭配、创意是否新颖等方面进行评价。 2. 用不同的形式进行汇报，写下感受与心得体会。 3. 选择自己最满意的一幅作品在扎染走廊进行展览	1. 学生通过不同形式的分享与成果交流活动，学会正确评价自己与他人的扎染作品。 2. 定期开展展评活动，使学生的扎染学习得到交流与进步，体会扎染的魅力

续表

年级	活动步骤	活动目标	活动内容	实施策略
五年级	第四阶段 传承非遗，感受扎染	1. 设计撰写外出宣传方案。 2. 在校园、社区、商场、广场等区域开设扎染艺术品集市，通过展示、展演和体验等，向广大市民普及扎染非遗文化与知识。 3. 汲取扎染这一民间艺术的营养，推进非遗保护与百姓生活的融合，提高保护非物质文化遗产的意识	1. 在集市、展览等活动中，学生争做讲解员、引导员等。 2. 能够撰写整个展览的流程步骤及细节，展览流程清晰，步骤明确，可操作性强。 3. 不断修正方案，获得学校、社区等的支持	1. 学生通过担任校内外活动中讲解员、引导员等职务，提高自身综合素质与能力。 2. 学生通过校内外活动，了解拉近非遗文化与现代生活距离的具体做法，提高保护非遗文化遗产的意识

四、课程评价

（一）评价原则

评价促发展。在整体评价中，注重过程性评价，兼顾学生作品成果评价。关注学生的每一步发展，根据学生一学期中每节课课堂活动得到的等级、每一个学习阶段得到的等级，结合期末创作中综合创新能力、动手能力、有巨大进步等明显优点，给予学生“创新扎染小明星”“魅力扎染小明星”“进步扎染小明星”等荣誉称号。

（二）评价策略

1. 学生评价。教师对学生的基础扎染作品，所制作的与生活相关的扎染物品的创新程度、精细程度，以及对扎染技法的理论知识掌握等方面进行激励性、鼓励性、指向性评价。

2. 教师评价。通过参选区级、市级的项目课程设计大赛及相关推广宣传活动中的获奖情况来确定扎染课程的价值；通过对学生的扎染课程期末学业质量分析了解课程实施过程中的实际活动质量。

3. 课程评价。通过调查问卷了解学生、家长、教师对“扎染”课程的喜爱程度、课程实施带给学生哪些有益的发展等。

（三）评价量规

评价量规对学生的参与态度、合作表现、扎染成果和成果推广进行了详细的评价，可以有效辅助教学，是教学与评价之间的一个重要桥梁。

评价量规				
分类	评价内容	评价结果		
		优	良	待努力
活动情况	参与态度	听课认真，主动积极参加课程实践活动，操作细致，准备工具齐全	全程参与活动，听从老师讲解，能基本完成本课时的各项实践任务	能在老师或同学的帮助下完成本课时的实践任务，工具准备不够完善
	合作表现	操作过程积极配合同学，并能主动帮助同学，与他人交流自己新颖的想法思路	能与组员共同完成操作任务，愿意与他人配合，能够表达自己的诉求与意见	不愿与他人合作，自己对作品没有想法，也不愿听取他人意见
活动成果	扎染成果	能在老师指导下独立或组内合作完成作品；作品色彩浓郁丰富，图案美观清晰、富有创意	能基本独立完成作品，作品花纹和色彩按老师的基本要求做到完整清晰	不能独立或者合作完成作品，作品缺乏创意，色彩浑浊，纹路模糊
	成果推广	在推广展示活动中与他人合作默契，具有团队精神，能将所学扎染知识明白清晰地进行解说、答疑、演示，能对扎染进行有效推广	能与同学一起完成推广宣传活动，在活动中基本做到解说清楚，演示步骤无误，能向他人简单宣传介绍扎染相关知识技法	在推广展示活动中不能较好完成自己的宣传任务，对所学扎染知识不能进行有效清晰的解说，无法向他人明确介绍扎染相关知识技法

五、实施建议

（一）通过实践探究培养学生的创新能力

“扎染”课程，可以让学生感受传统扎染工艺的传统性和独特性，在传承传统工艺的同时，也培养了学生的创新意识和创作能力。扎染工艺的特征在于其表面效果的偶然性：色块与色块之间的偶然，造型的完整与不完整之间的偶然。所有的一切均出自于信手拈来的偶然，任何一件作品都无法复制。优秀的扎染作品包含了创作者丰富的情感、个性的图案设计、奇妙高超的技巧。课程中激发学生的创新能力，才能将扎染技巧传承并迭代发展。

（二）创设以扎染艺术为特色的学校文化教育环境

课程文化是学校文化的一部分，将品牌课程作为校园文化进行塑造，可以让师生潜移默化感受扎染这项非遗技艺和其中蕴含的深厚文化。因此，将学生印染作品在校园进行文化展览，非常有意义。一方面丰富了校园的文化生活，另一方面提高并加深了学生对传统印染艺术的认知。同时，在教师的带领下，学生协助教师完成扎染作品的展览和讲解，也培养并提高了学生的组织协调能力、沟通能力和展示能力等。这种展览式的教学方法，符合新课改中的美育要求，同时也给教师带来新的启发。

六、课程保障

为培养学生的创新精神和实践能力，更好地服务“扎染”课程，需要做到如下保障：

1. 建立专业的扎染工作室。专业的扎染工作室能为学生操作实践提供方便，同时为师生作品提供展示的空间。

2. 拓宽校外资源。学校与校外扎染相关机构建立合作关系，邀请校外扎染专家到校授课。

3. 师资保障。根据课程实施需要，配齐、配足扎染教师。

第二章　活动设计

项目一　初识扎染

活动目标

1. 帮助学生了解感受扎染，传承古代匠人的精湛技艺和精益求精的工匠精神。

2. 引导学生建立发扬、继承传统手工艺的使命感和责任感；丰富学生热爱艺术、热爱生活的情感。

3. 在学习扎染的过程中，教师引导学生提出问题，并通过动手制作来解决问题，从中体验乐趣，并启发学生运用所学的知识美化自己的生活。

4. 通过动手实践，初步掌握扎染的基本技能；展示扎染作品，交流评价并改进扎染作品。

活动重难点

掌握扎染手帕的制作方法。

活动准备

教师准备：课件、染料、皮筋、白色棉质手帕和已制作完成的扎染手帕作品；学生准备：白色棉质手帕和一次性手套。

活动流程

本活动一共分为五个活动环节：聚焦生活，价值引领—交流方法，淬炼操作—实践体验，创意作品—分析评价，创新应用—优化升华，传承非遗，需要两个课时。

一、聚焦生活，价值引领

设计理念：通过视频引发学生兴趣，让学生感受扎染艺术在生活中的独特价值。

教师首先创设情境引出非物质文化遗产是中华文化的重要组成部分。接着播放视频，让学生充分了解非物质文化遗产是中华民族智慧与文明的结晶，感受非物质文化遗产的独特魅力和丰富元素，最后通过学生交流引出扎染，由此引出本课的课题。

二、交流方法，淬炼操作

设计理念：通过感知和体验，初步了解扎染的制作方法。

1. 认识扎染。学生课前搜集有关扎染的资料，就扎染的起源、载体、传承、用途、制作方法与步骤等相关内容进行交流，以此初步认识扎染。

2. 教师示范。教师展示已制作完成的扎染手帕，示范讲解扎染步骤与技巧，让学生直观了解制作一件扎染作品需要完成扎结和染色两个步骤，了解扎法有捆扎、缝扎、夹扎等，了解扎法不同，捆扎位置不同，染出的图案也会不一样。根据学生的认知规律和年龄特点，本次活动采用的扎法以捆扎为主，染法采用滴染的方法。

3. 探究制作方法。小组合作交流探讨制作方法，进一步明确操作步骤。

4. 小结方法及注意事项。老师指导学生总结扎染的制作过程及注意事项。

三、实践体验，创意作品

设计理念：不同的扎法形成不同的花纹。学生通过尝试，选择一种方法制作扎染手帕。注重学生的疑问和学生在制作过程中遇到的问题，指导和帮助学生完成一件扎染作品。

1. 学生小组交流扎染手帕的制作方法。比如，不同的花纹是怎样形成的？使用了怎样的折叠方法？制作步骤是什么？

2. 教师讲解和示范不同花纹（以同心圆花纹为例）的手帕的扎染方法。

第一步，找到手帕的中心点，用手捏住，使手帕四周自然下垂。调整手帕形成褶皱，在距离中心点 2~3 厘米的位置用皮筋进行捆绑，形成第一个结。使用皮筋时，左手握紧手帕，右手拿皮筋套、拉、翻转，再次套、拉、翻转，以此类推完成扎结。

第二步，左手向下移动，间隔 2~3 厘米，扎出第二个结。相同方法，间隔 2~3 厘米，扎出第三个结。共扎出 5 个结。

第三步，将扎结过的手帕用水浸湿，用手挤压，使得手帕中水分均匀。

第四步，戴上一次性手套，挑选喜欢的染料，使用滴染法，在扎结及附近逐滴染色。

第五步，换色，继续滴染。注意色彩的过渡和融合。

第六步，用清水洗去浮色，拆除皮筋，晾晒手帕。

3. 学生提出自己不清楚的地方，教师给予解答；教师可以通过播放视频，再次探究扎染手帕的制作方法。

4. 学生交流设计理念和想法，尝试亲手制作扎染手帕。

教师边巡视边指导，帮助学生扎结，关注学生滴染时色彩的协调与美观。

学生在愉悦的氛围中进行实践操作，教师巡视指导，帮助学生调整扎法，提示染色的技巧。教师可在学生静置晾干作品时，播放视频，让学生欣赏专业扎染师傅的手工技术，领略扎染艺术的风采，感受古代匠人的精湛技艺和精益求精的工匠精神。

四、分析评价，创新应用

设计理念：检验学习目标达成情况，并引导学生发现在课程学习中的优势和存在问题，促进成长。学生展示自己的扎染作品，分享学习心得、制作过程、遇到的问题及解决方法等，并进行生生评价、教师评价。

不同的扎法形成不同的图案。扎染作品完成后开始展示评价。学生在展示自己的作品、欣赏他人的作品中，从图案的美观、创意等方面进行交流评价，畅所欲言，取长补短，在沟通交流中提升自我认知，在交流、评议中完善自己的扎染作品。

教师评价，给予充分的肯定和激励。

五、优化升华，传承非遗

设计理念：引导学生认识扎染的价值，明确积极动手创造美好生活的意义。

通过学习制作扎染手帕，学习扎染技能，装点美好生活，发挥和继承传统手工艺，传承优秀的非遗文化。

学生活动评价表

《初识扎染》评价表		
1	你对自己的扎染作品最满意的地方是哪里?	
2	你最喜欢哪一种扎染方法?	
3	你做扎染的经验有哪些?	
4	通过学习扎染，你有什么收获和感受?	
5	作为学生，我们应该如何弘扬扎染这项传统文化?	

（设计者：安阳市人民大道小学　李艳霞）

项目二　染纸

活动目标

1. 学会多种折纸的方法，掌握点染、浸染的技巧，理解图案与折法之间的微妙联系。

2. 在染纸的实践活动中，观察不同折法、不同染法下色彩的变化与韵味，拓宽思维，能够突破创新。

3. 通过制作实践及作品交流等活动，获得染纸成功的乐趣，对扎染的学习充满信心。

活动重难点

掌握染纸的方法、技巧。

活动准备

教师准备：扎染花布、染纸作品；学生准备：吸水性较强的纸张（毛边纸、生宣纸等）、彩水笔、剪刀、报纸。

活动流程

本活动一共分为五个活动环节：寻物激趣，引出课题—初识工具，探知染法—欣赏对比，艺术实践—展示评价，优化升华—创新应用，传承扎染，需要一个课时。

一、寻物激趣，引出课题

设计理念：通过寻找扎染花布，激发学习兴趣。

1. 激趣活动："找一找"——教师让学生寻找教室里隐藏的一块扎染花布。

2. 介绍扎染的简单知识，让学生初步了解扎染的制作原理，导出课题。

教师总结：扎染是我国一种古老的染色工艺，将需染色的布折叠、扎紧，然后浸入染液进行染色，染液浸透后，扎紧的部分就染不到颜色或不能完全染色，于是呈现出变化多样的图案。今天我们就用纸材替代布料，来模拟扎染的制作过程，创作一幅染纸作品！

二、初识工具，探知染法

1. 认识工具：教师出示染纸需要的工具图片，并简单讲解。

2. 演示步骤：先折后染。

3. 小比赛：折一折（限时一分钟），展示更多不同的折法，见下图。学生上台讲解示范，回顾已学内容，发现新方法，温故知新，突破创新。

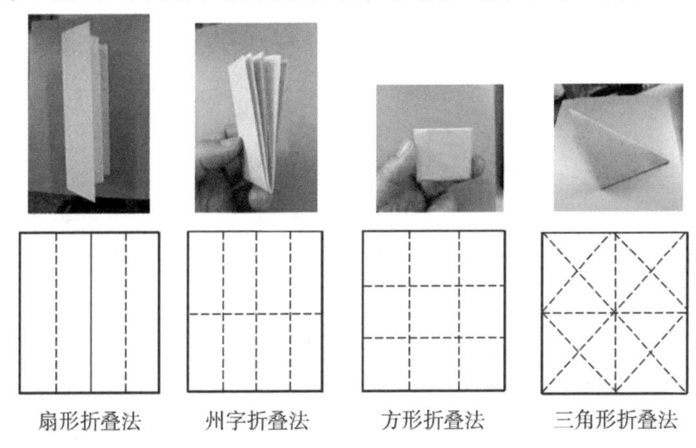

扇形折叠法　　州字折叠法　　方形折叠法　　三角形折叠法

教师总结：从同学们刚才的折法中我们可以看出，折纸的方法是多种多样的，田字格、米字格是最基本也是最主要的方法，在此基础上可以稍有变化，如辐射状、折扇形，任意折叠。

4. 教师出示点染和浸染图片，学生思考并总结操作要点，通过看图找不同、抓重点，培养细心观察的品质。

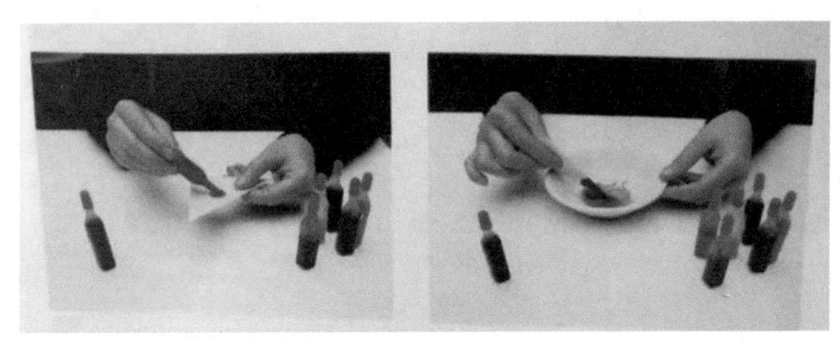

点染　　浸染

教师总结：

（1）点染时尽量染透纸张，以免染色不均。

（2）浸染时注意浸泡时间长短，时间长则吸色多，染色面积大，反之则吸色少，染色面积小。

（3）染制时注意画面色彩的控制，以一种颜色为主，色度要有深浅的变化。

5. 观看点染和浸染的视频，学生尝试操作，掌握基本的染纸方法和技巧，解决学习重点，落实活动的实践性和操作性。

6. 看动画，找图案与折法之间的规律，教师引导学生观察不同的折法、染法，积极思考、拓宽思维，或将两种方法结合，从而变化出不同的图案。不同的折叠方法和不同的点染方式能够染制出好看的四方连续图案。

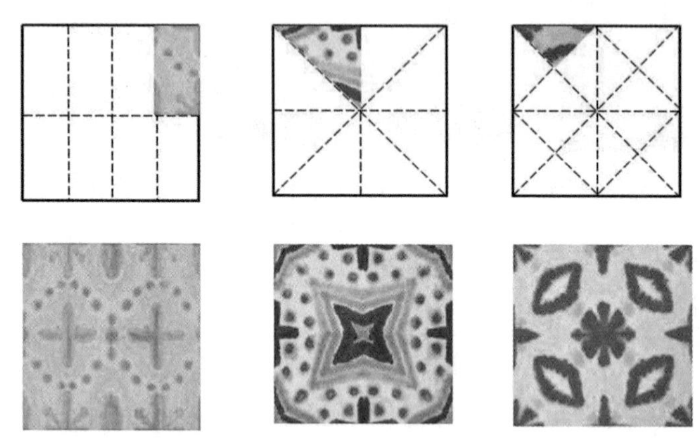

三、欣赏对比，艺术实践

1. 挑一挑哪块手帕最漂亮，并说明原因。

教师总结：点、线、面组合丰富，色彩鲜艳，冷暖对比，图案才会精美！

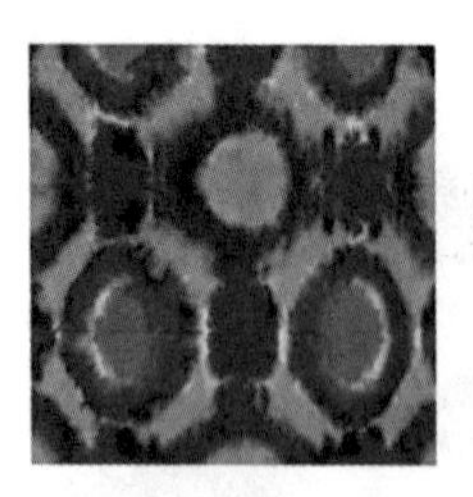
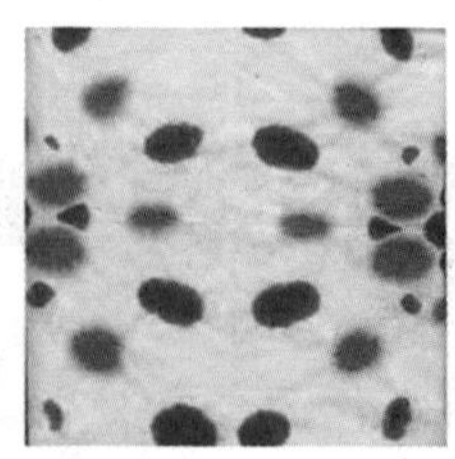

2. 学生利用不同的折纸方法，运用浸染、点染的染色方法，选择鲜艳的颜色，完成一幅生动活泼、若隐若现的染纸作品，以此锻炼学生的实践能力、动手操作能力。

四、展示评价，优化升华

设计理念：利用多种评价方式，激励学生，增强学生学习的信心。

学生展示作品，从色彩、构图等方面，进行自我评价，随后同学互评，最后老师点评。

五、创新应用，传承扎染

设计理念：寻找生活中的扎染美，发现艺术与生活的关系。

在我们的生活中，你见到过哪些扎染艺术？它是如何美化和应用于我们的生活的？怎样才能真正拉近传统文化与人们的距离？

学生活动评价表

《染纸》评价表		
1	介绍一下自己的染纸作品，它的优点和缺点都有哪些？	
2	这些染纸还可以应用在生活中的什么地方？	
3	教一教自己的朋友或家人，也制作一幅漂亮的染纸作品吧！	

（设计者：郑州市金水区凤凰双语小学　杨金丽）

项目三　扎染的套色扎法

活动目标

1. 通过资料收集、教师演示等，掌握套色的扎染方法。

2. 通过实践，完成一幅作品。

3. 在活动探究和实践中，培养学生持之以恒的学习品质，以及团队合作意识。

活动重难点

掌握套色的方法，以及染色的深浅顺序、多色染法技巧。

活动准备

教师准备：扎染作品；学生准备：白布、皮筋、木棍等。

活动流程

本活动一共分为四个活动环节：实物激趣—深入探究，层层递进—小组合作，艺术实践—展示交流，内化提升，需要一个课时。

一、实物激趣

设计理念：展示不同色彩的扎染花布，激发学习兴趣。

教师展示两块扎染作品：一块单色，一块双色，让同学们说说有什么不同。

教师总结：在单色扎染的基础上，再进行一次染色，称为套色染，具体方法是以浅色作为第一次单色浸染，染后取出，在清水中洗去浮色，在不拆开原扎结的情况下，根据事先设计好的图案和色彩的分布，可用皮筋（或线绳）重新扎结，扩大扎结部位。也可以用塑料袋等防染材料，将有关部位进行包封扎结，再作第二次浸染，也可以拆去原扎结，进行第二次浸染。

二、深入探究，层层递进

设计理念：培养观察、思考能力，解决学习重难点，打开思维，与美术知识联系，培养创新意识。

1. 教师展示彩虹色花布，学生观察思考，小组讨论多种颜色是如何染成的。

教师总结：如果想尝试染第三种色，可按上述方法重复进行。但由于受工艺所限，染色时间不宜过长，套色不宜过多，多色扎染由于色彩交错晕化，变化微妙，两三种颜色可以套染出多种色彩。如染过黄色再染蓝色，黄与蓝之间就会出现绿色，成为绚丽多彩的扎染制品。

2. 教师演示具体套色步骤，学生交流感受和心得。

（1）准备一块白布，两根绳子。

（2）随意选择一种折叠方法进行折叠。

（3）第一次扎捆完毕后放入浅色染锅中进行上色。

（4）第一次染色完成，捞出，继续捆扎皮筋，保留首次所染的部分浅色进行折叠。

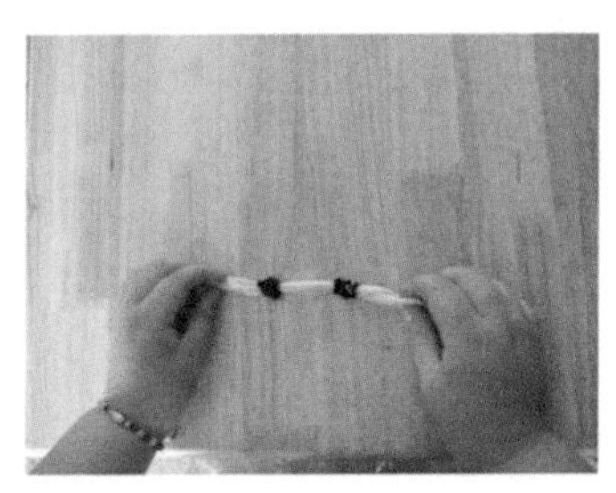

（5）将第二次捆扎好的布继续放入深色染锅中，煮两分钟即可。

（6）套色扎染作品完成。

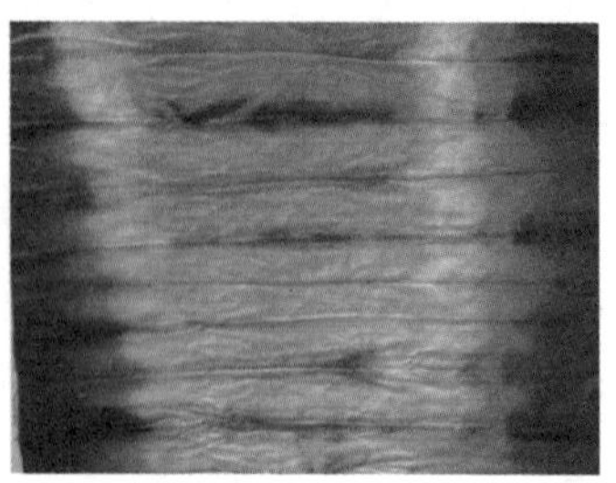

三、小组合作，艺术实践

设计理念：培养学生团结合作的品质，提高动手实践操作能力。

1. 学生分组合作实践。学生运用课堂上学习的套色技法进行多色扎染，注意色彩的叠加要美观，扎结要紧，图案清晰。

2. 教师指导。教师发现学生亮点要进行鼓励和肯定，同时对色彩搭配不合适、扎染顺序不对的地方及时提出修改建议。

四、展示交流，内化提升

设计理念：给予学生一个展示交流的空间，让学生学会欣赏，促进知识的内化和能力的提升，感受扎染的艺术魅力。

1. 作品展示。学生将完成的作品贴于黑板上，共同完成一个小型作品展。

2. 交流评价。学生之间进行评价交流，寻找有创新的地方，同时提出可以修改完善的地方。最后教师评价，给予肯定与鼓励。

学生活动评价表

《扎染的套色扎法》评价表		
1	向大家介绍一下自己的作品，以及最满意的地方。	
2	你最喜欢谁的作品？说一说为什么。	
3	写一篇日记，记录一下本节课你的收获。	

（设计者：郑州市金水区凤凰双语小学　杨金丽）

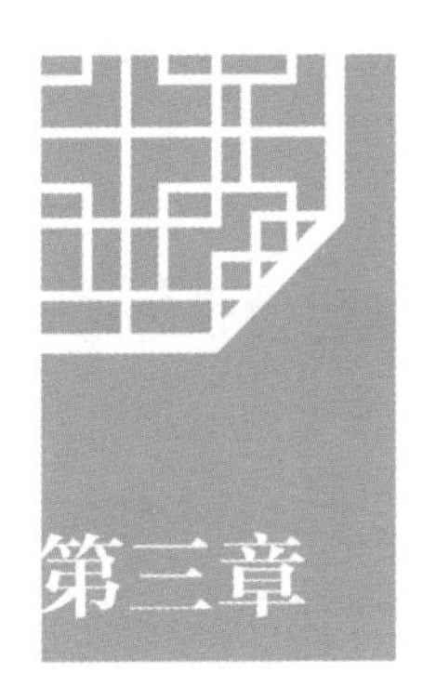

第三章　课程影响力

一、课程概述

扎染是中国独具特色的手工染色技艺，学校以学生为本，从实际出发，调查研究了学生的兴趣爱好。通过调研数据，发现学生对“扎染”这一极具民族特色的艺术课程兴趣浓厚，好奇心强烈，因此立足于中国文化的弘扬与精神的传承，把扎染作为非遗课程引入校园。

二、实施策略

（一）将创意变成实物

从扎染教学方面来说，对于低年级的同学，学生欣赏完扎染图案后，激发他们的想象力，让他们自由设想除了老师出示的这些图案，还能染什么图案，将大家想象得到的图案罗列出来，鼓励学生动手操作实践，将自己的想法变成现实。对于高年级的同学，在已经掌握各种图案的扎制方法后，再鼓励学生联系生活，设想可以将这些染好的花布变成哪些有艺术情趣的小物件，从学生的奇思妙想中评选出可实施性最强的意见，以小组为单位，完成一个扎染创意小作品。作品达到一定数量后，在校园、社区、商场、广场等区域举办扎染艺术品集市，通过展示、展演和体验等多种形式，向人们宣传扎染非遗文化与知识。

（二）做中学

扎染的学习一般都是边做边学，遇到什么问题就解决什么问题，知识的学习与问题的解决是同步进行的，而不是彼此分离的。扎染课程从一开始就给出项目任务，例如“将这块白布染成花布，要求达到4种有创意的纹样”，拿到这个任务，必将驱动学生边做边学。首先让孩子们运用已有的经验知识进行尝试探索，思考除了染，还有什么办法可以出现花朵图案，如剪窗花等。教师通过点拨学生剪纸与染布之间微妙的联系，启发学生产生知识迁移，结合扎染的原理和剪纸的原理就会找到不同花朵的扎染方法，学生们抱着好奇求知的心态，了解在白布上染花和在纸上剪花的异曲同工之妙后，实践的欲望瞬间就会被点燃。

（三）持续分享

每经过一段时间的学习，教师采取让学生“说出”“写出”和“做出”循序渐进的方式，开展小组和班级分享活动。在分享活动中，鼓励学生勇敢展示自己，学生的交流能力、语言组织能力得到提高。通过回顾所学知识总结经验方法，达到温故而知新的目的；通过分享学习扎染的宝贵经验，互相交流、互相借鉴，达到共同提高的目的；从而进一步感受非遗文化的博大精深。

（四）跨学科融合

扎染的学习不会仅仅局限于扎染这一学科本身，也要根据问题的需要进行跨学科的学习。例如为了给一幅颇有意境的远山图案的扎染作品起名的时候，教师会鼓励孩子们去翻阅相关的古诗集，了解学习古诗的意义，看看哪句诗词做标题会更贴切；为了给扎染作品设计制作一个个性十足的相框，会要求学生了解美术中设计应用方面的知识，学习对比与和谐、对称与均衡等组合原理，了解一些简易的创意和手工制作的方法，进行稍复杂的设计和装饰；在进行推广展览的活动中，要组织学生学习如何布展、如何选取背景音乐、如何撰写活动方案、如何进行活动策划等知识；让学生经历一个完整的丰富的实践活动。

三、社会影响力

扎染课程建立了联盟校，一起推进、研讨，根据校情发挥各自特色，已取得一定的成绩。

金水区凤凰双语小学的扎染课程从2012年开展至今已11年有余，从刚开始的小社团发展成如今有系统、有条理的非遗课程，与全校师生所付出的努力是分不开的。扎染课程通过有趣的扎染实践与操作，培养了学生的兴趣爱好，同时形成自主学习、探究学习、创新学习的学习习惯，并促进了扎染技艺的传承和发展；教师在教学中不停学习、不断磨练，积淀了丰富课程开发与实施的经验。在金水区每年一次的六一综合素质周展示中，金水区凤凰双语小学的扎染展示已成为一道靓丽的风景线，五彩斑斓、创意十足、形式多样的扎染艺术作品引得学生、家长频频称赞，忍不住驻足观看合影留念；扎染作为金水区凤凰双语小学的品牌项目课程在2014年获得金水区项目课程设计一等奖，2018年获得郑州市中小学美术学科校本课程研究成果展示观摩活动优秀奖；由学校扎染小精英组成的扎染社团分别荣获了金水区新星社团、银星社团等荣誉称号。

河南省实验小学的“萌芽印染社团”参加河南省第六届中小学生艺术展演，获得“学生艺术实践工作坊”二等奖；参加河南省教育厅举办的“河南省中小学综合实践活动课程建设优秀成果”评选活动，获得二等奖；香港新一代文化协会校长教师交流团到学校友好访问交流，深入地了解祖国历史、文化、教育等发展，来宾们兴奋不已地体验了衍纸和手工扎染，对非遗文化产生了浓厚的兴趣，增强国家认同感和民族自豪感。

安阳市人民大道小学十分重视中华优秀传统文化的传承，每年六一前夕都会举行校园艺术T台秀，把民间扎染艺术融入了T恤绘制活动，如今已举行了十三届。孩子们在艺术拓展实践中，既开阔了眼界，体验劳动的乐趣，又提升了发现美、创造美的能力，充分发挥了学生的个性和创新能力。同时，学校将扎染课程延伸到了校外，走进实践基地、走进社区，让学生在互相交流学习中提升能力的同时，努力讲好中国传统文化故事，让越来越多的人喜欢扎染，让越来越多的人学习和传承民间技艺，增强文化自信。2019年和2022年，学校教师执教的扎染课程分别荣获省优质课一等奖。

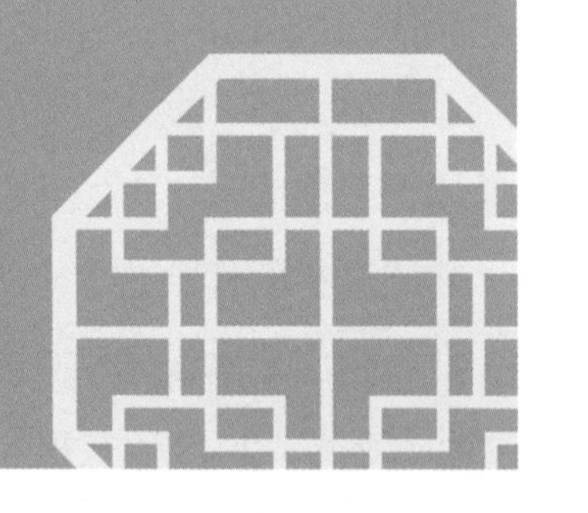

第三篇
师生作品

作品赏析（1）

作品名称：蓝染雨伞

作者：苑芷萌

指导教师：杨金丽

学校：郑州市金水区凤凰双语小学

设计理念

设计灵感来自南方的油纸伞。在本作品中创新性地将蓝染花布作为伞面。伞面采用捆扎法和夹扎法制作而成，还用到一次性筷子、木板、皮筋等小工具，将捆绑和夹扎的方式稍作变化，伞面就会开出不一样的花。

教师点评

蓝染雨伞色彩古朴自然，造型唯美，形式新颖，利用木板、筷子进行捆扎、夹扎，从而染制出美观的中心对称图案。蓝染雨伞将传统的扎染与现代生活结合在一起，兼具实用性和艺术性，是对扎染技艺展示形式的一种创新。

作品赏析（2）

作品名称：扎染小鱼

作者：邵悦轩

指导教师：杨金丽

学校：郑州市金水区凤凰双语小学

设计理念

设计灵感来自电影《海底总动员》的小丑鱼“尼莫”。扎染作品中草黄、天蓝两种色彩的搭配，让人联想到小丑鱼“尼莫”。制作时用皮筋将袜子捆绑成大小不一的两截，两端分别染冷暖色，清洗浮色后按小鱼的形态进行扎制，使作品看上去像一群小丑鱼在水里自由自在地游泳。

教师点评

这组袜子小鱼整体造型生动，惟妙惟肖，虽然制作简单，但是充满了想象力，利用对比色进行染制，看起来鲜艳明亮，五彩斑斓，生动和谐。

作品赏析（3）

作品名称：扎染灯笼

作者：张佳佳

指导教师：杨金丽

学校：郑州市金水区凤凰双语小学

设计理念

设计灵感来源于中国春节、元宵等节日悬挂的灯笼。本作品中用花色染纸替代传统的灯笼纸，把牛奶纸箱挖空打孔，用红绳穿线将四个面连接为一体，制成灯笼框架。作品以橙黄的暖色为主，搭配红色流苏吊坠。扎染灯笼为佳节喜日增光添彩，祈求平安。

教师点评

灯笼的造型精致，做工精美，色彩上冷暖搭配，以橙色为主，绿色为辅，给人感觉清新温暖，流苏的点缀使灯笼更具中国特色。

作品赏析（4）

作品名称：赤焰摆件

作者：郎诗语

指导教师：杨金丽

学校：郑州市金水区凤凰双语小学

设计理念

本作品将布料用云纹的扎染技法扎制出火焰的纹理，洗去浮色，熨烫剪裁好装入木框，使作品在光照下呈现出火焰般的视觉效果。

教师点评

摆件的色彩采用了大红色，看上去像一团烈焰，表达了作者对扎染炽热的情感。扎染作品以摆件的形式呈现，美丽且实用。

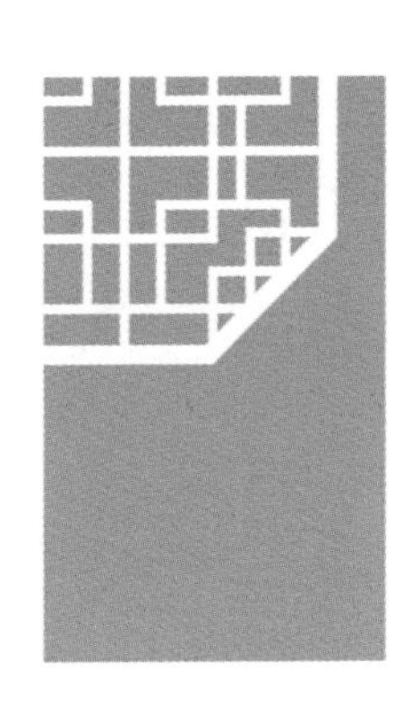

作品赏析（5）

作品名称：山水布贴画

作者：张麦琪

指导教师：陈媛媛

学校：河南省实验小学

设计理念

本作品的材料是特制的扎染布料。布艺贴画是古老的民间工艺在布艺基础上发展起来的一种新的手工制作。作品使用扎染布料进行贴画制作，其造型、色彩都很独特，呈现的效果是笔墨无法代替的。

教师点评

利用特制的扎染布料贴出的组合体现了美的情趣。两种制作工艺的结合，体现了人的想象力和创造力。

作品赏析（6）

作品名称：蓝晒小兔公仔

作者：张希源

指导教师：崔艳丽

学校：安阳市人民大道小学

设计理念

作品使用了扎染蓝晒法。蓝晒法又叫做铁氰酸盐（铁－普鲁士蓝）印相法，最常用的叫法是蓝图晒印法。利用蓝晒液及火碱等特殊染料依附小兔白坯自制扎染，使用捆扎、夹扎、涂抹、光晒的方法，从而使布面形成蓝白相间的纹理，显得古朴又不失可爱。

教师点评

蓝晒法，就像手底生出的花朵，作为民间传统而独特的染色工艺，变化丰富，趣味无穷。使用这种办法制作而成的小兔公仔，生动可爱。

作品赏析（7）

作品名称：彩虹 T 恤

作者：王王耀

指导教师：崔艳丽

学校：安阳市人民大道小学

设计理念

设计灵感来自于色彩绚丽的彩虹。作品中呈现的彩色螺旋纹，是一种基础的拧圈扎染手法，取 T 恤中间位置揪出一个小角旋转，套上固定的皮筋，正反面上色，颜色可以自由搭配。

教师点评

T 恤使用七种不同的染色剂，看上去活泼生动有朝气。以旋涡式色彩呈现在我们眼前，表达了作者开朗阳光的内心世界。

作品赏析（8）

作品名称：布艺南瓜摆件

作者：苗祎恒

指导教师：崔艳丽

学校：安阳市人民大道小学

设计理念

利用弹珠、一次性筷子、皮筋扎出花纹，先染色橘黄，后套色浅绿，有一定留白，形成具有深浅变化的色彩。

教师点评

用线对南瓜造型织物进行缝、缚、夹等多种形式组合后进行染色，从而形成深浅不均、层次丰富的色晕和皱印，既美观，又实用。

作品赏析（9）

作品名称：吉庆有余

作者：葛子涵

学校：河南省实验小学

设计理念

本作品的创作源于苗族蜡染文化，作品使用苗族传统蜡染的制作方法，先提前在纸上打好画稿，再在布撑子撑好的布上直接用蜡刀画好图案。然后放在蓝染颜料中反复浸染，最后除蜡、清洗、晾晒。

本作品将寓意兴旺吉利的旋涡纹和对美好生活期盼的鱼纹的巧妙组合，使整个画面构图饱满，寓意美好。

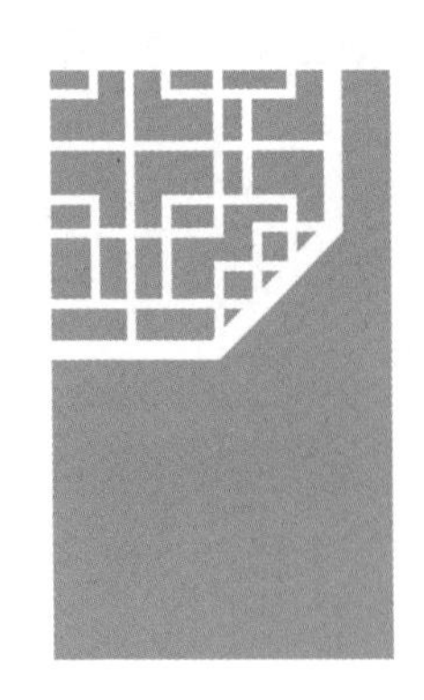

作品赏析（10）

作品名称：蜡染·莲

作者：陈媛媛

学校：河南省实验小学

设计理念

传统蜡染多用铜制蜡刀画蜡，以点、线、面的图案为主，讲究画蜡规范到位，线条均匀流畅，留白填蜡到位，更具刻板画的韵味。在长期画蜡的学习实践中，作者通过蜡染的深浅精细等变化体现出类似国画枯湿浓淡的味道，一幅写意荷花跃然而出。

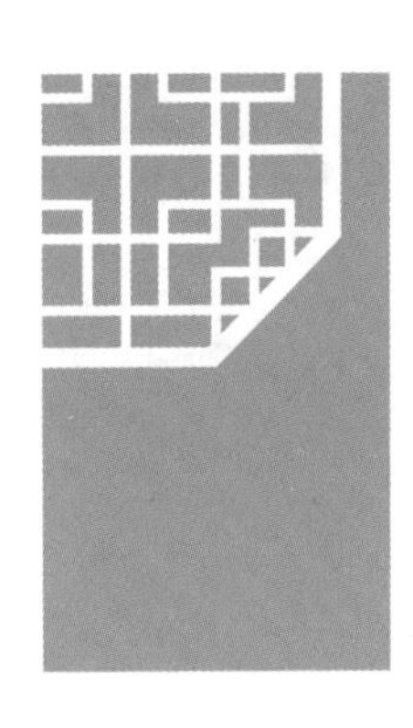

作品赏析（11）

作品名称：扎染花瓶

作者：葛子涵

学校：河南省实验小学

设计理念

随着人们对个性化及定制的不断追求，手工扎染也成为现代室内软装设计的一种不错选择。扎染独特的肌理效果和丰富的色晕表现，能更好地与现代室内软装设计相结合，从而使扎染自然而然地成为室内环境的一部分。目前，市面上由扎染工艺制作的室内软装品种类繁多，多以日常生活用品为主，如花瓶、桌布、抱枕等，且大多具有实用功能。传统扎染艺术以其自身的亲和力和独特性被越来越多的人喜爱和接受，其独特的艺术效果、变化丰富的纹样及鲜艳的色彩，与其他的室内软装品共同形成一种新的空间形式，营造出一种有个性、自然的居住风格。

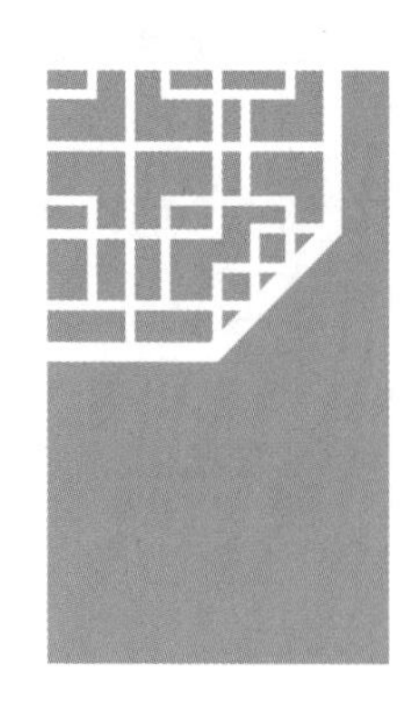

作品赏析（12）

作品名称：扎染圆形挂饰

作者：杨金丽

学校：郑州市金水区凤凰双语小学

设计理念

这款挂饰设计灵感来自于照片背景墙，将刺绣所用的绣棚当做相框，采用深蓝色进行染制，利用夹扎和捆扎结合的方式制作纹路。作品有湖水涟漪的效果，雅致美观。

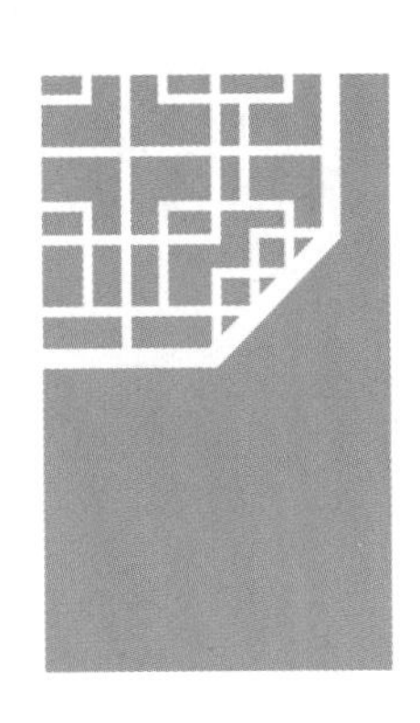

作品赏析（13）

作品名称：多色单肩包

作者：杨金丽

学校：郑州市金水区凤凰双语小学

设计理念

设计灵感取自生活中常见的单肩背包，色彩由浅到深呈现阶段式深浅变化，整体色彩鲜艳明朗，又不失传统扎染质朴的韵味。

作品赏析（14）

作品名称：扎染扇子

作者：杨金丽

学校：郑州市金水区凤凰双语小学

设计理念

设计灵感来源于中国古代团扇，扇面为枣红与白色，利用折染和夹染结合的方式做出，形成点、线、面错落有致的花纹。扇子具备美观性与实用性，将生活与艺术融为一体。

作品赏析（15）

作品名称：扎染剪贴画

作者：李艳霞

学校：安阳市人民大道小学

设计理念

设计灵感来自于生机勃勃的春天。春天，万物复苏，青青的草地，绿绿的树叶。将美丽的黄色、绿色染料晕染在棉布上，再将棉布裁剪成树木的形状，拼贴在一起，组成一幅春天的图画，用这样的形式赞美春天。

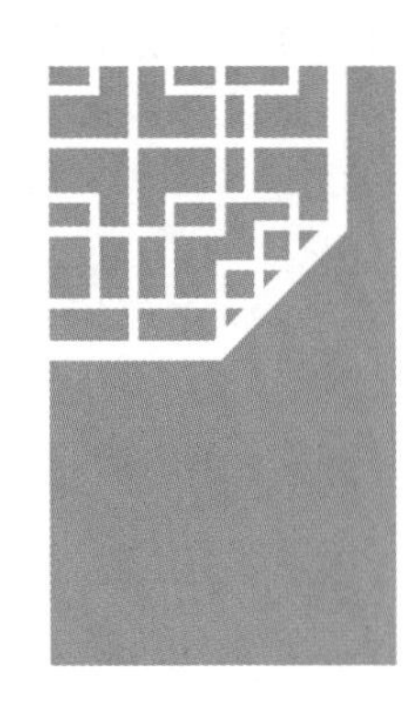

作品赏析（16）

作品名称：多色围巾

作者：李艳霞

学校：安阳市人民大道小学

设计理念

作品色彩五彩斑斓，装饰在人们的脖子上，让人更加美丽。有的围巾采用邻近色进行扎染，色彩过渡自然，深浅变化万千，体现出传统扎染的质朴韵味；有的围巾采用对比色，整体色彩鲜艳明朗，让人眼前一亮。

后记

新时代的教师应该具备哪些素养

目前，我国的基础教育已全面普及，人民群众“有学上”的问题得到解决，“上好学”的需求日益强烈。全面提高教育质量，实现基础教育高质量发展已成为我国教育的战略性任务。培养有理想、有本领、有担当的社会主义时代新人，办好人民满意的教育被摆在了更加重要的位置。

基于我国国情，中华人民共和国教育部于 2022 年 4 月出台了《义务教育课程方案》(以下简称《方案》)，进一步推动了我国在课程、实施与评价等方面的深度改革。《方案》强调了三个方面：一是学科实践，规定每学科拿出不少于 10% 的课时开展跨学科学习活动；二是综合学习，提倡主题式、项目式、单元式等教学；三是评价改革，关注过程性评价、增值性评价，对学生在学习过程中的学习态度、学习方法、思维方式等进行跟踪，及时引导学生全面发展。这些既是对学生学习方式的改革，更是对教师在课程理念、教学方式、评价方法等方面提出的新的挑战。

那么，如何提升教师自身能力，实现高质量的教育教学活动呢？教师需要具备哪些素养，才能胜任新时代的教育担当，才能落实、实现国家课程改革的理念和方向，培养出一批批德智体美劳全面发展的学生呢？

基于这样的思考，我们整理并总结了各个学科都涉及的相同教学主题，最后决定将中华优秀传统文化中的非遗作为抓手进行跨学科、融合学科的开发，从中

探索出一套非遗文化课程深入推进的方案，提炼出一套非遗项目跨学科学习开发与实施、评价与推广的立体式实践模式。由此，我们建立了以综合实践活动、劳动教育、美术、语文教师为主的跨学科教研团队，根据教师的专业特长和课程能力，组建了十几个联盟校项目，进行了持续的实践探究，并获得了可喜的成果。我们深深感悟到新时代的教师在课程开发、实施、评价与资源利用等方面应该具备如下这样的素养。

一、跳出单一学科界限，“设计”学生课程内容

《方案》提出每一学科要开发不少于10%课时的跨学科活动，从师资能力看，要求教师具备跨学科设计的理念和能力；从活动内容看，指向基于学科为主题的跨学科学习，打破单一学科的壁垒，建立纵向联系，让学生在同一主题的内容中将各个学科涉及的知识、技能、学科思想、素养等进行联结与融合，让学生经历某一主题的完整的学习活动，建立新的思维方式，获得新的经验，实现“知识的价值”。非遗文化课程的研究与实践，涵盖语文学科的文化，美术学科的审美与技能，劳动教育的工匠精神，综合实践活动的综合性学习与能力培养等，它们的融合可以带给学生完整的体系和经历，不再是碎片化学习和认知。

二、尊重学生发展规律，关注学生实践体验过程

教育要遵循学生的身心发展规律，注重个性差异，因材施教，给予学生鼓励，使能力得到提升。根据非遗项目的研究活动，涉及学生对非遗项目的文化认知、设计制作、成果推广等，让学生能够通过一系列的活动“文化于心”“心化于形”，实现“知—情—意—行”相统一，成为一名非遗文化的小传人。在这个过程中，教师需要看到不同能力的孩子在活动中的投入、努力和专注，要看到学生基于自身状态获得的新的发展。我们提倡：尊重学生身心发展规律，不要吝啬教师的赞美，不要吝啬教师的“优秀”评定，要看到学生在付出过程中的那份全力以赴。

三、根据项目活动内涵，制订聚焦性评价量规

评价是导向，在项目活动中我们发现，教师在设计评价量表时经常出现两种情况。第一，能够关注学生经历的活动环节，但缺乏相应的不同等级的具体描述；第二，设计出的评价要素没有结合具体项目，而是笼统的、不聚焦的，没有契合主题。这样的评价不能给予学生具体的指向，无法让学生结合活动主题进行反思与总结，不能明晰究竟哪些方面做得好，哪些方面还需要努力。我们建议，低年级学生认字少，可以图形为主，中高年级学生的评价量规要细致具体，具有指向性，帮助学生知道如何做，怎么做，自己可以做到什么程度。这样的评价才有意义。

四、善于利用社会资源，拓宽学生活动空间

非遗文化是传承的技艺，不具有普遍性。因此，在课程开发与实施中，利用与挖掘社会资源，寻求专家资源的协助，与非遗场馆或实践基地合作是非常有必要的。这可以弥补校内教师专业能力的不足，拓宽学生与教师实践研究的平台，补充丰富的课程资源，助力项目深入实施，促进学生获得专业的、多元的体验，深刻感受非遗文化的博大精深。

新时代的教师，需要具备的素养不只这些，还需要具备信息技术素养、协同发展的能力等。

相信，只要愿意行走在课程改革的道路上，教师就会在教育教学的实践中不断获得素养提升、教育智慧，乃至形成教育思想。久久为功，也必将推动中国的教育改革，为国育人，为党育才。

让非遗会说话

非遗劳动项目实施与评价

澄泥砚

主编 观澜

本册主编 侯清珺 游晓蔓 游晓晓

河南科学技术出版社

·郑州·

图书在版编目（CIP）数据

澄泥砚 / 观澜主编 . -- 郑州：河南科学技术出版社，2023.5

（让非遗会说话：非遗劳动项目实施与评价）

ISBN 978-7-5725-1187-5

Ⅰ . ①澄… Ⅱ . ①观… Ⅲ . ①砚—介绍—中国 Ⅳ . ① TS951.28

中国国家版本馆 CIP 数据核字 (2023) 第 074860 号

出版发行：河南科学技术出版社

地址：郑州市郑东新区祥盛街 27 号　　邮政编码：450016

电话：（0371）65737028　65788613

网址：www.hnstp.cn

策划编辑：黄甜甜

责任编辑：王智欢

责任校对：周青珠

封面设计：张　伟

责任印制：朱　飞

印　　刷：河南博雅彩印有限公司

经　　销：全国新华书店

开　　本：710 mm × 1 010 mm　1/16　　印张：4.5　　字数：73 千字

版　　次：2023 年 5 月第 1 版　　2023 年 5 月第 1 次印刷

定　　价：258.00 元（全九册）

如发现印、装质量问题，影响阅读，请与出版社联系。

《让非遗会说话——非遗劳动项目实施与评价》(简称《让非遗会说话》)这套书，历经两年最终得以出版，得益于金水区深厚的文化，非常感谢河南省教育厅和郑州市教育局领导的支持，还有学校的大力支持和一起同行的观澜名师工作室的伙伴们。

非遗是传统文化的重要组成部分。在新时代下如何大力继承、推广和创新，是值得深度思考与研究的命题。

河南省郑州市金水区作为课程改革实验区，遵循“灿烂如金，上善如水”的教育理念，注重课程改革、教学改革和评价改革，构建适合金水学子的教育体系，全方位实施素质教育，落实课程育人、活动育人、实践育人、合作育人、评价育人，培养德智体美劳全面发展的新时代学子。

在推进和创新非遗文化课程中，我们建立跨界联盟校，吸纳洛阳、安阳、杭州等优秀非遗团队，以“项目”为驱动，开展跨学科学习教学，将美术、综合实践活动、劳动教育、语文、历史、物理等学科相融合……让学生经历真实情景的探究，重构知识体系和思维，在解决问题过程中使能力、素养、品质得以提升，最终建构学生“知识—人—世界”的完整实践价值观，实现“知—情—意—行”合一的美好教育境界。在整体探索和推进中，我们的团队边实践边总结，一起交流，一起研讨，一起碰撞，探索出一套非遗项目化实施和评价的有效模式。有7所学校的非遗项目成果在全国第六届公益教育博览会上进行参评和推广，河南省实验中学的剪纸、郑州市金水区四月天小学的布老虎、郑州市金水区文化绿城小学的葫芦烙画、郑州市金水区艺术小学的刺绣、郑州冠军中学的吹糖人、河南省实验小学的扎染、郑州市金水区农科路小学北校区的皮影获得优异的成绩。

《让非遗会说话》这套书一共九本，包括九个非遗项目，它们分别是中医文化、宋代点茶、陶艺、布艺、扎染、刺绣、戏曲、葫芦烙画、澄泥砚。每本书分为三篇，第一篇是理论研究，重点阐述如何让非遗会说话的实践路径和模式；第二篇是课程实践，包括课程规划、具有代表性的活动设计、课程影响力，为课程如何规范有效设计、实施与评价提供借鉴和引领，其中活动设计呈现出联盟校各自的特色，为教师实施课程提供了可借鉴的经验和方向；第三篇是师生作品，展现了课程实施效果和师生的成长。

本套书呈现了非遗文化在中小学的有效落实，在师生学习生活中的开花结果、守正创新。对新时代下学校的课程创新、教师的创新实践、学生核心素养的发展都起到引领与推广作用。

在这里非常感谢参与编写工作的河南省非遗项目澄泥砚代表性传承人游敏先生，洛阳市新安县学林小学张季梅校长、孟欣霞老师、张丽霞老师以及王丹老师。

河南省郑州市金水区教育发展研究中心 观澜

第一篇 理论研究

第二篇 课程实践

第三篇 师生作品

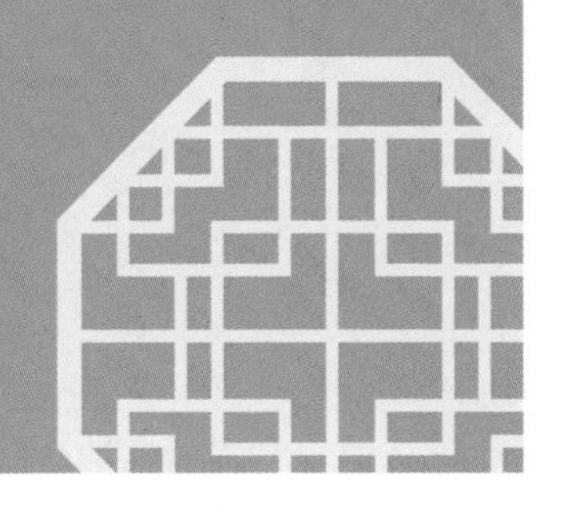

第一篇
理论研究

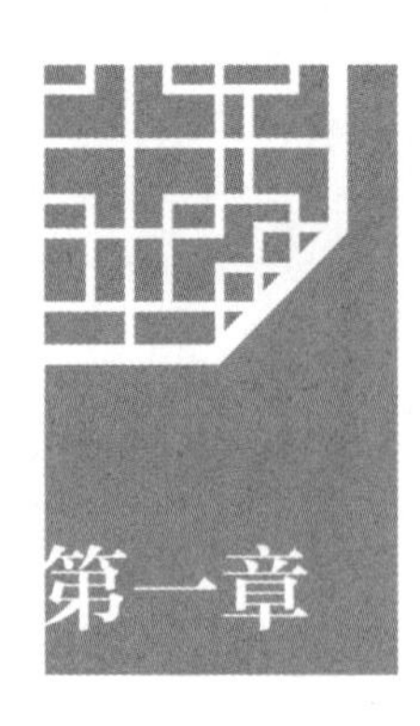

第一章 非遗文化的重要性

习近平总书记强调，中华优秀传统文化是中华民族的精神命脉，是涵养社会主义核心价值观的重要源泉，也是我们在世界文化激荡中站稳脚跟的坚实根基。非遗文化是中国传统文化的一部分，在中国传统文化中具有重要地位。

一、非遗文化的重要性

非遗文化是中国传统文化重要的组成部分，承担着独特的文化内涵和教育推广意义。

非遗文化具有悠久的历史。剪纸是具有最广泛群众基础的民间艺术之一，大概有 1500 年的历史；泥咕咕的历史渊源，可以追溯到远古时期，有记载其产生于河南浚县；钧瓷始于唐，盛于宋，作为中国陶瓷艺术史上的一个重要标志，在世界陶瓷发展史上占有重要地位；风筝由中国古代劳动人民发明于东周春秋时期，距今已 2000 多年，相传墨翟以木头制成木鸟，研制三年而成，是人类最早的风筝起源。

非遗文化是手工业精湛技艺的代表。比如钧瓷，自古以来就有“黄金有价钧无价”“家有万贯，不如钧瓷一片”“入窑一色，出窑万彩”的美誉；中国的手工刺绣工艺，已有 2000 多年历史，有“玉女飞针巧引线，乾坤绣在方寸间。百花不晓冬寒日，四季绽放在春天”的美誉；至于篆刻技艺的魅力，孙光祖《篆印发微》有言：“书虽一艺，与人品相关，资禀清而襟度旷，心术正而气骨刚，胸盈卷轴，

笔自文秀。印文之中流露，勿以为技能之末而忽之也。”

非遗文化具有欣赏价值。如戏曲融入文化、服饰、道德品质，承载着乡音乡情，帮助中国人寻找情感寄托、精神归属，成为传播中国传统文化的重要途径，也成为人们重要的精神家园。“剪纸铺平江，雁飞犟字双”等诗句表达出对剪纸的艺术欣赏。“缬，撮采以线结之，而后染色。既染则解其结，凡结处皆原色，余则入染矣，其色斑斓谓之缬。”可见扎染技艺的神奇。

非遗文化充分体现了劳动人民的工匠精神。非遗作品的创作需要潜心研究，不断创造，专注于每一个细节，凝结了创作者的大量时间和心血，也是创作者毅力和智慧的体现。

一直致力于非物质文化遗产研究与发展的北京师范大学非物质文化遗产研究与发展中心执行主任张明远教授，在首届“致敬中华优秀传统文化”项目学习活动闭幕式上认为，一个民族的文化是一个民族存在的标志，如果没有传统文化，民族就失去了存在的特征。他表示，中华优秀传统文化具有跨越时空的价值，铸就了中华民族得以传承千年的根基。随着中华优秀传统文化走进校园，各类非遗项目与学生之间建立了联系，在学生心目中便形成了一种美学传递，这将伴随他们的成长。张明远教授表示，中华优秀传统文化的影响和价值与我们当下的生活息息相关，促进青少年健康成长，要让更多的青少年沉浸到中华优秀传统文化的学习研究中。

中华优秀传统文化的传承与发展是提升国民素质的重要措施，也是建设社会主义文化强国的重大战略任务。

二、非遗文化在教育中的意义

非物质文化遗产是中华民族智慧的结晶，充分体现了劳动人民的工匠精神以及对文化的传承与弘扬。《完善中华优秀传统文化教育指导纲要》明确提出，加强中华优秀传统文化教育，是深化中国特色社会主义教育和中国梦宣传教育的重要组成部分，对于引导青少年学生全面准确地认识中华民族的历史传统、文化积淀、基本国情，实现中华民族伟大复兴中国梦的理想信念，具有重大而深远的历

史意义。

学校是落实非遗文化的重要场所，担当着非遗文化延续和传承的重任，对从小培养学生对中国文化的了解，起到重要作用。

河南历史文化底蕴厚重。老子、庄子、张仲景、商鞅、李商隐等历史文化名人皆与河南有关，剪纸、拓片、布老虎、澄泥砚、钧瓷、朱仙镇木版年画、汴绣、唐三彩等皆为河南特色非遗文化。开发相应的非遗课程，实践于课堂，让学生作为非遗文化的使者，去影响身边的人，让更多的人了解中国文化、非遗文化，是我们应当做的事。

从教育的角度看，开发与实施非遗课程对学校、教师、学生都具有深远的意义。

从学校课程特色建设看，开发与实施非遗课程能够彰显学校课程特色，构建丰富多元的课程体系。

从教师业务发展看，开发与实施非遗课程具有一定的挑战性，不但能激发教师开发与实施课程的热情，还能进一步转变为教师“教”的方式，实现课程育人、实践育人、活动育人、评价育人。

从学生成长角度看，非遗课程可以让学生学习到书本之外的知识，提高动手操作与创作的能力、探究能力、解决问题能力，帮助学生形成良好的品质和综合素养，让学生热爱家乡，热爱祖国，实现德智体美劳全面发展。

三、当代非遗文化的发展瓶颈

非遗文化具有重要的社会文化地位，但发展受到多种因素的制约。

第一，非遗作品的制作过程是一个“慢”“精”“细”的创作过程，需要付出大量的时间和精力。

第二，非遗作品因投入人力、物力和时间等成本，通常价格比较昂贵。

第三，非遗的技艺需要创新，而这并不是一件容易的事情。

第四，非遗传承人需要极大的耐心、恒心和不怕失败的意志，不怕创作的孤独，才能承担起这份传承的责任。

为此国家出台了相关政策，大力推广非遗文化。将非遗课程落地学校，让非

遗文化植入学生内心，将非遗文化进行宣传，逐步形成体系化解决方案。

鉴于以上种种，笔者提出了“让非遗会说话”的教育思想，学校通过非遗课程的开发与实践，让非遗文化“会说话”，学校容易实施，教师容易教，学生容易懂，社会更加重视，非遗文化更加普及。

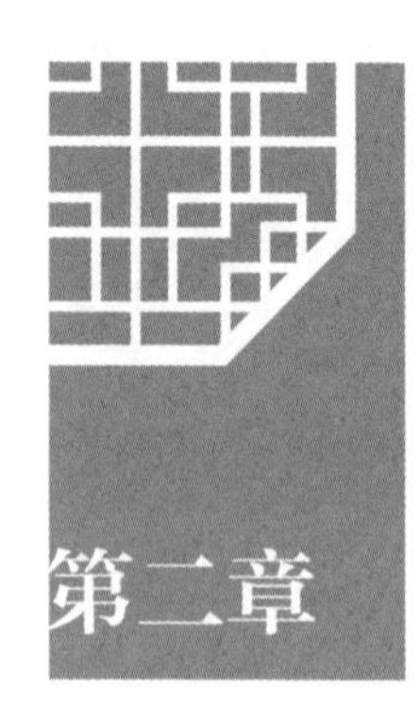

第二章 推进非遗文化的方案

要在教育中落实非遗文化的传承、发扬、创新，就要先分析非遗文化在教材中呈现的样态。国家在编写教材时，非常重视将中华优秀传统文化融入各个学科。

比如“风筝”，不同学科的教师会关注与本学科相关的元素。从美术学科角度看，注重的是美学常识和绘画构图技巧；从语文学科角度看，注重的可能是与风筝有关的意象；从数学、物理学科角度看，注重的是风力、平衡力、三角形的构造等；从历史学科角度看，注重的是风筝的发展史；从德育课程或者专题活动角度看，注重结合风筝开发校本课程，寄语美好未来等。这种单一学科的学习方式和主题活动存在以下不足。

第一，这些内容有交叉、有重复。对学生来讲，占用一定的时间进行重复性的学习，学习的时效性不强。

第二，大多停留在支离破碎的知识层面。每个学科突出的是与本学科相关的知识或者技能，体现的是非遗文化在本学科的价值，是一个“点”而不是一个“面”。

第三，学习方式比较单一。美术学科的学科素养决定着学生需要根据教材内容动手创作，学生能够经历简单的动手实践的过程。其他学科大多不要求学生动手实践。

第四，学生没有兴趣。部分非遗项目很抽象，又离学生生活比较远，学生缺乏浓厚的探究兴趣。

当下，亟待通过一种学习方法或者课程方式，把各个学科涉及非遗的知识、

培养目标、学科思想融合在一起，打破单一学科的壁垒，建构纵向联系，重构学生的知识体系，让学生经历一个完整的项目探究过程，解决真实情境中的问题，促进学生的综合能力不断提高和持续发展。

笔者通过多年的实践与研究，认为“项目学习”和“综合实践活动跨学科学习”是最佳的实施方式。它们具有综合性强、实践性强、生成性强、跨学科性强等特征，是推动学科知识融会贯通的必经桥梁（如下图），可以推进非遗课程的常态持续有效实施，发展学生的核心素养。

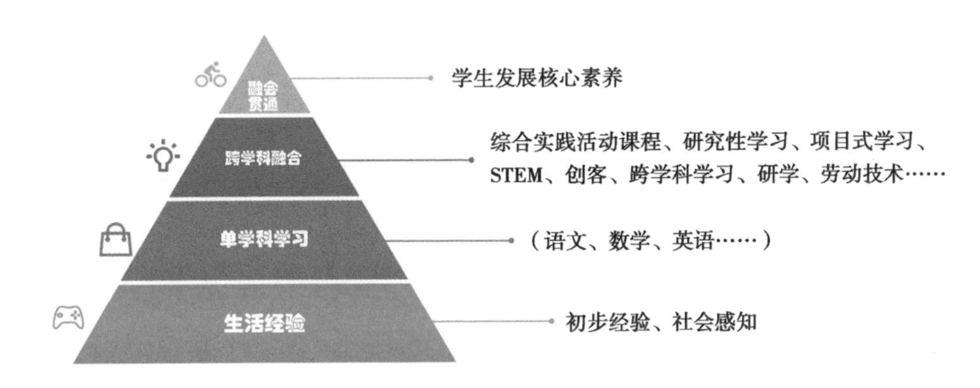

学习方式与核心素养关系图

项目学习和综合实践活动都指向跨学科学习。跨学科学习是多个学科的思想和方法的融合。以“风筝”为例，以项目学习为学习方式，融入综合实践活动课程中的研究性学习步骤，就实现了课程综合育人、实践育人、活动育人、评价育人，如下图所示。

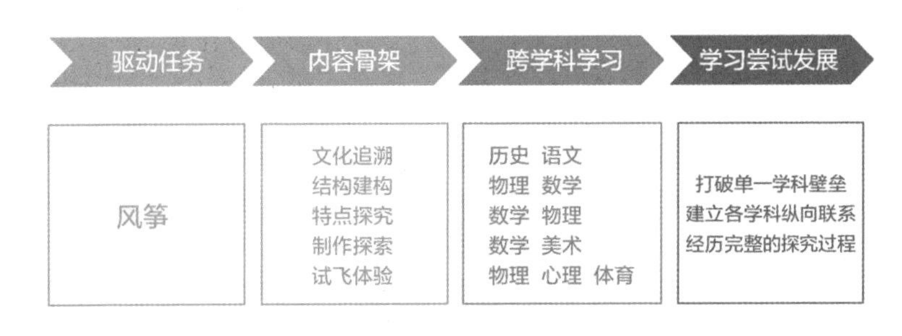

跨学科学习框架图

从图中可以看出，在“风筝”这一项目任务中，通过建立子任务，即研究内容骨架、跨学科学习涉及领域、学习深度发展等，打通各个学科之间的横向联系，融会贯通。每一项研究内容都指向学生的主体地位，注重活动中学生的亲身体验，深化活动的实践探究以及真实情境下的收获，发展学生的多元能力。这不是单一的学科活动经历，而是丰富多元的活动串形成的课程内容、完整的课程体系。突出跨学科方法、思想的融合，基于学生已有知识又进阶发展核心素养，学生解决问题的能力得到提升，建立起个体与自然、社会的统一完整链接，知—情—意—行相融合。这种学习方式，让学生深刻感悟中国传统文化的博大精深，热爱祖国悠久的历史和壮丽的河山，树立人生理想和远大志向，是实现高质量发展的课程育人样态。

第一节　设计非遗课程的整体架构

作为国家级课程改革实验区，二十多年来，河南省郑州市金水区持续优化课程顶层设计，多元开发与实施中华优秀传统文化进校园、进课堂、进课程，实现立德树人，激发学生的民族自信、文化自信。笔者提出“让非遗会说话”的教育思想，构建区域非遗课程“常态＋融合＋多元”推进模式，通过“一引领、二融合、多元开发”路径，变革学生学习方式、课程育人方式，让学生感受中华优秀传统文化的博大精深，激发爱国、爱党、爱人民的思想感情，取得了较好的效果。

课程的有效落地需要具体的实施路径和策略支撑。金水区经过多年的实践探究，“自上而下”整体设计课程，从明确实施原则、学习方式四个“转向”、构建课程实践要素三个维度推进课程有效深度实施，形成区域非遗课程样态。

（一）明确实施原则

正确的理念决定行动的成效，明确实施原则就像明灯指引课程的科学发展。因此，我们确定了“三个原则”以实现非遗课程实践的“三个价值”。

（1）知识与实践相结合，让知识更有价值。非遗文化博大精深，对小学生来讲比较抽象，为了让小学生能够丰富相关知识，进一步感受非遗文化的精湛技艺，必须让小学生通过实践来亲身体验，将知识应用到动手实践中，感受创作的过程，体验非遗传承人坚持不懈的精神和不断创造的追求，让理论知识与实践相结合，不断产生新的知识与经验。

（2）教育与生活相结合，让实践更有价值。一件非遗作品，不仅是可以进行售卖的产品，更是艺术品，具有欣赏或收藏价值。非遗课程的开发与实施，需要将教育与生活相结合，实现有价值的实践，让学生知道学习不是单一的知识性活动，而是多元的。人类获得的知识，可以更好地创造财富，创造美好的生活。

（3）学科与个体价值相融合，让人生更有价值。学科知识与学科思想，蕴含着做人做事的道理。非遗课程通过跨学科学习、体验式学习、场馆学习、实践学习等，在“做中学”“学中创”，让非遗文化在学生心中扎根，让学生深刻体悟工匠精神与劳动人民的智慧以及中国文化的博大精深，丰盈学生的道德品质。

以上三个原则的指导思想，为非遗课程的开发、实施与评价，指明了正确的方向。

（二）学习方式四个“转向”

2022年教育部颁布的《义务教育课程方案》中提到“综合学习”“学科实践”“跨学科”等，引领学习方式的变革强化了课程育人导向。非遗文化及作品并非与学生的生活紧密相连。由此，在非遗课程的开发与实施中，只有体现新的课程育人方式、学习方式，才能让学生学得有兴趣，教师教得有趣味，课程实施有成效。我们特别提出在课程实施中要体现学习方式的四个“转向”，实现课程育人。

从单一学科走向融合。非遗课程的设计与实施，可以打破单一学科的壁垒，将非遗历史、文化、特征、技艺、制作等进行整体实施，建立学生对某一项非遗的深入了解与体验，实现高阶思维的学习发展。

从书本知识走向实践。“与其坐而论道，不如起而行之”，说明“行动”的重要性。只有带着知识走向实践，才能将知识与实践融合，发挥知识的价值，创造实践的价值。只有通过实践创造出非遗文化作品，才能更好地发扬光大非遗。

从学校走向社会。社会即学校，生活即教材。利用社会资源让学生更加深刻地了解非遗文化，感悟非遗文化。禹州钧瓷、朱仙镇木版年画、澄泥砚等都是学生遨游的知识海洋。沉浸式教育方式，不需要过多的语言就能带领学生开阔视野，启发思维，感受中华优秀传统文化的伟大。

从重结果走向重过程。非遗课程的开发与实施，不在于让每一位学生都成为创作者，成为非遗传承人，而在于让学生在探究实践的过程中，感受非遗文化的博大精深，感受技艺的精湛，感受劳动人民的智慧，感受中国文化的源远流长，坚定文化自信。这个过程非常重要。

学习方式的四个“转向”，不仅体现了新时代学习方式的变革，更是课程育人方式的变革。

（三）构建课程实践要素

在课程实践探索中，构建非遗课程实践要素，为学生规划有效的学习流程，为教师提供操作模式。

兴趣是最好的教师，学习内容只有建立在学生的兴趣之上，才能激发学生持续的学习激情。基于学生的兴趣或者疑问确定研究任务，以研究任务为驱动目标，制订计划，引导学生开启研究之旅。

像科学家一样思考和实践。学生在研究一个项目时，只有认真思考和实践，才能实现学习的高阶发展，才能培养科学精神，形成严谨的探究态度。

让“附带学习”走向深度。“附带学习”指研究对象延伸出来的子课题，也是具体的研究任务，这些子课题的研究深度，决定着课程实施的深度和研究任务目标能否达成。

将一切想法变成现实。有想法就去做，尤其是在动手实践创作的过程中，要鼓励学生大胆想，大胆做，将想法变成现实，做出作品，让“非遗会说话”。

重活动感悟。课程实施中，学生遇到的问题以及解决问题的方法最能体现学生的成长。学生认识到意志力的重要性，认识到非遗作品制作的不易等，这些感悟能够影响他们做事的态度和方法。

将成果进行推广。鼓励学生成为非遗的代言人，推广和宣传非遗文化。

通过以上实践要素，持续推动学生探究非遗的知识、历史、工艺、传承等，引导学生在活动中积极参与、反思，感知非遗工艺的精湛，提升其继承和发展中国文化的责任感与担当意识。

第二节　推进模式与评价

前面阐述了宏观、中观维度的非遗课程开发与实施的整体理念和设计思路。那么，如何进行具体的实践呢？笔者将从推进模式和实践策略两方面进行阐述。

一、推进模式

通过普及课程与社团课程相结合、必修课程与选修课程相结合、校内与校外相结合等方式，整体推进课程有效实施，构建“一引领”“二融合”“多元开发”的实施模式。

（一）“一引领”：建立非遗项目联盟校

为了深度开展非遗课程，提高活动质量，提升课程品质，我们发展了16个非遗项目联盟校，以引领课程的实施，推进并打造了“一校一品”，实现课程的统整和学习方式的多元融合，如郑州市金水区纬五路第一小学的中医药课程、郑州市金水区银河路小学的纸雕、郑州市金水区农科路小学北校区的皮影课程、河南省实验小学的扎染课程、郑州市金水区南阳路第三小学的剪纸课程、郑州市金水区文化绿城小学的葫芦烙画课程、郑州市金水区艺术小学宏康校区的风筝课程、郑州市金水区黄河路第一小学的麦秸画课程等，课程已经非常成熟。部分学校建立非遗研习馆，如郑州市金水区丰庆路小学不仅建立了非遗馆，还与河南省非遗传承人共同开发了7项非遗品牌项目，郑州市金水区农科路小学国基校区建立了古笛非遗馆等，为学生提供学习的场地、文化熏陶的环境，打造学校非遗课程项目，增强非遗文化在学生中的普及度。

非遗联盟校解决了教研团队力量薄弱的问题，打通了区域间同一类非遗教师之间的交流渠道，起到了互促互进的作用。目前，剪纸、葫芦烙画、篆刻、泥塑、宋代点茶、香包、扎染、布老虎、皮影、豫剧、书法、刺绣、风筝、麦秆画、陶艺等社团课程，都已成为学校的品牌课程。

（二）“二融合”：与综合实践活动、劳动教育三者融合

非遗项目课程涉及综合实践活动考察探究、设计制作、职业体验等活动方式，同时也涉及劳动教育课程中生产劳动、职业体验、工匠精神等内容，三者相辅相成，彼此融合。我们共有综合实践活动、劳动教育专职教师90多名，结合非遗特征，在综合实践活动、劳动教育常态化实施中融合开发与实施非遗项目，保障非遗课程的持续开展。三者的融合，实现了课程育人、综合育人、实践育人，为培养德智体美劳全面发展的学子打下基石。

（三）“多元开发”：开展学科非遗研究性学习

丰富的非遗项目以国家出台的《关于实施中华优秀传统文化传承发展工程的意见》为指导，遵循面向全体学生，结合学生年龄特征，明确各学段学生学习中华优秀传统文化的基础要求，同时为学生提供基于兴趣爱好拓展延伸的空间的理念，基于区域教育积淀、师情特质，鼓励各学科教师通过学科主题、拓展活动等，开发学科非遗研究性学习，挖掘非遗项目，渗透非遗文化在学校课程中的落实与发展，担当起发扬中华优秀传统文化的责任和义务。如结合语文学科春节相关知识开发“灯笼”“书法”“剪纸”作品等，结合数学学科三角形相关知识开发“纸雕”，结合历史学科明清前期的文学艺术相关知识开发“戏曲”，结合音乐学科豫剧相关知识开发“制作脸谱”，结合化学学科相关知识开发“陶艺”等，这些非遗“微项目”既突出学科特色中的非遗特征，又帮助学生在各学科学习中感悟非遗文化。

二、实践策略

笔者提出“1+9+3”的实践策略，整体推进课程的具体实施，保障课程的持续推进和发展。

（一）“1”：建立一所实践基地、合作一位非遗专家 、打造一校一品

为构建互为补充、相互协作的中华优秀传统文化教育格局，郑州市金水区注

重开发与拓宽中华优秀传统文化丰富、生动的教育资源，鼓励学校建立一所实践基地。其一，通过校内建立的非遗研习馆，学生可以身临其境地感受非遗文化的魅力。例如，郑州市金水区丰庆路小学建立研习馆，与河南省非遗传承人合作开发7项非遗课程；郑州市金水区农科路小学国基校区建立骨笛非遗馆；郑州丽水外国语学校成立茶艺研习馆；郑州市金水区外国语小学建立陶艺馆；郑州市金水区纬五路第一小学与河南省中医药大学第二附属医院合作建立中医文化课程开发与实践基地；郑州市金水区工人新村第一小学与河南省中医药大学第一附属医院建立中医文化课程开发与实践基地等。其二，在郑州市教育局的支持下，金水区和部分大中专院校建立非遗课程合作项目，拓宽学生实践平台。郑州市金水区南阳路第三小学和郑州市科技工业学校合作建立了课程资源开发与实践基地，开发职业体验课程；郑州市金水区经三路小学与河南省经济技术中等职业学校携手开展非遗香包课程。

非遗专业人士才能带给学生专业的知识和技能，形成正确的文化认知。在课程实施中，邀请国家级、省级非遗传承人，作为指导教师走进学校。郑州市金水区中方园双语小学、郑州市金水区文化绿城小学邀请非遗专家指导葫芦烙画非遗项目；郑州市金水区文化路第三小学邀请省书法协会对相关项目进行指导等，这些都为学生深刻地学习与体验非遗项目提供了专业的环境。

经过多年实践，相关学校打造了课程品牌，形成了区域百花齐放的“一校一品”乃至“一校多品”的课程特色。郑州市金水区农科路小学皮影课程，郑州市金水区农科路小学国基校区布艺课程，郑州市金水区银河路小学纸雕课程，郑州市金水区文化路第二小学篆刻、书法等课程，郑州市金水区艺术小学豫剧、风筝等课程，郑州市金水区黄河路第一小学麦秆画课程，郑州市丽水外国语学校陶艺课程，郑州市金水区凤凰双语小学扎染课程，郑州市金水区纬三路小学泥咕咕课程，郑州市第47中学初中部、郑州市第75中学刺绣课程，郑州市第34中学珐琅彩课程，郑州市金水区新柳路小学汉服课程，郑州市金水区四月天小学布老虎课程等，均已形成影响力。

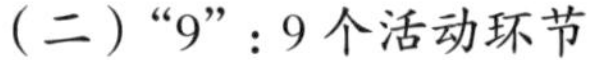

（二）“9”：9个活动环节

从以上9个活动环节中，可以看到非遗课程的整体活动设计，目标涉及知识、认知、方法、技能、情感、核心素养，学生活动涉及研究、实践、实地考察、设计制作、成果推广、社区服务等，学习方式是多样的，实践领域是广阔的，形成了一体化的项目式学习，达成“知—情—意—行”相融合，建立“知识—人—世界”整体观，实现综合育人、实践育人、活动育人。

项目式学习能够打破传统教学上的壁垒和瓶颈，让学生在学习态度、学习方式、学习表达等方面发生积极变化。

（三）“3”：三种评价方式

评价是诊断课程实施效果的依据，是促进学生发展的手段。金水区更新教育评价观念，关注师生共同发展；创新评价方式方法，注重学生“学”的过程，关注典型行为表现，强化学生核心素养导向；增强评价的适宜性、有效性。

金水区确立了过程性评价、可视化成果评价、终结性评价三种评价方式，指导教师根据非遗项目量身定制评价量规，避免评价的“空乏”“无效”，聚焦学生的学习活动，注重增值性评价，从“活动态度”“设计创作”“活动总结”“文化推广”四个方面制订评价要素，设置“优”“良好”“继续努力”三个维度的详细指标，关注学生“学”的过程，肯定优点，引导学生有针对性地反思，发现努力方向，体现非遗项目本身的教育价值，落实核心素养。如郑州市金水区纬五路第一小学开展的“我和中药有个约会”这一非遗项目，学生通过这个项目，对中医药文化进行了了解与调查；自制中药产品，如香包、夏凉茶等；走上街头将茶水送给清洁工等。教师应抓住活动核心，制订评价量规，实现知识、技能、情感态度和价值观的融合发展。

第三章　课程保障及成效

非遗课程的开展只有通过教研部门、行政部门建立有力的保障机制，才能持续良性发展。通过以下保障，我们实现了课程开发与实施的有序、有效。

第一，创新教研体系。2019 年 11 月教育部印发的《关于加强新时代教育科学研究工作的意见》中提到：鼓励共建跨学科、跨领域的科研创新团队。可见，创新教研体系是提升教师业务水平、推动课程改革理念非常重要且可行的方式。金水区从 2016 年起，通过建立 π 学科教研员发展共同体（跨学科教研团队），打破单一学科教研活动，打造多学科不同视角的教研体系，实现跨领域的教研推进模式，助力教师多视野、跨学科地开展教育教学；建立跨界跨学科教研团队，开展每月至少一次的“行之实”活动，吸纳河南省实验中学、黄河科技学院附属中学、哈密红星中学等学校协同发展；开展中层课程领导力项目，提升业务领导的课程理念与指导能力；积极推行省市区一体化的下校调研制度，通过指导学校工作、观摩教师课堂、开展课后教研交流等活动，评价学校课程实施的整体质量。有效、多样的教研体系，对构建德智体美劳全面培养的教育体系，发展素质教育，培养可担当民族复兴大任的时代新人提供了强有力的支撑。

第二，创新教师职称评定机制。自 2001 年课程改革以来，金水区一直在引领教师进行课程开发与实践、课程整合与融合，培养了一批批优秀的教师，形成了一份份优秀的非遗成果报告。金水区还将以学生为主题的研究性学习成果纳入评职称的项目，等同于研究课题。

非遗课程的实施整合了综合实践活动、劳动教育，教师可以根据情况申报综合实践活动、劳动教育科目的职称。

自2009年起，开展两年一届的“希望杯”课堂教学展评活动，为开发非遗课程的教师提供了展示的机会，这个活动的成绩有助于职称评定等。这些保障，进一步激发教师落实国家课程改革新理念、制订个体业务发展规划的动力。

第三，建立师生交流平台。金水区注重以评促发展，更新教育评价观念，整体提升师生的综合能力。其一，建平台，开展“希望杯”“金硕杯”课堂教学展评活动，提升教师的教育教学能力，为教师提供成长与交流的平台；其二，改革评价方式，将过程性评价与终结性评价相结合，“赋权下放”，指导学校注重学生“学”的过程，给予多元的综合性评价，促进学生整体发展，实现教学相长；其三，给予学校邀请专家团队指导非遗课程开发与实施的自主权，对师生成果进行发布与展示，激发学校办学活力，发展学校特色，助力师生在活动中得到成长。

以上保障措施，助力了课程的持续有效开发与实施。同时，金水区通过“五结合”助力非遗课程成果的分享和价值推广，即静态与动态相结合、常态与自主相结合、区域内与区域外相结合、一校与多校相结合、网络与社会相结合，让学生的学习过程和成果得以推广，同时让全社会了解当前教育的改革方向，学生学习方式的转变等，让全社会关注教育、支持教育的发展。由此，形成了一定的影响力。主要表现在：

第一，区域非遗课程成果丰硕。在国家课程改革的推动下，在河南省教育厅、郑州市教育局领导以及专家的支持和指导下，经过不断地探索和实践、普及与推广，非遗课程逐渐成为金水区的品牌课程和相关学校的亮点课程。目前，金水区共有省级和市级非遗基地校、实验校12所，非遗社团286个，开设非遗研习基地的学校有9所。非遗课程的整体推进，对提升区域教育质量、变革学校育人方式、改变教师教学方式、培养德智体美劳全面发展的学子，具有深远的影响。

第二，学校非遗课程成果出色。非遗课程持续推进，中国传统文化在区域大力弘扬，学校积极推广成果，形成了一定的社会影响力。郑州市金水区纬五路第一小学已经出版中医文化丛书，郑州市金水区纬三路小学将泥咕咕课程进行校本

化成果整理，郑州市金水区艺术小学获得“全国文明校园”荣誉称号。非遗课程成就学校，也培养了一批批热爱中国文化的非遗传承人。

第三，学生得到全面发展。学生在非遗课程中，综合能力和素养得到发展。在了解历史发展和相关文化中，收集资料的能力得到提高；通过亲自体验制作过程，动手实践与创新能力得到提高；到非遗基地进行考察，发现问题和解决问题的能力得到提高；对非遗传承人进行采访，沟通能力得到提高；走进社区进行宣讲，语言表达和展示交流的能力得到提高；制作海报，设计和审美能力得到提高。

第四，教师能力得到发展。教师是课程的开发者、实践者、评价者，也是管理者。教师承担着多种角色，指导者、帮助者、协调者、组织者、策划者、评价者、激励者等，促进了课程的有序顺利开展。在课程整体的实施与评价中，教师不仅需要储备学生感兴趣的知识，丰富和提高自身的业务素养，还要和学生一起前行和探索，共同完成课程，实现教学相长。师生共同认识非遗文化，了解技艺的精湛，感受工匠精神，感受劳动人民的智慧，感悟中国文化的源远流长与博大精深，增强文化自信和民族自信。

第五，建立了家校协同一体化。金水区凝聚了一批高素质的家长，他们重视教育，关注孩子成长，愿意支持和参与到学校的课程建设中来，一起为孩子的成长提供更为专业和丰富的资源。家长的协助，为课程的开展、学生的课外调查活动提供了有效的保障，实现了家校共同育人的目标。

（作者：观澜，河南省郑州市金水区教育发展研究中心综合实践活动、劳动教育专职教研员，中小学高级教师）

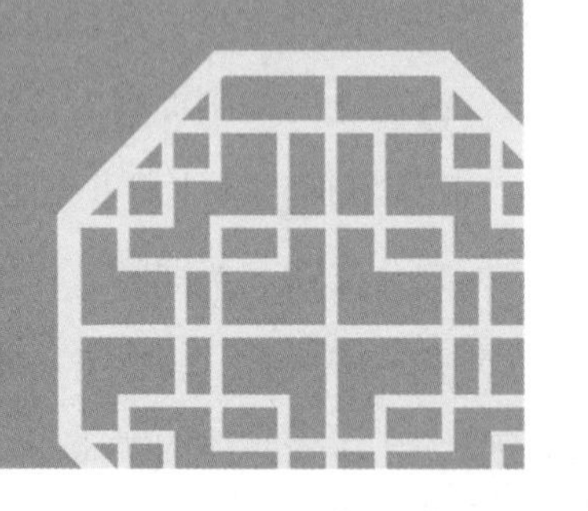

第二篇
课程实践

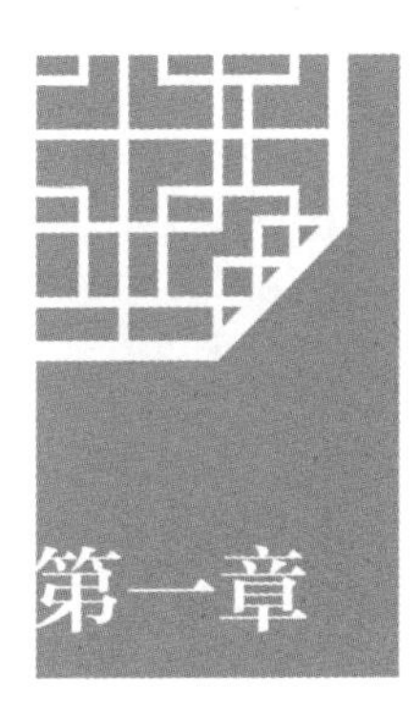

第一章　课程规划

一、课程背景

《中国传统工艺振兴计划》指出："继续开展非物质文化遗产进校园等活动。支持各地将传统工艺纳入高校人文素质课程和中小学相关教育教学活动；支持大中小学校组织开展体现地域特色、民族特色的传统工艺体验和比赛，提高青少年的动手能力和创造能力，加深对传统文化的认知。"

黄河澄泥砚主材选采黄河中下游两岸沉积百年以上含有诸多矿物质的细沙泥，经过焙烧而成。澄泥砚是中国名砚中唯一的陶砚，其制作可追溯至西汉时期，兴盛于唐宋，历史悠久。学生在欣赏和制作澄泥砚过程中能够直观感受到中国传统工艺的博大精深。

为弘扬中华民族优秀传统文化，培养全校师生对"非物质文化遗产——澄泥砚制作技艺"传承与保护的兴趣，创设优良的人文环境与和谐的发展氛围，形成具有鲜明特色的校园文化：学校以习近平新时代中国特色社会主义思想为指导，以传承和保护非物质文化遗产为重点，以丰富多彩的校园文化活动为载体，营造了人人热爱"非物质文化遗产"、学习传承"非物质文化遗产"的浓郁氛围。

二、课程目标

1. 了解黄河澄泥砚的历史文化、形制演变、窑变色彩和艺术特征。

2. 学习和掌握黄河澄泥砚传统工艺中的制作方法：砚坯制作、砚谱设计、雕刻、打磨等技法。能够独立创作简易的澄泥砚作品，培养学生动手实践能力、设计能力和创新能力。

3. 在实践过程中，激发学生对黄河澄泥砚的理解，鼓励学生根据自身的理解进行艺术创作，提高学生的创造性思维，陶冶审美情操，汲取“非遗”蕴含的精神营养，感悟工匠精神，树立民族自信、文化自信。

三、课程实施

课程以学习黄河澄泥砚传统工艺为重点，在课程内容选择方面，依据学情，精心设计，选取“河洛文化、老家河南、出彩中原、砚缘母亲河”为主题进行澄泥砚创作设计，让学生感知和了解辉煌灿烂的中原历史文化。

依据本课程项目主题，开展学习实践活动，共分为“欣赏·评述”“形制·表现”“设计·应用”“综合·探索”四个阶段。

活动步骤	活动目标	活动内容	实施策略
第一阶段 欣赏·评述 （走近黄河澄泥砚）	1. 学生了解黄河澄泥砚的艺术特征和历史意义，对黄河澄泥砚作品能够进行简短评述。 2. 感知黄河澄泥砚的艺术魅力，能够独立撰写欣赏体会。 3. 提高审美能力，培养学生热爱非遗文化的情感。	1. 系统认识黄河澄泥砚，了解澄泥砚的文化背景、工艺特点、审美装饰。 2. 学生相互交流并各自总结自己对澄泥砚的第一印象。	通过问卷调查、实地调研、资料收集与整理、视频、PPT 汇报交流，提升学生自主学习能力。

（续表）

活动步骤	活动目标	活动内容	实施策略
第二阶段 形制·表现（实践与创作）	1. 学生了解、认识黄河澄泥砚的特征。 2. 掌握黄河澄泥砚塑形、雕刻简易技法，并尝试创新设计，完成展示与评价。 3. 通过学习创作，培养学生的动手实践能力和创新意识，传承非遗文化，感受工匠精神。	1. 向学生直观展示以“出彩中原”为主题的大河雄风、国色天香、清凉世界、盛世华章、清风中原、情系河洛等系列作品。 2. 师生共同探究雕刻技法的简易操作。	教师通过课件引导学生掌握黄河澄泥砚基本制作方法，注重学生个性发展，并鼓励学生自由大胆地表现。
第三阶段 设计·应用（展示与评价）	1. 引导学生进行砚谱设计、拓印泥稿、造型雕刻、打磨等程序，创作黄河澄泥砚作品。 2. 通过自评、互评、师评等多种方法进行评价，并以展示评价的方式呈现学习成果，促进学生发展。 3. 为学生提供相互学习与展示自我的平台，激发学生的学习兴趣，提高学生创意思维和继承民族文化的担当意识。	1. 开展澄泥砚作品创作。 2. 学生进行作品展示与评价。 3. 师生交流学习感悟。	通过展示与评价，鼓励学生大胆表现自我，树立自信。

（续表）

活动步骤	活动目标	活动内容	实施策略
第四阶段 综合·探索 （推广与宣传）	1. 学生了解推广和宣传活动的方法和流程。 2. 学生积极参与策划和实施展示活动。 3. 通过推广和宣传活动，使学生能够进一步认识到非遗文化的价值，传承非遗文化，弘扬民族精神。	1. 策划展示活动方案。 2. 学生进行现场展示。	教师引导学生策划和制定展示活动方案，并参与整个展示活动流程，把活动自主权交给学生，有效提升学生的综合素养。

四、课程评价

（一）评价原则

依照以生为本、面向全体、多元综合性评价的原则，贯穿活动始终，全面监测活动效果，结合学生掌握黄河澄泥砚的工艺技法与作品创作能力，从理论知识与技能、学习态度、学习效果、团队合作等诸多方面进行评价，促使学生养成热爱黄河澄泥砚传统工艺、热爱民族文化的情感，厚植爱国情怀。

（二）评价策略

立足课程，立足活动效果，通过学生评价、教师评价、课程评价等方式，以鼓励为主、引导创新，充分发挥评价的激励和反馈功能。

1. 学生评价。

依据黄河澄泥砚课程特点，关注学生培养目标的达成，有效地促进学生的发展。不同的课程项目依据其特征，制定个性化的个人或小组活动记录（评价）表，学生每次活动均记录活动过程，记录内容包括黄河澄泥砚的欣赏与评述、砚谱设计与作品雕刻、自主探索与学习体会等与活动相关的文字、图片资料等，按次整理，形成自己的活动记录册，建立活动成果档案袋；开展百人制砚、“学林小砚匠”评选活动，激发学生的学习兴趣和动力。适时开展指向性评价，鼓励学生自评、互评，充分体现评价的多元化和个性化特征。

2. 教师评价。

教师在实施过程中，学校通过学生对课程的接受程度和作品成果展示来检验教师的教学效果，对教师进行指导性评价。

课程目标	1. 目标明确、具体、有层次，能够促进每一位学生发展。 2. 学生有探究澄泥砚文化知识的兴趣。 3. 学生能够创新制作澄泥砚的各种造型作品。 4. 学生乐于宣传非遗文化。
活动内容	活动项目符合学生年龄特点，内容丰富有趣味。
活动实施	学生乐于参与，在综合能力和素养提升方面有进阶，研学活动安全有保障。
课程成果	1. 引导学生有针对性地反思，肯定优点，发现努力方向，体现非遗课程本身的教育价值，落实核心素养。 2. 为学生建立活动成果档案袋，教师建立自己的课程成果档案袋。定期展示澄泥砚作品，进行非遗文化宣传和推广。

3. 课程评价。

在具体活动过程中体现课程的有效实施，推动学生“做中学”“学中悟”“悟中创新”，认识澄泥砚制作技艺这一非遗文化的博大精深，从以下三个方面进行课程评价，从而判断课程的质量并进行持续性发展。

一、二年级课程（欣赏、激趣、绘图）	设置欣赏课，通过对澄泥砚制作技艺视频欣赏，带领学生走进非遗文化课程，了解澄泥砚的历史文化渊源，激发学生兴趣；带领学生走进学校的澄泥砚作品展室，欣赏本校学生制作的澄泥砚作品，坚定学习澄泥砚制作技艺的信心和决心。在欣赏的过程中养成良好的学习习惯，并初步学会用简笔画的形式设计砚谱（砚稿），提高绘制能力。
三—六年级课程（设计砚谱、作品创作）	从研学实践开始，组织学生到汉函谷关、千唐志斋石刻、甘泉古村落、新安博物馆等名胜古迹进行采风，感受河洛文化的内涵；从课程实践入手，以课堂为主阵地，引领学生学会设计砚谱、制胚、整形、雕刻、打磨等程序，熟练学习并掌握澄泥砚的制作技艺，全面提高学生的审美能力。
校内探索和校外实践（学展结合、扩大影响）	实现澄泥砚制作特长发展的层次性、递进性，形成由班级、年级、校级社团组成的三级体系；组织参加县、市、省级的各类展演和比赛活动，丰富学习体验，提升学生责任感和荣誉感；研发校本教材，制作澄泥砚专题片，制作学生学习、练习、比赛、获奖等各种精彩场景小视频，通过微信公众号、抖音、报刊等媒体形式公开宣传。

五、实施建议

（一）秉持立德树人理念，提升文化内涵

首先，着力培养学生的创新精神，树立以学生为本的理念，尊重学生的个性

化发展，挖掘学生内在的潜力，让学生养成终身学习的好习惯，谋划好未来发展的各种准备。其次，要尊重学生的自主选择，激发学生的学习兴趣和好奇心，培养学生的社会责任感，努力营造鼓励自主探索、善于独立思考、勇于创新的良好环境。再次，要鼓励学生把个人理想与国家目标紧密联系在一起，把个人价值与社会价值紧密结合在一起，从而提升自身的民族文化内涵。最后，要着力培养学生的实践能力。“艰辛知人生，实践长才干”，学生利用社会调查、实地考察、小组协作、探讨研究的过程性学习，可以自主发现问题、分析问题，并最终能传承非遗文化，树立文化自信。

（二）深耕黄河文化，研发系列课程

将非物质文化遗产带入课堂，通过语文、音乐、美术、劳动等学科进行跨学科融合式学习，提高学生的核心素养，将非物质文化遗产进行良性的传承与创新，提升学生自觉保护黄河生态、热爱家乡和黄河文化的意识，也为其他地区非遗课程的开发应用带来一些借鉴和参考价值。另外，在制作澄泥砚的基础上，不断深耕黄河历史文化，研发黄河石头画、黄河泥塑、黄河传统游戏、黄河诗画、黄河戏曲、黄河合唱团等系列校本课程，让黄河文化深植于每个师生的心中，让黄河的故事和民族精神从学校向更深更远处传播……

（三）创新教学方法，激发创新精神

以“项目式＋单元式＋探究性”教与学一体化的教学方式，重视非遗类课程的背景知识，以主题引领，使课程内容结构化、程序化；以单元研究学习为主要形式，激发学生创意思维，为澄泥砚设计新的价值；以单元化“探究性学习”的方式，以学生经历研究和解决问题的过程，自由、协作、探究结构知识的教学策略，创新教学目标。课程帮助学生进行非遗认知建构，让学生参与到各个环节的学习活动中，近距离体验艺术创作过程，引入真实性创作主题，通过师生共同探究，将艺术思维和创作过程转化为教与学的方式，对创作素材进行构思、构图发散思维的创意实践，激发创新精神。

六、课程保障

课程质量是课程发展的生命线，完善的课程保障制度是非遗课程有序开展的根本要素。

（一）师资保障

精选骨干教师建立非遗课程教师团队，立足课程，定期邀请专家对教师进行理论知识、专业知识培训，提升业务水平。学校定期开展学习培训和交流活动，以点带面，促进课程的发展。

（二）物资保障

加大投入，加强硬件建设。为了确保课程的开设与实施，学校专门建立澄泥砚工作坊，为课程的开设提供合适的环境。同时，学校每学期也会有固定经费支持非遗课程的开展。

（三）交流平台保障或社会资源保障

为了教师的专业发展，学校积极提供授课教师外出学习的机会；为了非遗课程成果展示与推广，学校积极支持课程参加各项外出展示活动。同时，学校会定期邀请社会非遗专家进校园，组织进行作品展示交流会。

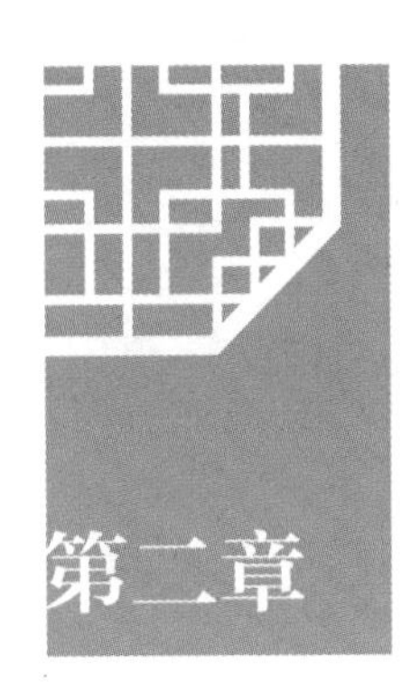

第二章　活动设计

项目一　砚之美

活动目标

1. 学生通过观看视频、图片等方式，认识黄河澄泥砚，感受黄河澄泥砚在工艺、质地、色泽、造型和设计方面的艺术特点。

2. 学生能够用简单的美术语言、文字等表达自己的欣赏感受。

3. 通过鉴赏、学习、感悟黄河澄泥砚的艺术魅力，激发学生对黄河澄泥砚的学习热情，增强民族自豪感。

活动重难点

了解黄河澄泥砚的形制美、窑变美、雕刻美，学会鉴赏黄河澄泥砚。

活动准备

教师准备：课件、黄河澄泥砚作品；学生准备：搜集有关黄河澄泥砚的相关知识。

活动流程

本活动一共分为五个活动环节：了解黄河澄泥砚—形制之美—窑变之美—雕

刻之美—活动评价。共两个课时。

一、了解黄河澄泥砚

设计理念：导入视频讲解，通过对黄河澄泥砚实物的观察、触摸，感受黄河澄泥砚。

1. 教师让学生通过触摸黄河澄泥砚作品，感受黄河澄泥砚的手感和质地。

2. 教师对学生进行小组分配，通过小组讨论与黄河澄泥砚制作工艺相似的传统手工艺品类型，进而拓宽学生的视野。

3. 教师讲解黄河澄泥砚“澄”字背后的涵义，让学生了解黄河澄泥砚工艺环节的原理。

二、形制之美

设计理念：通过图片、视频和作品欣赏，教师进行讲授，学生进行讨论，让学生了解黄河澄泥砚形制的特点。

1. 教师结合课件和作品实物，启发学生了解黄河澄泥砚的形制特点。

2. 教师利用课件出示砚台图片，学生观察、讨论并分享黄河澄泥砚的形制特点。

三、窑变之美

设计理念：通过实物接触、学生自己搜集资料等方式，让学生观察、感受窑变的不确定性，提高学生对黄河澄泥砚窑变作品的鉴赏能力。

1. 学生欣赏黄河澄泥砚作品，由民间工艺美术大师讲解窑变的因素与黄河澄泥砚古法烧制、窑内位置、季节气候、烧制温度等有密切的联系，让学生感受黄河澄泥砚烧制工艺的严谨性和窑变的奇幻性。

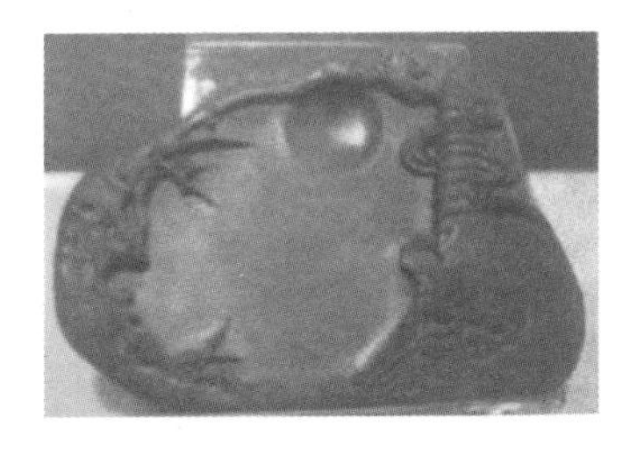

鳝鱼黄

玛瑙红

蟹壳青

2. 师生总结黄河澄泥砚烧制的工艺特点。

四、雕刻之美

设计理念：教师引导学生从创作背景、雕刻手法等出发，去欣赏、感受黄河澄泥砚的雕刻之美和艺术大师的情怀。

1. 教师引导学生欣赏黄河澄泥砚作品，并讲解黄河澄泥砚雕刻手法的分类、图案内容的寓意。

2. 师生评述感受。通过描述作品，训练学生的语言表达和评述能力，使学生立志传承非遗文化，并将其发扬光大。

五、活动评价

设计理念：学生欣赏黄河澄泥砚作品。教师鼓励学生评价、讲述作品的构成，提升学生语言组织能力，促进学生相互交流。

选派两三名学生代表到讲台上分享自己眼中的黄河澄泥砚形制之美和窑变之美。其他同学从学生代表中评比出“最会欣赏的艺术小达人”。

学生活动评价表

评价表	
你能用自己的语言描述一件黄河澄泥砚作品吗？	
你能说说黄河澄泥砚烧制的工艺特点吗？	
你知道黄河澄泥砚有哪几种雕刻手法吗？	
你知道黄河澄泥砚的窑变与哪些因素有关吗？	

项目二　砚之工

活动目标

1. 通过搜集资料和图片欣赏，使学生了解黄河澄泥砚造型设计的分类。

2. 教师引导学生以小组合作的方式进行设计和尝试雕刻。

3. 通过体验学习，激发学生参与艺术活动的兴趣和热情，提高艺术素养和创造能力。

活动重难点

能够进行设计并雕刻一幅作品。

活动准备

教师准备：有关黄河澄泥砚视频、图片的课件，黄河渍泥（澄泥砚用泥）；学生准备：雕刻工具、铅笔、纸张等。

活动流程

本活动一共分为五个活动环节：观看宣传片—认识“黄河澄泥砚”的造型与设计—“黄河澄泥砚”的雕刻技艺—实践学习—活动评价，共需要两个课时。

一、观看宣传片

设计理念：通过播放黄河澄泥砚宣传片，引导学生了解黄河澄泥砚制作工艺的主要流程。

1. 教师播放宣传片《泥中陶乐　砚上花开》，使学生了解黄河澄泥砚工艺的主要制作流程。

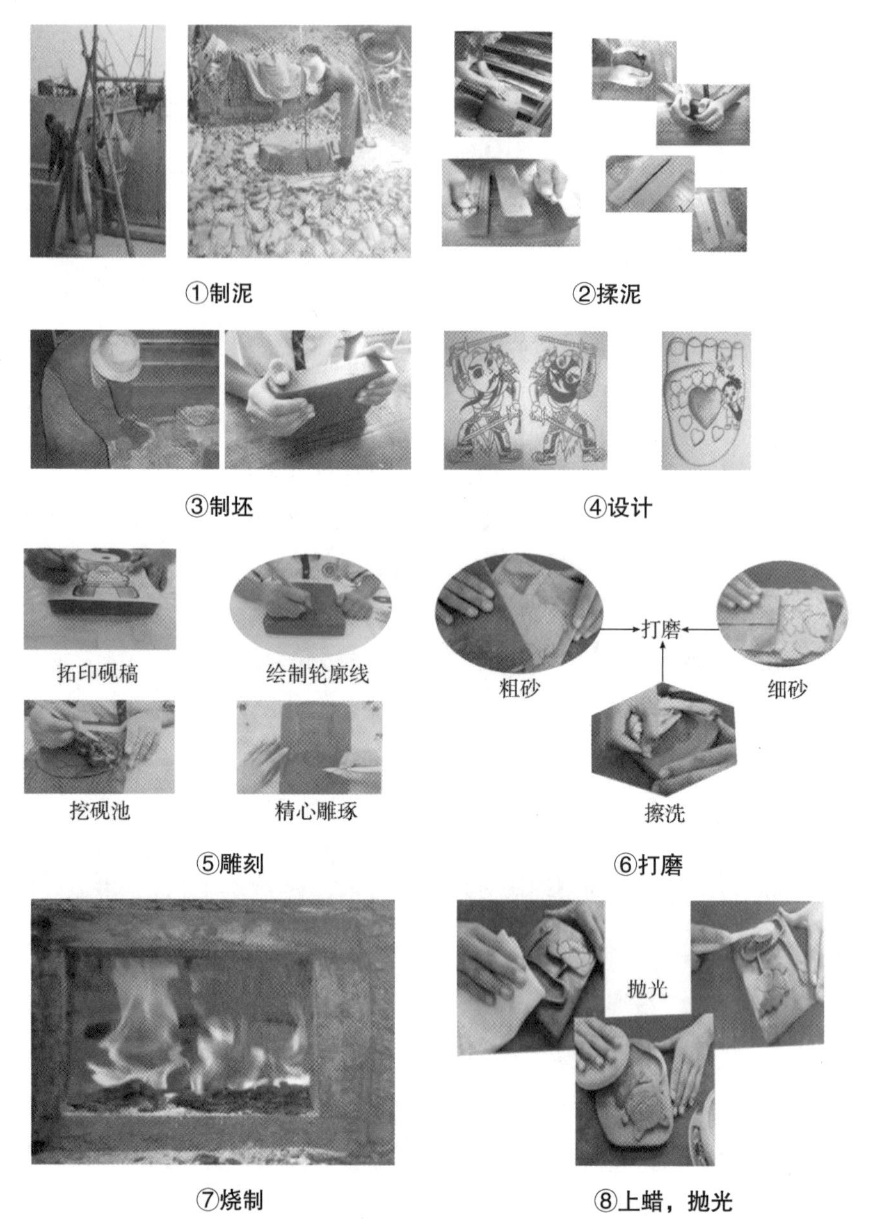

2. 学生初步掌握黄河澄泥砚的形制特征和不同雕刻手法所呈现的不同效果。

二、认识“黄河澄泥砚”的造型与设计

设计理念：通过搜集资料和图片欣赏，使学生了解黄河澄泥砚造型设计的分类，知道我国在传承传统工艺的同时也在积极创新。

1. 学生欣赏课件上的图片，认识和感受砚台设计之美。

2. 学生根据老师提供的图片，讨论分享砚台的造型。

当今黄河澄泥砚在传承古砚样式的基础上，发展出近百种造型，大致可分为象形类、组合类、寓意类几种类型。

①象形类。

砚体造型仿造珍禽异兽、动植物等；砚体之纹多与古青铜、瓷器等绘制的纹饰相似。赋予了更多吉祥、辟邪、上进、修身等特殊含义。

象形类砚台一般以立体构图完成砚台制作，也有部分是以深浅浮雕手法来表现，如“荷叶砚”“鱼形砚”“兽形砚”“琴型砚”等，游敏老师制作的象形类砚台有《荷鱼砚》《辟邪印·砚》《天长地久》等。

荷鱼砚（象形类）

清明上河图（组合类）

②组合类。

组合类砚以风景、人物、动物、植物等组合而成，如《清明上河图》是由集市、小桥、楼阁、河水等物象组成的。为营造欣欣向荣的场面，砚面以富有立体感的楼阁为主体框架，多个姿态各异人物的叠加表现出集市的繁忙。

③寓意类。

早期利用神话故事、民间传说创作砚台形制，现在黄河澄泥砚则主要制作与“河洛文化”有关形制的砚台。时代的变迁使得黄河澄泥砚已逐渐成为工艺观赏品。

文化成为其生命力旺盛的最主要因素。砚中蕴含最深的是明晰的、融古汇今的设计感和浓郁的河洛文化气息。

轩辕黄帝（寓意类）

三、“黄河澄泥砚”的雕刻技艺

设计理念：教师通过播放艺术家雕刻的视频，引导学生利用雕刻工具，体验传统工艺，知道中国传统工艺是中华民族文化艺术的瑰宝，增强民族自豪感。

1. 教师通过播放艺术家雕刻的视频，让学生感知砚台雕刻之美。

2. 小组成员交流黄河澄泥砚雕刻技法，教师补充。

砚台的雕刻有浮雕、沉雕、半起胎、圆雕等品种。图案有神话故事、动植物、山水人物、诗句名言等内容。砚台的价值还取决于工匠雕刻艺术水平的高低，既要看雕刻布局，又要看雕刻工艺水平，要求刀笔凝练，技艺精湛流畅。黄河澄泥砚的造型与设计主要体现在雕刻这一步，雕刻也是影响黄河澄泥砚品质关键的最重要一步。

黄河澄泥砚的雕刻分为两大块，一是粗雕，二是细雕。

粗雕：指的是砚坯稍阴干一段时间后进行的雕刻，并不需要等到砚坯完全干透。粗雕是根据设计图纸对砚坯进行首次雕刻，即将纸上的平面样式设计立体地呈现在砚坯之上。

先在纸上设计出图案，依照原始设计图片，再在砚坯上用线条进行重组，从而塑造新形象，并在其中加入新的灵感，使得新的形制更为新奇有趣。

粗雕砚坯后，黄泥仿佛就有了生命，下一步便可以进行细致雕刻，运用“捏”“塑”“雕”“刻”等手法塑造出立体的砚身或造型。

细雕：砚体细雕修饰时需要从整体着眼，调整粗坯中形象的各种比例与布局，然后将人物的五官四肢、景物或花卉花瓣等细节处进行精心雕琢。在此阶段，黄河澄泥砚的体积和线条结构已趋于明朗，如果不小心，就容易破坏掉既有构形，此时的细雕过程要求刀法圆润流畅，雕刻要留有修改余地，并且富有表现力。

在雕刻过程中，不但雕工手法讲究，握砚坯的手法也很有讲究，俗称“打一枪换个地方”。即雕刻几分钟后就需换别的地方刻，不能经常握着砚坯的一个或几个点一直雕刻，因为砚坯虽然已经经过风干且质地较硬，但砚坯内部还具有一定湿度，加上人手的温度和汗渍，如果总在一个地方雕刻，很容易使得被手捏到的砚坯处出现按压坑，而且厚度会与其他地方有所差别，这样会对最终制作的澄泥砚成品有很大影响。在经过几次细雕和风干之后，一方黄河澄泥砚基本成型，此时就可进入细节修改与打磨抛光阶段。

雕刻

四、实践学习

设计理念：通过讨论、探究等学习方式，让学生了解黄河澄泥砚所用黄河渍泥的泥性特点，体验制作黄河澄泥砚的乐趣，体会工艺师敬业、专注和精益求精的工匠精神。

1. 学生欣赏黄河澄泥砚作品，启发设计灵感。

2. 学生可以根据自己的想象、创意，设计出适合雕刻的砚稿。

3. 学生尝试雕刻，教师巡回指导。

五、活动评价

设计理念：通过学生选择合适的结果呈现方式，促使学生主动学习和探究，并在交流与合作时，能尊重、理解他人的看法。

学生活动评价表

评价表	
你认识和了解哪些黄河澄泥砚的造型？	
你知道黄河澄泥砚有哪些雕刻手法？	
你在制作过程中有怎样的感受？	
你能把黄河澄泥砚工艺主要制作流程说给家人听吗？	

项目三　砚谱设计

活动目标

1. 学生通过观看视频、图片等方式，了解砚谱、学习砚谱的设计制作方法。

2. 学生能运用适合的图案、文字等以适当方法设计砚谱，体会到设计能改善和美化我们生活。

3. 培养学生的审美能力和创新思维，增强团队合作精神，感受劳动创作中的乐趣。

活动重难点

设计出具有黄河元素、实用且美观的砚谱。

活动准备

教师准备：有关黄河图片和影像资料的课件、砚谱；学生准备：铅笔、橡皮、纸等。

活动流程

本活动一共分为五个活动环节：认识砚谱—探究分析—实践学习—展示评价—活动评价，共需要两个课时。

一、认识砚谱

设计理念：学生通过近距离接触砚台、思考交流，认识砚台的构造，知道其在砚谱设计中的重要作用。

1. 教师让学生观察砚台的构造，启发学生思考砚台的用途。

2. 学生思考并交流砚台的结构和用途。

3. 教师引导学生谈谈砚台的构造及其在砚谱设计中的作用。

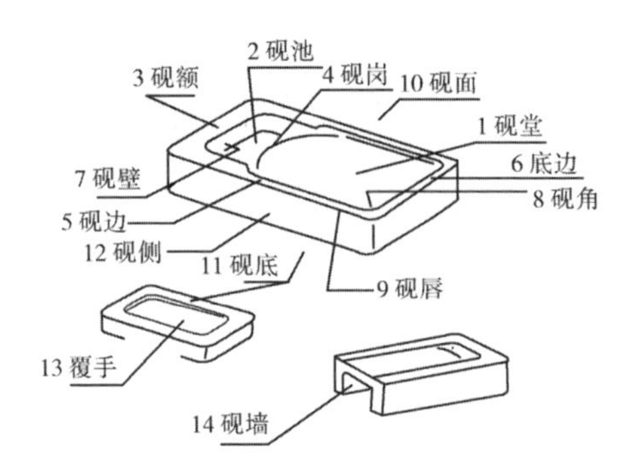

二、探究分析

设计理念：通过感知和体验，研究分析砚谱的构成元素和设计步骤，促使学生积极参与课堂活动。

1. 教师为每个小组发一个砚台。让学生摸一摸、看一看，体会砚谱的构成元素。

2. 师生总结砚谱设计步骤：

第一步：用铅笔勾画砚谱的外轮廓。

第二步：选择合适的黄河元素、图案和文字。

第三步：将黄河元素重组，画在纸上，设计砚池的位置和形状。

第四步：调整完善。

三、实践学习

设计理念：教师通过多种学习方法，让学生感受学习设计的乐趣，培养学生的动手操作能力和创新意识，注重学生的疑问和设计过程中遇到的问题，指导和帮助学生设计一幅砚谱。

1. 以小组为单位，让学生交流设计理念和想法。

2. 教师帮助完善设计思路，学生提出疑问，教师给予解答。

3. 学生尝试设计砚谱，教师巡回解疑指导。

四、展示评价

设计理念：学生在评价过程中，客观地进行对比分析，取长补短，从而提高欣赏评述能力和语言表达能力，学会倾听别人的意见。

1. 选一名代表述说本小组的设计思路和使用的美术元素。

2. 其他小组认真倾听后，说出汇报小组的亮点。

3. 教师先肯定学生的突出表现，再提出不同的建议。

五、活动总结

设计理念：通过学生的展示评价，教师鼓励、尊重学生的创意和独特表现，引导学生发现自己的艺术潜能，合理运用评价结果改进学习。

学生活动评价表

评价表	
活动主题是否能够突出黄河元素？	
作品是否具有实用性和创新性？	
实践过程中遇到了哪些问题？是否得到解决？	

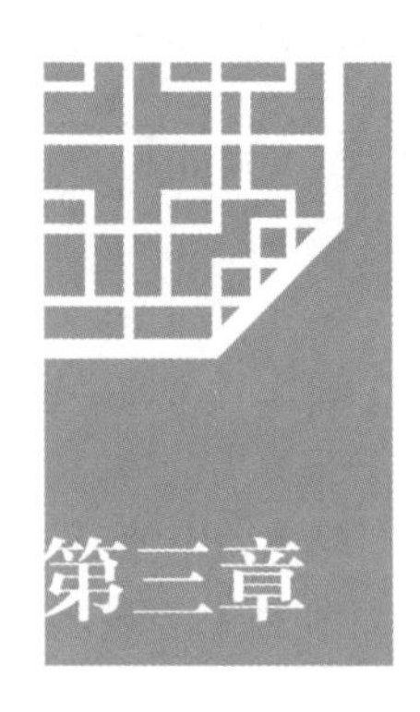

第三章 课程影响力

一、课程概述

“文化是一个国家、一个民族的灵魂”。新安县黄河澄泥砚历史悠久、工艺精良。为了传承和保护这一非物质文化遗产，培养全校师生对非物质文化的传承和保护兴趣，学校把澄泥砚这一传统技艺引进校园，使得这一非物质文化遗产得以传承和发扬。

澄泥砚课程以生动活泼趣味的艺术形式，浓厚的生活气息、厚重的历史文化为素材，集实践性、趣味性、创作性为一体，学生在制砚的过程中，不仅传承和发展了技艺，培养了人文素养，陶冶了情操，发展了个性，培养了想象力、创新精神和实践能力，更培养了爱国主义情感和民族精神。

二、实施策略

（一）注重实践学习，促进学生核心发展

学校聘请新安县河洛澄泥砚传承人——游敏老师到校指导开展澄泥砚传承工作，成立澄泥砚研究教师师资团队，研究澄泥砚的创新和发展。在课程实施中，通过多维度的欣赏、讲解，培养学生对澄泥砚作品形象的审美感知、审美领悟能力。通过大量的实际操作，跨学科主题式课程的开展，培养造型表现能力，使学生能够自主获取相关知识技能并创造澄泥砚作品。通过交流、展评作品，培养审美认识、

评价和判断能力，能对作品中的问题、现象进行分析判断。通过参观、研学进行文化学习与表现，理解更深层次、更丰富的文化内涵。学生在澄泥砚的整个创作过程中，通过接触泥、感受泥的特性，体会传统文化与泥的融合，创作出自己喜欢的作品，让学生的思维从认知到理解，再到更高一级的创作，朝着高阶思维发展。

（二）打造研学一体化，拓宽学习场域

通过课程让学生在旅行中陶冶情操，拓展视野，增长见识，丰富知识，体验不同的自然和人文环境，加深对自然和文化的亲近感，在课程实施中转变传统课堂模式，组织师生观摩当地澄泥砚工作坊，了解砚台的制作过程，亲身感受制坯、雕刻等流程；从了解河洛文化开始，黄河边采泥，并参观汉函谷关、千唐志斋石刻、甘泉古村落、新安博物馆等，将洛阳牡丹、龙门石窟、白马寺等河洛符号作为砚谱设计元素，引导学生进行主观创作，拓宽学生对更深层次、更丰富文化内涵的理解与感悟。

（三）深耕黄河文化，研发七彩课程

师生在学习制作澄泥砚和研学实践中，不断深耕黄河文化，相继创作出“老家河南”“出彩中原”“黄河故事”“童真童趣”“最美新安”等系列作品，同时通过学科融合，研发出一系列“黄河文化”主题课程。如：美术老师的黄河石头画、黄河泥塑，体育老师的黄河传统游戏、音乐老师的黄河合唱、黄河乐队、河南戏曲，还有黄河诗社、文化室外微型博物馆等，让课程能百花齐放，异彩纷呈，为学生成长赋能。

三、社会影响力

海阔凭鱼跃，天高任鸟飞。学校在掌握澄泥砚制作工艺的基础上，将创作主题从“河洛文化”发展到“老家河南”“出彩中原”“砚缘母亲河”等方面，形成“国色天香、大河雄风、盛世华章、清风中原、清凉世界、情系河洛”六大系列作品。其次，编印校本课程《琢砚成趣　砚上花开》《出彩中原　澄泥砚艺术作品集》，拍摄澄泥砚文化专题片《大河寻梦，砚源流长》。2018 年 11 月，洛阳市新安县学林小学澄泥砚艺术工作坊参加河南省第六届艺术工作坊展，荣获一等奖；2019 年 4 月获全国第六届中小学生艺术实践工作坊展演二等奖。2021 年，学校荣获中华传统文化传承学校，也是全国唯一一所获此殊荣的澄泥砚传承学校。2021 年 12 月，学校在河南省第七届中小学生艺术实践工作坊比赛中再次脱颖而出，晋级国家级比赛。目前，学校拥有澄泥砚展室两个，陈列作品 3000 余件，受到了社会各界的广泛关注，也引来了各新闻媒体的聚焦。

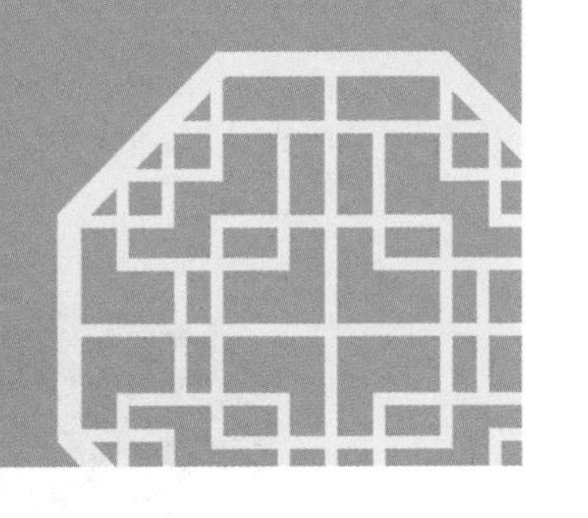

第三篇
师生作品

作品赏析（1）

作品名称：龙门石窟

作者：高子睿

指导教师：王丹

学校：洛阳市新安县学林小学

设计理念

洛阳龙门石窟规模宏大、雕刻精湛，是中国四大石窟之一。洛阳地脉花最宜，牡丹尤为天下奇。洛阳牡丹寓意吉祥富贵、繁荣昌盛，是华夏民族兴旺发达、美好幸福的象征。

教师点评

“龙门石窟”砚采用浅浮雕的雕刻技法。砚池呈方形，砚池周边浮雕采用具有代表性的河南文化符号——龙门石窟、牡丹花等图案。

作品赏析（2）

作品名称：花开富贵

学生姓名：侯安然

指导教师：孟欣霞

学校：洛阳市新安县学林小学

设计理念

牡丹，国色天香，一直被国人视为富贵、吉祥、幸福、繁荣的象征。牡丹统领群芳，地位尊贵。牡丹之所以被称为国花，是因为其本身所代表着的寓意反映人们对祖国的热爱和浓郁的民族感情。

教师点评

“花开富贵”砚是一个方形砚，砚面上是牡丹花的造型，牡丹花采用浅浮雕的雕刻技法，外形美观大方，使人赏心悦目。此砚刀笔凝练，技艺精湛，砚台上的牡丹花栩栩如生。

作品赏析（3）

作品名称：老家河南——花木兰

学生姓名：王墨轩

指导教师：张丽霞

学校：洛阳市新安县学林小学

设计理念

豫剧花木兰形象深入人心，彰显了无畏无惧、有勇有谋、富有家国情怀的木兰精神。以此为主题做砚，是希望大家都学习木兰精神，勇敢，爱国。

教师点评

“花木兰”砚，砚体是近椭圆形。砚台的构造及功能齐全，实用性很强。砚台设计的木兰造型眉清目亮、口鼻舒秀、面容清纯、真实自然，具有鲜明的女性特点。

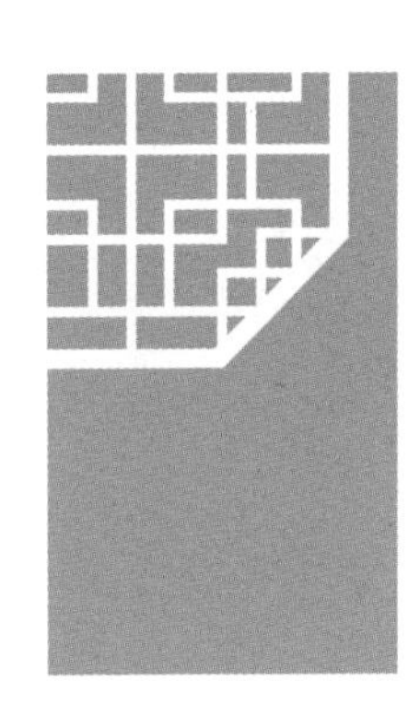

作品赏析（4）

作品名称：月亮梦

学生姓名：邓亚欣

指导教师：王丹

学校：洛阳市新安县学林小学

设计理念

阳春三月，孩子们通常会放他们最爱的风筝。砚形取自于初升太阳的画面，象征着孩子们的朝气蓬勃，同时也寄托了希望和梦想。

教师点评

“月亮梦”砚，砚体是一个半圆形。此砚台上雕刻了一个小男孩正在放月亮风筝的画面。此砚台以月亮为砚池，集观赏性和使用性为一体。

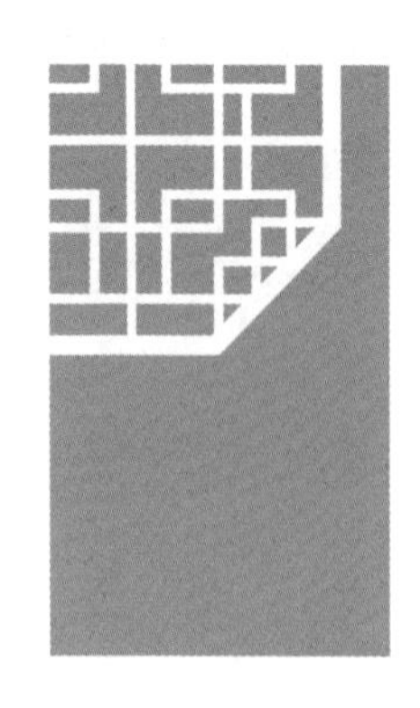

作品赏析（5）

作品名称：曲颈

作者：陈可馨

指导教师：李洋

学校：洛阳市新安县学林小学

设计理念

“鹅鹅鹅，曲项向天歌。”每当听到有人吟诵这首诗，作者就会想起奶奶家的大白鹅，以及与奶奶相处的美好时光，于是就创作了这方砚台。

教师点评

此砚采用简单、流畅的曲线线条，运用深浅浮雕技法，以其独特的艺术形式展现了唯美的画面 。

作品赏析（6）

作品名称：“迹忆——虎头鞋”

作　者：刘雨涵

指导教师：张丽

学校：洛阳市新安县学林小学

设计理念

虎头鞋，鞋头呈虎头模样，既有实用价值，也有观赏价值。虎头鞋，不仅仅是一双鞋，它也代表着长辈对晚辈的爱与守护。“迹忆——虎头鞋”砚台，是童年的回忆，也蕴含着对老家河南的情结。

教师点评

艺术来源于生活，作者从生活中捕捉创作灵感，一双虎头鞋华丽变身成为书桌上玲珑的砚台，充满情趣。

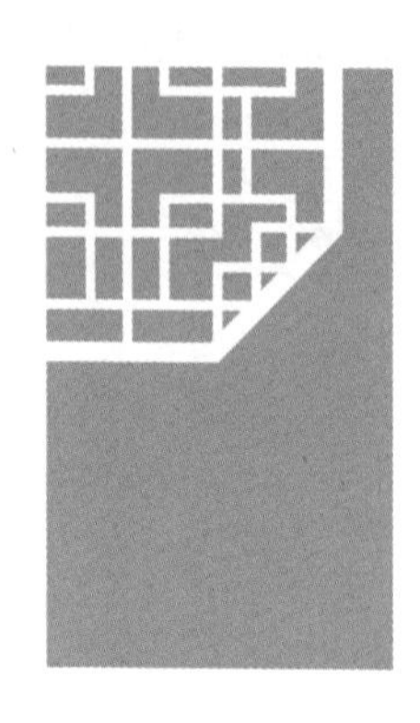

作品赏析（7）

作品名称：猴子捞月

作者：陈琛

指导教师：李迎霞

学校：洛阳市新安县学林小学

设计理念

此砚台以“猴子捞月”故事为主题而制作，旨在告诉我们遇到事情要多动脑筋、多观察、认真思考，这样做事才能成功！如果像猴子那样不切实际、自作聪明，就只能竹篮打水一场空。此主题蕴含了富有哲理性的教育意义。

教师点评

窑变的华丽色彩恰到好处地渲染了月夜的皎洁明亮，为故事的再现创设了很好的意境，小猴子灵动活泼的形象跃然其上，生动有趣。

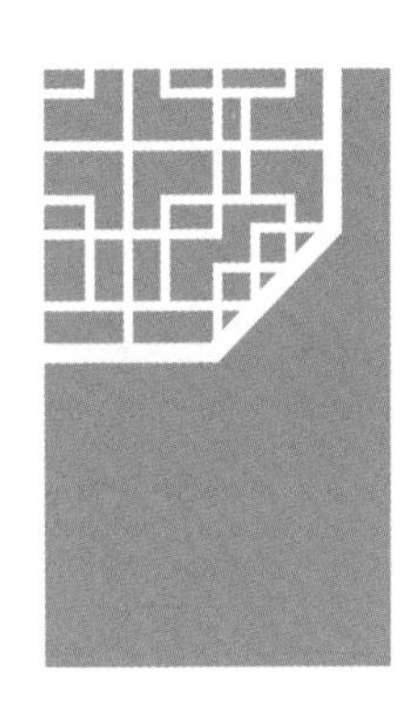

作品赏析（8）

作品名称：西行

作者：刘雨薇

指导教师：孟欣霞

学校：洛阳市新安县学林小学

设计理念

西行取经，符合人们对美好与理想的追求，寓意不畏艰险、勇往直前的精神，同时通过形制的展现，引导我们进入了一种清新超俗的境界。

教师点评

砚台以剪影的形式再现了玄奘西行取经的故事，仿佛看到他踽踽独行而又坚强勇敢的开拓者形象，玄奘身上的那种目标坚定、排除万难、勇毅前行的精神永远是人们学习的榜样！

作品赏析（9）

作品名称：孺子牛

作者：曾钰涵

指导教师：孟欣霞

学校：洛阳市新安县学林小学

设计理念

“横眉冷对千夫指，俯首甘为孺子牛。”鲁迅先生的一句名言道出了“老黄牛”的精神所在。此砚台为观赏砚台，意在歌颂踏实、勤恳、具有无私奉献精神的人。

教师点评

一头安详静卧的耕牛，让人心生怜爱和敬意，忍不住屏息凝气，生怕惊扰了它。整个砚台立意高深，造型别致，构图巧妙，形象逼真，兼具实用性、观赏性和教育意义。

作品赏析（10）

作品名称：程门立雪

作者：郭壹

指导教师：李妞

学校：洛阳市新安县学林小学

设计理念

北宋时期，杨时与游酢下雪天拜谒著名学者程颐，程颐瞑目而坐，杨时他们不敢惊动程颐，就在旁站立等待，程颐醒来后，门前积雪已有一尺深，这时，杨时和游酢才踏着一尺深的积雪走进去。此“程门立雪”砚就旨在传扬“尊师重道，恭敬受教”的精神。

教师点评

砚台色泽华美，线条简洁，选材精妙，让经典成语故事在砚台上再现，有很强的教育意义。

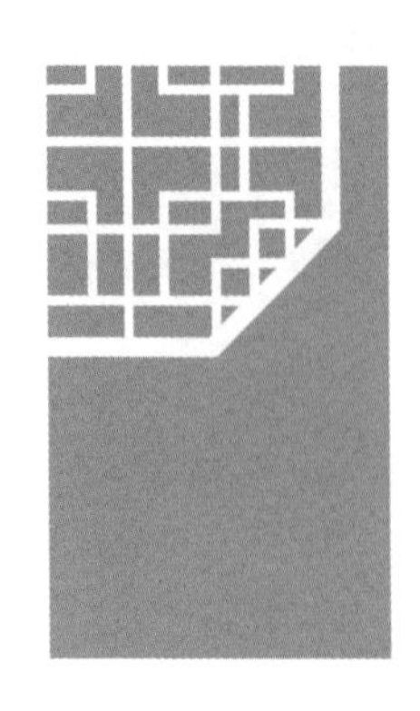

作品赏析（11）

作品名称：牡丹仙子

作者：于佳琪

指导教师：张丽霞

学校：洛阳市新安县学林小学

设计理念

“唯有牡丹真国色，花开时节动京城。”通过塑造“牡丹仙子”的形象来寓意富贵、吉祥、幸福、繁荣。

教师点评

作者一改牡丹仙子飘飘欲仙的形象，以牡丹娃娃为创作原型进行设计，充满了童真童趣，作品雕刻精美，有很强的观赏性。

作品赏析（12）

作品名称：墨玉

作者：杨嘉欣

指导教师：张丽

学校：洛阳市新安县学林小学

设计理念

洛阳牡丹甲天下，而黑牡丹更是牡丹中的绝品。作者创作此砚台，用来表达自己热爱家乡的感情。

教师点评

一株牡丹花枝繁茂，端庄秀雅，作者抓住了牡丹的特点，表现出了牡丹的雍容华贵，体现了作者对牡丹的喜爱，以及对家乡洛阳深厚的感情。

作品赏析（13）

作品名称：出淤泥而不染

作者：李迎霞

学校：洛阳市新安县学林小学

设计理念

北宋周敦颐的名篇《爱莲说》，让我们看到了出淤泥而不染、亭亭净植、香远益清的莲，令人印象深刻。本作品构思即来源于此，取莲的高洁之意，寓意着洁净纯朴、正直刚正和坚强自重。

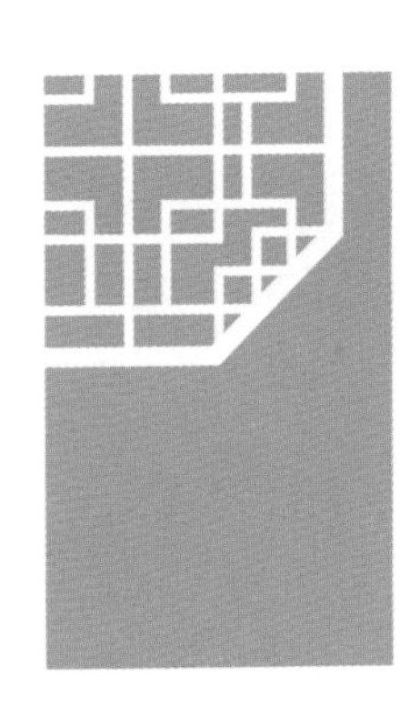

作品赏析（14）

作品名称：门神

作者：孟欣霞

学校：洛阳市新安县学林小学

设计理念

门神画是新年贴于门上的一种画，用于趋吉避凶，它不仅是节日装饰品，也具有浓厚的文化和艺术价值。

作品赏析（15）

作品名称：包公

作者：李妞

学校：洛阳市新安县学林小学

设计理念

此砚台显示出包公童面，一脸正气。帽翅以上云间做砚堂，包公身后的水波纹和书案相互融合，呈现出包公断案的场景。设计此图案旨在提倡人们从小树立法治、廉洁的价值观。

作品赏析（16）

作品名称：甲骨文

作者：张丽霞

学校：洛阳市新安县学林小学

设计理念

甲骨文是中国迄今为止发现最早的成熟文字系统，最早出土于河南省安阳市。作者以此为构思制作砚台，旨在告诉大家：河南是华夏文化的发祥地。

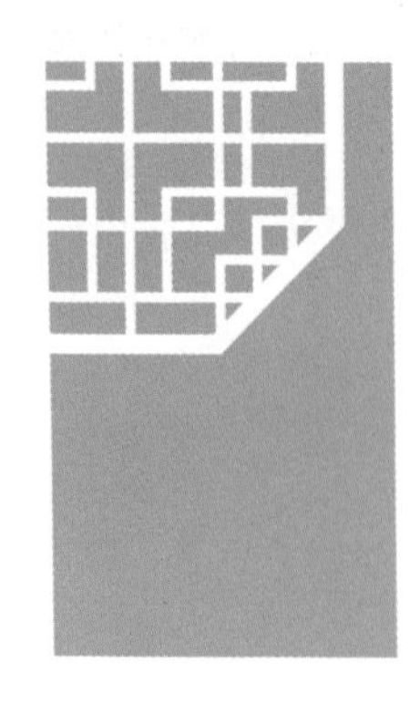

作品赏析（17）

作品名称：白马寺

作者：张丽

学校：洛阳市新安县学林小学

设计理念

洛阳白马寺，北依邙山，南望洛水，被誉为中国第一古刹。此砚以白马寺为原型进行创作，砚台中间为古色古香的白马寺建筑，“白马”和“小和尚”旨在激发学生了解中国历史、传承经典文化的兴趣。

作品赏析（18）

作品名称：丝路起点——洛阳

作者：王丹

学校：洛阳市新安县学林小学

设计理念

自东汉定都洛阳起，洛阳就成为丝绸之路的东方起点。洛阳是当时中原地区的商人、僧人等沿“丝绸之路”西行的出发点，也是西方各地区沿“丝绸之路”东来的目的地。骆驼是丝绸之路的象征。作品以“洛阳城门”“骆驼”两个元素来呈现“丝路起点”，表达了作者对家乡洛阳历史文化的热爱。

新时代的教师应该具备哪些素养

目前，我国的基础教育已全面普及，人民群众“有学上”的问题得到解决，“上好学”的需求日益强烈。全面提高教育质量，实现基础教育高质量发展已成为我国教育的战略性任务。培养有理想、有本领、有担当的社会主义时代新人，办好人民满意的教育被摆在了更加重要的位置。

基于我国国情，中华人民共和国教育部于 2022 年 4 月出台了《义务教育课程方案》(以下简称《方案》)，进一步推动了我国在课程、实施与评价等方面的深度改革。《方案》强调了三个方面：一是学科实践，规定每学科拿出不少于 10% 的课时开展跨学科学习活动；二是综合学习，提倡主题式、项目式、单元式等教学；三是评价改革，关注过程性评价、增值性评价，对学生在学习过程中的学习态度、学习方法、思维方式等进行跟踪，及时引导学生全面发展。这些既是对学生学习方式的改革，更是对教师在课程理念、教学方式、评价方法等方面提出的新的挑战。

那么，如何提升教师自身能力，实现高质量的教育教学活动呢？教师需要具备哪些素养，才能胜任新时代的教育担当，才能落实、实现国家课程改革的理念和方向，培养出一批批德智体美劳全面发展的学生呢？

基于这样的思考，我们整理并总结了各个学科都涉及的相同教学主题，最后决定将中华优秀传统文化中的非遗作为抓手进行跨学科、融合学科的开发，从中

探索出一套非遗文化课程深入推进的方案，提炼出一套非遗项目跨学科学习开发与实施、评价与推广的立体式实践模式。由此，我们建立了以综合实践活动、劳动教育、美术、语文教师为主的跨学科教研团队，根据教师的专业特长和课程能力，组建了十几个联盟校项目，进行了持续的实践探究，并获得了可喜的成果。我们深深感悟到新时代的教师在课程开发、实施、评价与资源利用等方面应该具备如下这样的素养。

一、跳出单一学科界限，“设计”学生课程内容

《方案》提出每一学科要开发不少于10%课时的跨学科活动，从师资能力看，要求教师具备跨学科设计的理念和能力；从活动内容看，指向基于学科为主题的跨学科学习，打破单一学科的壁垒，建立纵向联系，让学生在同一主题的内容中将各个学科涉及的知识、技能、学科思想、素养等进行联结与融合，让学生经历某一主题的完整的学习活动，建立新的思维方式，获得新的经验，实现“知识的价值”。非遗文化课程的研究与实践，涵盖语文学科的文化，美术学科的审美与技能，劳动教育的工匠精神，综合实践活动的综合性学习与能力培养等，它们的融合可以带给学生完整的体系和经历，不再是碎片化学习和认知。

二、尊重学生发展规律，关注学生实践体验过程

教育要遵循学生的身心发展规律，注重个性差异，因材施教，给予学生鼓励，使能力得到提升。根据非遗项目的研究活动，涉及学生对非遗项目的文化认知、设计制作、成果推广等，让学生能够通过一系列的活动“文化于心”“心化于形”，实现“知—情—意—行”相统一，成为一名非遗文化的小传人。在这个过程中，教师需要看到不同能力的孩子在活动中的投入、努力和专注，要看到学生基于自身状态获得的新的发展。我们提倡：尊重学生身心发展规律，不要吝啬教师的赞美，不要吝啬教师的“优秀”评定，要看到学生在付出过程中的那份全力以赴。

三、根据项目活动内涵，制订聚焦性评价量规

评价是导向，在项目活动中我们发现，教师在设计评价量表时经常出现两种情况。第一，能够关注学生经历的活动环节，但缺乏相应的不同等级的具体描述；第二，设计出的评价要素没有结合具体项目，而是笼统的、不聚焦的，没有契合主题。这样的评价不能给予学生具体的指向，无法让学生结合活动主题进行反思与总结，不能明晰究竟哪些方面做得好，哪些方面还需要努力。我们建议，低年级学生认字少，可以图形为主，中高年级学生的评价量规要细致具体，具有指向性，帮助学生知道如何做，怎么做，自己可以做到什么程度。这样的评价才有意义。

四、善于利用社会资源，拓宽学生活动空间

非遗文化是传承的技艺，不具有普遍性。因此，在课程开发与实施中，利用与挖掘社会资源，寻求专家资源的协助，与非遗场馆或实践基地合作是非常有必要的。这可以弥补校内教师专业能力的不足，拓宽学生与教师实践研究的平台，补充丰富的课程资源，助力项目深入实施，促进学生获得专业的、多元的体验，深刻感受非遗文化的博大精深。

新时代的教师，需要具备的素养不只这些，还需要具备信息技术素养、协同发展的能力等。

相信，只要愿意行走在课程改革的道路上，教师就会在教育教学的实践中不断获得素养提升、教育智慧，乃至形成教育思想。久久为功，也必将推动中国的教育改革，为国育人，为党育才。